U0194242

教育部哲学社会科学系列发展报告（培育）项目
2014年国家社会科学基金重大项目"食品安全风险社会共治研究"成果
食品安全风险治理研究院与华南食品安全发展研究中心智库研究成果

Introduction to 2017 China
Development Report on Food Safety

中国食品安全发展报告 2017

李 锐 吴林海 尹世久 陈秀娟 等著

北京大学出版社
PEKING UNIVERSITY PRESS

图书在版编目(CIP)数据

中国食品安全发展报告.2017/李锐等著.—北京:北京大学出版社,2017.12
ISBN 978-7-301-26844-5

Ⅰ.①中… Ⅱ.①李… Ⅲ.①食品安全—研究报告—中国—2017 Ⅳ.①TS201.6

中国版本图书馆 CIP 数据核字(2018)第 010806 号

书 名	中国食品安全发展报告 2017	
	Zhongguo Shipin Anquan Fazhan Baogao 2017	
著作责任者	李 锐 吴林海 尹世久 陈秀娟 等著	
责 任 编 辑	胡利国	
标 准 书 号	ISBN 978-7-301-26844-5	
出 版 发 行	北京大学出版社	
地 址	北京市海淀区成府路 205 号 100871	
网 址	http://www.pup.cn	
电 子 信 箱	ss@pup.pku.edu.cn	
新 浪 微 博	@北京大学出版社 @未名社科—北大图书	
电 话	邮购部 62752015 发行部 62750672 编辑部 62765016	
印 刷 者	北京京华虎彩印刷有限公司	
经 销 者	新华书店	
	730 毫米×980 毫米 16 开本 22.75 印张 421 千字	
	2017 年 12 月第 1 版 2017 年 12 月第 1 次印刷	
定 价	68.00 元	

序

"中国食品安全发展报告"——自 2011 年被教育部批准立项为哲学社会科学系列发展报告重点培育资助项目以来,已历经整整六个年头。六年来,吴林海教授及其团队持之以恒地专注于食品安全问题研究,连续出版《中国食品安全发展报告》年度报告。通过坚持不懈的探索创新,研究报告质量不断提升,研究内容持续深化,研究体系日趋完善。作为智库的研究成果,系列"中国食品安全发展报告"业已逐步成为国内融学术性、实用性、工具性、科普性于一体的具有较大影响力的研究报告,对全面、客观公正地反映中国食品安全的真实状况起到了重要的作用。六年时间并不长,但面对各种利益的诱惑,能够专心致志地坚持六年做一件事,也不是一件容易的事情。这充分体现了吴林海教授及其研究团队"为人民做学问"的情怀,勇于创新、敢于探索的勇气。

我认为,《中国食品安全发展报告 2017》(以下简称《报告 2017》)有如下三个鲜明的特点:

一是体现了对我国食品安全状况研究的系统性与完整性。《报告 2017》以食用农产品生产为起点,综合运用行业统计数据,结合实地调查,沿着食品供应链的完整体系,对我国生产、流通、消费与进出口贸易等关键环节的食品安全状况进行了系统研究。

二是描述了我国食品安全状况的动态演化轨迹。《报告 2017》不仅反映了2016 年我国食品安全的基本状况,而且描述了 2006 年至 2016 年我国食品质量安全的演化发展的基本轨迹,并进行了比较分析,体现了该报告工具性、实用性的基本定位。

三是采用了大量的食品安全状况的实证调查案例。《报告 2017》不仅关注利用国家层面的数据来反映我国食品安全的基本状况,而且也非常注重调查研究,通过案例的分析总结经验与发现问题,多角度、多层次地揭示影响我国食品安全的复杂背景与原因,并提出建议。尤其需要指出的是,《报告 2017》继续延续前五年的做法,调查了 10 多个省区的 4177 名城乡居民对食品安全状况的评价。投入大量人力财力,深入实际展开调查研究,贴近百姓与基层的做法,无论如何是值得赞赏的。

我已多次为系列"中国食品安全发展报告"作序,其目的就是鼓励学者们就中国的食品安全问题展开"顶天立地"式的研究,从不同的维度与侧面,将理论研究与实证研究、国际经验研究与国内现实研究有机地结合起来,既客观地反映中国食品安全风险治理中面临的问题,又科学地总结食品安全风险治理的中国经验、中国道路、中国特色,为发展中国家的食品安全风险治理提供中国方案。这是非常有价值的一件大事。就这个意义而言,我十分欣赏吴林海教授及其团队无私的奉献,更期待他们为中国食品安全风险治理再做新的努力。

中国工程院院士,北京工商大学校长

孙宝国

2017 年 8 月

目　　录

Contents

导　　论

"中国食品安全发展报告"是教育部 2011 年批准立项的哲学社会科学研究发展报告培育资助项目。《中国食品安全发展报告 2017》(全书简称《报告 2017》)是自 2012 年以来出版的第六个年度报告。根据教育部对哲学社会科学研究发展报告的原则要求,与"中国食品安全发展报告"相关年度报告相比较,继第五个年度报告在功能上进行调整的基础上,《报告 2017》继续完善,工具性、实用性、科普性的功能更加清晰,力求反映 2016 年中国食品安全风险的现实状况。虽然"中国食品安全发展报告"的前五个年度报告均对研究所涉及的主要概念、研究主线、研究方法、研究时段等方面作了简要说明,但出于《报告 2017》的完整性,尤其对于第一次接触此报告的读者而言,继续保留这一部分内容是必要的,以方便作者轮廓性、全景式地了解整体概况。

一、研究主线与视角

食品安全风险是世界各国普遍面临的共同难题,[①]全世界范围内的消费者普遍面临着不同程度的食品安全风险,[②]全球每年约有 1800 万人因食品和饮用水不卫生导致死亡,[③]也包括发达国家的一定数量的居民。由于正处于社会转型时期,我国食品安全风险尤为严峻,食品安全事件高频率地发生,引发全球瞩目。尽管我国的食品安全总体水平稳中有升,趋势向好,[④]但目前一个不可否认的事实是,食品安全风险与由此引发的安全事件已成为我国最大的社会风险之一。[⑤]

作为全球最大的发展中国家,中国的食品安全问题相当复杂。站在公正的角

---

① M. P. M. M. De Krom. "Understanding Consumer Rationalities: Consumer Involvement in European Food Safety Governance of Avian Influenza", *Sociologia Ruralis*, Vol. 49, No. 1, 2009, pp. 1—19.

② Y. Sarig. "Traceability of Food Products", Agricultural Engineering International: the CIGR Journal of Scientific Research and Development. Invited Overview Paper, 2003.

③ 魏益民、欧阳韶晖、刘为军等:《食品安全管理与科技研究进展》,《中国农业科技导报》2005 年第 5 期。

④ 《张勇谈当前中国食品安全形势:总体稳定正在向好》,新华网,2011-03-01[2014-06-06],http://news.xinhuanet.com/food/2011-03/01/c_121133467.htm

⑤ 英国 RSA 保险集团发布的全球风险调查报告:《中国人最担忧地震风险》,《国际金融报》2010 年 10 月 19 日。

度,从学者专业性视角出发,全面、真实、客观地研究、分析中国食品安全的真实状况,是学者义不容辞的责任,也是《报告2017》的基本特色。因此,对研究者而言,始终绕不开基于什么立场,从什么角度、沿着什么脉络,也就是有一个研究主线的选择问题。选择不当,将可能影响研究结论的客观性、准确性与科学性。研究主线与视角,这是一个带有根本性的问题,并由此内在地决定了《报告2017》的研究框架与主要内容。

(一) 研究的主线

基于食品供应链全程体系,食品安全问题在多个环节、多个层面均有可能发生,尤其在以下环节上的不当与失误更容易产生食品安全风险:(1) 初级农产品与食品原辅料的生产;(2) 食品的生产加工;(3) 食品的配送和运输;(4) 食品的消费环境与消费者食品安全消费意识;(5) 政府相关食品监管部门的监管力度与技术手段;(6) 食品生产经营者的社会责任与从业人员的道德、职业素质等不同环节和层面;(7) 生产、加工、流通、消费等各个环节技术规范的科学性、合理性、有效性与可操作性等。进一步分析,上述主要环节涉及政府、生产经营者、消费者三个最基本的主体;既涉及技术问题,也涉及管理问题;管理问题既涉及企业层次,也涉及政府监管体系,还涉及消费者自身问题;风险的发生既可能是自然因素,又可能是人源性因素,等等。上述错综复杂的问题,实际上贯彻于整个食品供应链体系。

食品供应链(Food Supply Chain)是指,从食品的初级生产经营者到消费者各环节的经济利益主体(包括其前端的生产资料供应者和后端的作为规制者的政府)所组成的整体。[①] 虽然食品供应链体系的概念在实践中不断丰富与发展,但最基本的问题已为上述界定所揭示,并且这一界定已为世界各国以及社会各界所普遍接受。按照上述定义,我国食品供应链体系中的生产经营主体主要包括农业生产者(分散农户、规模农户、合作社、农业企业、畜牧业生产者等)以及食品生产、加工、包装、物流配送、经销(批发与零售)等环节的生产经营厂商,并共同构成了食品生产经营风险防范与风险承担的主体。[②] 食品供应链体系中的农业生产者与食品生产加工、物流配送、经销等厂商相关主体均有可能由于技术限制、管理不善等,在每个主体生产加工经营等环节都存在着可能危及食品安全的因素。这些环节在食品供应链中环环相扣,相互影响,确保食品安全并非简单取决于某个单一厂商,而是供应链上所有主体、节点企业的共同使命。食品安全与食品供应链体

① M. Den Ouden, A. A. Dijkhuizen, R. Huirne, et al. "Vertical Cooperation in Agricultural Production-Marketing Chains, with Special Reference to Product Differentiation in Pork", *Agribusiness*, Vol. 12, No. 3, 1996, pp. 277—290.
② 《报告2017》中将食品供应链体系中的农业生产者与食品生产加工、物流配送、经销等厂商统称为食品生产经营者或生产经营主体,以有效区别食品供应链体系中的消费者、政府等行为主体。

系之间的关系研究就成为新的历史时期人类社会发展的主题。因此,《报告 2017》对我国食品安全风险等相关问题的分析与研究的主线是基于食品供应链全程体系,分析食用农产品与食品的生产加工、流通消费、进口等主要环节的食品质量安全,介绍食品安全相应的支撑体系建设的进展情况,为关心食品安全的人们提供轮廓性的概况。

（二）研究的视角

国内外学者对食品安全与食品供应链体系间的相关性分析,已分别在宏观与微观、技术与制度、政府与市场,生产经营主体以及消费者等多个角度、多个层面上进行了大量的先驱性研究。[①] 但是从我国食品安全风险的主要特征与发生的重大食品安全事件的基本性质及成因来考察,现有的食品科学技术水平并非是制约、影响食品安全保障水平的主要瓶颈。虽然技术不足、环境污染等方面的原因对食品安全产生一定影响,比如牛奶的光氧化问题,[②]光氧化或生鲜蔬菜的"亚硝峰"在不同层面影响到食品品质。[③] 但基于食品供应链全程体系,我国的食品安全问题更多是生产经营主体不当行为、不执行或不严格执行已有的食品技术规范与标准体系等违规违法行为等人源性因素造成的。这是"中国食品安全发展报告"研究团队经过长期研究得出的鲜明观点。因此,在现阶段有效防范我国食品安全风险,切实保障食品安全,必须有效集成技术、标准、规范、制度、政策等手段综合治理,并且更应该注重通过深化监管体制改革,强化管理,规范食品生产经营者的行为。这既是我国食品安全监管的难点,也是今后监管的重点。虽然 2013 年 3 月国务院对我国的食品安全监管体制进行了改革,在制度层面上为防范食品安全分段监管带来的风险奠定了基础,但如果不解决食品生产经营者的人源性因素所导致的食品安全风险问题,中国的食品安全难以走出风险防不胜防的困境。基于上述思考,《报告 2017》的研究角度设定在管理层面上展开系统而深入地分析。

归纳起来,《报告 2017》主要着眼于食品供应链的完整体系,基于管理学的角度,重点关注食品生产经营者、消费者与政府等主体,以食用农产品生产为起点,综合运用各种统计数据,结合实地调查,研究我国生产、流通、消费等关键环节食品安全性(包括进出口食品的安全性)的演变轨迹,由此深刻揭示影响我国食品安全的主要矛盾;与此同时,有选择、有重点地分析保障我国食品安全主要支撑体系建设的进展与存在的主要问题。总之,基于上述研究主线与角度,《报告 2017》试

---

① 刘俊威:《基于信号传递博弈模型的我国食品安全问题探析》,《特区经济》2012 年第 1 期。

② B. Kerkaert , F. Mestdagh, T. Cucu, et al. "The Impact of Photo-Induced Molecular Changes of Dairy Proteins on Their ACE-Inhibitory Peptides and Activity", *Amino Acids*, Vol. 43, No. 2, 2012, pp. 951—962.

③ 燕平梅、薛文通、张慧等:《不同贮藏蔬菜中亚硝酸盐变化的研究》,《食品科学》2006 年第 6 期。

图全面反映、准确描述近年来我国食品安全性的总体变化情况,尽最大的可能为食品生产经营者、消费者与政府提供充分的食品安全信息。

二、主要概念界定

食品与农产品、食品安全与食品安全风险等是《报告 2017》中最重要、最基本的概念。《报告 2017》在借鉴相关研究的基础上,[①]进一步作出科学的界定,以确保研究的科学性。

(一)食品、农产品及其相互关系

简单来说,食品是人类食用的物品。准确、科学地定义食品并对其分类并不是非常简单的事情,需要掌握各种观点与中国实际,并结合《报告 2017》展开的背景进行全面考量。

1. 食品的定义与分类

食品,最简单的定义是人类可食用的物品,包括天然食品和加工食品。天然食品是指在大自然中生长的、未经加工制作、可供人类直接食用的物品,如水果、蔬菜、谷物等;加工食品是指经过一定的工艺进行加工生产形成的、以供人们食用或者饮用为目的制成品,如大米、小麦粉、果汁饮料等,但食品一般不包括以治疗为目的的药品。

1995 年 10 月 30 日起施行的《中华人民共和国食品卫生法》(以下简称《食品卫生法》)在第九章《附则》的第五十四条对食品的定义是:"食品是指各种供人食用或者饮用的成品和原料以及按照传统既是食品又是药品的物品,但是不包括以治疗为目的的物品。"1994 年 12 月 1 日实施的国家标准 GB/T15091-1994《食品工业基本术语》在第 2.1 条中将"一般食品"定义为"可供人类食用或饮用的物质,包括加工食品、半成品和未加工食品,不包括烟草或只作药品用的物质。"2009 年 6 月 1 日起施行的《中华人民共和国食品安全法》[以下简称为《食品安全法》(2009版)],在第十章《附则》的第九十九条对食品的界定[②]与国家标准 GB/T15091-1994《食品工业基本术语》完全一致。2015 年 10 月 1 日施行的《中华人民共和国食品安全法》[以下简称为现行《食品安全法》]对食品的定义由原来的"食品,指各种供人食用或者饮用的成品和原料以及按照传统既是食品又是药品的物品,但是不包括以治疗为目的的物品"修改为"食品,指各种供人食用或者饮用的成品和原料以及按照传统既是食品又是中药材的物品,但是不包括以治疗为目的的物品",将原

---

① 吴林海、徐立青:《食品国际贸易》,中国轻工业出版社 2009 年版。
② 2009 年 6 月 1 日起施行的《食品安全法》是我国实施的第一部《食品安全法》。现行的《食品安全法》于 2015 年 10 月 1 日起正式施行。

来定义中的"药品"调整为"中药材",但就其本质内容而言并没有发生根本性的变化。国际食品法典委员会(CAC)CODEXSTAN11985 年《预包装食品标签通用标准》对"一般食品"的定义是:"指供人类食用的,不论是加工的、半加工的或未加工的任何物质,包括饮料、胶姆糖,以及在食品制造、调制或处理过程中使用的任何物质;但不包括化妆品、烟草或只作药物用的物质。"

食品的种类繁多,按照不同的分类标准或判别依据,可以有不同的食品分类方法。《GB/T7635.1-2002 全国主要产品分类和代码》将食品分为农林(牧)渔业产品,加工食品、饮料和烟草两大类。[①] 其中农林(牧)渔业产品分为种植业产品、活的动物和动物产品、鱼和其他渔业产品三大类;加工食品、饮料和烟草分为肉、水产品、水果、蔬菜、油脂等类加工品;乳制品;谷物碾磨加工品、淀粉和淀粉制品,豆制品,其他食品和食品添加剂,加工饲料和饲料添加剂;饮料;烟草制品共五大类。

《食品安全国家标准食品添加剂使用标准(GB2760-2011)》食品分类系统中对食品的分类,[②]也可以认为是食品分类的一种方法。据此形成乳与乳制品,脂肪、油和乳化脂肪制品,冷冻饮品,水果、蔬菜(包括块根类)、豆类、食用菌、藻类、坚果以及籽类等,可可制品、巧克力和巧克力制品(包括类巧克力和代巧克力)以及糖果,粮食和粮食制品,焙烤食品,肉及肉制品,水产品及其制品,蛋及蛋制品,甜味料,调味品,特殊膳食食用食品,饮料类,酒类,其他类共十六大类食品。

食品概念的专业性很强,并不是《报告 2017》的研究重点。如无特别说明,《报告 2017》对食品的理解主要依据现行的《食品安全法》。

2. 农产品与食用农产品

农产品与食用农产品也是《报告 2017》中非常重要的概念。2006 年 4 月 29 日第十届全国人民代表大会常务委员会第二十一次会议通过的《中华人民共和国农产品质量安全法》(以下简称《农产品质量安全法》)将农产品定义为"来源于农业的初级产品,即在农业活动中获得的植物、动物、微生物及其产品。"主要强调的是农业的初级产品,即在农业中获得的植物、动物、微生物及其产品。实际上,农产品亦有广义与狭义之分。广义的农产品是指农业部门所生产出的产品,包括农、林、牧、副、渔等所生产的产品;而狭义的农产品仅指粮食。广义的农产品概念与《农产品质量安全法》中的农产品概念基本一致。

不同的体系对农产品分类方法是不同的,不同的国际组织与不同的国家对农

---

① 中华人民共和国国家质量监督检验检疫总局:《GB/T7635.1-2002 全国主要产品分类和代码》,中国标准出版社 2002 年版。

② 中华人民共和国卫生部:《GB2760-2011 食品安全国家标准食品添加剂使用标准》,中国标准出版社 2011 年版。

产品的分类标准不同,甚至具有很大的差异。农业部相关部门将农产品分为粮油、蔬菜、水果、水产和畜牧五大类。以农产品为对象,根据其组织特性、化学成分和理化性质,采用不同的加工技术和方法,制成各种粗、精加工的成品与半成品的过程称为农产品加工。根据联合国国际工业分类标准,农产品加工业划分为以下5类:食品、饮料和烟草加工;纺织、服装和皮革工业;木材和木材产品,包括家具加工制造;纸张和纸产品加工、印刷和出版;橡胶产品加工。根据国家统计局分类,农产品加工业包括 12 个行业:食品加工业(含粮食及饲料加工业);食品制造业(含糕点糖果制造业、乳品制造业、罐头食品制造业、发酵制品业、调味品制造业及其他食品制造业);饮料制造业(含酒精及饮料酒、软饮料制造业、制茶业等);烟草加工业;纺织业、服装及其他纤维制品制造业;皮革毛皮羽绒及其制品业;木材加工及竹藤棕草制造业;家具制造业;造纸及纸制品业;印刷业;记录媒介的复制和橡胶制品业。①

　　由于农产品是食品的主要来源,也是工业原料的重要来源,因此可将农产品分为食用农产品和非食用农产品。商务部、财政部、国家税务总局于 2005 年 4 月发布的《关于开展农产品连锁经营试点的通知》(商建发[2005]1 号)对食用农产品做了详细的注解,食用农产品包括可供食用的各种植物、畜牧、渔业产品及其初级加工产品。同样,农产品、食用农产品概念的专业性很强,也并不是《报告 2017》的研究重点。如无特别说明,《报告 2017》对农产品、食用农产品理解主要依据《农产品质量安全法》与商务部、财政部、国家税务总局的相关界定。

　　3. 农产品与食品间的关系

　　农产品与食品间的关系似乎非常简单,实际上并非如此。事实上,在有些国家农产品包括食品,而有些国家则是食品包括农产品,如乌拉圭回合农产品协议对农产品范围的界定就包括了食品,《加拿大农产品法》中的"农产品"也包括了"食品"。在一些国家虽将农产品包含在食品之中,但同时强调了食品"加工和制作"这一过程。但不管如何定义与分类,在法律意义上,农产品与食品两者间的法律关系是清楚的。《农产品质量安全法》、现行的《食品安全法》分别对食品、农产品作出了较为明确的界定,法律关系较为清晰。

　　农产品和食品既有必然联系,也有一定的区别。农产品是源于农业的初级产品,包括直接食用农产品、食品原料和非食用农产品等,而大部分农产品需要再加工后变成食品。因此,食品是农产品这一农业初级产品的延伸与发展。这就是农产品与食品的天然联系。两者的联系还体现在质量安全上。农产品质量安全问题主要产生于农业生产过程中,比如,农药、化肥的使用往往降低农产品质量安全

---

①　吴林海、钱和:《中国食品安全发展报告 2012》,北京大学出版社 2012 年版。

水平。食品的质量安全水平首先取决于农产品的安全状况。进一步分析,农产品是直接来源于农业生产活动的产品,属于第一产业的范畴;食品尤其是加工食品主要是经过工业化的加工过程所产生的食物产品,属于第二产业的范畴。加工食品是以农产品为原料,通过工业化的加工过程形成,具有典型的工业品特征,生产周期短,批量生产,包装精致,保质期得到延长,运输、贮藏、销售过程中损耗浪费少等。这就是农产品与食品的主要区别。图 0-1 简单反映了食品与农产品之间的相互关系。

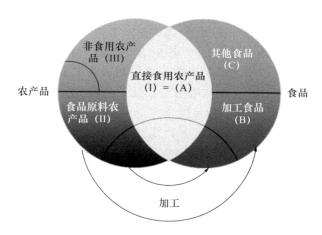

图 0-1　食品与农产品间关系示意图

目前政界、学界在讨论食品安全的一般问题时并没有将农产品、食用农产品、食品作出非常严格的区分,而是相互交叉,往往有将农产品、食用农产品包含于食品之中的含义。在《报告 2017》中除第二章、第四章等分别研究食用农产品安全,生产与加工、流通、餐饮环节的食品质量安全以及特别说明外,对食用农产品、食品也不作非常严格的区别。

(二) 食品安全的内涵

食品安全问题贯穿于人类社会发展的全过程,是一个国家经济发展、社会稳定的物质基础和必要保证。因此,包括发达国家在内的世界各国政府大都将食品安全问题提升到国家安全的战略高度,给予高度的关注与重视。

1. 食品量的安全与食品质的安全

食品安全内涵包括"食品量的安全"和"食品质的安全"两个方面。"食品量的安全"强调的是食品数量安全,亦称食品安全保障,从数量上反映居民食品消费需求的能力。食品数量安全问题在任何时候都是各国特别是发展中国家首先需要解决的问题。目前,除非洲等地区的少数国家外,世界各国的食品数量安全问题在总体上已基本得以解决,食品供给已不再是主要矛盾。"食品质的安全"关注的是食品质量安全。食品质的安全状态就是一个国家或地区的食品中各种危害物对消费者健康的影响程度,以确保食品卫生、营养结构合理为基本特征。因此,"食品质的安全"强调的是确保食品消费对人类健康没有直接或潜在的不良影响。

"食品量的安全"和"食品质的安全"是食品安全概念内涵中两个相互联系的基本方面。在我国,现在对食品安全内涵的理解中,更关注"食品质的安全",而"食品量的安全"相对弱化。

2. 食品安全内涵的理解

在我国对食品安全概念的理解上,大体形成了如下的共识。

(1) 食品安全具有动态性。2009 年版《食品安全法》在第九十九条与现行《食品安全法》在第一百五十条对此的界定完全一致:"食品安全,指食品无毒、无害,符合应当有的营养要求,对人体健康不造成任何急性、亚急性或者慢性危害。"纵观我国食品安全管理的历史轨迹,可以发现,上述界定中的无毒、无害,营养要求,急性、亚急性或者慢性危害在不同的年代衡量标准不尽一致。不同标准对应着不同的食品安全水平。因此,食品安全首先是一个动态概念。

(2) 食品安全具有法律标准。进入 20 世纪 80 年代以来,一些国家以及有关国际组织从社会系统工程建设的角度出发,逐步以食品安全的综合立法替代卫生、质量、营养等要素立法。1990 年英国颁布了《食品安全法》,2000 年欧盟发表了具有指导意义的《食品安全白皮书》,2003 年日本制定了《食品安全基本法》。部分发展中国家也制定了《食品安全法》。以综合型的《食品安全法》逐步替代要素型的《食品卫生法》《食品质量法》《食品营养法》等,反映了时代发展的要求。同时,也说明了在一个国家范畴内食品安全有其法律标准的内在要求,而且随着发展,食品安全的法律标准也是不断动态演化的。

(3) 食品安全具有社会治理的特征。与卫生学、营养学、质量学等学科概念不同,食品安全是个社会治理概念。不同国家在不同的历史时期,食品安全所面临的突出问题和治理要求有所不同。在发达国家,食品安全所关注的主要是因科学技术发展所引发的问题,如转基因食品对人类健康的影响;而在发展中国家,现阶段食品安全所侧重的则是市场经济发育不成熟所引发的问题,如假冒伪劣、有毒有害食品等非法生产经营。在我国,食品安全问题则基本包括上述全部内容。

(4) 食品安全具有政治性。无论是发达国家还是发展中国家,确保食品安全是企业和政府对社会最基本的责任和必须做出的承诺。食品安全与生存权紧密相连,具有唯一性和强制性,属于政府保障或者政府强制的范畴。而食品安全等往往与发展权有关,具有层次性和选择性,属于商业选择或者政府倡导的范畴。近年来,国际社会逐步以食品安全的概念替代食品卫生、食品质量的概念,更加突显了食品安全的政治责任。

基于以上认识,完整意义上的食品安全的概念可以表述为:食品(食物或农产品)的种植、养殖、加工、包装、贮藏、运输、销售、消费等活动符合国家强制标准和要求,不存在可能损害或威胁人体健康的有毒有害物质以导致消费者病亡或者危及消费者及其后代的隐患。食品安全概念表明,食品安全既包括生产安全,也包括经营安全;既包括结果安全,也包括过程安全;既包括现实安全,也包括未来安全。《报告 2017》的研究主要依据现行的《食品安全法》对食品安全所作出的原则界定,且关注与研究的主题是"食品质的安全"。在此基础上,基于现有的国家标准,分析研究我国食品质量安全的总体水平等。需要指出的是,为简单起见,如无特别的说明,在《报告 2017》中,食品质的安全、食品质量安全与食品安全三者的含义完全一致。

（三）食品安全、食品卫生与粮食安全

与食品安全相关的主要概念有食品卫生、粮食安全。对此,《报告 2017》作出如下的说明。

1. 食品安全与食品卫生

我国的国家标准《GB/T15091-1994 食品工业基本术语》将"食品卫生"定义为"为防止食品在生产、收获、加工、运输、贮藏、销售等各个环节被有害物质污染,使食品有益于人体健康所采取的各项措施。"食品卫生具有食品安全的基本特征,包括结果安全(无毒无害,符合应有的营养等)和过程安全,即保障结果安全的条件、环境等安全。食品安全和食品卫生的区别在于:一是范围不同。食品安全包括食品(食物)的种植、养殖、加工、包装、贮藏、运输、销售、消费等环节的安全,而食品卫生通常并不包含种植养殖环节的安全。二是侧重点不同。食品安全是结果安全和过程安全的完整统一,食品卫生虽然也包含上述两项内容,但更侧重于过程安全。

2. 食品安全与粮食安全

粮食安全是指保证任何人在任何时候都能得到为了生存与健康所需要的足够食品。食品安全是指品质要求上的安全,而粮食安全则是数量供给或者供需保障上的安全。食品安全与粮食安全的主要区别是:一是粮食与食品的内涵不同。粮食是指稻谷、小麦、玉米、高粱、谷子及其他杂粮,还包括薯类和豆类,而食品的内涵要比粮食更为广泛。二是粮食与食品的产业范围不同。粮食的生产主要是种植业,而食品的生产包括种植业、养殖业、林业等。三是评价指标不同。粮食安全主要是供需平衡,评价指标主要有产量水平、库存水平、贫苦人口温饱水平等,而食品安全主要是无毒无害、健康营养,评价指标主要是理化指标、生物指标、营养指标等。

3. 食品安全与食品卫生间的相互关系

由此可见,食品安全与食品卫生间绝不是相互平行,也绝不是相互交叉的关系。食品安全包括食品卫生。以食品安全的概念涵盖食品卫生的概念,并不是否定或者取消食品卫生的概念,而是在更加科学的体系下,以更加宏观的视角来看待食品卫生。例如,以食品安全来统筹食品标准,就可以避免目前食品卫生标准、食品质量标准、食品营养标准之间的交叉与重复。

(四) 食品安全风险与食品安全事件(事故)

1. 食品安全风险

风险(Risk)为风险事件发生的概率与事件发生后果的乘积。[①] 联合国化学品安全项目中将风险定义为暴露某种特定因子后在特定条件下对组织、系统或人群(或亚人群)产生有害作用的概率。[②] 由于风险特性不同,没有一个完全适合所有风险问题的定义,应依据研究对象和性质的不同而采用具有针对性的定义。对于食品安全风险,联合国粮农组织(Food and Agriculture Organization, FAO)与世界卫生组织(World Health Organization, WHO)于 1995—1999 年先后召开了三次国际专家咨询会。[③] 国际法典委员会(Codex Alimentarius Commission, CAC)认为,食品安全风险是指将对人体健康或环境产生不良效果的可能性和严重性,这种不良效果是由食品中的一种危害所引起的。[④] 食品安全风险主要是指潜在损坏或威胁食品安全和质量的因子或因素,这些因素包括生物性、化学性和物理性。[⑤] 生物性危害主要指细菌、病毒、真菌等能产生毒素微生物组织,化学性危害主要指农药、兽药残留、生长促进剂和污染物,违规或违法添加的添加剂;物理性危害主要指金属、碎屑等各种各样的外来杂质。相对于生物性和化学性危害,物理性危害相对影响较小。[⑥] 由于技术、经济发展水平差距,不同国家面临的食品安全风险不同。因此需要建立新的识别食品安全风险的方法,集中资源解决关键风险,以防止潜在风险演变为实际风险并导致食品安全事件。[⑦] 而对食品风险评估,

---

① L. B. Gratt. *"Uncertainty in Risk Assessment, Risk Management and Decision Making. New York"*, Plenum Press, 1987.

② 石阶平:《食品安全风险评估》,中国农业大学出版社 2010 年版。

③ FAO. *"Risk Management and Food Safety"*, Food and Nutrition Paper, Rome, 1997.

④ FAO/WHO. *"Codex Procedures Manual"*, 10th edition, 1997.

⑤ International Life Sciences Institute (ILSI). *"A Simple Guide to Understanding and Applying the Hazard Analysis Critical Control Point Concept"*, (2nd edition), Europe, Brussels, 1997, pp. 13.

⑥ N. I. Valeeva, M. P. M. Meuwissen, R. B. M. Huirne. "Economics of Food Safety in Chains: A Review of General Principles", *Wageningen Journal of Life Sciences*, Vol. 51, No. 4, 2004, pp. 369—390.

⑦ G. A. Kleter, H. J. P. Marvin. "Indicators of Emerging Hazards and Risks to Food Safety", *Food and Chemical Toxicology*, Vol. 47, No. 5, 2009, pp. 1022—1039.

FAO 作出了内涵性界定,主要指对食品、食品添加剂中生物性、化学性和物理性危害对人体健康可能造成的不良影响所进行的科学评估,包括危害识别、危害特征描述、暴露评估、风险特征描述等。目前,FAO 对食品风险评估的界定已为世界各国所普遍接受。在《报告 2017》的分析研究中将食品安全风险界定为对人体健康或环境产生不良效果的可能性和严重性。

2. 食品安全事件(事故)

在现行《食品安全法》中没有"食品安全事件"这个概念界定,但对"食品安全事故"作出了界定。2009 年版的《食品安全法》在第十章《附则》的第九十九条界定了食品安全事故的概念,而现行的《食品安全法》作了微调,由原来的"食品安全事故,指食物中毒、食源性疾病、食品污染等源于食品,对人体健康有危害或者可能有危害的事故",修改为"食品安全事故,指食源性疾病、食品污染等源于食品,对人体健康有危害或者可能有危害的事故"。也就是现行的《食品安全法》删除了2009 年版条款中的"食物中毒"这四个字,而将"食品中毒"增加到了食源性疾病的概念中。现行的《食品安全法》的"食源性疾病,指食品中致病因素进入人体引起的感染性、中毒性等疾病,包括食物中毒"。

目前,我国包括主流媒体对食品安全出现的各种问题均使用"食品安全事件"这个术语。"食品安全事故"与"食品安全事件"一字之差,可以认为两者之间具有一致性。但深入分析现阶段国内各类媒体所报道的"食品安全事件",严格意义上与 2009 年版或现行的《食品安全法》对"食品安全事故"是不同的,而且区别很大。基于客观现实状况,《报告 2017》采用"食品安全事件"这个概念,并在第七章中就此展开了严格的界定。《报告 2017》主要从狭义、广义两个层次上来界定食品安全事件。狭义的食品安全事件是指食源性疾病、食品污染等源于食品、对人体健康存在危害或者可能存在危害的事件,与现行的《食品安全法》所指的"食品安全事故"完全一致;而广义的食品安全事件既包含狭义的食品安全事件,同时也包含社会舆情报道的且对消费者食品安全消费心理产生负面影响的事件。除特别说明外,《报告 2017》研究中所述的食品安全事件均使用广义的概念。

《报告 2017》的研究与分析尚涉及诸如食品添加剂、化学农药、农药残留等其他一些重要的概念与术语,由于篇幅的限制,在此不再一一列出。

三、研究时段与研究方法

(一) 研究时段

《报告 2017》主要侧重于反映 2016 年度中国食品安全的状况。与前五个"中国食品安全发展报告"相类似,考虑到食品安全具有动态演化的特征,为了较为系统、全面、深入地描述中国食品安全状况变化发展的轨迹,《报告2017》的研究主要以2006年为起点,从主要食用农产品的生产与市场供应、食用农产品安全质量状况与监管体系建设、食品工业生产与市场供应、国家食品质量监督抽查合格率、流通餐饮环节的食品质量安全、进口与出口食品的安全性等七个不同的维度,描述了2006—2017年间我国食品质量安全的发展变化状况并进行了比较分析。需要说明的是,由于数据收集的局限,在具体章节的研究中有关时间跨度或时间起点略有不同。因此,《报告2017》较为系统地描述与反映了最近10年来我国食品安全的基本状况,而且数据较为翔实、全面,基本具备了工具性的特征,为国内外学者研究中国食品安全问题提供了较为完整的资料。

(二) 研究方法

《报告2017》在研究过程中努力采用了多学科组合的研究方法,并不断采用最先进的研究工具展开研究,主要采用调查研究、比较分析和大数据工具等三种主要的研究方法。

1. 调查研究

《报告2017》继续就公众满意度问题展开调查,并为此投入了很大的力量,而且在研究经费紧张的状况下,安排了充足的研究经费,力求体现《报告2017》的实践特色。公众满意度的调查延续了前五个年度报告的风格,调查了福建、贵州、河南、湖北、吉林、江苏、江西、山东、四川、陕西等15个省、自治区,共采集了4177个样本(其中,城市居民受访样本2102个,农村居民受访样本2075个),并进行比较以动态地分析近年来我国城乡居民对食品安全满意度等方面的变化。基于现实的调查研究保证了《报告2017》具有鲜明的实践特色,能够更好地反映社会的关切与民意。

2. 比较分析

考虑到食品安全具有动态演化的特征,《报告2017》采用比较分析的方法考察了我国食品安全在不同发展阶段的发展态势。比如,在第二章中主要是基于例行监测和专项数据对2006—2016年间我国蔬菜与水果、畜产品、水产品、茶叶与食用菌等最常用的食用农产品质量安全水平进行了比较;在第四章中主要是基于国家食品质量抽查合格率的相关数据,在描述主要食品种类质量状况的基础上,以2014—2016年为时间段,选取传统大宗消费的食品品种,多角度地研究监督抽查中反映出来的食品质量安全状况与变化态势,并努力挖掘可能存在较大安全风险的食品品种;在第六、七章中则分别对最近七八年间我国进口与出口食品的安全性进行了全景式的比较分析。

3. 大数据工具

这是《报告2017》采用最先进的研究工具展开研究的最好例证。包括2016年在内的最近10年间中国发生了多少食品安全事件？现阶段最具风险性的食品种类是什么？发生的食品安全事件在空间区域的分布状况如何？基于全程食品供应链体系，在什么环节最容易发生食品安全事件？科学地研究这些问题，对回答食品安全风险社会共治"共治"什么具有决定性作用。这是时代对学者们提出的重大现实问题。为解决这些问题，"中国食品安全发展报告"研究团队率先在国内开发了具有自主知识产权的食品安全事件大数据监测平台 Data Base V1.0 系统，采用 laravel 最新的开发框架，使用模型—视图—控制器（Model View Controller，MVC）三层的结构来设计，实现了实时统计、数据导出、数据分析、可视化展现等功能，系统能够自动关联分析根据食品安全事件历史数据生成的预测值，对于偏离较大的异常值发送至智能终端 APP 实时预警。《报告2017》采用大数据挖掘工具，以2016年为重点，分析了2007—2016年间我国发生的食品安全事件，科学地回答了社会关切，为食品安全风险社会共治奠定了科学基础。这也是"中国食品安全发展报告"研究团队第三次发布《主流媒体报道的中国发生的食品安全事件研究报告》。

（三）数据来源

为了全景式、大范围地、尽可能详细地刻画最近10年来我国食品质量安全的基本状况与发展趋势，《报告2017》运用了大量的不同年份的数据，除调查分析的数据来源于实际调查外，诸多数据来源于国家层面上的统计数据，或直接由国家层面上的政府食品安全监管部门提供。但有些数据来源于政府网站上公开的报告或出版物，有些数据则引自已有的研究文献，也有极少数的数据来源于普通网站，属于事实上的二手资料。在实际研究过程中，虽然可以保证《报告2017》关键数据和主要研究结论的可靠性，但难以保证全部数据的权威性与精确性，研究结论的严谨性不可避免地依赖于所引用的数据可信性，尤其是一些二手资料数据的真实性。为更加清晰地反映这一问题，便于读者做出客观判断，《报告2017》对所引用的所有数据均尽可能地给出了来源。

（四）研究局限

实事求是地讲，与前四本年度报告相类似，《报告2017》也难以避免地存在一些不足之处。对此，"中国食品安全发展报告"研究团队有足够的认识。就《报告2017》而言，研究的局限性突出地表现在数据的缺失或数据的连续性不足。因此，《报告2017》某些问题的研究并不是动态的，深度也不够，尤其是由于缺乏可靠的、全面的数据资料，导致某些研究结论仍有待于进一步验证，深化研究亟须相关政府部门与公共治理机构完整地公开应该公开的食品安全信息。另外,有些问题在研究中凝练不够,限于人员的不足与调查经费尤其是庞大的劳务费支出在现行财务制度下难以处理,导致基于实际的调查还是深入不够。当然,《报告 2017》的不足还表现在其他方面。这些问题的产生客观上与"中国食品安全发展报告"研究团队的研究水平有关,也与食品安全这个研究对象的极端复杂性密切相关。在未来的研究过程中,"中国食品安全发展报告"研究团队将努力克服上述问题,以期未来的年度报告更精彩,更能够切中社会关切的热点与重点问题。

第一章 2016 年主要食用农产品生产与市场供应状况

食品安全首先是数量安全。简单而言,就是一个国家或地区能够生产与保障满足人们生存所需的基本食品。对一个具有 13 亿多人口的中国而言,解决好吃饭问题,保障粮食等重要食用农产品的供给,不仅是最基本的食品安全问题,更是治国理政的头等大事。本章延续历年来"中国食品安全发展报告"的研究特色,重点考察我国主要食用农产品生产、数量安全与市场供应等问题,由此作为《报告 2017》的第一章。考虑到在我国粮食与食用农产品品种繁多,延续研究惯例,本章的讨论主要以粮食、蔬菜与水果、畜产品和水产品等城乡居民基本消费的食用农产品为重点。

一、2016 年主要食用农产品的生产与市场供应

党的十八大以来,党中央、国务院提出了"以我为主、立足国内、确保产能、适度进口、科技支撑"的国家粮食安全新战略,继续实施小麦和稻谷最低收购价政策,实施支持保护补贴,对产粮大县进行奖励,充分调动了地方政府重农抓粮和广大农民务农种粮的积极性,粮食生产总体上保持持续丰收,取得历史性突破和举世瞩目的巨大成就。2016 年我国粮食、蔬菜与水果、畜产品和水产品等主要食用农产品的生产与市场供应总体状况良好。

(一)粮食

1. 粮食生产总量略有减产

图 1-1 显示,2016 年,我国粮食产量 61624 万吨,虽然比上年减少 520 万吨,减产 0.8%,[①]是我国粮食产量"十二年连增"以来的首次减产,但仍然是历史上第二个高产年份。这是在错综复杂的国内外经济形势、自然灾害多发频发、推进供给侧结构性改革的大环境下取得的巨大成就,来之不易。

2016 年,我国夏粮、早稻和秋粮产量均有所减产。其中,夏粮、早稻、秋粮的产量分

---

① 国家统计局:《中华人民共和国 2016 年国民经济与社会发展公报》,http://www.stats.gov.cn/tjsj/zxfb/201702/t20170228_1467424.html

别为 13920 万吨、3278 万吨、44426 万吨,分别较 2015 年减产 1.2%、2.7%、0.6%。①

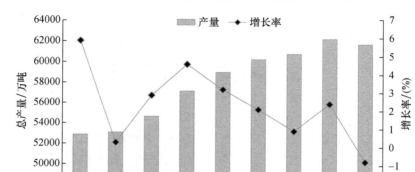

图 1-1　2008—2016 年间我国粮食总产量与增速变化图

数据来源:国家统计局:《中华人民共和国 2008—2016 年国民经济和社会发展统计公报》。

2. 主要粮食品种产量普遍减少

2016 年,全国谷物产量 56517 万吨,比上年减产 1.2%。其中,稻谷产量 20693 万吨,减产 132 万吨,减幅 0.6%;小麦产量 12885 万吨,较 2015 年减产 134 万吨,减幅 1.0%;玉米产量 21995 万吨,较 2015 年减产 463 万吨,减幅 2.3%。

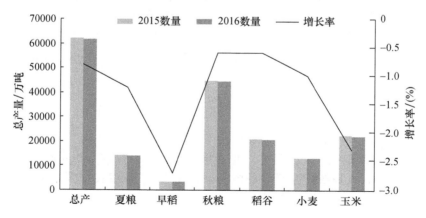

图 1-2　2015 年和 2016 年我国主要粮食产量情况对比

数据来源:国家统计局:《中华人民共和国 2016 年国民经济和社会发展统计公报》。

---

① 国家统计局:《中华人民共和国 2016 年国民经济与社会发展公报》,http://www. stats. gov. cn/tjsj/zxfb/201702/t20170228_1467424. html

3. 种植面积略有缩减

2016 年,全国粮食播种面积 113028.2 千公顷(169542.3 万亩),比 2015 年减少 314.7 千公顷(472.1 万亩),减少 0.3%。其中,谷物播种面积 94370.8 千公顷(141556.2 万亩),比 2015 年减少 1265.1 千公顷(1897.7 万亩),减少 1.3%。国家统计局农村司有关人士分析认为,2016 年我国粮食播种面积减少的主要原因为,各地针对粮食品种的供需矛盾,主动优化农业生产结构和区域布局,适当调减非优势区玉米种植面积,采取"玉米改大豆""粮改饲"和"粮改油"等措施调整农业种植结构。[①]

4. 粮食单产略有下降

十多年来,伴随农业科技的不断进步和良种良法大规模推广应用,我国粮食产量持续丰收,粮食土地产出率提高,单产增加。2016 年,全国粮食作物平均单位面积产量达到 5452.5 公斤/公顷(363.5 公斤/亩),每公顷比 2015 年减产 30.7 公斤(2 公斤/亩),减少 0.6%,与 2015 年相比粮食单产总体上基本持平。尽管如此,2016 年粮食单产相比 2012 年,仍然增加了 10 公斤/亩,增长 2.8%。[②] 国家统计局农村司有关人士分析认为,粮食单产下降的主要原因是高产作物面积减少。按可食用的籽粒玉米统计,玉米播种面积 5.51 亿亩,比上年减少 2039 万亩,减少 3.6%。而低产作物大豆播种面积 1.08 亿亩,比上年增加 1046 万亩,增长 10.7%。2016 年,玉米平均亩产 398.2 公斤,是大豆的 3.3 倍,仅玉米改种大豆就可拉低粮食亩产约 1.7 公斤。[③]

5. 粮食生产区域布局不断优化

粮食生产区域布局不断优化,主产区稳产增产的作用日益显现。2016 年,全国粮食种植总面积 11303 万公顷(约 17 亿亩),比 2015 年减少 31 万公顷,减少 0.3%。从播种面积来看,全国粮食主产区[④]的播种面积达到 12.2 亿亩,比 2012 年增长 4.8%,占粮食播种面积的比重为 72.1%,比 2012 年提高了 0.5 个百分点。从产量来看,2016 年粮食主产区产量为 9355 亿斤,比 2012 年增长 2.4%,占全国粮食总产量的比重为 75.9%,比 2012 年提高了 0.2 个百分点。从对增产的贡献来看,粮食主产区 2012 年至 2016 年累计增产 433 亿斤,占同期全国粮食增产量的比重达到 81.3%。

---

①　国家统计局:《国家统计局农村司高级统计师黄秉信解读粮食生产情况》,2016 年 12 月 8 日,http://www.stats.gov.cn/tjsj/sjjd/201706/t20170622_1506090.html

②　国家统计局:《农业农村发展再上新台阶基础活力明显增强——党的十八大以来我国经济社会发展成就系列之三》,2017 年 6 月 22 日,http://www.stats.gov.cn/tjsj/sjjd/201706/t20170622_1506090.html。

③　国家统计局:《国家统计局农村司高级统计师黄秉信解读粮食生产情况》,2016 年 12 月 8 日,http://www.stats.gov.cn/tjsj/sjjd/201706/t20170622_1506090.html

④　粮食主产区包括河北、内蒙古、辽宁、吉林、黑龙江、江苏、安徽、江西、山东、河南、湖北、湖南、四川 13 个省份。

6. 粮食生产气候条件一般

2016 年,受超强厄尔尼诺影响,我国主要粮食作物产区气候条件一般,极端天气气候事件多,部分地区暴雨洪涝、高温、低温阴雨、阶段性干旱等造成的农业灾害严重,夏粮、早稻因灾减产。秋粮生长前期,南方多地遭受强降水,湖北、安徽等地受灾较重,部分农田反复受淹,作物倒伏严重。2016 年 7 月下旬至 8 月中下旬,南方一些地区又遭遇持续高温天气,导致水稻空壳率增加;东北、西北部分地区出现不同程度旱情,对玉米后期生产和灌浆不利。据民政部统计,2016 年 1—10 月份,全国农作物受灾面积 3.97 亿亩,比上年同期增加 5410 万亩,增长 25.7%;绝收面积 6218 万亩,增加 1719 万亩,增长 70.9%。总体而言,2016 年全国农业气象灾害较上年偏重,部分地区受灾较重。①

7. 粮食综合生产能力明显提高

粮食连年丰收,粮食生产水平稳步跃上新台阶。2013 年粮食产量历史上首次突破 12000 亿斤,2014 年至 2016 年均在 12000 亿斤以上,标志着我国粮食生产水平已稳步跨上 12000 亿斤新台阶,粮食综合生产能力实现质的飞跃。粮食丰收,国家粮食安全得到有效保障。2016 年,全国人均粮食占有量达到 447 公斤,比世界平均水平高出 47 公斤,比 2012 年提高 11 公斤。稻谷、小麦、玉米等主要粮食作物的自给率均超过了 98%,依靠国内生产确保国家粮食安全的能力显著增强,实现了谷物基本自给、口粮绝对安全的目标。②

8. 粮食生产的政策环境持续趋好

党的十八大以来,面对错综复杂的国内外经济形势和自然灾害多发频发的不利影响,在以习近平同志为核心的党中央坚强领导下,围绕着"三农"问题作为全党工作重中之重的任务,不断深化农村改革特别是农业供给侧结构性改革,完善强农惠农富农政策体系,加快培育新型生产经营主体新产业新动能,农业农村发展再上新台阶,发展基础活力明显增强,呈现出农业稳定增长、农民持续增收、农村面貌改善的良好局面,为农村全面小康建设奠定了坚实基础。2016 年,国家为落实发展新理念、加快农业现代化、促进农民持续增收实施了一系列政策措施。比如,国家继续在粮食主产区实行小麦、稻谷最低收购价政策,继续加大产粮(油)大县奖励力度。同时,推进种业体制改革,强化种业政策支持此外,2016 年,中央财政安排测土配方施肥专项资金 7 亿元,深入推进测土配方施肥,结合"到 2020 年化肥使用量零增长行动",选择一批重点县开展化肥减量增效试点。③ 持续完善的

---

① 国家统计局:《农业农村发展再上新台阶基础活力明显增强——党的十八大以来我国经济社会发展成就系列之三》,2017 年 6 月 22 日,http://www.stats.gov.cn/tjsj/sjjd/201706/t 20170622_1506090.html
② 同上。
③ 农业部产业政策与法规司:《2016 年国家落实发展新理念加快农业现代化促进农民持续增收政策措施》,2016 年 3 月 30 日,http://www.moa.gov.cn/zwllm/zcfg/qnhnzc/201603/t20160330_5076285.htm

粮食生产政策为我国粮食安全奠定了坚实的基础,提供了强大的政策支持。

(二) 蔬菜与水果

1. 蔬菜产量基本平稳,市场供应基本稳定

2016 年,全国蔬菜产量为 79780 万吨,较上年增长 1.6%,远超出当年粮食总产量近 2 亿吨,再次取代粮食成为我国第一大食用农产品。[①] 表 1-1 所示,根据对各省份《2016 年国民经济与社会发展公报》蔬菜产量的统计,除北京、西藏、陕西等省、自治区、直辖市蔬菜产量数据缺失外,其他省份 2016 年蔬菜产量合计达到 7.37亿吨,较 2015 年的全国产量略有上升。山东、河北、河南、四川、湖南、湖北、广东等省份是我国蔬菜生产的主要省份,年产量均超过 3000 万吨,其中山东蔬菜产量最高,达10327 万吨。除上海、黑龙江、河北、山西、海南等省、直辖市蔬菜产量有所下降外,其余省份均有所增长。其中,贵州省增长幅度依然最大,增长率达到 9.5%。

表 1-1　2016 年各省份蔬菜与水果产量情况　　(单位:万吨,%)

省 (区、市)	蔬菜		水果		省 (区、市)	蔬菜		水果	
	产量	增长率	产量	增长率		产量	增长率	产量	增长率
浙江	1835.40	3.40	287.10	2.20	黑龙江	936.80	−2.20	206.70	27.90
湖南	4150.07	5.00	—	—	河南	7807.61	4.70	1948.53	11.40
山东	10327.00	0.50	3255.40	1.10	吉林	852.44	−0.90	—	—
上海	321.17	−8.10	—	—	云南	1968.61	5.10	697.04	6.20
江苏	—	—	893.00	−2.30	宁夏	593.10	3.00	—	—
北京	—	—	—	—	辽宁	2257.50	−23.03	802.30	−9.04
河北	8193.40	−0.60	1524.60	1.10	安徽	2774.70	2.20	1043.50	1.30
山西	1294.50	−0.60	840.80	−0.20	海南	571.88	−0.10	395.60	−3.10
广东	3579.77	4.10	1579.60	3.90	甘肃	1951.48	7.00	506.44	9.70
福建	1833.43	2.40	855.34	2.20	江西	1420.20	4.50	405.40	−10.00
天津	453.36	2.70	—	—	西藏	—	—	—	—
贵州	1896.60	9.50	254.47	13.20	新疆	1966.45	0.80	1011.02	5.20
湖北	4001.70	3.90	649.72	5.50	广西	2928.81	5.10	1525.20	11.40
四川	4365.70	2.90	845.40	4.80	陕西	1896.18	4.00	1713.96	5.10
内蒙古	1502.30	3.90	316.30	6.60	青海	170.02	2.20	1.29	−14.00
重庆	1875.13	5.30	408.69	8.70	总计	**73725.31**		**21967.40**	

* 湖南省 2016 年蔬菜产量根据 2015 年产量和 2016 年增长率计算得出;辽宁省 2015 年蔬菜增长率和水果增长率由 2015 年产量和 2016 年产量计算得出。

资料来源:根据各省份 2016 年国民经济与社会发展公报统计得出,"—"表示数据缺失。

[①]　国家统计局:《农业农村发展再上新台阶基础活力明显增强——党的十八大以来我国经济社会发展成就系列之三》,2017 年 6 月 22 日,http://www.stats.gov.cn/tjsj/sjjd/201706/t 20170622_1506090.html

2. 水果供应略有增长,基本满足市场需求

2016年,除青海、江西、辽宁、海南、江苏、山西6个省水果产量有所减少外,大部分省、自治区、直辖市的水果产量都有不同程度的增加,其中增幅最大的是黑龙江省,增长率高达27.9%(表1-1)。目前,我国水果生产主要集中在山东、河南、陕西、广东、河北、广西、安徽、新疆8个省份,水果年产量皆超过1000万吨。山东超越河南,成为我国水果产量最高的省份,2016年产量达到3255.4万吨,较上年增长1.1%,且产量远高于第二位的河南,高出1000万吨多。

(三) 畜产品

1. 主要畜产品基本满足市场需求

图1-3显示,2016年全国肉类总产量8540万吨,比上年下降1%。其中,猪肉产量5299万吨,下降3.4%;牛肉产量717万吨,增长2.4%;羊肉产量459万吨,增长4.2%;禽肉产量1888万吨,增长3.4%;禽蛋产量3095万吨,增长3.2%;牛奶产量3602万吨,下降4.1%。不同品种的畜产品较上年有增有减,以增为主,基本满足国内不断增长的市场需求。

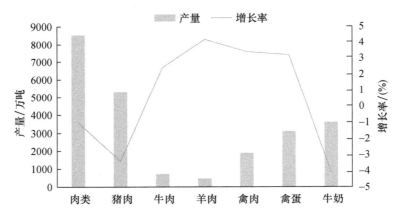

图1-3　2016年我国畜产品产量及增长率

资料来源:根据国家统计局:《中华人民共和国2016年国民经济和社会发展统计公报》整理。

2. 肉类产量有所下降

图1-4显示了2016年我国主要省份肉类总产量及其增长率。从图1-4中可以看出,肉类生产在各省份间呈现相对集中、不均衡分布的特征。一是肉类生产主要集中在部分省份。如,山东、河南、河北、辽宁、广东、广西等省区,肉类总产量都达到400万吨以上,是我国主要的肉类生产省份。二是肉类产量不均衡。如,山东省肉类总产量最高,达764.7万吨。而宁夏、青海、天津、山西、海南等省份的

产量只有几十万吨,尚不足陕西的十分之一。三是各省份的肉类总产量有增有减,总体呈下降趋势。其中,宁夏、内蒙古、新疆、福建、青海五个省、自治区产量增幅较大,分别为 5.7%、5.4%、4.4%、4.2% 和 3.9%;浙江、安徽、陕西、江苏、山西、海南等省份降幅较大,降幅分别为 9.9%、4.5%、3.9%、3.7%、3%、2.6%。由于人口数量、消费文化、地理环境与其他要素禀赋的差异,特别是随着结构性调整,未来肉类生产在不同省份之间相对集中和不均衡分布的状态将会长期持续。

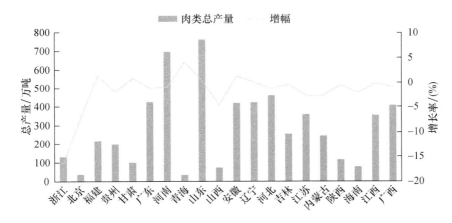

图 1-4 2016 年我国主要省份肉类总产量及其增长率

资料来源:根据各省份《2016 年国民经济与社会发展公报》整理统计得出,部分省份数据缺失。

3. 禽蛋与牛奶产量略有增长

伴随居民生活水平的提高,禽蛋、牛奶在我国居民食品消费结构中的比重不断上升,日益成为消费者日常生活中重要的食品种类。2016 年,我国禽蛋产量 3095 万吨,较 2015 年有所增长,增幅 3.2%;牛奶产量为 3602 万吨,较上年下降 4.1%。从总产量角度看,与肉类生产相似,禽蛋与牛奶的生产在各省份间也呈现不均衡分布的状态。山东、河南、河北、辽宁、江苏、安徽、吉林、黑龙江八个省份是禽蛋的主要生产省份,产量均超过 100 万吨,其中山东省产量最高,达 440.6 万吨;内蒙古、黑龙江、河北、河南、山东、陕西、新疆、辽宁和宁夏九个省、自治区是牛奶的主要生产省份,产量均超过 100 万吨,其中内蒙古自治区产量最高,高达 734.1 万吨。而青海、海南、宁夏、甘肃、贵州五个省、自治区的禽蛋产量较少,产量不足 20 万吨,不足产量最高的山东省的二十分之一。重庆、贵州、广西、江西、福建等省份的牛奶产量较少,均不足 20 万吨(见表 1-2)。

表 1-2　2016 年全国主要省(区、市)禽蛋、牛奶和水产品产量(单位:万吨,%)

省(区、市)	禽蛋		牛奶		水产品	
	产量	增长率	产量	增长率	产量	增长率
浙江	—	—	—	—	631.00	4.80
湖南	—	3.20	—	4.10	—	4.00
山东	440.60	3.90	268.40	−2.50	897.20	1.50
上海	—	—	26.04	−6.00	26.05	−10.70
江苏	198.50	1.20	59.00	−1.00	524.70	0.50
北京						
河北	388.50	4.00	440.50	−6.90	132.20	1.90
山西	89.10	2.10	95.10	3.50	5.20	−0.30
广东	—	—	—	—	875.36	2.00
福建	28.27	8.90	15.45	3.30	767.98	4.60
天津	20.63	2.10	68.02	0.00	40.18	0.10
贵州	18.30	5.60	6.39	3.10	28.99	16.10
湖北	—	—	—	—	470.84	3.30
四川	—	1.00	—	−7.00	145.40	4.90
内蒙古	58.00	2.80	734.10	−8.60	15.80	3.10
重庆	47.39	4.50	5.45	0.20	50.84	5.70
黑龙江	106.30	6.30	545.90	−4.30	—	—
河南	422.50	3.00	326.80	4.50	—	—
吉林	114.44	6.70	52.85	1.00	20.07	2.80
云南	26.40	1.80	56.90	3.50	100.05	6.7
宁夏	9.70	10.00	139.50	2.10	17.50	2.90
辽宁	287.60		143.10		521.50	
安徽	139.50	3.60	32.70	6.70	235.80	2.30
海南	4.83	10.20	—	—	214.64	3.50
甘肃	11.55	−1.20	63.77	6.50	1.53	2.70
江西	62.50	5.00	10.50	−8.40	271.60	2.80
西藏	—	—	—	—	—	—
新疆	36.13	10.70	156.08	0.20	16.16	6.70
广西	23.10	0.90	9.70	−3.90	361.52	4.60
陕西	59.32	2.20	189.14	−0.40	15.90	2.50
青海	2.39	5.80	33.00	4.80	1.21	13.90

* 福建省 2016 年禽蛋增长率由 2015 年产量和 2016 年产量计算得出。

资料来源:根据各省份《2016 年国民经济与社会发展公报》整理统计得出,"—"表示数据缺失。

（四）水产品

1. 不同层次的水产品产量均实现新的增长

2016 年,全国水产品产量 6901.25 万吨,比上年增长 3.01%。其中,海水产品产量 3490.15 万吨,增长 2.36%。淡水产品产量 3411.11 万吨,增长 3.68%。海水产品与淡水产品的产量比例为 50.6∶49.4,海水产品占水产品中的比重再次超过 50%。

图 1-5 显示,2016 年,养殖水产品产量 5142.39 万吨,同比增长 4.14%;捕捞水产品产量 1758.86 万吨,同比下降 0.16%。养殖产品与捕捞产品的产量比例为 74.5∶25.5,比重与上年基本持平。由此可见,我国水产品生产仍以人工养殖为主,比重超过 74%。养殖比重不断提高的原因主要在于,不断增长的水产品消费需求给生态环境和渔业可持续发展带来巨大威胁,世界各国都在加强对渔业资源的保护,纷纷通过人工养殖方式提高水产品产量以缓解日益严峻的过度捕捞问题。

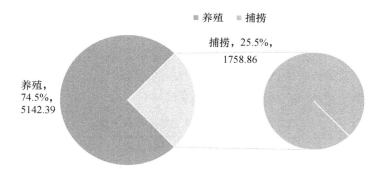

图 1-5　2016 年全国水产养殖产量　（单位:万吨）

资料来源:农业部渔业局:《2016 年全国渔业经济统计公报》。

2. 养殖产量增速高于捕捞产量

图 1-6 显示,2016 年,全国海水养殖和淡水养殖产量分别为 1963.13 万吨和 3179.26 万吨,同比增长 4.67% 和 3.82%。国内海洋捕捞和淡水捕捞产量分别为 1328.27 万吨和 231.84 万吨,同比增长 1.03% 和 1.79%。远洋渔业产量 198.75 万吨,同比下降 9.33%,占水产品总产量的 2.88%。淡水养殖产量依然远高于海水养殖产量,海洋捕捞产量依然远高于淡水捕捞产量。

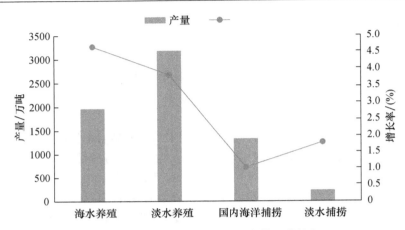

图 1-6　2016 年全国各类渔业产量及增长率

资料来源:农业部渔业局;《2016 年全国渔业经济统计公报》。

3. 不同类型水产品产量增速差异大

我国水产品主要包括鱼类、甲壳类、贝类、藻类、头足类等五大类。表 1-3 显示,2016 年鱼类产量依然最大,突破 4000 万吨;其次为贝类,为 1529.4 万吨;甲壳类和藻类的产量相对较少,分别为 712.21 万吨和 220.24 万吨。总体来看,除藻类产量有所下降外,其他水产品均有不同程度的增长。

表 1-3　2016 年全国主要水产品产量　　　　　　　　　　　　　（单位:万吨,%）

指标	海水养殖		淡水养殖		海洋捕捞		淡水捕捞		总产量
	产量	增长率	产量	增长率	产量	增长率	产量	增长率	
鱼类	134.76	3.06	2815.54	3.70	918.52	1.45	171.11	1.67	4039.94
甲壳类	156.46	9.04	284.42	5.71	239.64	−1.30	31.69	1.90	712.21
贝类	1420.75	4.59	26.61	1.49	56.13	0.96	25.91	1.99	1529.4
藻类	216.93	3.83	0.88	−0.94	2.39	−7.30	0.04	4.64	220.24

资料来源:农业部渔业局;《2016 年全国渔业经济统计公报》。

二、未来国内粮食和主要农产品生产与消费的态势

2016 年,中国农业供给侧结构性改革取得成效,农产品生产基本稳定,城乡居民消费需求提升,主要农产品进口量呈下降趋势。据中国海关统计数据显示,2016 年,我国谷物及谷物粉进口总量为 2199 万吨,与 2015 年同期相比下降32.8%,进口量有所回落。其中,玉米进口量为 316.8 万吨,较上年大幅下降33%,大豆进口总量高达 8391 万吨,同比增加 2.7%。由于缺乏全面、权威的数

据,难以对我国目前粮食与主要食用农产品的数量保障现状作出真实的评价。此章节主要依据农业部国际合作司的《2011—2016 年 1—12 月我国农产品进出口数据》,结合 2017 年 4 月中国社会科学院发布的《2016 年中国农业农村经济形势分析及 2017 年预测》,并综合其他相关资料,就我国粮食与主要农产品生产与消费的态势作出分析。

（一）稻麦供需基本平衡,进口保持稳定

2011—2016 年间,国内对进口大米、小麦的需求不断增加,进口数量逐年增加,但进口速度不断放缓。大米进口数量由 2011 年的 59.8 万吨增加到 2016 年的 356.2 万吨,增长了近 6 倍。小麦进口数量由 2011 年的 125.8 万吨增加到 2016 年的 341.2 万吨,增长了 2.7 倍(图 1-7)。大米、小麦进口数量持续增加的原因主要在于:一方面,中国对高端大米和优质小麦的确存在需求;另一方面,更深层次的原因在于国内稻谷、小麦生产成本不断提升,为保护农民利益和确保口粮安全,国家实施稻谷、小麦最低收购价格政策,国内稻谷、小麦价格不断上升,国内外差价不断扩大。根据农业部资料显示,2016 年 1—12 月,稻米国内价格均高于国际价格,国内外价差最低有 16.5%,最高达 31.3%。小麦国内价格也高于国际价格,且价差幅度更大,国内外价差幅度均超过 30%,最高达 39.2%。

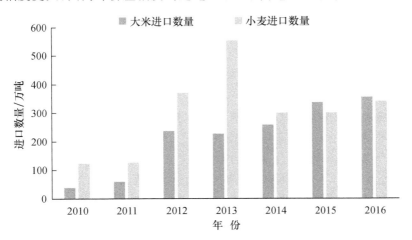

图 1-7 2010—2016 年间中国大米、小麦进口数量
资料来源:农业部:《2011—2016 年 1—12 月我国农产品进出口数据》。

（二）玉米进口需求锐减,种植面积逐步调减

"十二五"期间,我国玉米进口数量由 2011 年的 175.4 万吨增加到 2012 年的 520.8 万吨的历史峰值,2014 年回落至 259.9 万吨,2015 年又攀升至 473 万吨,2016 年再次回落到 316.8 万吨,同比下降 38%(图 1-8)。随着"镰刀弯"地区玉米结构调整的大力推进,玉米种植面积大幅调减,阶段性供应过剩矛盾得到初步解决,玉米去库存成效明显。2016 年,各地实施玉米调减计划,玉米种植面积 3676 万公顷,同比减少 136 万公顷,同比减少 3.8%;玉米产量为 21955 万吨,比 2015 年减少 2.3%。"十三五"期间,玉米种植面积将大幅调减,预计年均下降 1.8%,到 2020 年玉米面积将减至 3441 万公顷,产量将减至 20567 万吨。同期玉米工业消费和饲用消费将保持较快增长,预计年均增长 3%,到"十三五"期末的 2020 年玉米消费总量将增加到 22192 万吨,库存压力缓解,玉米价格回归市场。

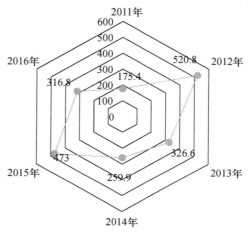

图 1-8　2011—2016 年间中国玉米进口数量　(单位:万吨)
资料来源:农业部;《2011—2015 年 1—12 月我国农产品进出口数据》。

(三)油料产量恢复性增长,大豆进口显著放缓。

2016 年,我国油料种植面积 1412 万公顷,增加 8 万公顷,油料产量达 3613 万吨,同比增长 2.2%。然而,由于油料作物种植面积扩大缓慢、产量提升有限,国内油料生产能力薄弱,导致产需缺口不断扩大,进口不断增加。2016 年,我国油料进口量 8952.9 万吨,同比增长 2.2%。其中,油菜籽进口 356.6 万吨,同比下降 20.2%,油菜籽进口下降,主要是由于国际油菜籽面积和产量均下降,同时国内油籽压榨工厂持续亏损,市场需求减弱。其次,2016 年豆类播种面积增加到 971 万公顷,产量增加到 1729 万吨,分别比上年增长 9.5% 和 8.8%。2011—2016 年间,我国大豆进口数量由 5264 万吨持续增加到 8391 万吨,同比增长 2.7%。但 2016 年增幅迅速跌落,比上年下降了 11.7 个百分点(图 1-9)。大豆进口增加主要受国际大宗商品价格普遍下跌及国内需求影响。"十三五"期间,由于技术进步、种植结构调整等原因,油料产量呈稳中有增态势,而大豆进口年均增长率将由"十二五"时期的 11.6% 降至"十三五"时期的 1.0%。预计在"十三五"期末的 2020 年油料产量将达到 4970 万吨。油菜籽进口量为 9193 万吨,大豆进口量为 8556 万吨。

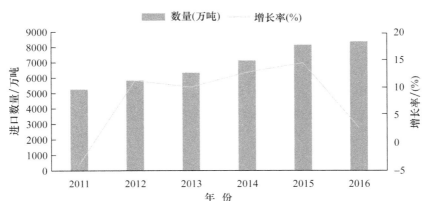

图 1-9　2011—2016 年间中国大豆进口数量

资料来源:农业部:《2011—2015 年 1—12 月我国农产品进出口数据》。

(四)菜、果、蛋、鱼产量稳步增长,国际贸易保持活跃

伴随居民收入水平逐步提升和消费结构的不断升级,国内消费者对国外水果、蔬菜、水产品等农产品的需求稳步增加。2011—2016 年间,我国蔬菜进口数量由 16.7 万吨逐步增加到 24.9 万吨,水果进口数量由 323.6 万吨逐步增加到 417.9 万吨,水产品进口量由 424.9 万吨回落到 404.1 万吨(图 1-10)。与过去 10 年相比,国内蔬菜、水果、水产品的产量增速明显放缓,蔬菜产量同比增长 2%、水果产量同比下降 6.8%、水产品产量同比下降 1.0%;"十三五"期间,蔬菜、水果、水产品的产量年均增速分别为 0.44%、1.37%、0.9%、1.3%,预计到 2020 年将分别达到 7.88 亿吨、2.92 亿吨、3142.66 万吨、7180.09 万吨。国际贸易方面,蔬菜、水果、水产品将继续保持传统优势农产品出口地位,预计到"十三五"期末的 2020 年蔬菜、水果和水产品的出口量将分别达到 1125 万吨、560 万吨、395.25 万吨。

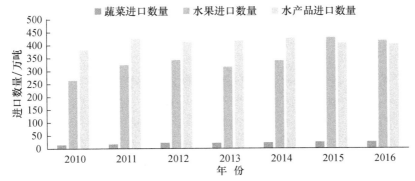

图 1-10　2011—2016 年间中国蔬菜、水果、水产品进口数量

资料来源:农业部:《2011—2016 年 1—12 月我国农产品进出口数据》。

（五）肉类产量略有下降,进口数量急剧增加

根据中国国家统计局公布的数据,2016 年我国肉类(猪肉、牛肉、羊肉和禽肉)总产量 8364 万吨,与上年相比下降 1.1%,除猪肉产量下降 3.4%外,牛肉、羊肉、禽肉呈不同程度的增长。未来 10 年,我国肉类产量年均增长率预计为 1.7%。肉类产量将从 2016 年的 8364 万吨增至 2026 年的 9909 万吨,增长 18.5%,年均增长率 1.7%,其中猪肉、禽肉、牛肉和羊肉的年均增速分别为 1.6%、1.7%、1.8%和 2.4%。在进口数量上,我国肉类(猪牛羊禽)进口量迅猛增加,数量高达 301.3 万吨,较 2015 年增长 60%(图 1-11)。受国内需求拉动以及国内外肉类差价影响,肉类进口量将继续保持高位。其中,猪肉趋降,禽肉进口基本稳定,牛肉进口趋增,羊肉进口量趋稳。受生产成本增加和需求拉动影响,未来肉类价格总体趋涨。在既定的经济政策、生产、消费和环境等条件下,疾病、畜牧业生产技术、消费习惯、国际市场贸易政策和形势等是影响未来中国肉类的产量和结构、消费、市场价格、贸易等的主要因素。

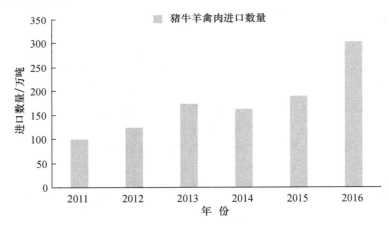

图 1-11　2011—2016 年间中国肉类进口数量
资料来源:根据农业部市场与经济信息司监测统计处的相关数据整理形成。

三、保障粮食数量安全的现实路径:水稻的案例

民以食为天。粮食安全关系国家命脉、人民福祉。中国是全球最大的粮食生产国和消费国,以占全球 7%左右的耕地养活了全球超过 20%的人口,因此保障粮食有效供给的任务尤为艰巨。虽然近些年中国粮食连年丰产,市场供应充足,当前粮食与主要食用农产品供应保障状况良好,但中国在粮食领域的损失、浪费现象严重。2013 年 2 月,国家粮食局局长任正晓在接受新华社记者采访时指出,中国粮食产后仅储藏、运输、加工等环节损失浪费总量就达 700 亿斤以上;2013 年 5

月,国家粮食局主办的粮食科技活动周所发布的相关数据显示,我国每年粮食产后损失浪费超过 1000 亿斤,占全国粮食总产量的 9% 以上,相当于 1.45 亿亩粮田产量。因此,减少粮食产后损失浪费就成为现阶段保障粮食与主要农产品安全供应的最现实的路径。本节主要以水稻收获环节粮食损失状况为案例展开分析。

(一)问题的提出

随着工业化、城镇化的快速推进,城乡居民食物消费结构的不断升级,我国未来粮食消费需求将继续呈刚性增长趋势。与此同时,有效耕地面积不足、水资源结构性短缺与农药使用效率边际递减、气候变化等因素对粮食生产与供给的刚性约束日益突出,保障我国粮食安全面临的压力日趋增大。习近平总书记指出,保障粮食安全对中国来说是永恒的课题,任何时候都不能放松。在我国粮食持续增产难度加大的背景下,优化粮食产后供应链,减少粮食产后环节的损失浪费,对实现习近平总书记提出的"我们的饭碗应该主要装中国粮"的目标具有重要意义。粮食安全的关键在于口粮,我国口粮的主体是水稻,水稻是我国最主要的粮食品种。水稻供求关系长期偏紧,减少水稻产后损失,对保障国内粮食有效供给具有重要意义。但我国水稻产后损失浪费问题相当严重,从生产到消费的每一环节都存在损失。我们在实际调查的基础上,估算了生产农户在水稻产后收获环节的损失状况,并就降低水稻产后收获环节的损失状况提出建议。

(二)调查方案

江南大学等国内多个单位共同承担了 2015 年国家粮食公益性行业科研专项项目"粮食产后损失浪费调查及评估技术研究"。为了调查水稻产后收获环节的损失状况,调查组针对性地选取了东部的江苏、浙江、广东,中部的湖北、湖南、安徽、江西,西部的四川、广西和东北的黑龙江等 10 个省份作为抽样区域。之所以调查上述 10 个省份,主要是考虑到这 10 个省份的水稻产量占全国水稻总产量的比重在 79% 左右,而且均为我国水稻生产大省,基本覆盖中国各大地区,且跨越了华南、华中、华北、西南、东北单季稻五大稻作区,兼顾了经济社会发展水平、气候地形、农地资源禀赋等方面的差异性,在空间分布上具有较好的代表性。

调查的对象是水稻生产农户(即以家庭为生产单位的农户,不包括其他农业生产组织)在水稻产后收获环节的损失状况。调查采用分层抽样的方式,在确定的上述 10 个省份内,根据人均农业收入水平对每个省份的所有县依次进行排序,自高向低分为 5 组不同层次,并在每个层次中随机抽取 1 个县。确定样本县后同样按照人均农业收入水平,从样本县内抽取 5 个行政村作为抽样点,最后在每个样本村随机抽取 4~5 个水稻生产农户开展进村入户的问卷调查。表 1-4 是受访者基本人口信息特征。表 1-4 中显示,在 957 个受访者中,男性占 54.96%,比例略高于女性,与我国农村地区以男性为家庭主要劳动力的现实相符合。户主年龄、文化程度的分布上以 46~55 岁、初中为主体,分别占样本量比例的 41.27% 和

38.56%；家庭年均收入、家庭经营收入占比和家庭规模分别以 3～6 万元、40%～59% 和 4 人为主体，分别占样本量的 38.87%、34.79%、38.24%。与此同时，47.23% 的受访者表示农闲时期会在周边城镇兼业务工。总体来看，受访者的性别比例、年龄分布、文化程度、家庭年均收入水平和家庭规模等指标与中国国家统计局人口普查情况基本吻合，说明样本具有一定的代表性。

为确保问卷调查的有效性，调查组对问卷的效度进行了检验，验证了问卷的有效性。同时，为了验证调研样本数据的可靠程度，在调查结束后，调查组就问卷的信度进行检验，证实了问卷内部的一致性、可靠性和稳定性符合规范的要求。

表 1-4 受访者的基本统计特征　　　　　　　　（单位：人，%）

特征描述	具体特征	频　数	有效比例
户主性别	男	526	54.96
	女	431	45.04
户主年龄	35 岁及以下	64	6.69
	36～45 岁	160	16.72
	46～55 岁	395	41.27
	56～65 岁	284	29.68
	66 岁及以上	54	5.64
户主文化程度	小学及以下	209	21.84
	初中	369	38.56
	高中（包括中等职业）	255	26.64
	大专及以上	124	12.96
户主务工与否	是	452	47.23
	否	505	52.77
家庭年均收入	3 万元及以下	296	30.93
	3～6 万元	372	38.87
	6～10 万元	207	21.63
	10 万元以上	82	8.57
家庭经营收入占比	20% 以下	88	9.20
	20%～39%	197	20.59
	40%～59%	333	34.79
	60%～79%	301	31.45
	80% 及以上	38	3.97
家庭规模	1～2 人	53	5.54
	3 人	282	29.47
	4 人	366	38.24
	5 人及以上	256	26.75

（三）水稻产后收获环节损失率的总体估算

1. 水稻收获损失率的估计方法

设第 N 个（$N=1,2,3,\cdots,n$）省级单位包括 X_k 个初级单元（市/县），各初级单元包括 Y_j 个二级单元（行政村），各二级单元又包含 Z_{ij} 个三级单元（农户）。各阶段抽样数目分别记为 x_h,y,z。则每一级单元被抽中的概率为 M_i、M_{ij}、M_{iju}，它们分别满足：

$$\sum_{i=1}^{X_h} M_i = 1; \quad \sum_{j=1}^{Y_i} M_{ij} = 1; \quad \sum_{u=1}^{Z_{ij}} M_{iju} = 1 \tag{1-1}$$

单个农户水稻收获损失量记为 Rice-Loss_{iju}，单个农户水稻产量为 Rice-Yield_{iju}，并设单个农户水稻收获损失率为 RHL_{iju}，则：

$$\text{RHL}_{iju} = \frac{\text{Rice} - \text{Loss}_{iju}}{\text{Rice-Yield}_{iju}} \tag{1-2}$$

第 N 个省被调查农户水稻收获损失总量记为 Rice-Loss_n，被调查农户水稻总产量为 Rice-Total_n，则：

$$\text{Rice-Loss}_n = \sum_{i=1}^{X_h} \sum_{j=1}^{Y_i} \sum_{u=1}^{Z_{ij}} \text{Rice-Loss}_{iju};$$

$$\text{Rice-Total}_n = \sum_{i=1}^{X_h} \sum_{j=1}^{Y_i} \sum_{u=1}^{Z_{ij}} \text{Rice-Yield}_{iju};$$

$$\text{Rice-Loss}_n = \sum_{i=1}^{X_h} \sum_{j=1}^{Y_i} \sum_{u=1}^{Z_{ij}} \text{Rice-Loss}_{iju};$$

$$\text{Rice-Total}_n = \sum_{i=1}^{X_h} \sum_{j=1}^{Y_i} \sum_{u=1}^{Z_{ij}} \text{Rice-Yield}_{iju} \tag{1-3}$$

第 N 省级区域农户水稻收获损失率设为 RHL_n，则有：

$$\text{RHL}_n = \frac{\text{Rice-Loss}_n}{\text{Rice-Total}_n} \tag{1-4}$$

全国地区十大样本省被调查农户水稻收获损失总量记为 Rice-SumLoss，被调查农户水稻总产量为 Rice-SumTotal，则：

$$\text{Rice-SumLoss} = \sum_{i=1}^{n} \text{Rice-Loss}_n;$$

$$\text{Rice-SumTotal} = \sum_{i=1}^{n} \text{Rice-Total}_n \tag{1-5}$$

设全国地区农户水稻收获损失率为 RHL_T，则有：

$$\text{RHL}_T = \frac{\text{Rice-SumLoss}}{\text{Rice-SumTotal}} \tag{1-4}$$

2. 水稻产后收获环节损失率总体的估算结果

根据上述公式,可计算出各样本省及全国平均水稻收获损失率,同时,还可以依据水稻收获损失程度的区间划分,反映各样本省损失率的分布情况。各地区农户水稻收获损失率及区间分布表、样本省份水稻收获损失率见表1-5。

表1-5 样本省份农户水稻收获损失率及区间分布

损失率 省份	水稻收获 损失率 /(%)	水稻收获损失率的区间分布					
		2%以下	2%~3%	3%~4%	4%~5%	5%~6%	6%及以上
黑龙江	2.54	18.70	18.91	31.55	11.76	10.79	8.29
江苏	2.95	14.47	19.85	26.29	16.07	12.42	10.89
浙江	3.07	9.19	19.92	28.36	22.19	9.46	10.89
广东	3.14	12.23	16.75	21.47	20.59	15.78	13.19
湖北	3.25	11.65	9.85	33.75	21.33	12.48	10.95
湖南	3.22	11.17	15.68	26.79	15.27	15.78	15.31
安徽	3.30	12.12	14.51	26.14	23.01	13.39	10.84
江西	3.61	5.85	17.81	32.11	11.02	15.78	17.44
广西	3.84	7.49	8.81	36.87	20.28	11.44	15.12
四川	3.53	12.15	12.21	28.72	21.49	13.38	12.06
全　国	3.25	11.50	15.43	29.20	18.30	13.07	12.50

综合上述研究,可以推算出全国生产农户水稻产后收获环节的平均损失率大体在 3.25% 的水平上。假设我国水稻由以家庭为单位的农户生产,由此估算出2007—2016 年 10 年间我国水稻生产农户在收获环节的水稻损失量约 5812 万吨,平均每年损失达 580 万吨左右。按照发展中国家人均消费粮食(口粮)约 231 公斤的标准计算,在 2007—2016 年的十年间,水稻收获环节损失的数量平均每年可以满足约 2500 万人口的口粮需求,减损潜力相当可观。考虑到近年来我国家庭农场、农业合作组织与农业生产企业发展迅速,水稻产后收获环节每年的损失量可能要小于 580 万吨。

(四)不同省份水稻产后收获环节损失率的比较与影响因素

1. 损失率的比较

综合所调查的 10 个样本省份水稻产后收获损失率的情况,发现省际存在着一定的差异性,并呈现出两个特点:一是由北向南来看,东北部省份水稻产后收获环节的损失率低于南部省份;二是从东向西看,东部省份水稻产后收获环节的损失率低于中部,而中部省份的损失率低于西部。具体而言:

(1)黑龙江省的损失率最低。黑龙江省作为我国东北部地区的典型水稻生产大省,产后收获环节的损失率在所有 10 个样本省份中最低,其均值仅为 2.54%。东北地区土地宽阔平整,农业规模化经营状况良好,水稻机械化收获程度高,对降低水稻产后综合损失率起到了重要作用。

(2)江苏省、浙江省和广东省的损失率略低于平均水平。东部沿海省份中江苏、浙江和广东的水稻产后收获损失率分别为 2.95%、3.07% 和 3.14%,三个省份的平均损失率为 3.06%,低于全国平均水平。江苏、浙江和广东经济相对发达,农村发展进入了快速转型升级的新阶段,水稻收获的机械化水平比较高,并通过土地流转,进行地块整合、土地整治,发展适度规模化经营,降低了土地的细碎化程度。

(3)中西部省份的损失率高于平均水平。中部省份中湖北、湖南、安徽和江西的水稻产后收获损失率依次为 3.25%、3.22%、3.30% 和 3.61%,平均损失率为 3.34%,略高于全国平均水平。西南地区的广西、四川两省份水稻产后收获损失率为 3.84% 和 3.53%,平均损失率为 3.68%,显著高于全国平均水平。湖北、湖南、安徽和江西人均农地资源禀赋接近全国平均水平,但农村转移劳动力规模较大,而广西、四川降水相对较多,人均农地资源禀赋相对较少,山区丘陵地带相对较密,耕地的细碎化程度相对较高,影响了机械化水平的提升,这些均不同程度地提高了水稻在产后收获环节的损失率。

2. 影响农户水稻产后收获环节损失的主要因素

基于国内外文献,并从中国水稻生产体系的实际出发,本研究选择了农户基本特征、生产经营特征和收获作业特征的三大类共 16 个影响因素(变量)作为解释变量,以识别出影响农户水稻产后收获损失的主要因素。研究结果表明:

(1)农户家庭的经济收益预期。研究表明,水稻生产农户家庭户主务工与否、水稻生产经营收入占家庭收入的比重这两个因素影响水稻产后收获环节的损失率。主要原因是,生产农户作为“经济人”,农村劳动力市场上价格的变化影响其水稻生产经营的机会成本。农户为确保自身经济收益最大化,总是基于成本收益的比较来安排农业生产的规模和方式。当农户通过劳动努力减少产后收获损失所获得的经济收益不足以弥补外出务工预期的机会成本时,农户就会牺牲水稻收获环节的收益,由此扩大了损失率。与此同时,当家庭收入主要依靠农业生产时,农户就比较关注水稻在收获环节的损失。但随着城镇化的深入发展,农户兼业化现象越发普遍,纯农户的比例不断降低。当农户兼业化带来的经济收益预期超过减少收获损失所得的经济收益时,农户就不会精益求精,由此难以有效控制水稻产后收获环节的损失率。

(2)水稻生产条件与生产经营规模。研究发现,农户水稻收割的机械化水平、耕地细碎化程度与家庭水稻的种植规模等三个因素影响水稻产后收获环节的损失率。主要的原因是,基于经济收益的考量,种植规模越大的水稻生产农户具有包括收获环节在内的生产经营全过程中努力降低损失的内在动力。如果机械化水平比较高,农户借助机械化收割设备可以更有效地降低水稻产后的收获损失。但如果种植水稻的耕地过于细碎化或狭小不规则,则不利于农户水稻生产技术效率的提高,往返收获的时间和成本就会扩大,增加了收获的难度系数,农户降低水稻收获损失所耗费的劳动成本将会大大提高。

（3）水稻产后收获时的作业特征。研究显示,水稻是否适时收获、作业精细度、收获时的人手富裕度、收获期间天气状况等四个因素影响水稻产后收获环节的损失率。主要原因是,农户减少水稻产后收获环节损失的意愿取决于降低损失的成本与收益的主观判断。农户对减少水稻产后收获损失的收益主观判断越高,则将适时收获、安排必要的劳动力,并努力提高收获作业的精细度,水稻产后收获环节损失将会越少。同时也由农业生产的自然属性所决定。收获期间恶劣的天气状况扩大了水稻的倒伏面积,大大增加了收割难度。而且不良的天气状况往往耽误了水稻的最佳收获期,使田间铺晒的水稻更容易发霉变质。当恶劣天气难以抗拒时,农户将放任由此带来的损失。

（五）降低农户水稻产后收获环节损失的建议

2012 年以前,我国大米进口量总体变化不大,年进口量大体在 25 万～75 万吨之间。但从 2012 年开始,我国大米进口量大幅增加,当年达到了 237 万吨。此后,进口量一路攀升,2016 年大米进口量达到了 356 万吨的历史新高。由于中国大米贸易伙伴有限,未来国内大米生产与供应将长期处于紧平衡状态。因此,作为 60％以上人口选择以大米为主粮的国家,减少水稻产后损失浪费对确保我国粮食安全尤为重要。收获作为水稻产后的第一个环节,在降低水稻产后损失浪费中具有特殊的地位。综合水稻收获环节损失的主要因素,反映了城镇化背景下,分散的小农生产难以有效提高水稻产后收获作业的效率,为此,可以从以下几个方面出发：

1. 形成有利于降低水稻产后损失的微观基础

以家庭为单位的农业生产仍然是我国当下农业生产的基本方式。伴随工业化、城镇化的新发展,农户家庭人员就业多样化、职业兼业化程度不断提高仍然是未来的基本走势。在此背景下,如果以老年人和妇女为农业生产主体的经营方式将继续加剧农业的粗放式发展,新技术难推广,机械化水平难提高,难以有效地降低产后收获环节的水稻损失。改革的基本思路是,在坚持市场化原则的前提下,通过政府引导、鼓励农户间的自愿重组,发展多元生产经营主体,培育新型职业农民,构建有利于降低水稻产后损失率的微观基础。主要是因地制宜,培育专业大户和家庭农场,发展农民专业合作社,做大做强农业龙头企业,发展适度规模化经营,努力培育新型职业农民。这应该成为顺应中国农村工业化、城镇化发展大势,保障水稻有效供给的必由之路。

2. 形成有利于降低水稻产后损失的基本生产条件

以家庭为生产经营单位的农户尤其是兼业化农户、农业生产经营收入占家庭总收入比重低的农户、水稻种植面积少的农户,对降低水稻损失的经济收益有一个基本的预期,并没有降低水稻产后损失的内在动力。在我国现有的农业生产经营制度下,在确保农户土地收益的前提下,加快土地流转,推进适度规模经营,是保障水稻生产供给的基本路径。因此,各地要从实际出发,在水稻集中生产区域,以兼职化农户、家庭生产农户、小规模农户为重点,加快土地流转,并以建设专业化生产区为依托,实施综合开发、土地整理、水利工程等建设项目,推进高标准农田建设,形成集中连片、相对平整、设施良好的水稻生产区域,形成规模化、专业化、机械化的水稻生产条件。

3. 提升有利于降低水稻损失的社会化服务体系

社会化服务体系既是尊重农业生产自然属性的客观要求,也是促进水稻生产规模化、机械化的内在需要,对降低水稻产后损失具有重要的作用。在县级政府统一规划下,以水稻生产集中产业区为单元,健全水稻病虫监测和预报系统,完善病虫害发布机制,构建新型植物保护体系。扶持建设稻区水稻生产专业服务站和流动服务点,完善现有基层的技术推广体系。继续加大水稻生产机械化设备购置补贴和报废更新的投资力度,特别是要加大对贫困地区、丘陵山区农民购置水稻机械化设备的补贴力度,提高水稻收获环节的机械化水平。扶持发展水稻机械化设备专业合作社、维修厂(点)等社会化服务组织,增强水稻机械化设备的社会化服务能力。加大地方财政投入,加强水稻机械化设施机耕道路建设,解决因"最后一公里"不通制约机械化作业的问题。

第二章 2016 年主要食用农产品安全质量状况与监管体系建设

本章主要在第一章的基础上,重点对我国主要食用农产品安全质量状况进行考察。考虑到农产品品种多而复杂,本章的研究主要以蔬菜与水果、畜产品和水产品等我国居民消费最基本的农产品为对象,基于农业部发布的例行监测数据来展开具体的分析。与此同时,考察 2016 年食用农产品质量安全监管体系建设的新进展,客观分析我国食用农产品质量安全中存在的主要问题。

一、基于例行监测数据的主要食用农产品质量安全状况

2016 年,农业部在全国 31 个省(自治区、直辖市)152 个大中城市,按季度组织开展了 4 次农产品质量安全例行监测,共监测 5 大类产品 108 个品种 94 项指标,抽检样品 45081 个,总体抽检合格率为 97.5%,比上年上升 0.4 个百分点。其中,蔬菜、水果、茶叶和水产品抽检合格率分别为 96.8%、96.2%、99.4% 和 95.9%,分别比上年上升 0.7、0.6、1.8 和 0.4 个百分点;[①]畜禽产品抽检合格率为 99.4%,其中瘦肉精抽检合格率为 99.9%,均与上年持平。全国食用农产品例行监测总体合格率自 2012 年首次公布该项统计以来已连续 5 年在 96% 以上的高位波动,质量安全总体水平呈现"波动上升"的基本态势,但是不同品种农产品的质量安全水平不一。[②]

(一)蔬菜

农业部蔬菜质量主要监测各地生产和消费的大宗蔬菜品种。对蔬菜中甲胺磷、乐果等农药残留例行监测结果显示,2016 年蔬菜的检测合格率为 96.8%,较 2015 年上升 0.7 个百分点。图 2-1 显示,自 2005 年以来我国蔬菜的检测合格率虽有局部的波动,但总体上是处于上升态势,农药残留超标情况实现了明显好转,并且自 2008 年以来,全国蔬菜产品抽检合格率连续 9 年保持在 96% 以上的高位波动,其中 2012 年检测合格率达到历史峰值,2013 年、2014 年、2015 年略有下降,

---

① 农业部发布 2016 年农产品质量安全例行监测信息。http://news. xinhuanet. com/politics/2017-01/07/c_129435663. htm

② 吴林海等:《中国食品安全发展报告(2012—2015)》,北京大学出版社 2012—2016 年版。

2016 年略有上升,这表明我国蔬菜产品中农药残留超标状况得到了有效控制,蔬菜产品质量总体上呈现稳定向好的基本态势。未来随着农产品监管部门对农药施用监管力度的持续强化,农药残留监测标准的严格实施,稳步提高蔬菜产品质量安全水平仍有一定空间。

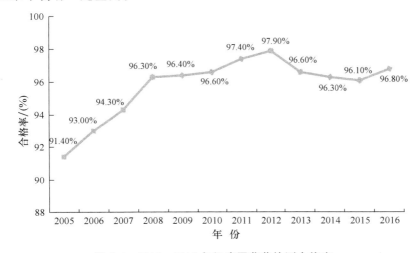

图 2-1 2005—2016 年间我国蔬菜检测合格率
资料来源:农业部历年例行监测信息。

(二)畜产品

农业部对畜禽产品主要监测猪肝、猪肉、牛肉、羊肉、禽肉和禽蛋等。对畜禽产品中"瘦肉精"以及磺胺类药物等兽药残留开展的例行监测结果显示,2016 年畜禽产品的监测合格率为 99.4%,与 2015 年持平,但较 2005 年提高了 2.2 个百分点,且自 2009 年起已连续 8 年保持在 99% 以上的高位水平(图 2-2)。这表明我国畜禽产品的总体质量基本稳定。对备受关注的"瘦肉精"污染物的监测结果表明,2016 年生猪瘦肉精污染物抽检合格率为 99.9%,与上年持平,且较 2005 年提高了 2 个百分点,呈现稳中有升趋势。这表明我国"瘦肉精"污染得到明显改善,城乡居民不必再"谈猪色变"。

(三)水产品

农业部对水产品主要监测对虾、罗非鱼、大黄鱼等 10 多种大宗水产品。对水产品中的孔雀石绿、硝基呋喃类代谢物等开展的例行监测结果显示,2016 年水产品检测合格率为 95.9%,较 2015 年提高了 0.4 个百分点,但在五大类农产品中合格率最低,涨幅成效也为最小(图 2-3)。虽在一定程度上受到监测范围扩大、参数增加等因素影响,水产品合格率自 2006 年开始上升,到 2009 年达到高峰 97.2%,但自 2012 年开始回落,2014 年降到低谷 93.6%。虽然近两年来合格率有所上升,但暴露出我国

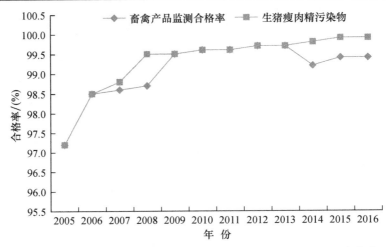

图 2-2　2005—2016 年间我国畜禽产品、瘦肉精污染物例行监测合格率
资料来源:农业部历年例行监测信息。

水产品质量安全水平稳定性不足,处于低水平稳定的状态。稳定并逐步提高水产品质量安全水平仍应引起水产品从业者以及水产品监管部门的高度重视。

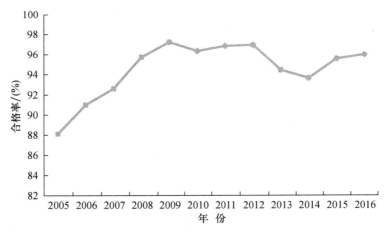

图 2-3　2005—2016 年间我国水产品质量安全总体合格率
资料来源:农业部历年例行监测信息。

(四) 水果

　　农业部对水果中的甲胺磷、氧乐果等农药残留开展的例行监测结果显示,2016 年水果的合格率为 96.2%,较 2015 年上升 0.6 个百分点,自 2008 年以来总体处在 96% 以上的高位水平,但 2016 年较 2012 年顶峰水平 97.9% 时仍回落了

1.7 个百分点。图 2-4 描述了 2005 年以来我国水果监测合格率趋势图,可以看出我国水果质量安全水平平稳向好,但近年来仍有一些问题需要解决。

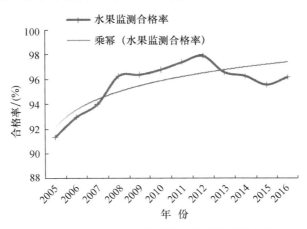

图 2-4　2005—2016 年间我国水果例行监测合格率
资料来源:农业部历年例行监测信息。

(五) 茶叶

对茶叶中的氟氯氰菊酯、杀螟硫磷等农药残留开展的例行监测结果显示,2016 年茶叶的合格率为 99.4%,较 2015 年提高 1.8 个百分点。但从图 2-5 中可以看出,茶叶的合格率从 2006 年以来一直处于高位水平,且表现出向好趋势,但是合格率的波动幅度远大于其他大类产品。这也表明着我国茶叶质量安全水平仍不稳定,存在较大高位维稳空间。

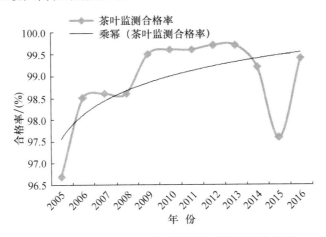

图 2-5　2005—2016 年间我国茶叶例行监测合格率
资料来源:农业部历年例行监测信息。

二、食用农产品质量安全监管体系建设进展

食用农产品质量安全是食品安全的源头,事关人民群众身体健康和生命安全,事关农业农村经济可持续发展和全面建成小康社会目标实现。[①] 2016 年是全面建成小康社会决战决胜阶段的重要之年,也是供给侧结构性改革的攻坚之年和"十三五"规划的开局之年。继续做好农产品质量安全监管工作,巩固平稳向好的发展态势,任务艰巨、责任重大。各级政府继续高度重视农产品质量安全问题,努力衔接并协调保持《农产品质量安全法》和新《食品安全法》两法并行,努力促使农产品质量安全监管横向到边、纵向到底,形成一个完整的体系。同时,将农产品质量安全监管与农业产业发展、现代农业建设紧密结合起来,坚持执法监管和标准化生产"两手抓""两手硬",逐步探索出一套符合中国国情和农情的监管模式,推进监管能力和制度机制建设,切实保障农产品消费安全,努力确保不发生农产品重大质量安全事件。

(一) 监管体系不断完善

食用农产品质量安全监管体系是一个国家食品安全管理水平的重要标志。我国食用农产品质量安全监管体系建设起步较晚,始于 20 世纪 80 年代。经过 30 余年的努力,我国已初步建成相对完备的监管体系。2016 年,我国食用农产品质量安全监管体系得到进一步优化。

1. 监管机构逐步健全

农产品质量安全关系公众身体健康和农业产业发展,是农业现代化建设的重要内容。截止到 2016 年年底,全国所有省、自治区、直辖市、86% 的地市、75% 的县(区、市)、97% 的乡镇建立了农产品质量安全监管机构,落实监管人员 11.7 万人。31 个省、自治区、直辖市、276 个地市和 2332 个县(区、市)开展了农业综合执法。组织开展全国农产品检测技术比武练兵活动,不断提高执法检测的能力和水平。深化实施全国农产品质量安全检验检测体系建设规划,国家和地方已安排投资 130 亿元,支持建设部、省、地、县四级农产品质检机构 3332 个,其他质检机构 1821 个(图 2-6),落实检测人员 3.5 万人,每年承担政府委托检测样品量 1260 万个。

2. 农产品质量安全县创建活动深入推进

根据国务院统一部署,2016 年农业部继续深入开展国家农产品质量安全县创建活动,以"菜篮子"产品主产县为重点,"产""管"并举,推动各地落实属地管理责任,探索建立有效的监管模式,以点带面,整体提升农产品质量安全监管能力和水

---

① 农业部:《国家农产品质量安全县创建活动方案(农质发[2014]15 号)》,农业部网站,2014 年 11 月 28 日,http://www.moa.gov.cn/govpublic/ncpzlaq/201411/t20141128_4256375.htm

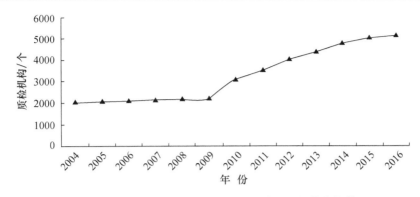

图 2-6　2004—2016 年间我国农产品质检机构数量变化情况
资料来源:农业部历年例行监测信息。

平。在创建内容上,主要围绕化学投入品监管、标准化生产、打击违法违规行为、监管体系建设、制度机制创新等 8 个方面开展,突出了责任落实、全程监管、能力提升和社会共治。在创建方式上,按照国家定标准、县创、省评、部公布征询意见的方式确定。在考核评价上,由工作考核、质量安全水平和群众满意度三部分组成,引入第三方评价机制,让数据说话、让群众说了算。

自 2014 年创建活动开展以来,各级农业部门以农产品质量安全县创建为抓手,落实责任,加大投入,创新机制,大力推进标准化生产和法制化监管,取得了积极进展和成效。2016 年,农业部命名首批北京市房山区等 103 个县为"国家农产品质量安全县",山东省威海市等 4 个市为"国家农产品质量安全市"(表 2-1、表 2-2)。据统计,平均每个县三级监管人员数量由创建前 200 多人增加到 400 多人,每年财政预算由 30 万元增加到 200 万元,农产品定量检测数量由 300 个增加到 800 个,培训监管人员 1200 人次。平均每个试点县监管人员数量由创建前 200 多人增加到 400 多人,质量安全县的监测合格率达 99.3%、群众满意度达 90%,比创建前分别提高 2 个和 20 个左右百分点。目前,北京、上海、浙江等省、直辖市提出整建制推动农产品质量安全创建。30 个省同步开展省级创建工作,已创建省级质量安全县 477 个。试点县可以探索建立行之有效的农产品质量安全监管模式,努力打造标准化生产、全程监管、监管体系建设、社会共治的样板区,示范带动地方全面提升农产品质量安全监管能力和水平。下一步,农业部门将巩固创建成果,把质量安全县打造为标准化生产、全程监管、体系建设、社会共治的样板区,总结推广好经验好做法,同时扩大创建范围,2017 年将再确定 200 个创建试点单位,力争"十三五"末覆盖所有"菜篮子"产品主产县,带动农产品质量安全工作迈上新台阶。

表 2-1　第一批国家农产品质量安全县名单

省(区、市)	质量安全县(市、区)	省(区、市)	质量安全县(市、区)
北京市	房山区、平谷区	广东省	高明区、翁源县、梅县区、陆丰市
天津市	静海县、武清区	广西壮族自治区	富川县、武鸣区、平乐县
河北省	滦平县、玉田县、曹妃甸区、围场县	海南省	琼海市、澄迈县
山西省	新绛县、太谷县、怀仁县	重庆市	荣昌县、潼南县、垫江县
内蒙古自治区	喀喇沁旗、阿荣旗、扎赉特旗	四川省	安县、苍溪县、西充县、邻水县
辽宁省	法库县、大洼县、朝阳县、东港市	贵州省	遵义县、印江县、罗甸县
吉林省	敦化市、榆树市、公主岭市	云南省	凤庆县、元谋县、砚山县
黑龙江省	阿城区、宁安市、龙江县	西藏自治区	白朗县
上海市	浦东新区、金山区	陕西省	阎良区、洛川县、富县
江苏省	张家港市、建湖县、姜堰区、海门市	甘肃省	永昌县、靖远县
浙江省	余杭区、衢江区、嘉善县、德清县	青海省	湟中县、互助县
安徽省	太湖县、宣州区、金寨县、和县、长丰县	宁夏回族自治区	永宁县、利通区
福建省	尤溪县、云霄县、福清市、福鼎市	新疆维吾尔自治区	昌吉市、伊宁县、疏附县
江西省	永修县、新干县、新建县	新疆生产建设兵团	一师十团
山东省	商河县、广饶县、寿光市、沂南县、成武县	大连市	瓦房店市
河南省	内黄县、新野县、汝州市、修武县	青岛市	胶州市
湖北省	江夏区、五峰县、云梦县、潜江市、松滋市	宁波市	奉化市
湖南省	东安县、常宁市、君山区、浏阳市		

表 2-2　第一批国家农产品质量安全市名单

省(区、市)	质量安全市	省(区、市)	质量安全市
山东省	威海市	四川省	成都市
广东省	云浮市	陕西省	商洛市

3. 风险评估能力明显提升

我国农产品质量安全监管和风险评估体系经过十几年自上而下的组织管理体系的构建和发展,形成了四级风险评估研究和监管体系,实现了对食用农产品从"农田到餐桌"的全程质量安全管理。这两个分别由卫生部门和农业部门牵头负责管理实施的质量安全风险控制体系构成了中国人餐桌上的安全保障。近年来,根据《农产品质量安全法》《食品安全法》和《食品安全法实施条例》规定,农业部全面推进农产品质量安全风险评估工作,健全风险评估体系,建有 1 个国家农产品质量安全风险评估机构(在中国农业科学院农业质量标准与检测技术研究所挂靠)、100 家专业性或区域性风险评估实验室、145 家主产区风险评估实验站和10000 多个风险评估实验监测点。

国家农产品质量安全风险评估体系是以国家农产品质量安全风险评估机构为龙头,以农业部专业性和区域性农产品质量安全风险评估实验室为主体,以各主产区农产品质量安全风险评估实验站和农产品生产基地质量安全风险评估国家观测点为基础。重点围绕"菜篮子""果盘子""米袋子"等农产品,从田间到餐桌全程的每个环节进行跟踪调查,发现问题,针对隐患大、问题多的环节进行质量安全风险评估。评估对象有蔬菜、果品、茶叶、食用菌、粮油产品、畜禽产品、生鲜奶、水产品等。对农产品生产过程中的病虫害发生状况及农药、植物生长调节剂等化学品使用种类、次数、浓度等进行详细调查并进行样品采集,对农药残留及其他植物调节剂进行检测分析,对农产品的收、贮、运等各个环节进行质量安全风险评估。2016 年度国家农产品质量安全风险评估财政专项,共设 15 个评估专项,37个评估项目;组织开展四次例行监测,全年各级农业部门定量检测抽检样品 90 余万个,为科学监管提供有力支撑(表 2-3)。对例行监测没有覆盖的粮食、油料、水生蔬菜等重要农产品开展专项监测,实施农药及农药残留、兽药及兽药残留、饲料及饲料添加剂、水产品药物残留四个监控计划,同时设立农产品质量安全风险隐患基准性验证评估项目、农产品质量安全突发问题应急处置项目和农产品质量安全风险交流项目。

表2-3   2012—2016年间我国农产品质量安全风险评估发展情况

发展情况	2012年	2013年	2014年	2015年	2016年
重要事件	建立国家农产品质量安全风险评估制度	着手编制全国农产品质量安全风险评估体系能力建设规划	认定首批主产区风险评估实验站；全面推进风险评估的项目实施	设立农产品质量安全风险评估财政专项	将"菜篮子"和大宗粮油产品全部纳入风险评估范围
风险评估实验室数量	65个（专业性36个，区域性29个）	88个（专业性57个，区域性31个）	98个（专业性65个，区域性33个）	100个（专业性67个，区域性33个）	107个（专业性72个，区域性35个）
风险评估项目实施	对21个专项进行风险评估	对9大类食用农产品中的十大风险隐患进行专项风险评估	对12大类农产品进行专项评估、应急评估、验证评估和跟踪评估	对14个评估总项目，34个评估项目进行专项风险评估	15个评估专项，37个评估项目；组织开展四次例行监测

资料来源：根据中央1号文件、农业部农产品质量安全监管相关文件整理而得。

5. 可追溯平台建设取得突破性进展

食用农产品质量安全追溯是一种有效管用的监管模式，它能及时发现问题、查明责任，防止不安全产品混入。近年来，农业部以及部分省、市在种植、畜牧、水产和农垦等行业开展了农产品质量安全追溯试点工作。但试点相对分散、信息不能共享，难以发挥应有的作用。2014年，经国家发改委批准，我国农产品质量安全可追溯体系建设正式破题，纳入《全国农产品质量安全检验检测体系建设规划（2011—2015）》，总投资4985万元。农业部已增设追溯管理部门，国家级农产品质量安全追溯管理信息平台和农产品质量安全追溯管理信息系统即将进入正式建设阶段。2016年1月27日，国家农产品质量安全追溯管理信息平台建设项目正式由国家发展和改革委员会以发改农经[2015]625号批准建设，并进行国内公开招标。2016年3月1日，农业部对项目进行批复：项目概算总投资4381万元，其中工程建设费用3865.14万元，工程建设的其他费用430.33万元，预备费为85.53万元，资金来源为中央预算内投资。此外，农业部印发了农产品质量安全追溯体系建设指导意见，加快追溯信息平台建设步伐，制定相关技术标准和规范，编制农产品质量安全追溯试运行方案，做好试运行前期准备工作，在6省部署开展食用农产品合格证制度试点，构建以产地准出、市场准入为核心的全链条监管机制。四川省投入3790万元支持追溯体系建设，将2128家生产经营主体纳入平台管理，使用追溯码超过2亿张；山东省利用大数据绘制"放心韭菜地图"，覆盖全省韭菜种植面积 0.5 亩以上的所有生产经营主体；上海市推行农产品生产档案电子化管理，对 202 家蔬菜园艺场、321 个合作社、559 个水产养殖场实行动态监管。

（二）专项整治取得阶段性成效

整个"十二五"期间，农业部持续实施农药、"瘦肉精"、生鲜乳、兽用抗菌药、水产品、生猪屠宰、农资打假等专项治理行动。全国共查处各类问题事件 17 万余起，查处案件 6.8 万件。2016 年，农业部在巩固已有整治成果的基础上，部署开展了禁限用农药、兽用抗菌药、"三鱼两药"（三鱼：大菱鲆、乌鳢、鳜鱼；两药：孔雀石绿、硝基呋喃）、生猪屠宰、"瘦肉精"、生鲜乳、农资打假 7 个专项治理行动，切实解决面上存在的突出问题。

1. 农资市场秩序稳中向好

农资质量是食用农产品质量安全的重要保证。2016 年是我国连续第 16 年在农业生产重点时节开展农资打假专项治理行动，各级农业部门认真履行农资打假牵头职责，会同公安等部门严厉打击制售假劣农资违法犯罪行为，有效维护了农民合法权益，切实保障了农业生产安全和农产品质量安全，农资质量明显好转。据统计，2016 年全国农业、工商、质监等部门共出动执法人员 251 万人，检查农资生产经营主体 132 万个，整顿市场 43.2 万个，为农民挽回经济损失 6.2 亿元（表 2-4）。为震慑不法分子，农业部对外公布 2016 年农资打假十大典型案件，其中农药案 3 件，种子案 3 件，兽药案 3 件，饲料案 1 件。总体来看，农资打假能力水平不断提升、农资市场不断净化，整体农资质量状况趋稳向好，为保障我国食用农产品质量安全奠定了基础。

表 2-4　2012—2016 年间全国农资打假执法情况

	2012 年	2013 年	2014 年	2015 年	2016 年
检查农资生产经营主体	194.3 万个	97.8 万个	92.2 万个	71 万个	132 万个
整顿农资市场	27.9 万个	34 万个	26.2 万个	13.7 万个	43.2 万个
查处假劣农资案件	7.9 万件	6.2 万件	6.1 万件	4.59 万件	3.94 万件
捣毁制假窝点	240 个	73 个	68 个	63 个	59 个
挽回直接经济损失	18.9 亿元	8 亿元	5.4 亿元	5.4 亿元	6.2 亿元

数据来源：农业部。

2. 监管打击力度持续增强

近年来，各地农业部门坚持问题导向原则，认真履职、主动出击，全系统上下联动，共出动执法人员 454 万人次，检查生产经营企业 235 万家次，查处问题 3.4 万个起，为农民挽回经济损失 5.5 亿元（表 2-5），有效维护了消费者合法权益，切实保障了农产品质量安全。与此同时,农业部向社会公布 9 个农产品质量安全执法监管典型案例,供各地农业部门学习借鉴,推动加大农产品质量安全执法监管力度,其中 2016 年典型案例有 3 例(表 2-6)。

表 2-5　2009—2016 年间全国农产品质量安全执法情况

执法项目	2009 年	2010 年	2011 年	2012 年	2013 年	2014 年	2015 年	2016 年
出动执法人员	283 万人次	279 万人次	416 万人次	432 万人次	310 万人次	418 万人次	413 万人次	454 万人次
检查企业	163 万家次	163 万家次	289 万家次	317 万家次	274 万家次	233.3 万家次	257 万家次	235 万家次
查处问题	5.4 万个起	6.3 万个起	4.1 万个起	5.1 万个起	5.1 万个起	4.6 万个起	4.9 万个起	3.4 万个起
挽回损失	8.2 亿元	9.4 亿元	7 亿元	11.7 亿元	5.68 亿元	7.7 亿元	6.22 亿元	5.5 亿元

数据来源:农业部。

表 2-6　全国农产品质量安全执法监管典型案例

序号	案例名称	案例内容
1	新疆维吾尔自治区特克斯县农业局查处毛某生产、销售含有限用农药芹菜案	2016 年,新疆维吾尔自治区农业厅在农产品质量安全例行监测中,发现特克斯县一蔬菜生产基地的芹菜样品含有限用农药甲基异柳磷。案发后,特克斯县农业局追回未销售芹菜并销毁,将案件移交公安机关查处。2016 年 12 月,基地负责人毛某以生产、销售有毒、有害食品罪被判处有期徒刑三个月
2	四川省梓潼县动物卫生监督机构查处康某屠宰、加工、贮藏病变猪(肉)案	2016 年 7 月,四川省梓潼县农业执法人员在监督检查中发现,康某居住院子中的冻库内存放有病变症状的猪肉和猪头 250 余公斤,执法人员随即对这批猪肉和猪头进行查封并移送公安机关进行查处。2016 年 8 月,动物卫生监督机构处对康某以 9961 元罚款,公安机关对康某行政拘留五日
3	广东省广州市从化区渔政局查处某鱼苗场生产、销售含有违禁药物鱼苗案	2016 年 5 月,从化渔政大队执法人员根据广州市农产品质量安全监督所的检验检测报告,对辖区某鱼苗场进行监督抽查,经检验,该场的胡子鲶鱼苗检出硝基呋喃类代谢物。根据相关司法解释,案件被移交公安机关处理。2017 年 3 月,渔场负责人梁某以生产、销售有毒、有害食品罪,被判处有期徒刑六个月,缓刑一年,并处罚金 2000 元

数据来源:农业部。

(三) 标准化体系建设成果显著

食用农产品标准化生产是保障和提升质量安全的治本之策,也是转变农业发展方式和建设现代农业的重要抓手。① 农业部积极推进质量安全标准化体系建设，取得了显著的成果。

1. 农残标准制修订工作进程加快

2005 年，我国时隔 24 年后首次修订食品农药残留监管的唯一强制性国家标准——《食品中农药最大残留限量（GB2763-2005）》；2012 年，我国再次对 GB2763 开展修订，新标准涵盖了 322 种农药在 10 大类农产品和食品中的 2293 个残留限量，较原标准增加了 1400 余个，改善了之前许多农残标准交叉、混乱、老化等问题；2014 年，国家卫计委、农业部联合发布了涵盖 387 种农药在 284 种（类）食品中 3650 项限量标准的 GB2763-2014，其中 1999 项指标国际食物法典已制订限量标准，我国有 1811 项等同于或严于国际食物法典标准。② 同期，农业部还组织制定了《加快完善我国农药残留标准体系工作方案（2015—2020）》，计划用 5 年时间新制定农药残留限量标准及其配套检测方法 7000 项，基本健全我国农药残留标准体系。③ "十二五"期间，在农产品标准制修订上，制订了农药残留限量标准 4140 项、兽药残留限量标准 1584 项、农业国家标准行业标准 1800 余项，清理了 413 项农残检测方法标准。各地因地制宜制定了 1.8 万项农业生产技术规范和操作规程，加大农业标准化宣传培训和应用指导，农业生产经营主体安全意识和质控能力明显提高。2016 年，农兽药残留标准制（修）定步伐进一步加快，新制定农兽药残留限量标准 1310 项、农业国家行业标准 307 项，标准化生产水平稳步提升（见表 2-7）。

表 2-7　GB2763-2005 年、2012 年、2014 年基本情况对比

	2005 年	2012 年	2014 年
限量农药种类	201 种	322 种	387 种
覆盖农产品数量	114 种（类）	10 大类	284 种（类）
残留限量标准数量	873 项	2293 项	3650 项

数据来源：GB2763。

2. 标准化示范扎实推进

2016 年，继续稳步开展"三园两场"标准化创建，引导龙头企业、合作社和家庭农场实行按标准生产。稳步发展无公害、绿色、有机和地理标志农产品，在严格把

---

① 罗斌：《我国农产品质量安全发展状况及对策》，《农业农村农民（B 版）》2013 年第 8 期，第 8—10 页。

② 《我国最严谨的农药残留国家标准发布》，中国粮食信息网，2014 年 3 月 29 日，http://www.grain.gov.cn/Grain/ShowNews.aspx? newsid=51231

③ 《农产品质量安全监管迈上新台阶》，中国农业信息网，2014 年 12 月 30 日，http://www.agri.cn/V20/SC/jjps/201412/t20141230_4316180.htm

关的基础上新认证产品1.3万个,扩大了特色优质农产品品牌的覆盖面和影响力,推动各地围绕优势产业、主导品种制订标准化生产技术规范。① 伴随标准化生产的扎实推进,农产品质量水平稳步提高,品牌影响力日益彰显,农产品供给逐步向中高端迈进,消费者吃得好、吃得安全的需求日益得到满足。"三品一标"总数接近10.8万个,逐渐成为人们购物篮里的"常客"。无公害农产品、绿色食品、有机食品、农产品地理标志分别达到7.8万个、2.4万个、3844个、2004个。产地规模稳定扩大,全国有效无公害农产品产地超过3.5万个、种植面积达到1604万公顷,绿色食品原料标准化生产基地达到696个、面积为1100万公顷,有机农业示范基地达到24个、面积为169万公顷,农产品地理标志示范基地达到20个,这些产地基本实现了环境良好、生态稳定、产品安全的有机统一,达到了农业增效、农民增收、农村增绿的三生共赢效果。②

三、食用农产品质量安全中存在的主要问题

经过多年的探索和努力,特别是党的十八大以来,我国主要食用农产品质量安全形势稳中向好,呈现总体平稳、持续向好的发展态势。然而受农业生产经营主体小而分散,生产方式落后,种植业、养殖业产地环境污染严重等问题制约,当前农产品质量安全问题隐患仍然存在。食用农产品质量安全事件频发的态势并没有得到有效遏制。随着国民经济的快速发展和人民消费水平的提高,人们的健康安全意识逐渐增强,农产品质量安全问题已成为人们广泛关注的社会焦点问题。

(一)2016年食用农产品质量安全风险事件

2016年我国发生了一系列农产品质量安全事件,暴露出食用农产品在重金属污染、农兽药残留、添加剂滥用、违法生产加工等方面的安全隐患,典型事件见表2-8。产生这些隐患的成因非常复杂,主要是小规模、分散化的食用农产品生产经营主体影响了农产品质量安全水平的提升,农产品产地环境的立体交叉污染较为严重且难以在短时期内有效解决,农产品质量安全保障体系尚不完善,以及农业生产经营主体自律意识不强等多种因素。

---

① 农业部:《农产品质量安全稳中向好》,2016年12月21日,http://www.moa.gov.cn/zwllm/zwdt/201612/t20161221_5414058.htm
② 农业部:《"三品一标"农产品10.8万个:农业品牌信心提振》,2017年3月1日,http://www.jgj.moa.gov.cn/dongtai/nybdt/201703/t20170330_5543874.htm

表 2-8　2016 年发生的食用农产品质量安全热点典型事件

序号	问题种类	事件名称	事件简述	处理工作或事件影响
1	重金属（面源）污染	"沈阳惠成调料铅超标"事件	2016 年 1 月，国家食药监总局在其官网通报沈阳惠成调料有限公司一批次调味品抽检不合格，被检出重金属铅超标。而这不是沈阳惠成调料有限公司第一次上食药监部门"黑榜"	1. 国家食药监总局表示，对上述抽检中发现的不合格产品，已要求企业所在地辽宁、吉林、黑龙江省食品药品监管部门依法对不合格产品的生产经营者进一步调查处理
		"维多宝真姬菇砷超标"事件	2016 年 1 月，国家食药监总局通报，由绥芬河市维多宝食品有限公司生产的"维多宝"精选真姬菇(250 克/袋,2015/8/15)被查出砷超标，该品牌为"中国驰名商标"。根据食品安全国家标准，总砷含量应不超过 5.68 mg/kg(以脱水率计算)，上述精选真姬菇总砷含量为 9.5 mg/kg	1. 企业共生产 45 公斤，合计 180 袋，全部销售，现召回 112 袋，共 28 公斤。 2. 针对企业生产销售不合格食品的行为，当地监管部门已责令企业进行整改，复查结果为合格，并依据《中华人民共和国食品安全法》相关规定对该企业作出没收违法所得 1822.4 元，罚款 50000 元的处罚决定
2	农药残留	"安徽省茶叶农残超标"事件	2016 年 9 月，安徽省食品药品监督管理局对 7 类食品监督抽检通告指出，太湖县一族莲花超市经销的岳西翠兰（生产日期/批号：2016/2/25）草甘膦超标。合肥经济技术开发区融广场超市经销的安徽六安市万顺茶叶精制总厂生产的皖顺白玉兰六安瓜片（生产日期/批号：2015/9/16）检出氰戊菊酯超标	1. 对上述抽检中发现的不合格产品，省食药监局已要求生产经营企业所在地食药监管部门，责令生产经营企业及时采取下架、召回措施，并依法进行调查处理，查明不合格产品的批次、数量和成因，制定整改措施
		"青岛芹菜农残超标"事件	2016 年 9 月，青岛市食药监部门公布第五期流通环节食品安全监督抽检结果，抽检 430 批次，44 批次不合格。其中佳世客(永旺东部店)查出 3 批次不合格食品，两种芹菜农残超标 20 倍	1. 食药部门已责成企业停止销售不合格批次产品，约谈抽检不合格企业及市场主办方负责人，对不合格产品经营者依法退市并立案查处

（续表）

序号	问题种类	事件名称	事件简述	处理工作或事件影响
3	违规使用兽药或兽药超标	"抗生素与兽药残留"事件	2016 年 2 月，复旦公共卫生学院的专家监测发现，79.6% 的上海学龄儿童尿液中检出 21 种抗生素中的一种或几种。一系列研究结果表明苏浙沪地区儿童普遍暴露于低剂量抗生素。研究人员还从儿童体内检测出临床已经停用多年、但在食品中经常发现的抗生素含量，可见抗生素滥用不仅是临床治疗的问题，食品也是儿童抗生素的重要暴露源	1. 2016 年，国家卫生计生委等 14 部委共同发布了《中国遏制细菌耐药国家行动计划（2016—2020 年）》，目标为将人兽共用抗菌药物或易产生交叉耐药性的抗菌药物作为动物促生长应用逐步退出
		"蜂蜜添加违禁兽药氯霉素"事件	2016 年 5 月，在国家食药监总局公布的 3 批次不合格食品中，成都市山妹子蜂业有限公司生产的蜂云堂洋槐蜂蜜（500 克/瓶，2015/12/10），氯霉素检出值为 0.35 g/kg，氯霉素作为违禁兽药，按国家规定不得检出	1. 经调查，成都市金牛区局给予成都市山妹子蜂业有限公司没收违法所得 341.96 元、没收不合格产品 121 瓶（500g/瓶），罚款 25000 元等行政处罚。 2. 给予售卖该产品的成都市家乐福超市有限公司华阳店没收违法所得 54 元、没收不合格产品 7 瓶（500g/瓶），罚款 75000 元等行政处罚
		"河南蜂蜜添加抗生素"事件	2016 年 9 月，国家食药监总局公布了粮食及粮食制品、食用油、油脂及其制品、蜂产品、饮料等 4 类食品的抽检结果。其中，蜂产品抽检了 56 批次。而深圳沃尔玛百货零售有限公司佛山桂城分店销售的标称广州市宝生园股份有限公司广州宝生园蜂产品厂生产的冬蜜（鸭脚木蜂蜜），氯霉素检出值为 2.02μg/kg。按照标准规定为不得检出	1. 氯霉素会对人体造血系统产生严重不良反应。 2. 因该产品抽检不合格，广东省食药监局已要求有关单位立即采取下架等措施，并依法予以查处

（续表）

序号	问题种类	事件名称	事件简述	处理工作或事件影响
4	违法加工	"毛肚掺入甲醛"事件	2016年1月,安康市汉滨区市场监管局执法人员发现城区市场内的水产店销售的毛肚、黄喉、鸭血等食品质量可疑。经检测显示毛肚中掺入甲醛。通过调查取证,经销商王某在明知甲醛不得加入食品的情况下,为保持毛肚新鲜而故意添加	1. 依据《食品安全法》《刑法》有关规定,王某的行为已涉嫌构成刑事犯罪,安康市汉滨区市场监管局依法将此案移交安康市公安局汉滨分局查处
		"冷冻食品生产日期造假"事件	2016年12月初,苏州市相城区市场监督管理局对一家食品公司的冷冻车间进行检查时发现,工人正在对一些临近保质期的冷冻食品更换包装,同时打上一个最"新鲜"的生产日期,于是这批原本已"时日不多"的雪花排条摇身一变成了"新鲜出品"。据调查,一共有68箱雪花排条被标注虚假生产日期,货值金额12240元	1. 这一举动正是《食品安全法》明确禁止的"标注虚假生产日期",根据规定,68箱雪花排条及"造假工具"日期章、标签纸等全部被没收,这家食品公司被罚款244800元
		"西安非法加工腊肉"事件	2016年8月,西安市公安局长安分局细柳派出所根据举报,捣毁一个非法加工生产腊肉的黑作坊,现场查处非法生产肉制品近千斤	1. 细柳派出所对现场查获的近千斤肉制品进行就地销毁。对现场添加剂进行扣押,因经营者未在场,食药监部门根据现有线索,正在查找这家生产点销售渠道。对于该窝点经营者将根据公安机关的调查结果,再做进一步的处理
5	食品添加剂超滥用	"海带安赛蜜添加超标"事件	2016年9月,辽宁省食药监局发布的食品安全监督抽检信息的公告(第17期)中,12批次食品不合格被曝光。其中,大连灵发食品有限公司生产的姬菇海带(1 kg/袋,2016年3月10日生产)被检出乙酰磺胺酸钾(安赛蜜)(0.38 g/kg)超标,而该食品的标准值为不大于0.3 g/kg	1. 辽宁省食品药品监督管理局已组织各市食药监部门根据《食品安全法》《食品安全抽样检验管理办法》等法律法规,对涉及不合格食品的生产、经营单位,依法进行了查处
		"鸡肉抗生素残留超标"事件	2016年4月,吉林省食品药品监督管理局公布的食品抽检不合格产品信息中,有6批次鸡肉产品抗生素残留超标。这6批次鸡肉产品中,分别检出强力霉素、土霉素、金霉素超标	1. 不合格产品生产企业所在地食药监部门已责令生产经营企业及时采取下架、召回等措施。2. 吉林省食品药品监督管理要求对不合格产品的生产经营者进一步调查处理,查明生产不合格产品的批次、数量和成因,提供整改措施

（续表）

序号	问题种类	事件名称	事件简述	处理工作或事件影响
6	谣言	"温州虚假食品谣言"事件	2016 年 5 月,浙江省温州市市场监督管理局网络舆情监测发现,温州艾德网络传媒有限公司所属微信公众号"微温州"发布了一则题为《刚刚发生,鹿城、瓯海、龙湾、洞头都传疯了!》的视频,散布虚假食品谣言与不实信息。该公司还通过其所属的"台州早 8 点"和"金华百事通"两个微信公众号,在台州、金华两市发布了同样的视频,造成当地市民一定程度的恐慌	1. 有关执法部门借助科学界定、及时辟谣。 2. 公安部门对责任人陈某处以行政拘留 7 天的处罚决定
		"饮用水氮气门流言"事件	2016 年 4 月 14 日,南京江宁区市场监督管理局举报称某品牌包装饮用水中添加了氮气且未标识,并怀疑为工业级氮气。后经江宁区市监局调查后证实工厂并未有违规问题且使用氮气均为食品级	1. 相关主流媒体、行业组织及专家也纷纷就氮气使用的合规性进行公开说明和科普。 2. 此事使得"加工助剂"成为人们关注的热词,它的安全性引发了消费者对于食品安全更深入的关注

数据来源:根据人民网、新华网、央视网等媒体报道整理形成。

(二) 食用农产品质量安全风险在各个环节均有隐患

从供应链的角度来分析,我国食用农产品质量安全风险事件的发生体现在农产品生产环节、加工环节、流通环节和消费环节等供应链全过程。

1. 生产环节:生产环境污染严重,化学品施用量超标

我国农村生活污水每年超过 80 亿吨,但污水处理率不到 10%,绝大多数污水直接排放至农田、河流中。此外,生活垃圾污染也不容忽视,有调查显示,67.5%的农村受访者表示自己家乡垃圾无序堆放问题严重,我国农业大省平均每省每年由于禽畜养殖产生的粪便超过 4000 万吨,除去作为养料进行资源化利用外,部分畜禽粪便得不到有效处理成为污染物。这些粪便和土壤中的残留化肥、农药通过大气沉降和雨水冲刷的形式进入环境和农产品中,极易造成农业产地环境污染。[①]同时,农药兽药残留标准仍不健全。2016 年通过的《食品安全国家标准食品中农药最大残留限量》(GB 2763-2016)中规定了 433 种农药在 13 大类农产品中 4140

---

① 《拿什么拯救农村环境污染》,人民网,2016 年 3 月 21 日,http://paper.people.com.cn/rmzk/html/2016-04/15/content_1670928.htm

个残留限量标准,[①]涉及的农药种类为日本的 59.8% ,残留指标数目为日本的 14.8%(图 2-7)。可见我国农药残留指标数目和指标涉及的农药种类与国际上都存在着巨大差异。

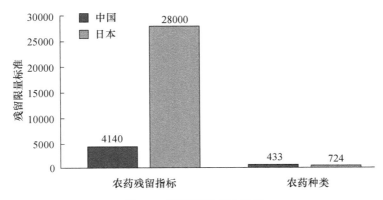

图 2-7 蔬菜药残标准情况

数据来源:中国质量新闻网。

农业生产中化学品施用量虽然逐步控制,但施用量仍然很大。这里以农药使用为例,做简单的分析。数据显示,1993 年我国农药使用量为 84.48 万吨,1995 年我国农药使用量则突破了 100 万吨,达到了 108.7 万吨;2006 年农药使用量超过 150 万吨,达到 153.71 万吨,2014 年则达到了 180.69 万吨的高峰(图 2-8)。与 1993 年相比,2014 年的农药使用量增长将近 100 万吨,是 1993 年的 2.14 倍,22 年间的农药使用量年均增长率达 3.52%,按这一增长率,2016 年我国农药使用量将接近 200 万吨。此外,《2016 年中国国土资源公报》数据显示,截止到 2016 年年末,全国耕地面积为 20.24 亿亩,因建设占用、灾毁、生态退耕、农业结构调整等原因减少耕地面积 504.45 万亩,通过土地整治、农业结构调整等增加耕地面积 439.5 万亩,年内净减少耕地面积 65.25 万亩。由此估算,2016 年我国每公顷耕地平均农药使用量可能超过 13.39 公斤。

我国在农业生产中农药施用量持续上涨,与发达国家的农药施用量形成了鲜明的对比。以英国为例,英国是欧盟最主要的农业生产大国之一。英国使用的农药种类中以除草剂为主,2005 年以前,除草剂每年使用量均在 2 万~2.5 万吨,近年来由于使用更高活性、更低用量的除草剂替代产品,除草剂用量大幅下降。2011 年至 2013 年间,每年除草剂用量仅为 7500 吨左右。杀菌剂用量年度间变化

---

① 《农药残留限量标准增至 4140 个,覆盖率实现较大突破》,新华网,2016 年 12 月 9 日,http://news. xinhuanet.com/test/2016-12/29/c_1120208753.htm

不大,每年均在 5000～6000 吨;杀虫剂用量很少,2000 年前后每年用量在 1500 吨左右,近年用量持续降低,2011 年之后每年用量仅有 600～700 吨。[①]

农药是农业生产中必不可少的投入品,对于农业增产、农民增收功不可没。但由于农药施用量过大,加之施药方法不够科学,农药施用后,在土壤中的残留为 50%～60%,且不易降解,由此导致农业残留超标的问题,成为不安全农产品的源头。目前我国是世界第一农药生产和施用大国,最大程度地降低农药施用量刻不容缓。

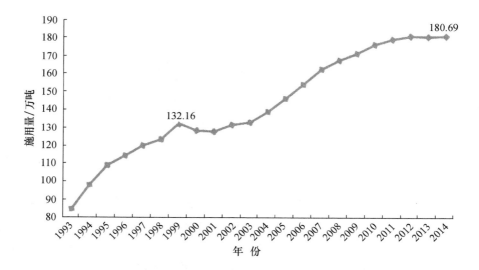

图 2-8　1993—2014 年间中国化学农药施用量
资料来源:根据《中国统计年鉴》整理形成。

2. 加工环节:加工标准体系相对滞后,农产品加工转化率低

目前,我国食用农产品质量安全加工标准和信息体系建设仍较为落后。据农业部印发的《2014—2018 年农产品加工(农业行业)标准体系建设规划》,拟通过梳理现有的国家标准和行业标准,根据农业行业标准的特点,重点制(修)订农业行业标准 122 项。[②] 尽管如此,在 5000 项农业行业标准中,农产品加工标准仅有 701 项,占总数的 14%。在现有的农产品加工体系中,又存在缺乏系统性、基础研究薄弱、针对性不强、结构不合理、实施效果不明显等问题。与此同时,我国小而分散

① 《全球主要国家近年农药使用量变化趋势分析》,农药快讯信息网,2017 年 6 月 14 日,http://www.agroinfo.com.cn/other_detail_4168.html
② 《农业部办公厅关于印发〈2014—2018 年农产品加工(农业行业)标准体系建设规划〉的通知》,农业部网站,2013 年 6 月 27 日,http://www.moa.gov.cn/zwllm/ghjh/201306/t20130627_3505314.htm

的加工企业和作坊构成了我国食用农产品加工行业的主体,其生产基础薄弱,技术落后,标准化实施程度很低,且一味节省生产成本而降低对保障农产品质量安全水平的投入,致使食用农产品的生产与加工存在较大的风险。农产品加工业转型升级滞后,与农业生产规模不协调、不匹配。据农业部印发的《全国农产品加工业与农村一二三产业融合发展规划(2016—2020年)》提出,到2020年,力争农产品加工业与农业总产值比达到2.4∶1,主要农产品加工转化率达到68%左右,即便如此,也仍然明显低于发达国家当前的3.4∶1与80%的水平。①

3. 流通环节:供应组织化程度低,溯源体系建设尚不完善

当前,我国食用农产品供应组织化程度较低,难以结成有效的供应链合作伙伴,不仅表现为农产品流通过程中中间环节多、链条长,还体现在食用农产品供应组织中主体的自组织能力较差,核心主体管理、协调整个流通环节的作用不明显。同时,食用农产品因其易腐性、时鲜性的特性,对运输和仓储条件的要求较高。而我国食用农产品的物流运输设备落后,缺乏严格的保鲜技术和防菌设备等运输条件,运输过程中的操作不善或外界环境的突然变化都可能导致农产品的腐烂、变质,造成农产品的损耗,并容易形成大批有害细菌与微生物的侵入与繁殖,导致食源性疾病的发生与扩散。据统计,当前我国综合冷链流通率仅为19%,而美、日等发达国家的冷链流通率达到85%以上。② 目前,在国家范围内建立农产品质量安全可追溯体系以加强农产品质量安全控制已成为一种发展趋势。为此,在农产品供应链建设的过程中,我国正逐步引入农产品质量可追溯体系,试图借助可追溯体系的作用,对农产品供应链中的矛盾和弊端等进行解决。农产品可追溯体系在我国起步较晚,尽管已取得了初步的成效,但仍面临着溯源过程中对农产品的全程监控关注度不够,可追溯过程中各部门统一协调难度大,以及可追溯体系建设资金投入缺口大等问题。③ 而食用农产品在生产、加工、流通过程中的标准化实施程度低也为溯源体系的建设产生了较大的阻碍,制约着食用农产品质量安全水平的提升。

4. 消费环节:消费者缺乏对食用农产品质量安全的认知水平

频发的食用农产品质量安全风险事件引发了消费者对食用农产品的极大担忧,引起了消费者的广泛关注。但消费者对食用农产品质量安全的认知水平仍然

---

① 《农业部关于印发〈全国农产品加工业与农村一二三产业融合发展规划(2016—2020年)〉》,农业部网站,2016年11月17日,http://www.moa.gov.cn/govpublic/XZQYJ/201611/t20161117_5366803.htm?from=timeline&isappinstalled=0。

② 《2015—2016年我国农产品冷链物流进入高速发展时期》,中国产业信息网,2016年1月8日,http://www.chyxx.com/industry/201601/377206.html

③ 杨柳、张一、陈宇飞:《我国农产品质量安全可追溯体系发展现状及对策》,《南方农业》2016年第12期,第220—221页。

较低,难以有效地区分食用农产品的安全性,食物中毒事件仍时有发生(表 2-9)。

表 2-9　2013—2015 年间我国发生的食物中毒情况统计

中毒原因	2013 年			2014 年			2015 年		
	报告起数	中毒人数	死亡人数	报告起数	中毒人数	死亡人数	报告起数	中毒人数	死亡人数
微生物性	49	3359	1	68	3831	11	57	3181	8
化学性	19	262	26	14	237	16	23	597	22
有毒动植物及毒蘑菇	61	718	79	61	780	77	68	1045	89
不明原因或尚未查明原因	23	1220	3	17	809	6	21	1103	2
合　计	152	5559	109	160	5657	110	169	5926	121

数据来源:国家卫生计生委。

2015 年,国家卫生计生委收到食物中毒事件报告 169 起,中毒 5926 人,死亡 121 人(表 2-9)。其中,微生物性食物中毒事件中毒人数最多,占全年食物中毒总人数的 53.7%,主要是由沙门氏菌、副溶血性弧菌等引起。有毒动植物及毒蘑菇引起的食物中毒事件报告起数和死亡人数最多,分别占全年食物中毒事件总报告起数和总死亡人数的 40.2% 和 73.6%。中毒因素包括毒蘑菇、未煮熟四季豆、乌头、钩吻、野生蜂蜜等,其中,毒蘑菇引起的食物中毒事件占该类事件总起数的 60.3%。化学性食物中毒则主要由亚硝酸盐、毒鼠强、氟乙酰胺及甲醇等引起[①](可参见本书第十三章的相关内容)。由于消费者处于信息不对称的弱势地位,无法有效辨别食用农产品的安全性,使得食物中毒事件常有发生,而"三品一标"类的安全农产品的价格偏高,普通消费者难以承受。为此,政府亟须对食用农产品质量安全严格监管,防范食物中毒刻不容缓。

　　5. 全程监管存在困境,预警应急能力相对不足

由于食用农产品与食品从生产—加工—销售需经过一个长且复杂的食品安全监管链条,该链条上的每一环节都可能成为诱发食品安全问题的关键节点。诱发食品安全的危害因素随着流通在食品供应链中传递,像蝴蝶效应一样不断集聚和放大,极易造成食用农产品质量安全事件或食物中毒卫生事件的发生。尽管目前我国农产品与食品实施相对集中的监管体制,但食用农产品质量安全全程监管过程仍暴露出一系列的问题。一是各监管部门间合作的实质是稀缺资源产权间

---

① 《国家卫生计生委办公厅关于 2015 年全国食物中毒事件情况的通报(国卫办应急发〔2016〕5号)》,国家卫生计生委网站,2016 年 2 月 18 日,http://www.nhfpc.gov.cn/yjb/s7859/201604/8d34e4c442c54d33909319954c43311c.shtml

的让渡,合作状态为实现食品安全有序监管的长期集体行动协议。该协议的顺利达成、具体实施和过程监督等环节极易出现机会主义行为(该行为的产生易致额外叠加的交易费用)与外部经济效应(来源于部门间的潜在收益与潜在成本差异),进而导致食品安全监管部门间的合作困难重重。二是由于各监管主体的有限理性及与外部性相关的高昂交易成本,不稳定合作关系中的各监管主体难以预料到所有的或然状态,且合作各方均不能以一己之力改变合作收益方式(形成可转变的食品安全监管模式)。这种合作基础将导致各监管部门职能范围模糊、整体约束缺乏、合作利益不均衡等一系列合作困境。[1]　三是预警应急能力有限。我国食用农产品质量安全风险预警体系尚处于起步阶段,预警管理责任主体不明确,管理制度缺位,预警技术装备手段落后,难以应对突发性事件。[2]　虽然目前我国食品安全的舆情热点由 2015 年的 81.5% 下降至 2016 年的 56.7%,下降了24.8%,但以消费者教育为特征的"风险提示"增长迅速。[3]　面对突发性的质量安全风险事件和负面舆情信息,政府各部门未有明确的职能范围,使得权责边界模糊不清且缺乏协商机制,各部门之间合作实施联合监管的过程很难展开。为此,食品安全监管体系亟待深化协同机制,根据各监管部门事权划分财权,在理清事权的基础上强化食品安全的属地责任,并亟须构建合理的食用农产品质量安全预警系统,以防范质量安全风险并快速有效地解决突发性质量安全事件。

四、强化农业生产使用的农用化学品的质量监管

农产品质量安全关乎农业生产发展,是促进国民经济又好又快发展的关键所在。随着中国经济进入新常态,农产品质量安全工作也处于关键的转型时期。要保障农业安全生产与食用农产品质量安全,需从供应链全程监管的角度,把握好生产、加工、流通、消费每一环节的监控过程,实现真正意义上的食用农产品全程监管。但这是一个长期的工作。从短期来看,必须重点解决农业生产使用的农用化学品的质量监管,这对提升食用农产品质量安全水平具有基础性的作用。虽然农业部几乎每年均组织包括农用化学品在内的农用生产资料专项打假,但此方面的投诉仍然不断,而这些投诉也仅仅反映问题的冰山一角,更多的问题并没有充分暴露。表 2-10 是中国消费者协会发布的 2016 年农用生产资料类受理投诉的相关情况统计表。从总体上看,目前我国生产的农用化学品质量仍然需要强化监

---

①　冯朝睿:《我国食品安全监管体制的多维度解析研究——基于整体性治理视角》,《管理世界》2016年第 4 期,第 174—175 页。

②　李爽:《浅谈食品质量安全预警管理》,《科技创新与应用》2016 年第 6 期,第 278 页。

③　《专家科学解读 2016 食品安全热点:"重组牛排""兽药残留"》,新华网,2017 年 1 月 7 日,http://news.xinhuanet.com/food/2017-01/07/c_1120263273.htm? winzoom=1

管,提升质量。这里以兽药质量为例简单说明。

（一）兽药质量监督抽检的总体情况

全国 31 个省级兽药监察所和中国兽医药品监察所组织完成了 2016 年第四季度兽药质量监督抽检计划,农业部就此发布了《关于 2017 年第一期兽药质量监督抽检情况的通报》。通报指出,2016 年第四季度共完成兽药(不包括兽用生物制品)监督抽检 4754 批,合格 4567 批,不合格 187 批(可分别参见农业部网站的相关资料),合格率 96.1%,比 2016 年第三季度(96%)提高 0.1 个百分点,比 2015 年同期(95.9%)提高 0.2 个百分点。其中,兽药监测抽检共抽检 3859 批,合格 3721 批,合格率 96.4%。兽药跟踪抽检共抽检 315 批,合格 296 批,合格率 94.0%。兽药定向抽检共抽检 85 批,合格 82 批,合格率 96.5%。兽药鉴别抽检共抽检 495 批,合格 468 批,合格率 94.5%。

表 2-10　2016 年农用生产资料类受理投诉的相关情况统计表

（单位：批次）

类　别	总计	质量	安全	价格	计量	假冒	合同	虚假宣传	人格尊严	售后服务	其他
农用生产资料类	8647	4815	204	236	160	335	511	142	—	1857	387
农用机械及配件	2611	1449	51	71	15	32	245	33	—	636	79
化肥	1274	735	37	33	40	76	43	26	—	236	48
农药	851	436	29	36	12	32	36	20	—	212	38
种子	1613	959	28	45	16	123	68	30	—	265	79
饲料	887	447	16	23	51	35	37	13	—	220	45
其他	1411	789	43	28	26	37	82	20	—	288	98
农业生产技术服务	14443	3701	729	942	130	630	1029	919	63	4689	1611

资料来源：根据中国消费者协会《2016 年全国消协组织受理投诉情况分析》整理形成。

（二）兽药质量环节性监督抽检的情况

从抽检环节看,生产环节抽检 676 批,合格 653 批,合格率 96.6%,比 2016 年第三季度(98.0%)下降 1.4 个百分点;经营环节抽检 3410 批,合格 3271 批,合格率 95.9%,比 2016 年第三季度(95.5%)提高 0.4 个百分点;使用环节抽检 668 批,合格 643 批,合格率 96.3%,比 2016 年第三季度(96.4%)下降 0.1 个百分点。

（三）不同品种的兽药质量监督抽检情况

从产品类别看,化药类产品共抽检 1939 批,合格 1885 批,合格率 97.3%,比 2016 年第三季度(96.2%)提高 1.1 个百分点;抗生素类产品共抽检 1698 批,合格

1646批,合格率96.9%,比2016年第三季度(97.3%)下降0.4个百分点;中药类产品共抽检1093批,合格1012批,合格率92.6%,比2016年第三季度(94%)下降1.4个百分点;其他类产品共抽检24批,合格24批,合格率100%。2016年第四季度共完成兽用生物制品监督抽检34批,合格33批,不合格1批,合格率97.1%。从2016年第四季度抽检情况看,2016年第四季度兽药质量监督抽检不合格项目主要为含量不合格,其中部分产品含量较低,个别产品含量甚至为0,个别产品含量无法测定;部分产品检测出违法添加其他药物成分的情况,已判定标称兽药生产企业为重点监控企业。对此,各级地方政府农业部门要按照农业部公告第2071号规定,对符合从重处罚规定情形的不合格产品,依法予以从重处罚。对符合撤销兽药产品批准文号、吊销兽药生产许可证的,应实施撤号、吊证处罚。对鉴别检验不合格的,各检验机构要进一步开展检验,确认是否存在改变制剂组方、非法添加其他药物成分等违法行为,为行政处罚提供技术支持。同时,对通报的假劣兽药,各地要集中力量组织查处,责令生产企业召回销毁假劣兽药,对相关违法企业要实施飞行检查,依法组织查处违法行为。此外,要及时将抽检结果信息通报辖区内兽药经营企业、动物饲养场(小区、户)等有关单位,防止养殖者误买、误用假劣兽药,保障养殖环节用药安全,并加强对辖区内兽药生产经营企业的日常监管工作,对监管中发现的违法行为要依法及时处理。

第三章 2016 年食品工业生产、市场供应与结构转型

　　确保食品工业稳定增长与有效供给,促进食品工业的结构转型,这对具有 13 多亿人口的中国具有特别重要的意义。2016 年是"十三五"规划的开局之年,我国食品工业主动适应经济发展新常态,在刚性需求和消费升级的推动下,在保持了平稳健康发展的同时,产业结构持续优化。本章主要是考察 2016 年我国食品生产与市场供应的基本情况、食品工业内部结构与区域布局的变化等,并简要分析我国食品工业在发展中面临的主要问题,展望食品工业的未来发展态势。

一、食品工业发展状况与在国民经济中的地位

　　2016 年,在国内经济下行压力加大、增速放缓的形势下,全国食品工业坚持"稳中求进"的总方针,顺应市场变化,推进结构调整,实现了生产平稳增长,产业规模继续扩大,经济效益持续提高的良好发展格局,在保障民生,拉动消费,促进经济与社会发展等方面继续发挥重要的支柱产业的作用。

(一)继续保持国民经济重要支柱产业地位

　　2016 年,全国 41623 家规模以上食品工业企业实现主营业务收入 11.97 万亿元,同比增长 5.4%,比全部工业高 0.4 个百分点,增幅同比增加 0.8 个百分点;完成工业增加值占全国工业增加值的比重 11.9%,对全国工业增长贡献率 6.6%,拉动全国工业增长 0.4 个百分点。表 3-1 显示,2016 年全国食品工业总产值占国内生产总值的比例仍然保持 16% 以上的比重,继续巩固其在我国国民经济发展中重要的支柱产业地位。食品工业主要分行业的主营业务也保持了良好的增长,农副食品加工业同比增长 6%,食品制造业同比增长 8.5%,酒、饮料和精制茶制造业同比增长 6.3%。

表 3-1　2006—2016 年间食品工业与国内生产总值占比变化

年　份	食品工业总产值/亿元	国内生产总值/亿元	占比/(%)
2006	24801	216314	11.47
2007	32426	265810	12.20
2008	42373	314045	13.49
2009	49678	340903	14.57
2010	61278	401513	15.26
2011	78078	473104	16.50
2012	89553	519470	17.24
2013	101140*	568845	17.78
2014	108933*	636463	17.12
2015	113000*	676708	16.70
2016	119678*	744127	16.08

注：* 表示该数值为食品工业企业主营业务收入。

资料来源：《中国统计年鉴》(2006—2014 年)，2013—2016 年国内生产总值数据来源于历年《国民经济和社会发展统计公报》，2013—2016 年食品工业的有关数据来源于中国食品工业协会各年度的《食品工业经济运行情况》。

(二) 主要食品产量稳定增长

表 3-2 显示了 2016 年全国食品工业主要产品的产量。不难发现，2016 年全国主要食品产量大部分实现同比增长，满足基本生活需求的主要食品，粮食、食用油、乳制品、饮料等食品产量保持稳定增长，由于行业结构调整，碳酸饮料、卷烟等产量下降。一些产品如成品糖、葡萄酒等受到进口产品冲击，产量则继续萎缩。

表 3-2　2016 年食品工业主要产品产量　　　　　(单位:万吨,10⁷ 升,亿支)

产品名称	产　量	同比增长/(%)
小麦粉	15265.33	4.73
大米	13887.59	1.40
精制食用植物油	6907.54	3.35
成品糖	1433.18	−1.97
鲜、冷藏肉	3637.06	−1.13
冷冻水产品	860.23	2.73
糖果	351.85	0.16
速冻米面食品	566.05	6.96
方便面	1103.89	4.32
乳制品	2993.23	7.68

（续表）

产品名称	产　量	同比增长/（%）
其中:液体乳	2737.17	8.53
乳粉	139.02	－0.34
罐头	1281.99	7.17
酱油	991.43	4.00
冷冻饮品	331.51	6.90
食品添加剂	851.75	9.53
发酵酒精	952.10	0.41
白酒(折 65 度,商品量)	1358.36	3.23
啤酒	4506.44	－0.07
葡萄酒	113.74	－2.04
软饮料	18345.24	1.90
其中:碳酸饮料类(汽水)	1752.24	－3.71
包装饮用水类	9458.52	4.42
果汁和蔬菜汁饮料类	2404.88	1.02
精制茶	258.76	9.75
卷烟	23825.76	－7.98

资料来源:中国食品工业协会:《2016 年食品工业经济运行综述》。

表 3-3 显示,在 2012—2016 年间,包括食用植物油、软饮料、成品糖、罐头在内,我国主要大类的食品产量继续总体保持稳步增长,仅有啤酒产量稍有减少,有效地保障了国内食品供应的数量安全。

表 3-3　2012—2016 年间我国主要食品产量比较　（单位:万吨,10^7 升）

产品	2012 年	2013 年	2014 年	2015 年	2016 年	累计增长/（%）	年均增长/（%）
食用植物油	5176.20	6218.60	6534.10	6734.24	6907.54	33.45	7.48
成品糖	1406.80	1589.70	1660.10	1475.37	1433.18	1.88	0.47
肉类	8384.00	8536.00	8707.00	8625.00	8540.00	1.86	0.46
乳制品	2545.20	2676.20	2651.80	2782.53	2993.23	17.60	4.14
罐头	971.50	1041.90	1171.90	1212.60	1281.99	31.96	7.18
软饮料	13024.00	14926.80	16676.80	17661.04	18345.24	40.86	8.94
啤酒	4902.00	5061.50	4921.90	4715.72	4506.44	－8.07	－2.08

资料来源:各年份数据分别来源于中国食品工业协会相关年度的《食品工业经济运行情况综述》,以及国家统计局的《中华人民共和国国民经济和社会发展统计公报》。

（三）经济效益保持增长但盈利能力有所下降

2016年，全国食品工业实现利润总额8285.34亿元，同比增长了2.89%，食品工业经济效益整体保持了平稳较快增长。其中食品制造业利润增长最快，2016年较2011年增长了62.4%。从农副食品加工业，食品制造业，酒、饮料和精制茶制造业，烟草制品业4大行业来看，食品制造业利润增长继续保持领先，烟草制品业由于明显的行业调整，利润出现一定程度下降（见图3-1）。

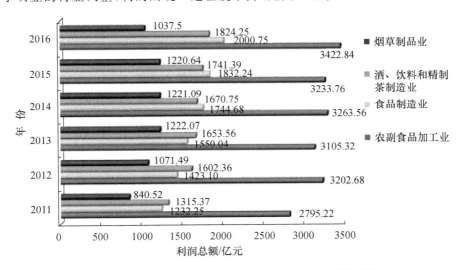

图 3-1 2011—2016年间我国食品工业分行业利润总额

资料来源：中国食品工业协会：《2016年食品工业经济运行综述》《中国统计年鉴》（2011—2015年）。

表3-4表明了2016年我国食品工业盈利能力较2015年的变化情况。2016年，食品工业每百元主营业务收入中的成本为81.7元，同比增加1.3元；主营业务

表 3-4 2015年、2016年食品工业盈利能力对比 （%）

行业名称	2015年		2016年	
	主营收入利润率	成本费用利润率	主营收入利润率	成本费用利润率
全部工业平均水平	5.76	6.18	5.97	6.99
食品工业总计	7.08	8.05	6.92	8.54
农副食品加工业	4.97	5.25	4.96	5.55
食品制造业	8.44	9.24	8.47	10.57
酒、饮料和精制茶制造业	10.07	11.47	9.91	13.13
烟草制品业	13.05	38.49	11.94	41.79

资料来源：中国食品工业协会：《2016年食品工业经济运行综述》。

收入利润率为 6.9%,同比下降 0.2 个百分点,成本费用利润率 8.5%。2016 年,除了食品制造业的主营收入利润率有所增长,包括烟草制品业在内的个别行业调整一定程度影响了食品工业的盈利增长速度。

(四) 重点行业继续保持平稳增长

受限于资料的可得性,本节主要以粮食加工业、食用油加工业、乳品制造业、屠宰及肉类加工业、制糖业等重点行业展开分析。[①]

1. 粮食加工业

粮食加工业一直在我国食品工业乃至国民经济中占据重要地位,行业产值占食品工业比重约为五分之一。近几年,粮油加工业总体保持平稳较快发展。2016年,全国 6650 家规模以上粮食加工企业,实现主营业务收入 14329.7 亿元,同比增长 4.6%,行业利润总额 684.2 亿元,增长 2.8%。全年生产小麦粉 1.5 亿吨,大米1.4 亿吨,同比分别增长 4.7%、1.4%(图 3-2)。但需要指出的是,粮食加工业发展面临的形势依然严峻,主要是粮食种植结构与加工业发展需求不相适应,加工业产品与居民消费需求不相适应,部分品种粮食供求结构性失衡,大豆供给严重依赖国际市场,优质化、专用化、多元化粮食原料发展相对滞后,中高端产品供给不足等问题阻碍了粮食加工业的深度发展。

2. 食用油加工业

2016 年,全国食用油加工业拥有 1998 家规模以上企业,主营业务收入 10473.1亿元,利润总额 395 亿元,分别同比增长 5.1% 和 10.4%。2016 年,全国精制食用植物油的产量达到 6907.54 万吨,较上年同比增长 3.35(图 3-2)。随着人们安全健康饮食观念的加深,散装食用油已经在我国多地被明令禁止销售,而小包装食用油市场稳步增长。加工产能过剩一直以来是阻碍我国食用油加工业发展的主要问题,油脂价格持续较低,限制了加工企业利润增长,本土油料加工产业经营难度仍然较大。

3. 乳品制造业

2016 年,全国乳品制造业拥有 627 家规模以上企业,数量虽较 2015 年有所减少,但收入和利润扩大,且增长速度同比增加。数据显示,2016 年全国乳品制造业主营业务收入达到 3503.9 亿元,同比增加 5.8%,完成利润总额 259.9 亿元,同比增长 7.9%,行业利润率 7.4%。乳制品产量达到 2993.2 万吨,同比增长 7.7%。其中液体乳产量 2737.2 万吨,同比增长 8.5%;乳粉产量 139 万吨,同比下降0.3%(图 3-2)。经过行业清理、整顿,2016 年,我国乳制品制造业的生产消费逐渐

---

① 资料来源:中国食品工业协会《2016 年食品工业经济运行综述》,2017 年 4 月 27 日。
http://ruanyinliaobaozhuang.juhangye.com/201704/weixin_4606242.html

好转,呈现平稳发展的好形势。

4. 屠宰及肉类加工业

2016 年,全国屠宰及肉类加工拥有 4046 家规模以上企业,较上年增加了 106 家,全年实现主营业务收入 1.4 万亿元,利润总额 714 亿元,同比分别增长 7.7% 和 8.9%。行业利润率 5%,同比略有提高。肉类产量已超过 8700 万吨,位居世界第一。而鲜、冷藏肉也达到 3637 万吨(图 3-2)。产品结构不适应消费需求,热鲜肉多、冷鲜肉少、肉制品占比低,产品创新不足等问题是当前屠宰及肉类加工业行业所面临的主要问题。

5. 制糖业

2016 年,全国制糖业拥有 295 家规模以上企业,主营业务收入实现 1242.4 亿元,利润总额 93.7 亿元,同比分别增长 3.6% 和 5%。受糖料种植面积下降的影响,成品糖产量减产。2016 年,成品糖产量 1433.1 万吨,同比下降 2%(图 3-2)。由于国内对成品糖的消费需求增加,导致成品糖进口保持历史高位。

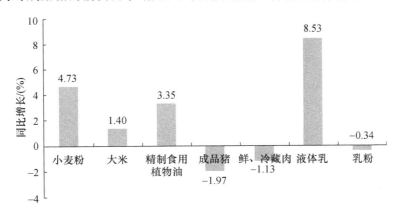

图 3-2　2016 年食品工业重点行业主要产品产量较 2015 年增长情况
资料来源:中国食品工业协会:《2016 年食品工业经济运行综述》。

(五) 价格运行前高后低

2016 年,我国食品消费价格上涨 4.6%,涨幅同比增加 2.3 个百分点。全年各月度食品价格涨幅变化较大,2—4 月一度维持在 8% 左右涨幅,5—8 月虽然涨幅下降,但在 9—11 月间均在 4% 左右涨幅波动(图 3-3)。

2016 年,猪肉价格上涨 16.9%,鲜菜价格上涨 11.7%,水产品上涨 4.6%,烟草上涨 2.3%,食用油上涨 1.7%,粮食价格上涨 0.5%;价格下降的有,羊肉价格下降 5.8%,蛋品下降 3.2%,鲜果价格下降 2.6%,油脂价格下降 3.2%,乳制品下降 0.1%。从月度价格指数变化看,呈现前高后低的走势。而从出厂价格来看,全年同比增长 0.6%。其中,农副食品加工业增长 0.2%,食品制造业下降 0.2%,

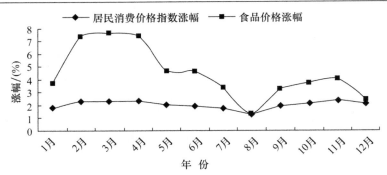

图 3-3　2016 年食品消费价格指数走势

资料来源:中国食品工业协会:《2016 年食品工业经济运行综述》。

酒、饮料和精制茶制造业下降 0.9%,烟草制品业也增长 0.1%。

（六）固定资产投资规模扩大

　　2016 年,食品工业完成固定资产投资额 21926.2 亿元,同比增长 8.5%,增速同比增加 0.1 个百分点,比制造业高 4.3 个百分点,主要行业的投资增速在制造业中名列前茅。食品工业投资额占全国固定资产投资额 3.7%,占比同比增加 0.1个百分点。食品工业投资的持续扩大,有力支撑了食品工业未来稳定健康发展（图 3-4）。

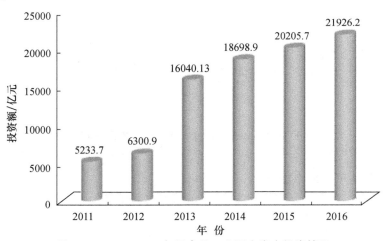

图 3-4　2011—2016 年间食品工业固定资产投资情况

资料来源:中国食品工业协会:《2016 年食品工业经济运行综述》、《中国统计年鉴》（2012—2015 年）。

　　从分行业分析,农副食品加工业,食品制造业,酒、饮料和精制茶制造业以及烟草制品业完成固定资产投资额分别为 11786 亿元、5825 亿元、4106 亿元和 209.2亿元,分别较上年同比增长为 9.5%、14.5%、0.4% 和 −21.2%,烟草制品业固定资产投资下降幅度较大(图 3-5)。

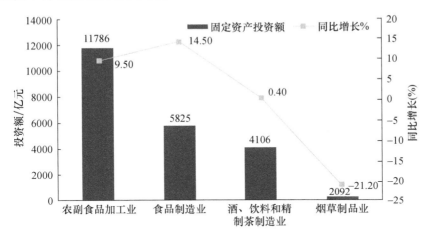

图 3-5 2016 年食品工业分行业固定资产投资情况

资料来源:中国食品工业协会:《2016 年食品工业经济运行综述》。

二、食品工业行业结构与区域布局

2016 年,食品工业内部的四大行业结构与区域布局继续呈现均衡协调的发展格局。

(一)食品工业内部结构

图 3-6 显示了 2011—2016 年间我国食品工业分行业主营业务收入的变化。2016 年,全国农副食品加工业主营业务收入同比增长 6%,食品制造业同比增长 8%,酒、饮料和精制茶制造业同比增长 6.3%,烟草制品业则同比下降了 7.1%。图 3-7 显示,在 2011—2016 年间我国食品工业四大分行业的主营业务收入的变化表现出较大的差异性,内部结构不断调整。2016 年,农副食品加工业,食品制造业,酒、饮料和精制茶制造业,烟草制造业的主营业务收入分别增长了 98.9%、112.2%、100.9%、54.4%。显然,在此期间我国食品制造业的主营业务收入增长幅度最大,其次是酒、饮料和精制茶制造业和农副食品加工业,而烟草制造业的增长速度明显低于整个食品产业的增长速度。

将 2010 年和 2016 年食品工业四大分行业产值占食品工业总额的比重做进一步的对比。2016 年农副食品加工业,食品制造业,酒、饮料和精制茶制造业与烟草制造业产值占食品工业总产值的比重分别较 2010 年增加了 0.40%、1.36%、0.26% 和—2.03%。可见,与 2010 年相比,2016 年食品制造业在食品工业中所占比重增幅最大,其次为农副食品加工业与酒、饮料和精制茶制造业,而烟草制造

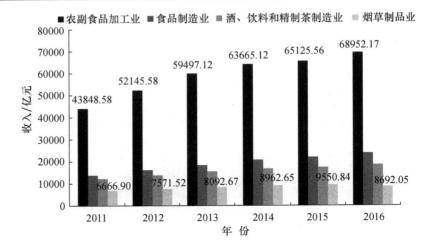

图 3-6　2011—2016 年间我国食品工业分行业主营业务收入

资料来源:中国食品工业协会:《2016 年食品工业经济运行综述》《中国统计年鉴》(2011—2015 年)。

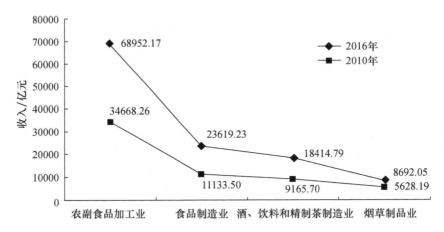

图 3-7　2010 年和 2016 年食品工业四大行业主营业务收入对比

资料来源:《中国统计年鉴》(2011 年)、中国食品工业协会:《2016 年食品工业经济运行综述》。

业在食品工业的比重则下降较为明显(图 3-8)。显然,食品工业内部行业增速的变化是适应市场需求变动而相应调整的必然结果,在供给侧改革的背景下,总体反映了基于市场需求的供给侧调整方向,体现了内部结构优化供给的良好态势。[①]

[①]　2016 年食品工业四大行业产值的数据均由主营业务收入代替并计算。

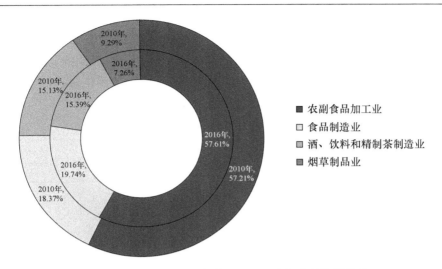

图 3-8　2010 年和 2016 年食品工业四大行业的比重比较

资料来源:根据《中国统计年鉴》(2011 年)、中国食品工业协会:《2016 年食品工业经济运行综述》。

(二) 食品工业的区域布局

2016 年,我国东部、中部、西部和东北地区的食品工业完成主营业务收入分别占同期全国食品工业的 37.93％、28.95％、9.24％、19.34％。与 2015 年占比情况相比,东部、西部地区分别同比减少 4.13％、10.17％,而中部、东北地区则分别同比增长 0.8％、8.96％(表 3-5)。可见,与 2015 年相比,2016 年我国西部地区食品工业经济收益下降最为明显,东北地区的食品工业经济收益则增长最大。

表 3-5　2016 年分地区的食品工业企业数与主营业务收入

	企业数/家	主营业务收入/亿元	占比/(％)	占比同比增长/(％)
食品工业总计	41165	116429.71	100	—
东部地区	15800	44158.6	37.93	−4.13
中部地区	11884	33707.12	28.95	0.80
西部地区	9058	22524.95	9.24	−10.17
东北地区	4325	10761.9	19.34	8.96

资料来源:中国食品工业协会:《2015 年食品工业经济运行情况》。

数据显示,我国东部、中部、西部三大区域食品工业主营业务收入从 2014 年的 2.87∶1.42∶1,过渡到 2015 年的 2.17∶1.45∶1,再到 2016 年 1.96∶1.49∶1,[①]

[①]　2014 年、2015 年和 2016 年食品工业经济收益均以主营业务收入分析。

继续呈现出食品工业的重心正逐步由东部地区向中部地区转移的发展态势。与
2005 年相比,2016 年食品工业主营业务收入排名前十位的省份数量中,东部地区
减少 3 个,中部地区增加 4 个,西部地区则减少 1 个。可见,西部和东北地区已逐
步跻身全国食品工业大省行列。[①] 表 3-6 是 2016 年各省、直辖市、自治区食品工业
情况排名表。

表 3-6　2016 年各省、直辖市、自治区食品工业情况排名表

名次与省份	规模企业数/家	主营业务收入/亿元	增长率/(%)
1. 山东	5608	17620.7	4.61
2. 河南	3410	12063.15	11.5
3. 湖北	2600	8450	7
4. 江苏	2169	7199.08	9.39
5. 四川	2294	7047.4	10.2
6. 广东	1932	6639.92	7
7. 福建	2349	5205.88(不含烟草)	9.4
8. 湖南	2167	5002	9.9
9. 吉林	1492	4695.8	6.8
10. 安徽	2614	4441.7	7.2
11. 河北	1375	3995.08	4.3
12. 黑龙江	1443	3617.7	0.2
13. 广西	800	3245.63	6.84
14. 江西	792	3081.67	8.7
15. 内蒙古	840	3047.9	5.92
16. 天津	325	2664.17	8.7
17. 浙江	1345	2559.39	4.59
18. 陕西	990	2540.3	12.59
19. 辽宁	1390	2448.4	−33.6
20. 上海	385	2129.29	−4.2
21. 贵州	876	1771.1	15.3
22. 重庆	760	1730.4	12

---

①　根据《中共中央、国务院关于促进中部地区崛起的若干意见》《国务院发布关于西部大开发若干政策
措施的实施意见》以及党的十六大报告的精神,按照我国经济区域划分的东部、中部、西部和东北四大地区
进行分析。

（续表）

名次与省份	规模企业数/家	主营业务收入/亿元	增长率/（%）
23. 云南	960	1229.14	18
24. 北京	312	1148.2	0.5
25. 新疆	601	896.3	11.9
26. 山西	301	668.6	1.6
27. 甘肃	479	648.28	0.88
28. 宁夏	240	340.5	9.8
29. 海南	98	202.77	2.53
30. 青海	64	71.26（不含烟草）	7.7
31. 西藏	154	28	15.43
合　计	41165	116429.71	

三、食品工业的结构转型：基于绿色化的视角

食品工业的转型升级，究其本质就是必须以食品安全为核心，从单纯追求规模和速度，转向注重质量安全和经济效益并重，将低碳环保作为我国食品工业发展的战略选择。通过技术创新、信息化的支撑，促进资源节约和环境保护，才可真正落实食品工业的转型升级。近年来，我国食品工业技术创新投入明显增强，绿色转型步伐明显加快。

（一）技术创新投入与产出实现新提升

我国现阶段的食品工业总产值约占世界食品工业总产值的 20%，居世界第一位。但食品工业内部结构不合理，初级食品加工业占食品加工业的比重达 60%，而属于精深加工的食品制造业仅占总产值的 30% 左右，表明我国食品工业仍属于初级食品加工为主的资源型产业，产业发展方式较粗放，整体发展水平依然比较落后。近年来，我国食品工业努力实施创新驱动战略，技术创新投入与产出实现了新提升。由于没有 2016 年的数据，在此以 2010—2015 年间的相关数据作简要分析。图 3-9 显示，2010—2015 年间，我国食品工业的技术创新投入总体表现为较为明显的增长态势。到 2015 年，虽然研究与发展（R&D）项目数较 2014 年有所下降，但 R&D 投入与 R&D 项目数分别较 2010 年增加了 215% 和 176%，为我国食品工业转型升级提供了技术保障。

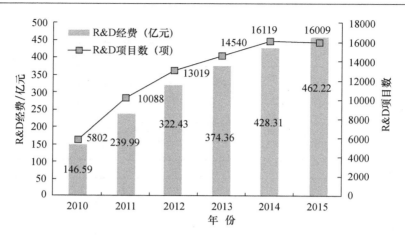

图 3-9   2010—2015 年间我国食品工业的技术创新投入

资料来源：《中国统计年鉴》(2011—2016 年)。

将食品工业按供应链可划分为原料生产、食品加工、物流与服务、装备制造、质量安全五个环节,1990—2013 年间我国食品工业各主要环节(主要包括原料生产、食品加工、物流服务、设备制造和质量安全)所应用的信息专利数量如图 3-10 所示。显然,食品工业在质量安全环节的相关专利数量占有最大比例,其次是食品加工和设备制造环节。

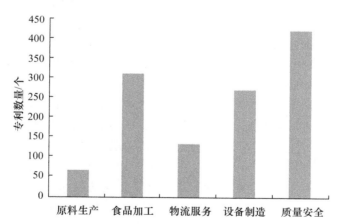

图 3-10   1990—2013 年间食品工业主要环节专利数量

资料来源：中献专利软件,上海市轻工业科技情报研究所编制。

(二)两化深度融合与食品工业转型路径

工业 4.0 概念以及工业化和信息化"两化融合"的积极推进,对有效解决食品工业对产业发展的需求与社会对食品安全的诉求之间的矛盾提供了新思路、新途径和新方法,尤其是信息技术与工业技术的融合发展催生了我国食品工业生产方式的转型升级。2011 年,工业和信息化部发布了我国首部"两化融合"评估规范《工业企业信息化和工业化融合评估规范(试行)》,提出的评估框架如图 3-11 所示。本节参照评估规范选择适合行业分析的指标,分析食品工业两化融合水平。

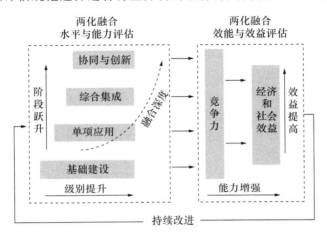

图 3-11 工业企业两化融合评估框架

资料来源:工信部:《工业企业"信息化和工业化融合评估规范(试行)》,2011 年。

同样,由于缺少 2016 年的数据,本节以 2015 年的数据展开分析。分析 2015 年中国投入产出表可以发现,食品工业对信息产业的直接投入水平远低于工业部门的整体水平,尤其与通信设备、计算机及其他电子设备的直接投入差距更大。虽然食品工业部门对信息技术服务投资日益增长的趋势与其他工业部门一致,但对信息设备投资的变化趋势则与其他工业部门相反呈持续下降趋势。与此同时,食品工业部门对通信设备、计算机及其他电子设备与其他投入产品的融合应用水平远高于其他工业部门,与其他部门投入品的关联度很大。

可利用食品工业专利数据衡量产业的技术融合程度 P_f,其计算公式为:

$$P_f = \frac{\sum_{i=1}^{n} P_{iIT}}{\sum_{i=1}^{n} P_{if}} \tag{3-1}$$

其中,P_{iIT} 表示食品工业各领域中信息技术应用的历年专利数量;P_{if} 表示食品工业各领域历年的专利数量。该指标介于 0~1 之间;数值为 0 时表示食品工业与信息技术完全没有融合;数值为 1 时表示信息技术与食品工业完全融合。

图 3-12 显示,2005—2015 年间我国食品工业两化融合度仍在 0.01 以下,虽呈现上升态势,但在 2015 年显示出减缓的态势。显然,相较于其他工业部门,食品工业对信息技术的投入水平并不高,且食品工业对信息技术的直接投入金额占整个食品工业投入品金额的比重波动较大,与其他工业部门相比,食品行业信息技术投入水平具有相当大的差距。进一步分析发现,虽然近年来我国食品工业的两化融合水平持续提升,但是各环节融合水平差异较大。食品产业链的 5 个主要环节中,物流服务、质量与安全和装备制造 3 个环节的信息化程度相对较高,而原料生产、食品加工两个环节的信息化程度相对较低。由此可见,两化融合对我国食品产业资源优化的作用尚不显著。由于两化融合对提高食品产业经济效益并非立竿见影,需要持续投入。因此,当前应着力推进食品产业集群建设,提高食品工业企业规模,促进食品工业规模化生产,在工业 4.0 概念下,实现食品产业间协同创新发展。

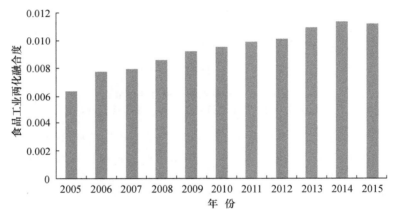

图 3-12 2005—2015 年间食品工业两化融合度评价
资料来源:中献专利软件;食品工业协会相关资料。

(三) 环境保护与生态效率

我国的食品工业在技术创新投入增加,两化融合取得进展的同时,在环境保护、环境效率方面也取得一定成效。这也意味着我国食品工业的技术创新投入与两化融合相结合,开始减少对生态环境影响,为食品安全不断做出努力。

1. 食品工业的环境影响

(1) 单位产值的废水、COD 排放量。图 3-13 表明,2010—2015 年间,无论是食品工业单位产值废水排放量,还是产值的 COD 排放量均呈现总体下降态势。相比而言,2010—2011 年间,2012—2013 年间的食品工业单位产值废水排放量下降态势较为明显,2015 年较 2010 年下降了 48.65%,而 5 年间食品工业单位产值的 COD 排放量则下降了 55.79%。可见,无论从废水排放还是从 COD 排放的相关指标分析,我国食品工业对水环境影响已经呈现逐年改善态势。

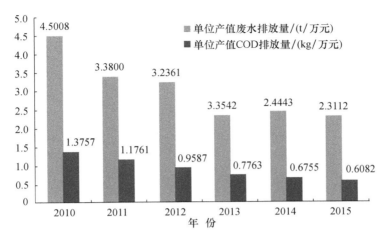

图 3-13　2010—2015 年间食品工业单位产值的废水、COD 排放量
资料来源:根据《中国统计年鉴》(2011—2016 年)中相关数据计算而得。

(2)单位产值 SO_2 排放量。图 3-14 显示,2010—2015 年间,我国食品工业总产值逐年上升的同时,SO_2 排放量也呈增高态势。通过分析单位产值 SO_2 排放量可以发现,除了 2010—2011 年间,我国食品工业单位产值的 SO_2 排放量稍有提升外,2011—2015 年间的单位产值的 SO_2 排放量均呈现逐年下降态势,由 2011 年的 0.6747 kg/万元下降到 2015 年的 0.4409 kg/万元。从大气环境影响的重要指标分析,我国食品工业对大气环境影响保持逐年趋好势头。

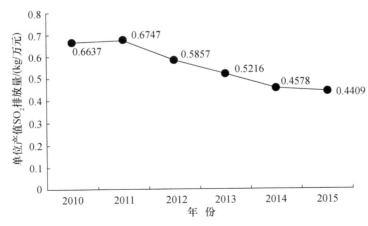

图 3-14　2010—2015 年间食品工业单位产值的 SO_2 排放量
资料来源:根据《中国统计年鉴》(2011—2016 年)中相关数据计算而得。

（3）单位产值的固废产生量。图 3-15 中，综合食品工业总产值分析，2010—2015 年间，我国食品工业单位产值固废产生量的下降趋势同样较为明显，由 2010 年的 0.0604 t/万元下降为 2015 年的 0.0298 t/万元，5 年间，单位产值固废产生量减少了 50.66%。可见，我国食品工业在固体废弃物排放方面的环境保护工作同样具有较为显著的成效。

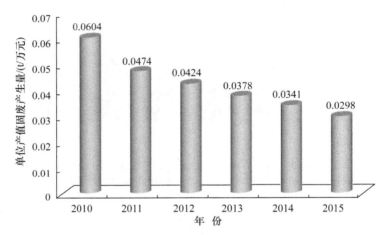

图 3-15　2010—2015 年间我国食品工业单位产值固废产生量
资料来源：根据《中国统计年鉴》(2011—2016 年)中相关数据计算而得。

2. 食品工业的资源节约状况

与逐步减少的环境影响相类似，我国食品工业在资源节约方面的工作也取得了一定成效。

（1）食品工业能源效率降中有升。2010—2014 年间我国食品工业单位产值的能源消耗量总体上呈现逐年下降的态势，能源效率正在呈现提高的态势。但 2015 年的食品工业单位产值能源消耗量达到 0.0847 tce/万元，与 2014 年相比能源效率有所提升。这也可能是源于我国食品工业能源消费结构正逐步向减少煤炭消费，增加石油和清洁能源消费转变（图 3-16）。

（2）食品工业的低碳走势略有反复。2010—2014 年间我国食品工业单位产值碳排放量呈现降中有升态势。在 2010 年 CO_2 达到 0.1316 tce/万元后，2011—2014 年间均呈现下降格局。但在 2015 年 CO_2 则呈现一定程度上升，达到 0.0849 tce/万元。可见，虽然今年来我国食品工业的低碳特征已经显现，但这一特征并不稳定，已经呈现略有反复态势（图 3-17）。

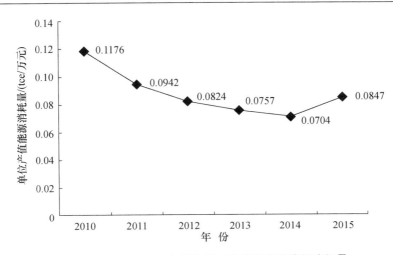

图 3-16　2010—2015 年间食品工业单位产值能源消耗量
资料来源:根据《中国统计年鉴》《中国能源统计年鉴》中相关数据计算而得。

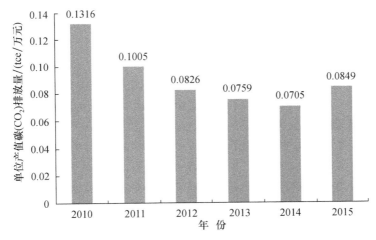

图 3-17　2010—2015 年间食品工业单位产值碳排放
资料来源:根据《中国统计年鉴》《中国能源统计年鉴》中相关数据计算而得。

四、食品工业发展问题及未来趋势

　　分析研究我国食品工业在发展中面临的问题,把握未来的发展趋势,对确保国内市场食品需求,促进食品工业的结构转型具有重要的意义。

（一）发展面临的突出问题

1. 食品工业增长放缓

当前,我国经济发展进入了新常态。全国工业生产增速由 2011 年的 13.9% 降至 2016 年 5.4%,中国经济从高速增长转为中高速增长,食品工业也难以置身事外。"十二五"以来,全国规模以上食品工业企业工业增加值连续 5 年回落,食品工业正面临着近 30 年来最艰难的转型期,从过去的两位数以上的高速增长下降到个位数的中高速增长。同时,随着食品消费结构升级,我国食品工业发展模式要从量的扩张向质的提升转变,食品工业保持以往的高速发展难度加大。

2. 需求结构升级且分化较快

城乡居民收入的持续稳步增长、新型城镇化的加快推进、"全面二孩"政策的实施、人口老龄化的加快、城乡及区域发展差距的缩小等仍将促进食品整体需求稳步增长,中产阶级人群的壮大驱动食品消费正由生存型消费向健康型、享受型消费加快转变,"吃得安全、吃得健康、吃得营养"日益成为城乡居民食品消费共识,消费品种、消费品级、消费渠道、消费区域等也都发生明显的分化。消费环境的深刻变化,倒逼食品工业向"消费型"转型发展,中速发展的我国食品工业进入以产业链安全及产品营养与健康为特征的深度调整期,也将进入各种深层次矛盾的显现期。

3. 生态环境约束加剧

多年来,粗放式发展累积的环保问题集中爆发,包括食品工业在内的整个工业发展的环境承载力显著下降,食品工业重点地区牺牲工业发展保生态环境的压力持续加大,食品工业的规模扩张受到制约。国家"五位一体"战略布局导向下生态文明建设加强,《全国主体功能区规划》持续推进,新修订的《中华人民共和国环境保护法》《中华人民共和国大气污染防治法》全面实施,水耗、能耗、污染物排放与资源综合利用标准不断提高,环保督查与监察力度持续加大,以中小企业为主体的食品工业发展面临严峻的生态环境挑战,生物发酵、酿酒、饮料、玉米深加工等传统食品行业的绿色化发展推进压力重重,技术改造投入严重不足。

（二）未来发展趋势

在供给侧改革的指导与推动下,未来我国食品工业的发展可能将明显呈现以下新的态势。

1. 新发展战略持续推进带来新机遇

国家系列重大战略持续推进,食品工业发展迎来重大机遇。《中国制造 2025》全面实施,专业化、大型化、成套化、精细化、自动化和智能化的国产食品加工关键装备发展将步入快车道,食品工业智能化改造提速,生产方式柔性化、智能化、精细化转变加快,精准制造、敏捷制造能力将得到提高。"四化同步"战略的实施,在促进食品工业新型化、信息化发展的同时,进一步夯实食品工业的原料基础,促进食品工业消费需求扩大。"互联网＋行动计划"实施,将进一步推动食品工业生产过程优化、流通业态转型、电子商务发展和质量追溯体系建设,全面提升食品工业的全产业链管理水平。京津冀协同发展战略、长江经济带战略、新一轮西部大开发战略持续推进,新一轮振兴东北战略即将出台,食品工业区域发展将更趋协调,产业特色将更加突出。

2. 新常态下呈现发展新动力新空间

未来随着一批新技术(如先进制造、智能化技术和云技术的开发)、一批新业态(如电商、物联网和健康配送的出现)、一批新模式(如控制全产业链和建立可追溯体系的形成)、一批新产业(如现代调理食品和保健食品产业的发展)等将迅速发展,成为引领、带动乃至决定我国食品行业及其上下游产业链发展的"新动力"和"新优势",食品工业将继续保持在国民经济中支柱产业的地位,继续成为拉动我国国民经济发展发展的重要增长点。

3. 新一轮的消费升级推动供给侧改革

城乡居民对食品的消费正由生存型消费向健康型、享受型消费转变,由吃饱吃好向安全、健康、满足食品消费多样化转变,将进一步推动食品工业依靠创新驱动加快供给侧改革,并带来新的深刻变化。深刻变化就在于——产品新需求:方便、美味、可口、营养、安全、健康、实惠、个性、多样化;产业新要求:智能、节能、高效、连续、低碳、环保、绿色、持续、数字化。因此,未来我国食品行业将从原料生产、加工制造、消费的全产业链,通过加大科技创新力度,实施供给侧改革带来全新的格局;从国家和企业层面完善科技创新体系,推进转型升级的步伐将进一步加快。

4. "一带一路"等将持续推进资源的优化组合

食品工业"走出去"步伐将进一步加快,特别是"一带一路"建设的实施,将有力地促使一批有实力有全球战略的食品工业企业不仅立足国内推进跨地区、跨行业兼并重组,而且将以更大的范围、更高的层次推进国际化发展,并将通过直接投资和产能与供应链合作等方式,参与到全球食品工业全程产业链,在全球范围内统筹食品工业原料资源、技术资源、人才资源等。

第四章　2016 年国家食品质量监督
抽查研究报告

本章主要是基于国家食品药品监督管理总局发布的 2016 年食品安全监督抽检的基本数据,刻画 2016 年全国主要食品种类的监督抽检合格率的真实情况,并选取传统大宗消费的食品品种,多角度地研究监督抽查中反映出来的食品质量安全状况与变化态势,并努力挖掘可能存在较大安全风险的食品品种。并以对 A 省 B 市 92 家食品工业企业添加剂使用行为为案例,就如何提高食品安全质量提出了建议,努力为相关监管工作和食品安全消费提供参考。

一、2016 年国家食品安全监督抽检状况

2016 年,国家食品药品监督管理总局以问题为导向,严格落实"四个最严"要求,以督促企业落实主体责任、引领公众科学消费、引导社会全面共治为目标,全面贯彻食品安全法和相关法律法规的要求,把监督抽检作为重要抓手,按照公开、公平、公正的原则,在全国范围内有计划地组织开展食品安全监督抽检工作。国家食品药品监督管理总局在全国范围内的抽检情况显示,目前我国食品安全形势总体平稳。

(一)监督抽查的总体状况

2016 年,国家食品药品监督管理总局在全国范围内共对 33 大类 263 细类的食品组织监督抽检,共监督抽检了 257449 批次的食品样品,总体抽检合格率为 96.8%,与 2015 年持平,比 2014 年升高 2.1 个百分点(图 4-1)。

需要说明的是,国家食品药品监督管理总局在全国范围内对 33 大类 263 细类 257449 批次的食品监督抽检,包括了生产、流通和餐饮三大环节,相对应合格率分别为 96.7%、96.8% 和 98%,监督抽检的样品数量分别为 88261 批次、160452 批次和 8736 批次。

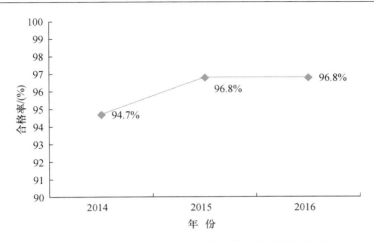

图 4-1　2014—2016 年间食品监督抽检合格率变化示意图

资料来源:数据来源于国家食品药品监督管理总局官方网站。

图 4-2 的数据表明,国家食品监督抽检合格率的总水平由 2006 年的 77.9% 上升到 2016 年的 96.8%,提高了 18.9%。2010 年以来,国家食品监督抽检合格率一直稳定保持在 95% 以上。

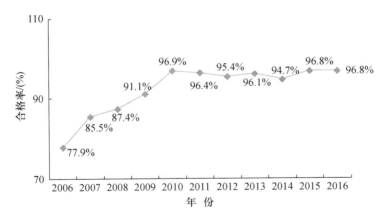

图 4-2　2007—2016 年间食品监督抽检合格率变化示意图

资料来源:2007—2012 年数据来源于中国质量检验协会官方网站,2013—2016 年数据来源于国家食品药品监督管理总局官方网站。

（二）各省、自治区、直辖市的监督抽检情况

分析国家食品药品监督管理总局监督抽检的数据,[①]2016 年甘肃、云南、广西等 13 个省、自治区与直辖市的样品合格率低于全国各地平均水平。2014—2016 年间全国有 19 个省、自治区与直辖市的监督抽检合格率保持逐年上升。总体而言,除极个别省份略有波动外,在 2014—2016 年间全国各省、自治区、直辖市食品质量监督抽检合格率逐年提高(图 4-3)。需要指出的是,各省、自治区与直辖市食品安全监督抽检的合格率与其经济社会发展水平具有一定的相关性。

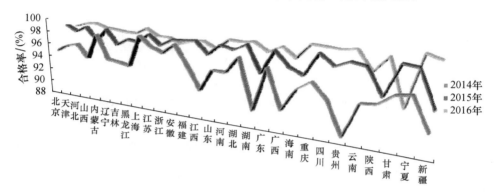

图 4-3 2014—2016 年间各省、自治区与直辖市监督抽检合格率变化示意图
资料来源:根据国家食品药品监督管理总局与各省、自治区、直辖市官方网站公布的数据整理形成。

（三）主要大类食品监督抽检合格率

2016 年,国家食品药品监督管理总局分阶段对粮食加工品、食用油和油脂及其制品、调味品、肉制品、乳制品、饮料、方便食品、饼干、罐头、冷冻饮品、速冻食品、薯类和膨化食品、糖果制品、茶叶及相关制品、酒类、蔬菜制品、水果制品、炒货食品及坚果制品、蛋制品、可可及焙烤咖啡产品、食糖、水产制品、淀粉及淀粉制品、糕点、豆类制品、蜂产品、保健食品、婴幼儿配方食品、特殊膳食食品、餐饮食品、食用农产品、食品添加剂等 32 大类食品进行了监督抽检。共抽检 1299 家大型生产企业的 18030 批次样品和 19 家大型经营企业集团 2949 个门店的 30599 批次样品,合格率分别为 99％和 98.1％,比总体合格率分别高出 2.2 和 1.3 个百分点。

在抽检的 32 大类食品中,蔬菜制品、水果制品、水产制品、饮料、酒类、特殊膳食食品、方便食品、饼干、冷冻饮品、薯类和膨化食品、炒货食品及坚果制品、食糖、淀粉及淀粉制品、糕点、蜂产品 15 类食品抽检合格率低于 2016 年总体合格率

---

① 西藏和青海个别年份因监督检的总样品量较少,在此章中没有计算合格率。

96.8％。大宗日常消费食品抽检合格率总体保持较高水平，粮食加工品为98.2％，食用油、油脂及其制品为97.8％，肉、蛋、蔬、果等食用农产品为98％，肉制品、蛋制品、乳制品分别为98％、99.6％、99.5％。抽检合格率位居第一的是可可及焙烤咖啡产品，为100％，合格率垫底的糕点，抽检合格率为93.4％（图4-4）。

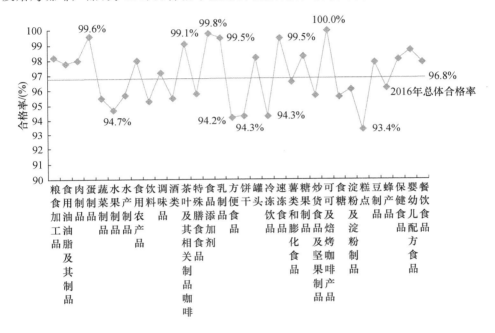

图4-4　2016 年食品安全监督抽检合格率食品种类分布情况

资料来源：国家食品药品监督管理总局官方网站发布2016 年食品安全监督抽检情况。

主要大类的食品监督抽检结果如下：

1. 粮食加工品

2016 年，共抽检粮食加工品29473 批次，样品合格数量28945 批次，不合格样品数量528 批次，合格率98.2％。抽检主要粮食加工品为小麦粉、大米、挂面、其他粮食加工品等。主要风险原因是苯并[α]芘超标。

2. 食用油、油脂及其制品

2016 年，共抽检食用油、油脂及其制品8841 批次，样品合格数量8646 批次，不合格样品数量195 批次，合格率97.8％。主要抽检花生油、玉米油、芝麻油及其他食用植物油等。主要风险原因是酸值、过氧化值、苯并[α]芘、溶剂残留量、黄曲霉毒素 B_1 等不符合标准。黄曲霉毒素有很多种，尤以玉米、花生被污染的程度最严重,毒性都远远高于氰化物、砷化物和有机农药的毒性,其中以 B_1 毒性最大。2003 年联合国粮农组织(FAO)发布的全世界食品和饲料真菌毒素法规报告中显示,除国际食品法典委员会(CAC)的规定以外,全球 100 多个国家和地区制定了各类食品中黄曲霉毒素限量标准。[1] 2011 年我国发布的《食品安全国家标准食品中真菌毒素限量》(GB2761-2011)中规定花生及其制品中黄曲霉毒素 B_1 的限量为 20 ppb。[2]

3. 肉制品

2016 年,共抽检肉制品 13866 批次,样品合格数量 13583 批次,不合格样品数量 283 批次,合格率 98%。抽检的肉制品主要有酱卤肉制品、速冻调理肉制品、熏煮香肠火腿制品、腌腊肉制品、熟肉干制品、发酵肉制品、熏烧烤肉制品等。不合格项目主要有过氧化值(以脂肪计)、山梨酸、菌落总数、大肠菌群、水分、亚硝酸盐、防腐剂各自用量占其最大使用量比例之和等不符合标准;同时检出莱克多巴胺、土霉素、林可霉素、地塞米松、氟苯尼考、沙拉沙星、恩诺沙星(以恩诺沙星+环丙沙星之和计)、磺胺类(总量)、克仑特罗、呋喃唑酮代谢物、胭脂红、山梨酸、日落黄、苯甲酸等。莱克多巴胺属于第二代瘦肉精,毒性远低于具有相同功能的其他瘦肉精添加物。常规剂量的瘦肉精类药物可在机体内被代谢并排出体外,不会对机体造成伤害,但过量摄入莱克多巴胺,人体会出现不同程度的中毒反应。我国已禁止生产、销售和在动物养殖中使用莱克多巴胺。[3]

4. 蛋制品

2016 年,共抽检蛋制品 2021 批次,样品合格数量 2013 批次,不合格样品数量 8 批次,合格率 99.6%。抽检的蛋制品主要包括鲜蛋和皮蛋(松花蛋)、卤蛋、咸蛋等再制蛋。不合格主要原因是菌落总数超标。

5. 蔬菜制品

2016 年,共抽检蔬菜制品 10979 次,样品合格数量 10525 批次,不合格样品数量 454 批次,合格率 95.9%。抽检的蔬菜制品主要是酱腌菜、自然干制品、热风干燥蔬菜、冷冻干燥蔬菜、蔬菜脆片、蔬菜粉及制品、干制食用菌、速冻蔬菜等。不合格项目主要有糖精钠、苯甲酸及其钠盐(以苯甲酸计)、山梨酸及其钠盐(以山梨酸计)、二氧化硫、总砷和镉、铅、甜蜜素不符合标准;检出胭脂红。

---

[1] 中华人民共和国国家标准《食品安全国家标准食品中真菌毒素限量(GB 2761-2011)》,2011 年。

[2] FAO. Worldwide Mycotoxin Regulations, Food and Nutrition Paper 81, 2003;ppb 为十亿分率,即 10^{-9}。

[3] 国家食品药品监督管理总局:《关于"莱克多巴胺"的科学解读》,2016 年 8 月 2 日,http://www.sda.gov.cn/WS01/CL1679/161342.html

6. 水果制品

2016 年,共抽检水果制品 6995 批次,样品合格数量 6625 批次,不合格样品数量 370 批次,合格率 94.7%。主要涉及蜜饯、果酱、水果干制品等。不合格项目主要有霉菌、铅、乙二胺四乙酸二钠、胭脂红、亮蓝、柠檬黄、二氧化硫残留量、环己基氨基磺酸钠(甜蜜素)、菌落总数等不符合标准;标签标示不含防腐剂(检出山梨酸)。水果制品超范围、超限量使用食品添加剂问题较普遍,有关部门需提高监管力度。

7. 水产制品

2016 年,共抽检水产制品 6358 批次,样品合格数量 6085 批次,不合格样品数量 273 批次,合格率 95.7%。主要涉及生食动物性水产品、藻类加工制品、鱼糜制品(含虾糜)、其他盐渍水产品、其他动物性水产干制品、风味鱼制品(熟制动物性水产品)、烤鱼片、盐渍鱼和水产深加工品等。主要不合格原因有:山梨酸、菌落总数、大肠菌群、酸价、挥发性盐基氮、铅等不符合标准;检出二丁基羟基甲苯(BHT)、亚硫酸盐(以二氧化硫残留量计)、苯甲酸、胭脂红、日落黄等。

8. 饮料

2016 年,共抽检饮料 23456 批次,样品合格数量 22346 批次,不合格样品数量 1110 批次,合格率 95.3%。抽检的饮料主要有饮用纯净水、天然矿泉水、其他饮用水、果、蔬汁饮料、茶饮料、碳酸饮料(汽水)、含乳饮料、其他蛋白饮料(植物蛋白、复合蛋白)、固体饮料等。不合格原因主要是超范围使用食品添加剂脱氢乙酸及其钠盐、糖精钠,菌落总数超标等。

9. 调味品

2016 年,共抽检调味品 16563 批次,样品合格数量 16093 批次,不合格样品数量 470 批次,合格率 97.2%。抽检的调味品主要包括酱油、食醋、味精、酱类、调味料等。不合格主要原因是企业非法添加非食用物质罗丹明 B,且铅、菌落总数、谷氨酸钠不符合标准等。

10. 酒类

2016 年,共抽检酒类 12702 批次,样品合格数量 12127 批次,不合格样品数量 575 批次,合格率 95.5%。抽检的酒类主要包括白酒、葡萄酒及果酒、啤酒、黄酒等。不合格项目是酒精度、固形物不符合标准、超范围使用食品添加剂环己基氨基磺酸钠(甜蜜素),检出氰化物等。

11. 茶叶及其相关制品

2016 年,共抽检茶叶及其相关制品 11450 批次,样品合格数量 11342 批次,不合格样品数量 108 批次,合格率 99.1%。抽检的茶叶及其相关制品包括茶叶、茶制品、代用茶等。主要问题是超范围使用柠檬黄、日落黄、胭脂红等食用色素。

12. 特殊膳食食品

2016 年,共抽检特殊膳食食品 707 批次,样品合格数量 677 批次,不合格样品数量 30 批次,合格率 95.8%。抽检的特殊膳食食品主要包括婴幼儿谷类辅助食品、婴幼儿罐装辅助食品和辅食营养补充品。不合格主要项目:净含量与标称不符,铁、锌超标,维生素 D、E 不达标等。

13. 食品添加剂

2016 年,共抽检食品添加剂 1290 批次,样品合格数量 1288 批次,不合格样品数量 2 批次,合格率 99.8%。食品添加剂抽检情况整体良好。不合格原因有:砷(以 As 计)超标。

14. 食用农产品(包括畜禽肉及副产品、水产品、鲜蛋、蔬菜、水果类、豆类)

2016 年,抽检食用农产品达到 23003 批次,样品合格数量 22540 批次,不合格样品数量 463 批次,合格率 98%。不合格主要原因是氯氟氰菊酯、镉超标,检出氯霉素、孔雀石绿(含隐色孔雀石绿)等。

15. 乳制品

2016 年,抽检乳制品达到 3318 批次,样品合格数量 3303 批次,不合格样品数量 15 批次,合格率 99.5%,与 2014 年持平,不合格主要原因是菌落总数超标。

二、不同年度社会关注度较高的同一食品品种抽检合格率比较

继续选取社会关注度较高或风险较高的食品品种,例如婴幼儿配方乳粉、糕点、饼干、方便食品、冷冻饮品、水果制品等,刻画大类食品样品抽检合格率的变化,并分析食品加工制造环节的质量安全状况的发展趋势,以及存在的主要质量安全问题。

(一)婴幼儿配方乳粉

2016 年,社会关注度较高的婴幼儿配方乳粉共抽检 2532 批次,样品合格数量 2500 批次,不合格样品数量 32 批次,合格率 98.7%。不合格项目主要有:菌落总数、反式脂肪酸与总脂肪酸比值、维生素 A、B1、烟酸、叶酸等不符合国家标准;牛磺酸、亚油酸、二十二碳六烯酸等符合国家标准,但与标签明示值不符;检出阪崎肠杆菌;标签印刷错误等。

如图 4-5 所示,2011 年全国婴幼儿配方乳粉抽检合格率为 94.4%,2013 年全国婴幼儿配方乳粉抽检合格率达到 100%,之后三年抽检合格率保持在 96% 以上。2014 年、2015 年、2016 年检出符合国家标准但不符合产品包装标签明示值的样品分别占不合格样品总数的 47.9%、61.7%、31.3%,有关部门需加强监管。但不可否认,我国婴幼儿配方乳粉质量呈现总体稳步上升的趋势。

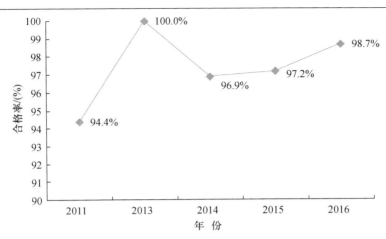

图 4-5　2011—2016 年间婴幼儿配方乳粉抽检合格率变化示意图
　　资料来源:2011 年数据来源于国家质量监督检验检疫总局官方网站,2013—2016 年的数据来源于国家食品药品监督管理总局官方网站(需要说明的是,2012 年度的全国婴幼儿配方乳粉的抽检合格率数据缺失)。

(二) 糕点

　　2016 年,共抽检糕点达 26072 批次,样品合格数量 24345 批次,不合格样品数量 1727 批次,合格率 93.4%。不合格项目是:防腐剂各自用量占其最大使用量比例之和、铝的残留量、菌落总数、脱氢乙酸及其钠盐、酸价、山梨酸及其钾盐、纳他霉素等超标;检出苯甲酸及其钠盐、柠檬黄等。

　　2014—2016 年,糕点的监督抽检合格率持续下降,由 2014 年的 95.1% 下降到 2016 年的 93.4%,降低了 1.7 个百分点(图 4-6)。在 2016 年抽检的 32 大类食品中,糕点抽检合格率垫底,有关部门应加大对其监管力度。

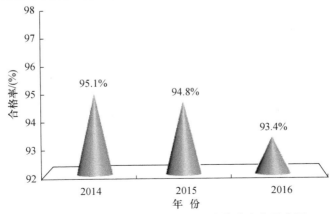

图 4-6　2014—2016 年间糕点抽检合格率变化示意图
　　资料来源:2014—2016 年的数据来源于国家食品药品监督管理总局官方网站。

（三）方便食品

2016 年,共抽检方便食品 3042 批次,样品合格数量 2867 批次,不合格样品数量 175 批次,合格率 94.2%。2014—2015 年方便食品抽检合格率都高于其总体抽检合格率,但 2016 年抽检合格率相比 2015 年下降了 2.8 个百分点(图 4-7),不合格项目主要有:黄曲霉毒素 B1、霉菌、菌落总数、铅超标,检出安赛蜜等。

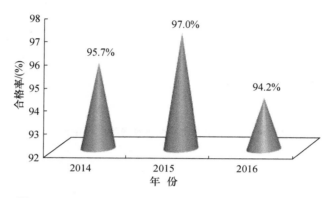

图 4-7　2014—2016 年间方便食品抽检合格率变化示意图

资料来源:2014—2016 年的数据来源于国家食品药品监督管理总局官方网站。

（四）冷冻饮品

2016 年,共抽检冷冻饮品 1138 批次,样品合格数量 1073 批次,不合格样品数量 65 批次,合格率 94.3%。2014—2016 年冷冻饮品抽检合格率一直处于较低水平(图 4-8),不合格原因有:菌落总数、大肠菌群超标。

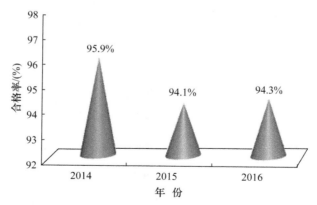

图 4-8　2014—2016 年间冷冻饮品抽检合格率变化示意图

资料来源:2014—2016 年的数据来源于国家食品药品监督管理总局官方网站。

（五）水果制品

2016 年,共抽检水果制品 6995 批次,样品合格数量 6625 批次,不合格样品数量 370 批次,合格率 94.7%。不合格项目:铅、乙二胺四乙酸二钠、胭脂红、二氧化硫残留量、环己基氨基磺酸钠(甜蜜素)、菌落总数等不符合标准;检出苋菜红、日落黄、苯甲酸、环己基氨基磺酸钠(甜蜜素)等;标签标示不含防腐剂(检出山梨酸)。2014—2016 年水果制品的抽检合格率都低于总体合格率,但其抽检合格率呈上升趋势(图 4-9)。

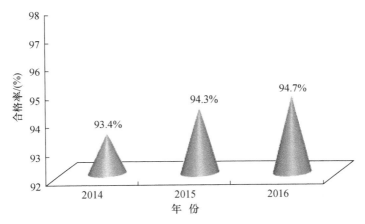

图 4-9　2014—2016 年间水果制品抽检合格率变化示意图
资料来源:2014—2016 年的数据来源于国家食品药品监督管理总局官方网站。

三、产生食品质量安全风险的主要因素与原因

分析相关数据,可以发现现阶段影响食品质量安全的主要风险与主要原因是:

（一）主要问题

从 2016 年国家食品药品监督管理总局监督抽检的结果来看,发现的主要问题为:一是超范围、超限量使用食品添加剂的情况最为严重,占 2016 年抽检发现的总不合格样品的 33.6%,较 2015 年上升 8.8 个百分点。二是微生物污染,占不合格样品的 30.7%,其中因致病性微生物导致的不合格样品占此类不合格样品的 25.6%,比 2015 年提高 2.8 个百分点。三是质量指标不符合标准,占不合格样品的 17.5%。四是重金属等元素污染,占不合格样品的 8.2%。五是农药兽药残留不符合标准,占不合格样品的 5.5%,比 2015 年提高 1.7 个百分点。六是生物毒素污染,占不合格样品的 1.1%。七是检出非食用物质,占不合格样品的 0.7%。

八是其他问题,占不合格样品的 2.7%。情况有所缓和的是质量(品质)指标不符合标准、重金属等元素污染、检出非食用物质和其他问题(见图 4-10)。

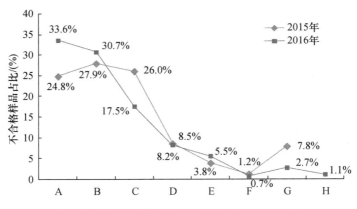

图 4-10   国家监督抽查的不合格产品的主要问题

(注:A. 超范围、超限量使用食品添加剂;B. 微生物污染;C. 质量(品质)指标不符合标准;D. 重金属等元素污染;E. 农药兽药残留;F. 检出非食用物质;G. 其他问题;H. 生物毒素污染)

资料来源:2015—2016 年数据来源于国家食品药品监督管理总局官方网站(2015 年生物毒素污染情况在不合格样品中所占的比例数据缺失)。

1. 超范围、超限量使用食品添加剂的问题最为突出

2016 年,国家食品药品监督管理总局共抽检 29 大类食品 43 个食品添加剂项目,结果表明,其中 27 大类食品 32 个项目检出不合格样品。在不合格样品中,防腐剂、漂白剂、甜味剂、膨松剂、着色剂滥用最多,占到添加剂"双超"的 95% 以上,不合格产品标识产地涉及全国 31 个省、自治区与直辖市。

2. 微生物污染问题仍旧严重

2016 年,国家食品药品监督管理总局共抽检 28 大类食品 21 个微生物项目,抽检显示,其中饮料、糕点、水产制品、肉制品、冷冻饮品、糖果制品等 25 大类食品 11 个项目检出不合格样品,不合格产品标识产地涉及全国 31 个省、自治区与直辖市,较为突出的问题是,冷冻饮品和糖果制品菌落总数、大肠杆菌等分别占相应类别不合格总数的 89.2% 和 54.3%。

3. 质量(品质)指标不符合标准的情况有所缓解但仍需重视

2016 年,国家食品药品监督管理总局共抽检 27 大类食品 212 个质量项目,结果表明,其中糕点、酒类、炒货食品及坚果制品等 23 大类食品 93 个项目检出不合格样品,主要涉及酸价、过氧化值、酒精度等,不合格样品标识产地涉及全国 31 个

省、自治区与直辖市。

4. 农药兽药残留问题仍然突出

2016 年,国家食品药品监督管理总局共抽检畜禽肉及副产品、水产品、鲜蛋、蔬菜和水果 5 类食用农产品的 190 个农药兽药残留项目,5 类都检出了不合格样品,占农药兽药残留不合格样品量的 71.7%,涉及 43 个项目,不合格产品标识产地涉及 29 个省份。与此同时,还抽检了 12 大类加工制品 44 个农药兽药残留项目,数据显示,其中茶叶及相关制品、蜂产品、肉制品、餐饮食品、罐头和粮食加工品 6 类检出不合格样品,占农药兽药残留不合格样品量的 28.3%,涉及 13 个项目,不合格产品标识产地涉及 19 个省、自治区与直辖市。2016 年农药兽药残留不符合标准的样本,占不合格样品总量的 5.5% 。

5. 生物毒素污染存在安全隐患

2016 年,国家食品药品监督管理总局共抽检 18 大类食品 8 个生物毒素项目,抽检显示,其中 7 大类食品 4 个项目检出不合格样品,不合格产品标识产地涉及 18 个省、自治区与直辖市。涉及的不合格食品分别是粮食加工品、调味品、薯类和膨化食品、方便食品、豆制品、食用农产品和食用油、油脂及其制品等。最普遍的生物毒素污染是黄曲霉毒素 B_1,除此之外,还有脱氧雪腐镰刀菌烯醇、玉米赤霉烯酮和赭曲霉毒素 A。黄曲霉毒素 B_1 污染的主要原因是作物在田间未收获前被黄曲霉等产毒菌浸染,产毒菌株在适宜的气温和湿度等条件下繁殖并产毒,此外未经充分干燥的食物,在储藏期间受到毒霉菌污染后产生大量毒素。食用油也存在容易受黄曲霉毒素污染的问题,但通过原料筛选、碱炼、吸附等控制手段可以使成品油中黄曲霉毒素降到非常低的水平。

6. 重金属等元素污染问题突出

2016 年,国家食品药品监督管理总局共抽检 32 大类食品 17 个重金属等元素项目,数据显示,其中 26 大类 8 个项目检出不合格样品,主要是镉、铅等,不合格产品标识产地涉及全国 31 个省、自治区与直辖市,较为突出的问题是海水蟹中梭子蟹的镉超标较严重,不合格率为 59.6%,占水产品重金属不合格总量的 45.9%。2016 年重金属等元素污染的样品,占不合格样品总量的 8.2%

7. 检出非食用物质

2016 年,国家食品药品监督管理总局共抽检 19 大类食品 89 个非食用物质项目,抽检显示,其中 7 大类食品 15 个项目检出不合格样品,不合格产品标识产地涉及 20 个省、自治区与直辖市。涉及的不合格食品分别是糕点、餐饮食品、粮食加工品、食用农产品、调味品、保健食品、饮料等,不合格项目有富马二甲酯、过氧化苯甲酰、罗丹明 B、荧光增白物质、他达拉非、西地那非、三聚氰胺、甲醛、罂粟碱、那可丁、可待因、蒂巴因、吗啡、硼砂、苏丹红Ⅳ等。2016 年检出非食用物质的样品，占不合格样品总量的 0.7%。

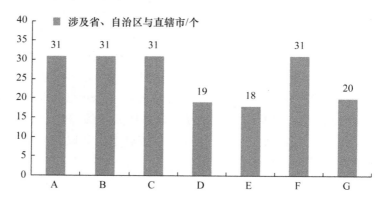

图 4-11　2016 年监督抽检不合格食品样本所涉及的省、自治区与直辖市数量状况示意图
注：A. 超范围、超限量使用食品添加剂；B. 微生物污染；C. 质量（品质）指标不符合标准；D. 重金属等元素污染；E. 农药兽药残留；F. 其他问题；G. 生物毒素污染；H. 检出非食用物质。
资料来源：根据相关资料整理形成。

综上所述，2016 年总局共组织食品监督抽检 33 类 236 细类 257449 批次，不合格 8283 批次，2016 年抽检不合格项目分布情况见图 4-12。

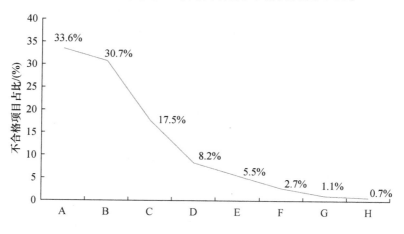

图 4-12　2016 年抽检不合格项目分布情况
注：A. 超范围、超限量使用食品添加剂；B. 微生物污染；C. 质量（品质）指标不符合标准；D. 重金属等元素污染；E. 农药兽药残留；F. 其他问题；G. 生物毒素污染；H. 检出非食用物质。
资料来源：数据来源于国家食品药品监督管理总局官方网站。

（二）主要原因

产生食品质量安全风险的原因很多,主要的原因是以下两个方面:第一,源头污染。对数据分析的结果显示,近两成样品不合格主要是因为源头污染,涉及22个食品大类的79个检验项目,包括土壤、水源等环境污染导致重金属和有机物在动植物体内蓄积,农药兽药、农业投入品的违规使用导致农药兽药残留等超标。第二,生产经营行为不当。近八成样品不合格主要是因为生产经营过程管理不当,涉及30个食品大类的141个检验项目,比如生产、运输、贮存等环节的环境或卫生条件控制不到位,生产工艺不合理,出厂检验未落实等。

与此同时,当前基层监管人员总体能力水平与监管任务在一定程度上存在不适应。进一步分析发现,质量控制不当的因素多是主观原因造成,比如,为省钱、有效,故意违法使用剧毒、高毒农兽药;为延长食品保质期或提升产品感官品相,故意违规使用食品添加剂或非法添加非食用物质,同时也存在因不了解标准,不清楚使用办法,或关键工艺控制不当,计量不准确等造成不合格的情况。对此,本节最后部分的调查说明了上述相关判断。

四、需重点关注具有较大安全风险的主要问题

从2014—2016年抽检监测总体情况看,一些社会关注度较高的品种和指标,比如乳制品和婴幼儿配方食品中的三聚氰胺、小麦粉中的黄曲霉毒素 B_1 、蛋制品中的苏丹红等,连续三年未发现不合格样品。花生油中的黄曲霉毒素 B_1 、餐饮自制发酵面制品中的二氧化钛和甜蜜素、淡水鱼中的呋喃唑酮代谢物、烤鱼片中的亚硫酸盐、水果干制品中的菌落总数、蔬菜罐头中的山梨酸等项目检验合格率逐年提高,但仍有部分具有重大风险的问题需引起有关部门重视并对此加强监管力度。

（一）部分问题没有明显改善

1. 食用油、油脂及其制品苯并[α]芘、溶剂残留量超标问题持续存在

2014—2016年连续三年不合格样品占当年该类食品不合格批次比例分别为41.2%、39.2%、38.5%。苯并[α]芘污染的主要原因可能是由原料带入或生产中关键工艺控制不当;食用植物油中溶剂残留量的多少与油脂生产设备、工艺技术及溶剂本身性质相关。溶剂残留量偏高时,不仅会降低油脂的品质,而且其中的苯和多环芳烃类等有害物质会给人们的健康带来损害。溶剂残留不合格的植物油主要是在生产过程中浸出溶剂去除不彻底所致。因此,食品生产加工企业需提高技术管理、加强原料管控。

2. 粉丝粉条等产品铝残留量超标问题没有明显改善

2016年粉丝粉条铝残留量检出率为5.2%,占该类产品不合格样品总量的

87.0%,据了解,在传统粉丝粉条加工过程中,添加硫酸铝钾(明矾)可以提高粉丝的韧性,减少断条损失。硫酸铝钾的添加会造成粉丝粉条中铝残留。《国家卫生计生委关于批准 β-半乳糖苷酶为食品添加剂新品种等的公告》(2015 年第 1 号)中要求粉丝粉条中铝的残留量不得超过 200 mg/kg。有关部门应对粉丝粉条中铝残留量超标的问题加强监管,控制风险(见图 4-13)。

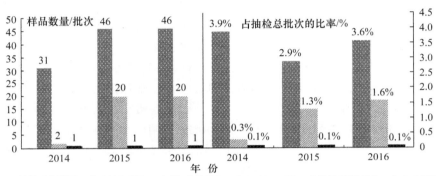

图 4-13　2014—2016 年粉丝粉条中铝的残留量抽检结果趋势分析

注:对检验结果≥200 mg/kg 的数据进行统计。

资料来源:根据相关资料整理形成。

3. 蜂蜜掺杂使假问题仍较严重

四家检验机构分别采用不同的蜂蜜掺假判别方法,联合开展了专项检测。结果表明,四家检测机构均判定为问题样品的比例为 31.3%,一家及以上判定为问题样品的为 66%。现阶段蜂蜜掺杂使假问题依然比较严重,且现有国家标准规定项目无法对繁杂的掺假方式作出准确判定。

4. 部分食品持续检出"塑化剂"问题

方便食品、糖果制品、酒类、食用油等食品类别中检出"塑化剂"问题,该类问题占问题样品总量的比例连续三年居于首位,2014 年、2015 年和 2016 年监测发现问题样品总量的比例分别为 38.1%、49% 和 29.8%。

(二)部分食品合格率持续处于相对较低水平

共有 7 类食品的抽检合格率连续三年低于总体水平,包括蔬菜制品、炒货食品及坚果制品、水果制品、特殊膳食食品、水产制品、淀粉及淀粉制品、饮料。

原因分析如下:

1. 蔬菜制品

超限量、超范围使用食品添加剂的主要原因可能是生产者为了延长产品的保质期而增大防腐剂的使用量及企业为改善产品口感,超范围超限量使用甜味剂等。

2. 炒货食品及坚果制品

微生物超标的原因主要是企业在生产、运输、贮存等环节卫生控制不严。过氧化值、酸价指标不合格的原因是企业在生产、运输、贮存等各个环节温度控制不当,导致产品出现酸败现象。

3. 水果制品

蜜饯生产加工时间长,生产加工环节卫生条件控制不严等情况容易造成微生物超标。以鲜水果或者初腌品(盐坯半成品)为生产原料,为了防止褐变多采用硫处理护色或者乙二胺四乙酸二钠护色,从而导致二氧化硫、乙二胺四乙酸二钠超标。

4. 特殊膳食食品

生产过程中企业对产品原料、加工工艺环节把控不到位。反式脂肪酸有耐高温、不易变质、存放久等特点,有些企业疏于管理控制,造成反式脂肪酸过高,反式脂肪酸与总脂肪酸比值超标的情况。而脱氧雪腐镰刀菌烯醇(DON)、镉、壬基酚和邻苯二甲酸二丁酯(DBP)超标的原因:一是原料受到环境污染;二是加工设备、包装材料中的迁移;三是储存不当造成的污染;四是过程控制不严。

5. 水产制品

一是近年来海洋、土壤等环境条件受到污染,导致水产中金属污染物的富集,尤以藻类制品中铝含量较高;二是水产制品除了水产品原料在源头上受到污染外,也可能在生产加工过程中受到污染;三是生产企业为增加产品口感,在生产加工过程中超范围超限量使用含铝添加剂,抑或因生产工艺导致铝残留量较高;四是生产企业在食品中添加亚硫酸盐来漂白、防腐,但在生产环节未严格控制其使用范围和用量;五是风味鱼制品(熟制水产品)、烤鱼片等生产工艺涉及腌、糟制入味、酥鱼油炸、糟鱼干蒸制及高温灭菌等过程,油炸处理及高温环境易导致挥发性盐基氮超标,其生产工艺也增加了后期储存运输中酸价、微生物、挥发性盐基氮等指标不合格的风险。

6. 淀粉及淀粉制品

为保持粉丝粉条的光泽度、柔韧性和口感,生产企业未按照要求使用含铝添加剂造成铝的残留量超标;微生物指标主要不合格原因是部分淀粉生产企业生产环境卫生状况不达标,未严格控制人员卫生。

7. 饮料

GB19298-2014《食品安全国家标注包装饮用水》自 2015 年 5 月 24 日开始实施,新标注规定,纯净水和其他饮用水取消了菌落总数、霉菌和酵母、电导率等检测项目,增加了铜绿假单胞菌检测项目。

五、地方政府食品安全快检能力建设存在的问题与建议:G省F市的案例

地方政府食品安全快检能力建设既是落实国家食品监督抽检任务的基础,也是检验地方政府食品监管体制改革成效的重要指标。我们在调查中发现,地方政府通过加大财政投入等多种方式加快食品安全检测检验支撑体系建设,尤其是通过更新快速检测试剂和提升检测设备水平来强化对食品安全的监管力度,对提升地方食品安全检测能力起到了积极的作用,但是尚存在一些值得关注的问题。本节的研究以G省F市为例展开分析。

(一)存在的主要问题

G省F市在农产品、食品安全快检能力建设具有良好的基础。但是我们在初步的调查中发现,F市食品安全快速检测能力建设中存在如下五个问题。

1. 部分快检产品技术指标与总局相关标准不符

由于当前国内食品快速检测试剂和仪器技术门槛较低,导致产品生产管理混乱,产品质量水平参差不齐。为了规范食品快速检测产品在食药监系统的有效使用,国家食品药品监管总局分别于2017年3月、6月发布了《关于印发食品快速检测方法评价技术规范的通知》(食药监办科[2017]43号)、《关于规范食品快速检测方法使用管理的意见》(食药监科[2017]49号)。食药监办科[2017]43号文规范了食品快速检测产品的验证标准,食药监科[2017]49号文则进一步明确了食品快速检测方法验证的必要性。各地食药监管局需要对已使用和拟采购的食品快速检测产品按照国家总局的相关要求进行严格的比对和验证,建立合格产品目录,对于流入市场中不符合要求的产品应立即停止使用。我们在调研中发现,F市目前使用的部分食品快速检测产品技术指标已不符合国家食品药品监管总局最新颁布的规范和标准。

2. 农药残留检测指标设置不合理

目前F市农贸市场、批发市场等配置的食品安全快速检测仪器多数为农药残留速测仪。该类检测仪器适用范围有限,仅能够检测部分果蔬的有机磷类农药和氨基甲酸酯类农药,而对于辣椒、葱、姜、蒜、西红柿等常见蔬菜中农药残留的检测准确度偏低。同时,我们在调研中发现,对当前果蔬类农药残留检测中检出率较高的一些农药,如阿维菌素、三唑磷、多菌灵、甲氨基阿维菌素等,没有给予高度的重视,存在一定的安全隐患问题。值得关注的是,虽然粤食药监办食农[2017]228号文件对于农药残留的检测指标提出了一些新的要求,但是与实际情况仍有一定的差距,如菊酯类农药主要用于茶叶种植,有机氯类农药实际使用和检出率极低。

3. 食品检测实验室建设问题突出

主要体现在食品安全快速检测仪器质量问题突出、实验室管理混乱、检测人员专业水平不高等方面。我们在调研中发现,F市部分农贸市场的食品安全快速检测实验室配置的快速检测设备系"三无产品",仪器上没有产品铭牌、厂家标识等基础信息,并且通过现场的实际调查发现检测记录的数据与仪器保存的数据间有较大的出入。据某实验室负责人解释为仪器质量存在问题,仪器检测结果显示为阳性,但实际记录数据为阴性,最终没有上报。对此,我们做了进一步的调查,发现该仪器的生产厂家为一家贴牌企业,专业人员较少,技术服务不到位,对检测人员的培训不足,导致了仪器检测数据不准确(假阳性)等问题。同时,酶抑制法检测对于部分蔬菜(次生代谢产物较多、色素含量较高的蔬菜)并不适用,容易造成假阳性结果输出,检测人员单凭经验判定结果为阴性,但是不明所以,简单地认为是仪器质量存在问题。调查中,F市基层的工作人员告知我们,F市农贸市场农产品快检的假阳性比重较高,为市场监管人员执法判断增加了工作强度和难度,急需专业人士指导和培训。如果这些问题不很好地解决,长此以往可能会导致基层人员对于检测的准确性抱有怀疑,从而导致阳性数据漏报。与此同时,我们在调查中发现部分检测实验室配备有气相色谱仪等专业检测设备,但是实验操作人员相关技能欠缺导致仪器空置率较高。

4. 食品快速检测范围覆盖不足

就目前来看,政府农业部门对生猪养殖和屠宰环节三种瘦肉精的用药要求极为严格,但是国内的一些地区在流通环节仍然检出。鉴于猪肉在F市居民肉类食品的消费中占据主体地位,外地猪肉输入F市的量比较大,虽然该类指标检出率不高,但是积少成多,不宜在流通环节的监管工作中过于放松。此外,禽类养殖行业一直以来都是抗生素滥用的重灾区,而禽肉在整个肉类食品的消费中占有较高的比例,同时也是F市特色食品烧腊的主要食材。我们在走访小作坊集中管理示范园区中发现,管理方对于食材的采样检测仅以微生物为主,附带部分非法添加剂检测,对于其他指标并未涉及。

5. 食品检测数据管理平台建设标准不统一

目前,F全市范围内的不同行政区均建设了各自相应的食品安全检测数据管理平台,但建设标准较为混乱、数据端口不统一,部分农贸批发市场等仍通过人工的方式上传检测数据,有一定的数据造假风险,对于数据整合分析也有较大负面影响。我们对F市食品安全快速检测仪器采购的方式、技术标准等不甚了解,我们判断,可能的原因是由各个区采购时,存在设备品牌型号五花八门、技术参数参差不齐,数据输出端口不统一的问题,由此导致快速检测仪器不准和无法上传数据。与此同时,还存在的一个问题是,过去检测形成的大量的数据利用率很低,难以发挥大数据防范食品安全风险的预警功能。

（二）改进与完善的主要建议

基于调查中发现的上述问题，尤其是根据国家总局最新的文件精神，结合我们对全国类似问题的了解，就改进与完善 F 市食品安全快速检测体系提出如下建议：

1. 强化对全市食品安全快检设备政府采购的指导

据了解，目前我国共有 300 家左右的食品安全快检设备生产厂家，但食品安全快检设备缺乏全国统一的生产标准，国家也没有实施强制出厂检定的机制。因此，在严格执行政府采购分级管理规定，落实区县食药监管部门主体责任的基础上，根据国家食品药品监督管理总局、农业部的最新规定，建议 F 市食药监管局出台食品安全快检设备采购的指导意见，既要确保政府采购的快检设备质量的可靠性，又要确保食品安全快检设备性能的基本统一性。尤其要通过出台文件防范可能出现设备品牌型号差异性太大，技术参数参差不齐，数据输出端口不统一，导致快检设备检测合理误差不在同一层次上，以及无法准确地上传数据。

2. 超前布局食品安全快检产品的验证

为确保食品安全快检产品质量及检测结果准确性，近年来农业部每年开展快检产品验证工作，并向社会公布产品现场验证结果。如，2016 年 12 月 8 日农业部办公厅发布了《关于 2016 年水产品中禁用药物残留快速检测产品现场验证结果的通报》（农办渔〔2016〕78 号），公布了对 15 家企业生产的 77 种检测孔雀石绿及硝基呋喃类代谢物残留的快检产品的现场验证结果，供各地在选用相关产品时参考。前文提及的国家食品药品监督管理总局食药监科〔2017〕49 号文明确了食品快检的定义、适用范围、使用要求和结果呈阳性的处置方法，要求各省（区、市）、计划单列市、副省级省会城市食品药品监管部门要按照食品药品监管总局制定发布的《食品快速检测方法评价技术规范》（食药监办科〔2017〕43 号）和相应快检方法等要求，通过盲样测试、平行送实验室检验等方式对正在使用和拟采购的快检产品进行评价。F 市处于珠江三角洲，是我国经济最发达的城市之一，我们建议，F 市应该超前布局、率先执行这个政策。在条件成熟时，对于目前市面上使用较多的快速检测产品的主要参数进行调研验证，严格淘汰有明显质量缺陷的产品，逐步建立合格供应商目录，避免在未来的全省验证过程中可能出现的被动状况。

3. 科学制定农药残留检测指标与完善畜禽产品药物残留检测管理

建议结合 F 市农业部门和食药系统历年来的农药残留检出情况，合理设置检测指标，把检出率较高、社会高度关注的农业投入品（如有机磷、新型杀菌剂等）列入常规检测品类，部分不常用的农业投入品（如有机氯等）纳入风险监控范畴。明确酶抑制法适用检测的果蔬范围，推进免疫学检测法（如胶体金免疫检测试剂盒）

来代替酶抑制法检测不适用的果蔬品种。同时,建议 F 市把禽类养殖过程中的常用抗生素、杀菌剂(氟喹诺酮、磺胺、四环素、硝基呋喃等)纳入小作坊综合管理园区的常规抽检范围,杜绝"抗生素鸡"之类的不合格肉食流入市场。

4. 完善食品快速检测实验室管理与数据管理平台的建设标准

建议 F 市建立健全食品快速检测实验室管理制度,加强对检测人员的技术培训和考核,同时在设备和试剂采购环节把食品快速检测产品供应商的技术服务能力纳入基本商务要求。建立统一的 F 市检测数据管理平台建设标准,开放统一数据对接端口,实现不同平台之间的数据互通,为后续的食品安全大数据分析系统做好基础工作。与此同时,要委托第三方机构,组织检测人员、学界专家等对历史上形成的检测数据进行系统分析,发挥历史数据对防范食品安全风险的功能。2016 年深圳、珠海都与相关食品安全风险研究机构建立合作,加强对数据的开发利用。这个经验值得借鉴。另外,建议加强食品快速检测技术队伍的建设力度,既提升技术水平,又实施严格的考核管理,提升技术人员的责任心。

5. 逐步实现与农业部门相关检测平台的对接

建议加强部门协调,实现经检测的农产品名称、批次、检测结果等信息在相互关联的监管部门间及时传递,促进产地准出和市场准入制度建设的无缝对接,避免检测力量的浪费。具体而言,在抽检品种上,根据安全隐患产生的时间、特点等因素,合理划分不同部门应主要负责检测的农产品种类,避免重复检测;在工作制度上,构建相互之间检测信息的告知和信息采集的程序规范,实现部门间协作的制度化、规范化;在技术保障上,建立以食品安全委员会为中心的信息网络,统一数据规范,实现部门间的检测数据实时传输、资源整合,以此实现责任归属明确,部门衔接顺畅,监管快捷高效的格局。

六、食品质量安全与生产经营者行为:食品添加剂使用的案例

大量的数据与事实表明,食品生产经营者超范围、超限量使用食品添加剂,是诱发食品安全风险的最主要的原因,成为公众最担心的食品安全问题之一。深入研究食品工业企业食品添加剂的使用行为,是构建打击、遏制与防范食品添加剂超范围、超限量使用治理机制的基础。为此,对 A 省 B 市 92 家食品工业企业添加剂使用行为进行了调查,并就如何对食品工业企业添加剂使用行为强化监管提出了相关建议。

(一)滥用食品添加剂状况的初步分析

食品添加剂是指为改善食品品质和色、香、味,以及为防腐和加工工艺的需要而加入食品中的化学合成或者天然物质,在满足人民对食品品质的新需求、发展现代食品工业等方面发挥了极其重要的作用。正是由于食品添加剂应用的普遍

性和各种非常复杂的原因,出于对经济利益的追求,食品工业企业超范围、超限量使用食品添加剂的行为,以及使用假冒伪劣、过期食品添加剂的行为较为普遍(上述这些行为简称滥用食品添加剂)。采用江南大学食品安全风险治理研究院自主研发的食品安全事件大数据监测平台 Data Base V1.0 版本的研究表明,在2006—2015 年间我国由主流媒体报道发生的食品安全事件数达到 245862 起,平均全国每天发生约 67.4 起。而且在食品供应链各个主要环节均不同程度地发生了食品安全事件,其中 66.91% 的事件发生在食品生产与加工环节,其他环节发生食品安全事件数量由多到少依次是批发与零售、餐饮与家庭食用、初级农产品生产、仓储与运输环节,发生事件量分别占总量的 11.25%、8.59%、8.24% 和 5.01%。在所发生的 245862 起食品安全事件中,75.5% 的事件是由人为因素所导致,其中滥用食品使用添加剂引发的事件最多,占总数的 34.36%;引起食品安全事件的其他因素依次为造假或欺诈、使用过期原料或出售过期产品、无证或无照的生产经营、非法添加违禁物,分别占总量的 13.53%、11.07%、8.99%、4.38%。国家食品药品监督管理总局发布的 2016 年度国家食品安全监督抽检结果显示,2016 年超范围、超限量使用食品添加剂,占不合格样品的 33.6%。大数据挖掘工具的研究结论与国家食品药品监督管理总局的监督抽检结果具有一致性。目前,食品企业滥用食品添加剂已经成为消费者最担心的食品安全问题之一。这不仅使食品行业遭遇前所未有的信任危机,更为严重的是由此严重影响了公众对食品安全的信心,考验政府的执政能力。从实际出发,构建打击、遏制与防范食品添加剂超范围、超限量使用治理机制已十分迫切。

(二) 调查方法与样本基本情况

本节的研究以 A 省 B 市食品工业企业为主要调查对象。之所以选择 B 市为研究的样本,主要是基于食品工业是 B 市的优势产业,也是未来扶持发展的重点产业之一。作者设计了初步的调查问卷,并在 B 市选择 2 家食品工业企业进行预调研的基础上修正并最终确定调查问卷。调查确定对象是注册资本为 500 万元及以上的食品工业企业,确定调查的样本数量为 100 家。整个调查共收回有效问卷 92 份。在接受调查的食品工业企业中,300 人以下的企业占调查企业总量的比例达到 56.5%,行业类型分别是粮食和粮食制品(41.3%)、饮料类(16.3%)、乳及乳制品(7.6%),其他类(34.8%)。

(三) 受调查的企业食品添加剂使用情况的分析

根据对有效调查问卷的数据统计与分析,受调查的企业食品添加剂的使用情况有如下六个特点:

1. 食品添加剂使用的种类

数据显示,在 92 家受调查的企业中使用食品用香料、甜味剂、防腐剂、着色剂、漂白剂和其他种类食品添加剂的分别占 52.2％、46.7％、41.3％、29.3％、17.4％和 18.5％。国家食品药品监督管理总局关于 2016 年各类食品抽检监测情况发现汇总的结果表明，在不合格样品中，防腐剂、漂白剂、甜味剂、膨松剂、着色剂滥用最多，占到超范围、超限量使用食品添加剂的 95％以上。正是由于上述品种的食品添加剂的大量使用，增加了这些食品添加剂不规范使用的安全风险。

2. 企业过去食品添加剂使用的情况

在受调查的 92 家食品工业企业中，有 14.1％的企业曾因为超范围、超限量使用食品添加剂而不同程度地出现过食品质量问题。有 73.9％的食品工业企业自身也认为目前不规范地使用食品添加剂已成为食品安全的最大隐患之一。

3. 企业采购食品添加剂的首要标准

受调查的企业中，64.1％食品工业企业在采购食品添加剂时最关注的是食品添加剂是否达到安全标准，而仍然有 35.9％的食品工业企业并未将食品添加剂的质量作为采购的首要标准，对价格的关注程度超过食品添加剂质量本身，采购环节未严格执行相关标准，这就难免为食品安全风险留下隐患。

4. 企业对食品添加剂标识的认知

《食品标识管理规定》明确规定："在食品中直接使用甜味剂、防腐剂、着色剂的，应当在配料清单食品添加剂项下标注具体名称；使用其他食品添加剂的，可以标注具体名称、种类或代码。"而受调查的 92 家企业中，有 15.2％的食品工业企业认为在食品标签上标注食品添加剂没有必要或抱着无所谓的态度。可见，企业对执行《食品标识管理规定》存在认识上的不一，必然导致在食品添加剂标识管理的不规范。

5. 企业食品添加剂使用行为与供应链一体化程度有关

调查表明，在受调查的 92 家企业中，占 83.7％的 77 家企业所使用的基本原材料大部分通过与上游企业签约供应合同且直接购买。在此 77 家食品工业企业中，仅有 14.3％的 11 家企业坦言曾经出现过不规范使用食品添加剂的情况；其他的 15 家企业使用的基本原材料大部分并未通过与上游企业签约供应合同而直接购买，在此类企业中，有 11 家企业坦言曾出现过不规范使用食品添加剂情况。可见，食品供应链一体化程度影响了食品工业企业食品添加剂的使用行为。

6. 中小企业等易滥用添加剂

在受调查的企业中，在就业人数少于 300 人的 52 家食品工业企业中，35.1％的企业承认出现过超范围、超限量使用食品添加剂行为；分别有 51.9％、21.2％和 13.7％的肉制品业、饮料业、粮食和粮食制品业的小型企业曾不同程度地出现过由于添加剂使用不当而导致的食品质量问题。

(四) 企业不规范使用食品添加剂的主要原因

基于对调查问卷的分析与作者通过仿真模型的研究发现,导致食品工业企业不规范地使用食品添加剂主要有以下四个原因。

1. 主要出于对经济利益的追求

调查表明,接受调查的企业在回答"食品工业企业使用添加剂最主要、最直接的动机"时(多选题),企业回答的结果依次是增加食品的口感(75.0%)、增加营养(47.8%)、延长保质期(34.8%)、改善食品外观(22.8%)和降低生产成本(19.4%)。这一结果与现阶段食品工业企业最易使用甜味剂、防腐剂和着色剂的情况基本吻合。增加食品的口感与改善食品外观,以满足消费者需求,并由此获取经济利益,成为企业超范围、超限量使用食品添加剂的主要动因。

2. 企业道德缺失

调查显示,73.9%的受调查的食品工业企业认为,造成食品添加剂滥用的最主要原因是企业道德缺失。调查还显示,只有32.6%的企业按照QB/T4111-2010要求或其他相关要求建立企业诚信管理体系,而且已初步建立诚信体系的食品工业企业表示,政府的压力是建立诚信体系的主要原因,而非主要源于对自身的约束。

3. 监管不到位与经济惩罚力度太小

除企业道德缺失外,在回答"造成食品添加剂滥用最主要的原因"的题项时,分别有55.4%、41.3%、34.8%的受调查的食品工业企业依次认为是食品安全与添加剂监管体制的不到位、食品添加剂标准不完善、政府对企业滥用食品添加剂经济惩罚的力度太小。

4. 食品添加剂检测能力不足

我国已经制定实施了相对完善的食品添加剂使用规范,要求对食品中的添加剂含量的检测以最终产品为主,兼顾过程中原料及半成品的检测控制。但在受调查的企业中,约有8.7%的食品工业企业并没有按照规范对食品中食品添加剂成分进行全面检测,主要原因是企业检验检测能力不足。

(五) 完善食品添加剂使用行为监管的建议

A省B市92家食品工业企业食品添加剂使用行为在全国难以具有代表性,但反映的问题值得总结。综合作者多年来的研究积累,就政府食品安全监管部门对食品工业企业食品添加剂使用行为实施更为精准的监管提出如下的建议:

1. 实施更为精准监管的具体方案

各地政府食品监督管理部门应从各自的实际出发,提出与有效实施现阶段整治食品添加剂滥用行为精准监管的具体方案。具体而言,一是对多年来积累的食品监督抽查的数据进行综合分析,提出本地区食品工业企业最易滥用的食品添加剂的种类。二是将糕点、蔬菜制品、酒类、水果制品、调味品、豆制品、餐饮食品、饮料、淀粉及淀粉制品、肉制品、罐头、水产制品、粮食加工品,以及具有销售量且对食品添加剂依赖程度高的地方特色食品列入最易滥用的食品行业,给予监管的重点。三是将企业规模较小、生产技术含量不高,供应链一体化程度较差而生产销售量较大且易腐败和变质性的食品工业企业作为监管重点。

2. 持续推进专项治理与系统治理相结合的治理行动

营造有效治理的法治环境,必须全面贯彻《食品安全法》等法律法规,强化基层食品监管机构对食品添加剂滥用行为的监管力度,特别是要加大经济处罚力度,提高食品添加剂滥用行为的经济成本,从源头上遏制非法滥用食品添加剂的行为。依托"食药警察"或食品执法的专业队伍,以专项治理为手段,坚持刑事责任优先原则,严厉打击滥用食品添加剂的犯罪活动。与此同时,统筹不同行政区域间、城市与农村间的联合行动,依法惩处非法滥用食品添加剂的行为。努力消除地方保护主义,确保相关法律法规在实际执行中的严肃性。以"零容忍"的态度,依法治理执法人员的不作为、乱作为问题,扎实提高监管效能。

3. 分层推进与完善举报体系

政府主导与社会参与相结合,构建社会共治新格局,重点建立健全以"信件、电话、网络"三位一体的举报体系,扩大奖励范围、丰富奖励形式,形成富有特色的举报者保护和奖励机制。逐步推行食品行业内部"吹哨人"制度,用社会力量弥补政府监督力量的不足。加强与新闻媒体等合作,鼓励和支持新闻媒体参与舆论监督,建立与媒体事前执法沟通机制和事后处理结果通报机制。发挥食品行业社会组织专业性、自治性等优势,推进风险治理力量的增量改革,促进传统的政府主导型治理向"政府主导、社会协同,公众参与"的协同型治理转变。

4. 推广食品添加剂生产和使用企业的诚信档案制度

定期依据食品添加剂生产和使用企业的信用状况,将相关企业进行信用级别管理,梯度地实施不同的监管措施。对守信的食品添加剂生产和使用企业建立长效的激励机制,对警示企业建立预警机制,对失信的企业建立惩罚机制;对严重失信的企业建立惩罚与淘汰机制。依据食品添加剂生产与使用企业的累计积分,实施不同等级的法治、经济与行政处罚,并及时通过媒体给予曝光,通过市场信誉机制,治理食品企业添加剂的滥用行为。

5. 完善中小食品工业企业的食品添加剂检测能力

中小食品工业企业更易滥用食品添加剂。因此,强化中小食品工业企业检测体系建设与政府监管有效结合,可能是未来遏制食品添加剂滥用行为的重要路径之一。但中小食品工业企业面临诸多的可能,尤其是食品市场竞争激烈,用工成本大幅度提升,难以独立建设检测体系。可以考虑以县(市)为单位,政府引导,企业主体,每年在县(市)级财政收入中专门安排预算,对企业食品检测能力给予必要的资助,通过五年或更长的时间,确保相关检测体系能够基本覆盖中小食品工业企业。同时,可在政府的支持下,依托第三方机构建设流动的食品添加剂检测站,定期或不定期地为企业检测服务。

第五章　2016年流通与餐饮环节的食品质量安全与城乡居民食品消费行为

　　流通与餐饮环节是"从农田到餐桌"食品供应链全程体系中的重要环节。本章主要依据国家食品药品监督管理总局的监督抽检数据,研究流通与餐饮环节食品质量安全的总体状况,重点梳理与分析在此环节食品质量安全的日常监管、专项执法检查、重大食品安全事件的应对处置,并基于全国10个省(区)4177个城乡居民的调查研究了城乡居民食品购买与餐饮消费行为。与此同时,研究了食品安全的消费投诉举报与权益保护状况,并以广东省中山市为案例,分析了流通环节食品可追溯体系建设存在的问题等,努力为完善流通与餐饮环节的食品安全监管提供参考。

一、流通与餐饮环节食品安全的监督抽检的总体状况

　　2016年,国家食品药品监督管理总局在流通和餐饮环节监督抽检的样本数量分别为160452批次和8736批次,抽检合格率分别为96.8%和98%。从图5-1中可以看出,近三年流通环节的食品监督抽检合格率上下波动,餐饮环节的食品监督抽检合格率则逐年上升,2014年流通环节食品抽检合格率比餐饮环节高1.8个百分点,而2015年与2016年餐饮环节抽检合格率则比流通环节要好。

　　根据国家食品药品监督管理总局发布的《2016年度全国食品药品监管统计年报》,截至2016年11月底,全国共有食品经营许可证12338782件,其中食品销售8626330件,餐饮服务3200790件,单位食堂511662件,餐饮服务许可证至少约371.2万件。因此,在此特别需要指出的是,由于我国餐饮环节经营主体数量多、分布广,2016年国家食品药品监督管理总局在该环节共监督抽检8736批次的样本量,抽检量偏小,分析结果的代表性相对不足,难以全面分析与揭示餐饮环节的食品质量安全。

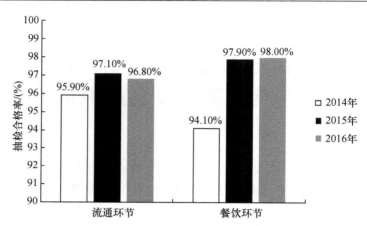

图 5-1　2014—2016 年流通、餐饮环节抽样环节监督抽检情况
资料来源：根据国家食品药品监督管理总局相关抽检数据整理形成。

　　图 5-2 显示，流通环节中超市的抽检样品合格率最高，其次分别为农贸市场和网购两个销售场所，小杂食店和批发市场合格率最低。 就食品种类而言，不合格

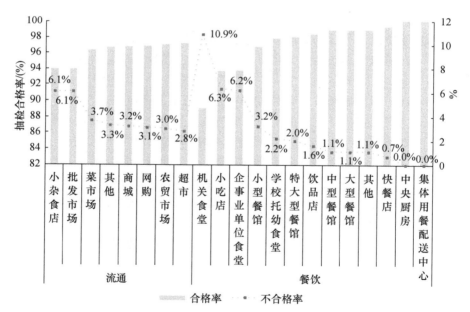

图 5-2　2016 年流通与餐饮环节各抽样场所监督抽检情况
资料来源：根据国家食品药品监督管理总局相关抽检数据整理形成。

率较高的食品包括薯类和膨化食品、水果制品、糕点等。流通环节中抽检网购样

品 6326 批次,合格率 96.9%,与总体水平基本一致。需要注意的是,网购食糖类样品抽检不合格率高达 14.4%,比食糖类产品平均不合格样品检出率(4.4%)高出 10 个百分点。另外,在餐饮环节中机关食堂、小吃店、企事业单位食堂、小型餐馆、学校/托幼食堂、特大型餐馆等场所合格率低于餐饮环节平均水平 98%。其中,机关食堂和企事业单位食堂的餐饮自制食品,小吃店的粮食加工品不合格率较高。

二、流通与餐饮环节食品质量安全的日常监管

2016 年,全国食品药品监管系统严格推进食品市场的日常监管,加大市场巡查频次和抽检力度,严格把好食品经营主体准入关口,切实规范经营行为,流通与餐饮环节食品安全日常监管规范化建设日益提升。

(一)食品经营者的行为监管

近年来,我国流通领域食品经营主体数量不断扩大(图 5-3、图 5-4)。2015 年 10 月 1 日起,《食品生产许可管理办法》和《食品经营许可管理办法》正式施行,食品流通许可与餐饮服务许可整合为食品经营许可。根据国家食品药品监管总局发布的《2016 年度全国食品药品监管统计年报》,截至 2016 年 11 月底,全国共有食品经营许可证 12338782 件。

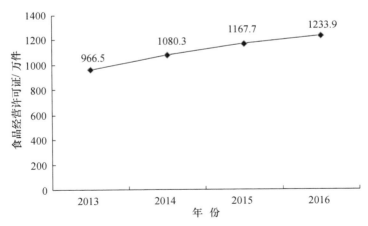

图 5-3　2013—2016 年间我国有效食品经营许可证情况
资料来源:根据 2013—2016 年国家食品药品监管统计年报整理形成。

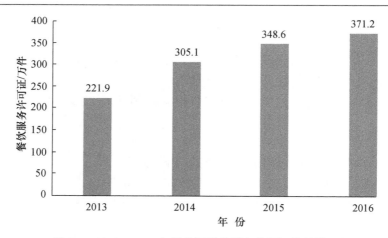

图 5-4   2013—2016 年间我国餐饮服务许可证发放情况
资料来源:根据 2013—2016 年国家食品药品监管统计年报统计整理形成。

与此同时,相应的监管也持续加强。截至 2016 年年底,全国食品药品监管系统共检查食品经营主体 1096.2 万户次,监督抽检食品 144.4 万批次,发现问题经营主体 54.1 万户,完成整改 64.6 万户;查处食品经营违法案件 12.5 万件,涉案总值 2.7 亿元,罚没款金额 11.9 亿元,移送司法机关的违法案件 1172 件(图 5-5、5-6)。[①] 图 5-6 显示,全国食品药品监管系统抽检食品批次数量较上年有所上升,查处食品经营违法案件数量有明显下降趋势,食品经营主体违法情况有所缓和。

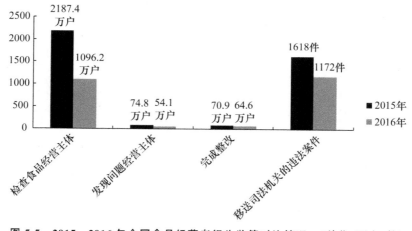

图 5-5   2015—2016 年全国食品经营者行为监管对比情况 (单位:万户、件)
资料来源:根据 2013—2016 年国家食品药品监管统计年报统计整理形成。

---

① 《开创食品经营监管工作新格局》,《中国医药报》2017 年 1 月 20 日, http://epaper.cnpharm.com/zgyyb/html/2017-01/20/content_552747.htm? div=-1

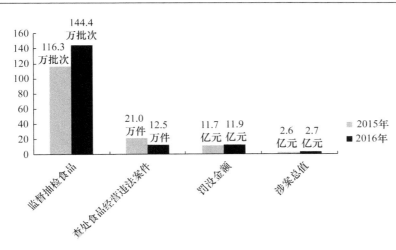

图 5-6 2015—2016 年我国食品流通环节监督抽检情况
资料来源:根据 2013—2016 年国家食品药品监管统计年报统计整理形成。

（二）违法食品广告的监管与预警

2016 年,全国食品药品监管部门保持曝光违法广告的高压态势,各地发布违法广告公告 111 期,曝光违法广告 5039 条次,包括食品(保健食品)、药品和医疗器械。其中有保健食品 271 条次,占 5.4％。2016 年,国家食品药品监管总局印发 7 期虚假广告通告,曝光了 49 个产品的虚假宣传行为。依法撤销广告批准文号 62 个,对 145 个严重违法违规的网站移送工信部等相关部门处置,其中由食品药品监管总局曝光的违法或违规保健食品广告如表 5-1 所示,被曝光的保健食品广告主要是因为广告内容含有不科学的功效断言、扩大宣传治愈率或有效率,以及利用学术机构、专家、医生、患者等名义形象作证明等问题,严重欺骗误导消费者。

（三）流通环节食品可追溯体系建设

2015 年年底,国务院办公厅印发了《关于加快推进重要产品追溯体系建设的意见》(国办发〔2015〕95 号)。按照部门分工,国家质检总局和商务部牵头组织制订了《重要产品追溯标准化工作方案》,对重要产品(含食品)追溯标准化工作进行全面部署,要求基于不同行业、产业追溯体系建设现状和发展需求,加强顶层设计,统筹考虑追溯模式和技术创新。截至 2016 年 11 月,国家食品药品监督管理总局负责督促和指导企业依法建立肉类、蔬菜、婴幼儿配方乳粉、白酒、食用植物油等重点产品追溯体系,已分五批支持 58 个城市建设肉类蔬菜流通追溯体系,分两批支持 4 省的 8 家酒厂建设酒类流通追溯体系,共有 1.5 万家企业建成追溯体系,覆盖经营商户 30 余万户,初步形成辐射全国、连接城乡的追溯网络。在已建成运行的试点城市,消费者可以通过购物小票上的追溯码,通过溯源机或者下载手机

表 5-1 2016 年国家食品药品监督管理总局曝光的违法广告

序号	通告	发布时间	违法保健食品广告	监测时间
1	总局关于 10 起虚假宣传广告的通告（2016 年第 169 号）	2016 年 12 月 29 日	"清血八味片""舒筋定痛片""消炎镇痛膏""芪蛭通络胶囊""外用无敌膏""丹蓝通络口服液""三鞭胶囊""腰部解压器""昂立一号牌益生菌颗粒""芬格欣牌芬格欣口服液"	2016 年第四季度
2	总局关于 9 起虚假宣传广告的通告（2016 年第 150 号）	2016 年 11 月 21 日	"强力蜂乳胶丸""健脾壮腰药酒""三宝胶囊""二仙口服液""舒筋活络丸""消糖灵胶囊""蚕龙液""降糖精茶""彤辉牌罗布麻茶"	2016 年第四季度
3	总局关于 6 起虚假宣传广告的通告（2016 年第 71 号）	2016 年 4 月 20 日	"天麻追风膏""参南星口服液""降糖胶囊""仙羡口服液""康杰胶囊""康康牌波尔特胶囊"	2016 年第二季度
4	总局关于 5 家网站发布虚假信息的通告（2016 年第 50 号）	2016 年 3 月 11 日	"紫龙金片""鸦胆子油软胶囊""金龙胶囊""替真奥胶囊（商品名：维康达）"	2016 年第一季度
5	总局通告 6 家网站发布虚假信息	2016 年 2 月 05 日	"罗布麻茶网站""健客网""告多玛蔬果茶官方销售网站""昆仑雪菊官方网站""阿里伯乐""电子针灸降压仪官方销售"	2016 年第一季度
6	国家食品药品监督管理总局关于 7 家网站发布虚假广告的通告（2016 年第 2 号）	2016 年 1 月 08 日	"紫清胶囊""陈老师泄油瘦身汤（陈老师荷芝茶）""LVCI蜂胶苦瓜软胶囊""白黎芦醇（海维牌欣能胶囊）""平卧菊三七救心菜""尼米兹盐藻营养片""博奥斯汀虾青素"	2016 年第一季度
7	国家食品药品监督管理总局关于 6 起虚假宣传广告的通告（2016 年第 11 号）	2016 年 1 月 28 日	"气血双朴丸""冠脉通片""两仪膏""舒心宁片（广告中标示名称：祺新丹）""理气舒心片""复方扶芳藤合剂"	2016 年第一季度

资料来源：根据国家食品药品监督管理总局公布的 2016 年违法广告公告资料整理形成。

APP,查询到肉菜等相关商品的流通过程及相关环节的责任主体,提升了食品安全保障水平和流通现代化水平,提高了消费透明度,也增强了消费信心。[①]

三、流通与餐饮环节食品安全的专项执法检查

2016 年,针对与人民群众日常生活关系密切、问题突出的重点食品产业和食品,国家食品药品监督管理总局在流通餐饮领域继续展开专项执法检查,专门就婴幼儿奶粉、农村食品市场安全监管、肉品监察、违法添加监管等组织专项执法行动。具体情况如下。

(一) 婴幼儿配方乳粉质量监管

相关数据显示,我国目前 103 家婴幼儿配方乳粉生产企业共有近 2000 个配方,个别企业甚至有 180 余个配方。婴幼儿配方乳粉过多、过滥,配方制定随意、更换频繁等问题突出,存在一定质量安全风险隐患,造成消费者选择困难。为此,国家食品药品监督管理总局颁布《婴幼儿配方乳粉产品配方注册管理办法》(国家食品药品监督管理总局令第 26 号),并于 2016 年 10 月 1 日起施行,期待提供强化婴幼儿配方乳粉产品配方的注册管理,进一步督促企业科学研发设计配方,提高婴幼儿配方乳粉生产企业研发能力、生产能力、检验能力要求,确保婴幼儿配方乳粉质量安全。2016 年 1 月,国家食品药品监督管理总局对婴幼儿配方乳粉开展了国家专项监督抽检,覆盖国内 89 家在产企业的产品,共抽检样品 198 批次,其中符合食品安全国家标准及产品包装标签明示值的合格样品 192 批次,不合格样品检出 6 批次,合格率为 97%。其中,不符合食品安全国家标准、存在食品安全风险的样品 2 批次,检出阪崎肠杆菌不符合食品安全国家标准;不符合产品包装标签明示值、不存在食品安全风险的样品 4 批次,检出亚油酸、二十二碳六烯酸不符合产品包装标签明示值。检出不合格的样品多属婴幼儿配方奶粉。对上述检出不合格样品的生产企业,国家食品药品监督管理总局责令及时采取停止销售、召回不合格产品等措施,彻查问题原因,全面整改,并对相关企业依法进行调查处理。[②]

(二) 农村食品市场安全监管

2016 年 11 月,国务院食品安全办印发《开展农村食品安全治理专项督查工作的通知》(食安办[2016]25 号),并于 11 月下旬至 12 月中旬在全国开展了农村食品安全治理专项督查工作,并取得了明显成效。以河北省为例。河北省在农村食品安全综合整治行动中共排查统计全省小型食品生产经营业态 22 万家,检查农

---

① 《商务部召开例行新闻发布会(2016 年 11 月 2 日)》,中华人民共和国商务部网,2016 年 11 月 2 日,http://www.mofcom.gov.cn/article/ae/slfw/201611/20161101568530.shtml

② 国家食品药品监督管理总局:《关于 2016 年 1 月 6 批次婴幼儿配方乳粉不合格的通告(2016 年第 20 号)》,2016 年 2 月 5 日,http://www.sda.gov.cn/WS01/CL1687/144085.html

村食品生产经营主体 256603 家次,检查各类市场 6902 个次,检查农药生产、经营企业 28578 家次,抽检农资 5500 批次(图 5-7),查处农村食品各类违法案件 6804件,罚没金额 2571.28 万元,[①]对完善农村食品生产经营全链条监管,努力形成全方位、全环节、全覆盖的农村食品安全治理长效机制,督促地方政府落实农村食品安全工作属地管理责任,构建农村食品安全共治格局起到了积极作用。

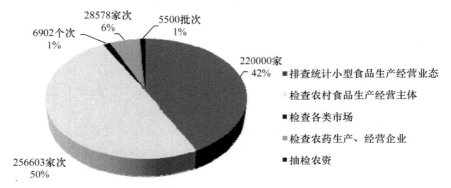

图 5-7　2016 年河北省农村食品安全综合整治情况
资料来源:根据相关资料整理形成。

(三) 肉品监察

由于市场供求关系变化,猪肉价格高企,跨区域非法销售病死猪肉、未经检验检疫猪肉等问题屡有发生。为此,国家食品药品监督管理总局部署各地有针对性地深入开展执法检查,严厉打击经销病死猪肉等违法行为,保障人民群众饮食安全。一是全面深入开展执法检查,切实规范猪肉生产经营行为,重点对猪肉加工小作坊、生产企业及批发市场等重点场所进行全面检查,深入排查清理不合格猪肉,严禁未经检验检疫或检验检疫不合格的猪肉及其制品流入市场,严禁猪肉生产经营企业购进、销售、使用无合法来源、无"两证两章"。二是督促企业依法经营,严格落实食品安全主体责任,监督企业建立健全并严格落实索证索票、进货查验和记录制度,明确专人负责验收,所购猪肉必须持有"两证两章",并能进行溯源等。三是加大案件查处力度,严厉惩处生产经营不合格猪肉违法行为,有案必查,一查到底,从快、从严查处购进、销售、使用无合法来源、无"两证两章"和腐败变质猪肉、病死猪肉等违法行为。以湖北省为例。该省在全省范围内组织开展了打击销售病死猪肉等违法行为专项行动,重点对猪肉加工小作坊、冷库、批发市场、集贸市场、餐饮服务单位等场所进行检查,重点检查猪肉生产经营者是否严格落实

① 河北省人民政府:《我省农村食品安全治理工作显成效》,2016 年 12 月 30 日,http://www.hebei.gov.cn/hebei/11937442/10757006/10757200/13680415/index.html

进货查验制度,并检查其所购猪肉是否有"两证两章"等。

(四) 违法添加监管

2016 年,国家食品药品监督管理总局在组织开展打击食品违法添加执法行动中,发现 35 家餐饮服务单位经营的食品中含有罂粟碱、吗啡、可卡因、那可丁、蒂巴因等罂粟壳成分,存在涉嫌违法添加行为。在食品中添加罂粟壳或罂粟粉,违反了现行《食品安全法》第三十四条第一项关于"禁止生产经营用非食品原料生产的食品或者添加食品添加剂以外的化学物质和其他可能危害人体健康物质的食品"的规定,按照《最高人民法院、最高人民检察院关于办理危害食品安全刑事案件适用法律若干问题的解释》(法释[2013]12 号),涉嫌构成生产、销售有毒、有害食品罪。上述餐饮服务单位中,已有 25 家被移送公安机关进行刑事犯罪侦查。同时,食品经营监管部门针对自制火锅底料、自制调味料违法添加罂粟壳等非食用物质的行为,印发《关于严厉查处餐饮服务环节违法添加罂粟壳等非食用物质的通知》,指导各地自 2016—2018 年连续三年开展专项治理整顿。据统计,2016年,各地共查处违法添加案件 600 起,没收非食用物质 2644.36 公斤,罚没金额达506.63 万元,吊销食品经营许可证 29 户,移送司法机关 377 件(图 5-8)。

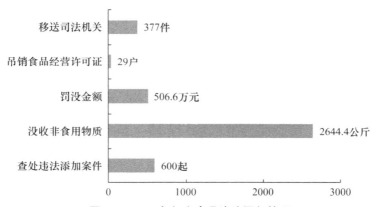

图 5-8　2016 年打击食品违法添加情况

资料来源:《中国医药报》2017 年 1 月 20 日。

(五) 节日性食品市场

2016 年,为保障节日期间的食品安全,国家食品药品监督管理总局相继发布《春节期间食品安全风险防范提示》以及《端午节粽子安全消费提示》,组织专门力量对节日热销食品进行了春节食品专项抽检、端午节粽子专项抽检和中秋节月饼专项抽检(图 5-9)。

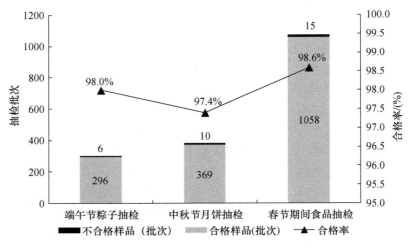

图 5-9　节日性食品市场监督抽检情况示意图
资料来源：根据相关资料整理形成。

据统计，2016 年春节期间国家食品药品监督管理总局共抽检粮食及粮食制品、肉及肉制品、食用油、油脂及其制品、焙烤食品和乳制品等 9 类食品1073 批次样品，抽样检验项目合格样品 1058 批次，不合格样品 15 批次，合格率为 98.6%，不合格主要原因是山梨酸和防腐剂各自用量占其最大使用量比例之和、过氧化值、酸值等超标；检出乙二胺四乙酸二钠、脱氢乙酸及其钠盐等。① 端午节粽子专项抽检粽子 302 批次，抽样检验项目合格 296 批次，不合格样品 6 批次，样品检验合格率为 98%，主要问题是商业无菌不达标、检出甜味剂安赛蜜和糖精钠。② 中秋节月饼专项抽检 379 批次，抽样检验项目合格样品 369 批次，不合格样品 10 批次，样品检验合格率为 97.4%，不合格原因是霉菌计数、菌落总数、酸价超标。③

（六）保健食品市场

2016 年，为进一步完善保健食品监管体系，规范和加强保健食品注册备案管理工作，国家食品药品监督管理总局发布《保健食品消费提示》与《保健食品注册

---

①　国家食品药品监督管理总局：《关于春节食品专项抽检 15 批次产品不合格情况的通告（2016年第 12 号）》，2016 年 1 月 26 日，http://www.sda.gov.cn/WS01/CL1698/143103.html

②　国家食品药品监督管理总局：《总局关于 2016 年粽子专项抽检情况的通告（2016 年第 95号）》，2016 年 1 月 26 日，http://www.sda.gov.cn/WS01/CL1698/154802.html

③　国家食品药品监督管理总局：《总局关于 2016 年月饼专项抽检情况的通告（2016 年第 127号）》，2016 年 9 月 9 日，http://www.sda.gov.cn/WS01/CL0051/164250.html

与备案管理办法》。2016 年食品药品监管部门共查处保健食品案件 3725 件,货值金额 7866.7 万元,罚款 4786.4 万元,没收违法所得金额 196.9 万元,取缔(查处)未经许可生产经营 75 户,捣毁制假售假窝点 21 个,责令停产停业 97 户,移交司法机关 141 件,受理保健食品投诉举报 26966 件,立案 640 件,结案 705 件。

为保障消费者合法权益和消费安全,2016 年 5 月 23 日,国家食品药品监督管理总局下发通知,要求全国食品药品监管部门开展保健食品、配制酒(主要是含中药材成分的配制酒)、玛咖制品等三类食品非法添加、非法声称问题专项治理工作。保健食品市场的专项执法检查取得了明显成效。以湖北省会武汉市为例。2016 年 11 月 1 日至 11 月 20 日,武汉市市、区两级食药、工商、卫计部门,在全市范围内开展了为期 20 天的保健食品经营活动专项整治工作,共出动执法人员 8799 人次,检查单位数 7353 家次,发放各类宣传册 10 万余册,查处违法宣传 74 起,查处欺诈行为 14 起,发现违法品种 18 件,查处移址经营 4 家,查处无证经营 24 家,责令停业 11 家,依法取缔 8 家,立案 32 起。其中对拉维达抗衰老生物技术(武汉)有限公司违反广告法罚款 40 万元。[①]

(七) 流通环节食品相关产品的抽查

2016 年,根据《食品安全法》和《食品安全国家标准管理办法》规定,经食品安全国家标准审评委员会审查通过,国家卫生与计划生育委员会发布了《食品安全国家标准食品接触材料及制品通用安全要求》(GB 4806.1-2016)等 53 项食品安全国家标准,并加强了食品相关产品的监督抽查力度。[②] 据统计,全年共抽查 2413 家企业生产的 2919 批次产品,抽查合格率为 97.6%,比 2015 年提高了 0.8 个百分点,但与 2014 年相比降低了 0.9%(图 5-10)。其中,接触食品的消毒剂产品抽查合格率为 100%;塑料材质——接触乳制品的塑料包装材料和容器、玻璃材质——接触食品的容器 2 种产品抽查合格率均高于 95%;纸材质——接触食品的包装材料和容器、橡胶材质——接触食品的密封件、金属材质——接触烘焙食品的生产设备 3 种产品抽查合格率介于 90% 和 95% 之间。

① 国家食品药品监督管理总局:《武汉市保健食品经营活动专项整治工作取得成效》,2016 年 12 月 20 日,http://www.sda.gov.cn/WS01/CL0005/168718.html

② 《中华人民共和国食品安全法》第二条第三款规定:"食品相关产品"是指那些用于食品的包装材料、容器、洗涤剂、消毒剂和用于食品生产经营的工具、设备。

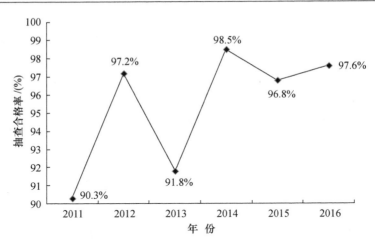

图 5-10　2011—2016 年间食品相关产品抽查合格率
资料来源：根据国家质量监督检验检疫总局网站相关数据整理形成。

四、流通餐饮环节重大食品安全事件的应对处置

2016 年，全国食品药品监督管理系统重点查处、应对食品安全中的销售"病死猪肉"和假冒伪劣等突发事件，努力保障流通餐饮环节的食品安全和消费者权益。

（一）销售"病死猪肉"事件

2016 年 3 月 10 日，中国新闻网发布记者徐珊珊题为《江苏如东警方查获病死猪肉 3 吨，含两种强传染性病毒》的报道，报道称如东警方成功摧毁了涉及如东、海安等地的一个贩卖、屠宰、销售病死猪肉的犯罪团伙，查获死猪肉约 3 吨。涉案陈某父子在位于如东县岔河镇古坝街南侧门面房中收购病死猪肉并私自屠宰，同时将病死猪肉送至刁某等人进行销售。经查，陈某父子并没有屠宰证。警方在陈某家里的冷库中查获大约 1400 公斤病死猪肉，在屠宰间查获 700 公斤至 800 公斤病死猪肉，另外还有 1000 病死猪肉以每斤 4.5 元被卖到海安某食品加工厂，目前已查获病死猪肉、猪下水等共近 3 吨。根据江苏省疾控中心的检验报告，病死猪肉里面含有猪瘟病毒和高致病性蓝耳病毒，这两种病毒传染性极强。截至 2016 年 3 月 9 日，已抓获犯罪嫌疑人 9 名，打掉屠宰黑窝点 2 个，加工窝点 1 个。

近年来，国家食品药品监督管理总局一直将严厉打击经销来源不明、病死、按规定未经检疫或者检疫不合格的肉及肉制品等违法违规行为作为重点工作。2016 年 5 月 13 日，国家食品药品监督管理总局发布《总局部署各地严厉打击销售病死猪肉等违法行为》，部署各地有针对性地深入开展执法检查，严厉打击经销病死猪肉等违法行为，保障人民群众饮食安全。截至 2016 年 7 月 8 日，湖北省开展

打击销售病死猪肉等违法行为专项行动出动执法人员 12632 人次,检查猪肉贮存单位 1062 家、加工单位 390 家、销售单位 17740 家、餐饮单位 10658 家。查扣未经检验检疫猪肉 4045 公斤,立案 15 件,下达责令整改通知书 1531 份。

(二) 违法加工、销售过期烘焙用乳制品事件

2016 年 10 月 23 日,新华网发表新华社记者周琳题为《上海破获一起违法加工、销售过期烘焙用乳制品重大案件》的报道,报道指出,2016 年 3 月 22 日上海市食药监局执法总队和市公安局食药侦总队联合执法检查时,在闵行区一仓库内,发现上海榕顺食品有限公司将已过期的新西兰"恒天然"烘焙用乳制品违法加工成小包装,以明显低于市场价格销售。办案部门当场扣押涉案过期烘焙用乳制品及加工设备。经查明,犯罪嫌疑人刘某为减少过期新西兰产烘焙用乳制品的损失,2016 年初通过其掌控的上海嘉外国际贸易有限公司,将库存过期的 276 吨新西兰产烘焙用乳制品,通过南通华源饲料公司以走账方式销售给其亲戚尚某设在松江的姜迪公司。此后,姜迪公司将其中的 166.8 吨分别销售给上海榕顺食品有限公司、上海智义贸易有限公司、上海锦合食品有限公司以及江苏、河南、青海等下游经销商。上述经销商将此前榕顺公司加工成小包装的过期烘焙用乳制品,通过批发和网店等方式进行销售。案发后,上海市办案部门立即会同外省市监管部门关闭相关网店,全力追缴涉案过期的烘焙用乳制品,抓获涉案犯罪嫌疑人,并查扣姜迪公司库存的 109.2 吨涉案产品。

据了解,2016 年以来,上海市食药安办会同市食药监局、市公安局等部门,制定《上海市食品药品行政执法与刑事司法衔接工作实施细则》,建立完善了线索通报、案件移送、联合办案、涉案物品处置、信息共享、重大案件联合督办等常态化工作机制。截至 2016 年 10 月 24 日,已成功侦破食品药品刑事案件 329 起,抓获犯罪嫌疑人 538 人,其中已移送检察机关起诉 197 人。

(三) 工业明胶流向餐桌事件

2016 年 7 月 25 日晚,新华社记者彭卓、白涌泉题为《近亿元的工业明胶流向 8省,有毒食品竟"畅销"三年》的文章报道了辽宁营口警方破获系列有毒有害食品案件,查获 6000 多公斤有毒有害食品,端掉 7 个黑加工点。7 个黑加工点的背后,是价值近亿元的工业明胶流向全国 8 省数百个市县(区)镇。全国食药监督管理系统和工商管理系统继续强化对食品添加剂质量的监管,以食品加工业和餐饮业为重点行业,积极推进食品添加剂经营者自律体系建设,严格监督经营者落实管理制度和责任制度,依法严厉查处流通环节违法添加非食用物质和滥用食品添加剂、违法销售食品添加剂的行为。据不完全统计,2016 年,各地共查处违法添加案件 600 起,没收非食用物质 2644.36 公斤,罚没金额达 506.63 万元,吊销食品经营许可证 29 户,移送司法机关 377 起。截至 2016 年年底,各地已实施"明厨亮灶"的

餐饮服务单位 90.26 万户,较 2015 年同期增长 115％,增加了 48.37 万户。① 2016 年,食品经营监管部门针对自制火锅底料、自制调味料违法添加罂粟壳等非食用物质的行为,印发《关于严厉查处餐饮服务环节违法添加罂粟壳等非食用物质的通知》,指导各地自 2016—2018 年连续三年开展专项治理整顿。截至 2016 年年底,全国共对 316.5 万户餐饮单位完成量化等级评定,较 2015 年增加 41.2 万户,"寻找笑脸就餐"已成为消费者的消费习惯,切实保障了广大公众的饮食安全。

五、城乡居民食品购买与餐饮消费行为:基于全国 15 个省(区)4177 个城乡居民的调查

确保食品安全既取决于食品生产者的自律,也取决于政府的有效监管,还取决于消费者自身的食品购买与餐饮消费行为。本章节将主要依据《报告 2017》重点调查的 15 个省(自治区)的 4177 个城乡居民(其中农村与城市受访者分别有 2075 个、2102 个,分别占总体样本比例的 49.68％、50.32％)的调查状况(具体请参见第九章),对比分析城乡居民流通与消费环节的食品消费行为及安全性评价。

(一) 食品购买行为

1. 购买到不安全食品的频率

图 5-11 所示,城市和农村受访者表示有时会购买到不安全食品的频率最高,且城市受访者高于农村受访者比例。同时,两类受访者表示"从来没有"的比例均

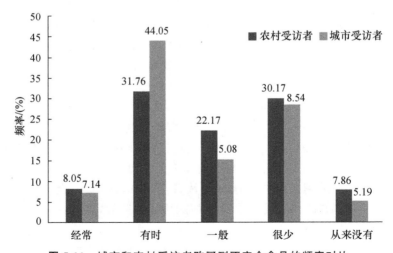

图 5-11   城市和农村受访者购买到不安全食品的频率对比

① 《开创食品经营监管工作新格局》,《中国医药报》2017 年 1 月 20 日,http://epaper. cnpharm. com/zgyyb/html/2017-01/20/content_552747. htm? div=－1

较低。其中,城市受访者表示从来没有的比例仅 5.19%。总体而言,无论是城市还是农村受访者,表示曾购买到不安全食品的比例均在 40%～50% 之间。

2. 购买食品是否会索要发票

图 5-12 中,农村受访者不索要发票的比例最高,比城市受访者不索要发票的比例高出 1.04%。总体而言,无论是农村还是城市受访者,不索要发票的比例均高于索要发票的比例,说明消费者食品消费的保护意识仍然有待进一步提高。

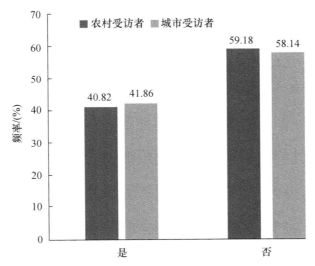

图 5-12 城市和农村受访者购买食品是否索要发票的频率对比

3. 食品购买的场所选择

如图 5-13 所示,城市和农村受访者选择超市购买食品的比例最高。在城市受访者中,选择超市的比例达到 90.82%,比排序第二的集贸市场高出了 45.39%。

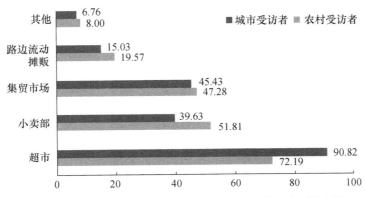

图 5-13 城市和农村受访者选择食品购买场所频率的对比(%)

农村受访者选择超市的比例达到 72.19%,比排序第二的小卖部高出了 20.83%。可以认为,超市是受访者普遍偏爱的购买食品的场所。其次是小卖部或集贸市场。而路边流动摊贩和其他的比例均较低。

　　4. 食品安全消费的信息和知识获取渠道

　　如图 5-14,城市和农村受访者中,获取信息渠道比例最高的均为报刊或电视,其次为互联网。其中,在选择报刊或电视的受访者中,城市受访者高于农村受访者比例 8.26%。在选择互联网的受访者中,城市受访者高于农村受访者比例 12.91%。同时,农村受访者选择医生等专业人士的比例,相应高于城市受访者。显然,在城市和农村受访者中,选择报刊或电视以及互联网作为获取食品安全信息和知识的途径,已经较为普遍。

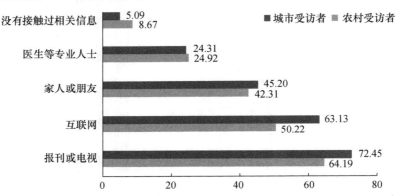

图 5-14　城市和农村受访者食品安全消费知识和信息获取渠道的对比(%)

(二) 外出就餐的消费行为

1. 就餐场所选择

图 5-15,在问及城市和农村受访者对就餐场所的选择时,43.15% 的城市受访

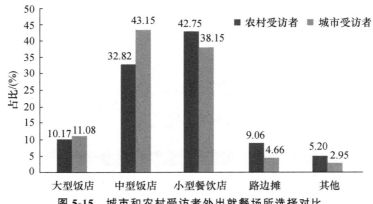

图 5-15　城市和农村受访者外出就餐场所选择对比

者选择中型饭店,42.75％的农村受访者则更愿意选择小型餐饮店。而选择路边摊的受访者,农村样本比例高于城市样本,高出 4.4％。

2. 选择就餐场所最关注的因素

如图 5-16 所示,无论是城市还是农村受访者,都认为卫生条件是最关注的因素之一,随后是口味,再有是价格。尤其在城市受访者中,认为卫生条件是最关注的因素的比例最高,占比 71.60％,且比农村受访者中的同项比例,高出了 12.66％。可以认为,卫生条件是受访者最为关注的因素且城市受访者更为关注。

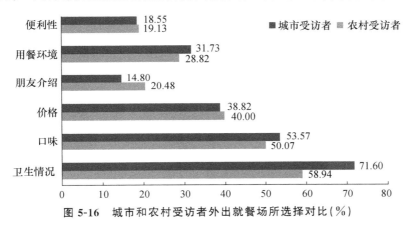

图 5-16 城市和农村受访者外出就餐场所选择对比(％)

3. 对就餐场所经营者的关注

针对受访者对就餐场所经营者诚信状况认知的调查结果,如图 5-17 所示。大部分受访者认为经营者诚信状况一般,比例接近 50％。城市受访者认为经营者诚信状况比较好的比例为 40.25％,比农村受访者高出 2.37％。无论是城市受访者还是农村受访者,认为比较差或较差的比例均不高,不超过 10％。

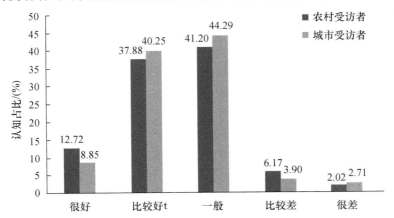

图 5-17 城市和农村受访者对就餐场所经营者诚信状况认知对比

4. 对就餐场所是否申领卫生许可证、经营许可证的关注

如图 5-18 所示,农村受访者中,有 47.33% 的受访者表示关注该项问题,比表示不会关注的比例高出 24.25%,比表示没有考虑的比例高出 17.74%。城市受访者对于相关许可证的关注程度比农村受访者略低,表示关注的比例为 46.1%。

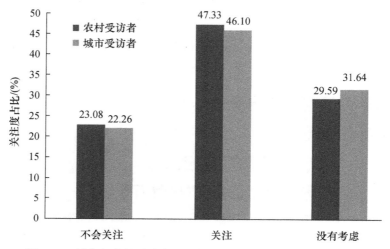

图 5-18　城市和农村受访者对就餐场所申领相关证件的关注对比

(三) 餐饮环节食品安全问题的相关评价

1. 路边摊监管问题

如图 5-19 所示,城市和农村受访者中,约 50% 左右的受访者认为对路边摊应该保留,同时加强监管。其中,城市受访者认为应该保留且加强监管的比例最高,达到 54.04%。同时所有受访者中,认为应逐步取缔或立即取缔的比例,在 30% 左右。

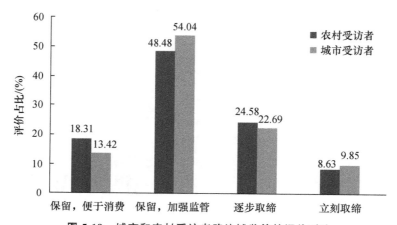

图 5-19　城市和农村受访者路边摊监管的评价对比

2. 餐饮行业最大食品安全隐患

图 5-20 显示,在农村和城市受访者中,认为滥用添加剂是最大食品安全隐患的比例最高,分别为 63.71% 和 73.45%。有 57.25% 的农村受访者认为食物存储不当是最大食品安全隐患,同时有 58.42% 的城市受访者对该项认同。其次是餐具卫生情况变差,受访者认同的比例在 50% 左右,认同度最低的是从业人员健康问题,比例在 25% 左右。

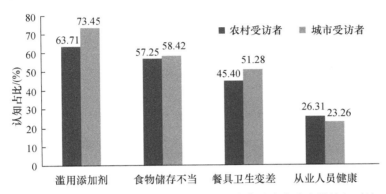

图 5-20　城市和农村受访者对餐饮行业最大食品安全隐患的认知对比

3. 造成餐饮行业食品安全问题的关键原因

图 5-21 中,城市和农村受访者对于"政府监管力度不大"一项的认同比例最高,且比例相近,分别为 74.74% 和 74.99%。认为关键原因是消费者不够警惕的比例最低,农村受访者的比例为 56.67%,城市受访者的比例为 50.05%。而对于"经营者追求经济利益"选项的认同度位于前两项之间。

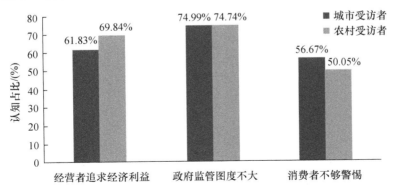

图 5-21　城市和农村受访者对造成餐饮行业食品安全问题的关键原因认知对比

4. 提高餐饮行业食品安全的最有效途径

当问及对提高餐饮行业食品安全最有效途径时,无论是城市或农村受访者,都认为最应该加大政府监管力度并加大惩罚,该项比例在城市和农村受访者中分别占 57.71％和 42.36％(图 5-22)。其中,城市受访者认为应加强政府监管的比例最高,达 57.71％。同时,农村受访者认为应该加强群众食品安全意识的比例高出城市受访者 5.25％。农村受访者认为应曝光事件与肇事企业的比例,同样高于城市受访者。可知,受访者认为提高餐饮行业食品安全的最有效途径首要是政府加强监管且加大惩罚。

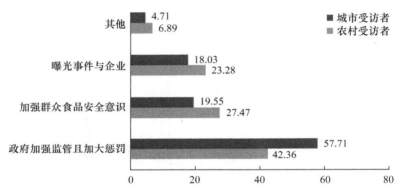

图 5-22　城市和农村受访者对提高餐饮行业食品安全最有效途径认知对比(％)

5. 划分餐饮单位等级的监管方式是否有效

如图 5-23,城市受访者中,认为划分单位等级有效的比例仅为 24.5％,而认为一般或没什么效果的比例分别为 45.05％和 30.45％。农村受访者中,认为有效的比例为 29.69％,认为一般和没有什么效果的比例为 43.42％和 26.89％。可见,认为划分餐饮等级的监管方式,在绝大多数的城市和农村受访者看来,没有太大的效果。

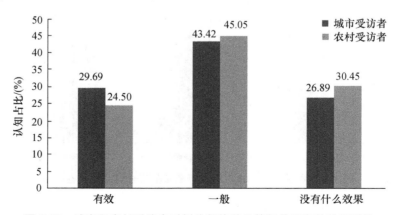

图 5-23　城市和农村受访者对划分餐饮单位等级是否有效认知对比

由此可见,本调查的研究再次显示,虽然城乡居民食品购买与餐饮消费行为有了新的变化,安全消费意识逐步提高,但仍然需要进一步提升。当然,这是一个较为漫长的过程,需要包括消费者在内的全社会持之以恒的共同努力。

六、食品安全的消费投诉举报与权益保护

消费者对食品安全相关问题的投诉,既反映了食品安全质量,又是公众参与食品安全共治的重要组成部分,也是消费者维护自身权益的重要手段,本节主要采用中国消费者协会的相关数据,分析研究公众食品安全的消费投诉与权益保护的情况。研究认为,在食品安全监管步入新常态的同时,应进一步提升消费者食品安全权益的保障力度。

(一) 食品类别的投诉情况

根据中国消费者协会 2017 年 1 月发布的《2016 年全国消协组织受理投诉情况分析》报告,在 2016 年的所有的 653505 件投诉中,商品类投诉为 377396 件,占总投诉比重的 57.75%,比 2015 年上升 9.41 个百分点;服务类投诉为 234829 件,占总投诉比重的 35.93%,比 2015 年上升 6.59 个百分点。而在总投诉中,商品类投诉多于服务类投诉,商品类投诉和服务类投诉占比均呈现上升趋势。

根据 2016 年商品大类投诉数据(如图 5-24、表 5-2 所示),各类商品的投诉量均比 2015 年有所上升,家用电子电器类、服装鞋帽类、交通工具类、日用商品类和房屋建材类投诉量仍居前五位,食品类仍居第六位。食品类在商品大类的投诉量较 2015 年的 3.37% 上升了近 0.76 个百分点。

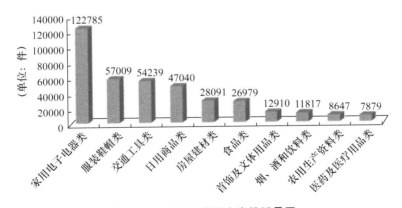

图 5-24　2016 年商品大类投诉量图

资料来源:中国消费者协会:《2016 年全国消协组织受理投诉情况分析》。

表 5-2　2015—2016 年间商品大类投诉量变化情况　（单位：件、%）

商品大类	2015 年 /件	投诉比重 /（%）	2016 年 /件	投诉比重 /（%）	比重变化 /（%）	数量变化 /（%）
家用电子电器	110552	17.20	122785	18.78	1.5	11.07
服装鞋帽	47047	7.32	57009	8.72	1.4	21.17
交通工具	41711	6.49	54239	8.30	1.8	30.04
日用商品	41512	6.46	47040	7.20	0.7	13.32
房屋及建材	22858	3.56	28091	4.30	0.7	22.89
食品	**21664**	**3.37**	**26979**	**4.13**	**0.7**	**24.53**
首饰及文体用品	9391	1.46	12910	1.97	0.5	37.47
烟、酒和饮料※	**7164**	**1.12**	**11817**	**1.81**	**0.7**	**64.94**
农用生产资料	4461	0.69	8647	1.32	0.6	93.84
医药及医疗用品	2731	0.43	7879	1.21	0.7	188.50

资料来源：中国消费者协会 2015 年、2016 年《全国消协组织受理投诉情况分析》。

※：本表食品种类的有关分类按照中国消费者协会传统的方法。实际上，按照国家统计局的统计口径，烟、酒和饮料类也属于食品。

表 5-3 中，2016 年，食品消费投诉量较 2015 年上升了 24.53%，食品投诉举报量显著增长。形成这一局面的原因非常复杂，一方面与新的食品安全法的有效实施、投诉举报渠道不断畅通等环境有关，另一方面更与消费者维权意识的不断提高密切相关。

表 5-3　2009—2016 年间全国消协组织受理的食品消费投诉量

年　份	2009	2010	2011	2012	2013	2014	2015	2016
投诉量/件	36698	34789	39082	39039	42937	26459	21664	26979
比上年增长 /（%）	−20.65	−5.20	12.34	−0.11	9.98	−38.38	−18.12	24.53

资料来源：根据中国消费者协会《2016 年全国消协组织受理投诉情况分析》。

（二）食品相关类别的投诉情况

1. 食品类投诉量仍居前十位

进一步利用中国消费者协会的数据可以展开如下的分析。在具体商品投诉中，2016 年食品投诉量较上年增加 1616 件，达到 16409 件，食品投诉量排名退居至第六位（2015 年食品投诉量位居第五位），位列通讯类产品、汽车及零部件、服装、鞋、视听产品之后（图 5-25）。

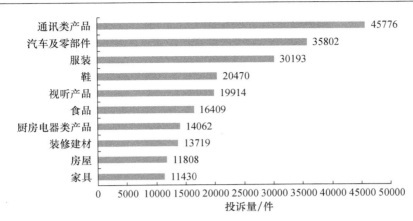

图 5-25 2016 年全国消协组织受理的投诉量位居前 10 位的商品与投诉量
资料来源:中国消费者协会《2016 年全国消协组织受理投诉情况分析》。

据表 5-4 可知,在 2016 年中国消协组织共受理食品类的消费者投诉中,产品质量、合同和售后服务问题仍是引发投诉的主要原因,占投诉总量的七成以上。与 2015 年相比,售后服务、合同、价格、虚假宣传、安全、假冒、计量、人格尊严的投诉比重有所上升,一定程度反映了建立商品和服务诚信体系的紧迫性和进一步加强市场监督的重要性。相比较而言,2016 年食品质量类投诉则比上年减少 2.92%,再次验证了我国食品质量安全继续保持稳中有升的基本态势。

进一步分析可知,由于食品质量投诉的件数位居首位,食品、烟、酒和饮料、婴幼儿奶粉、餐饮服务的相关投诉数分别为 12654 件、5396 件、322 件和 4762 件;其次是合同纠纷的食品投诉,食品、烟、酒和饮料、餐饮服务的合同纠纷投诉数分别为 1608 件、847 件和 2259 件。另外,烟、酒、饮料和婴幼儿奶粉、餐饮服务由于售后服务问题引发的食品投诉也较多,分别为 2345 件、1525 件和 3075 件,位居各自投诉量的前三位。

2. 餐饮类服务投诉位列服务类前四位

2016 年,中国消协组织受理的具体服务投诉中,餐饮服务的投诉量位居服务细分领域的第四位,仅次于远程购物、网络接入服务、移动电话服务。与 2015 年相比,2016 年消费者对餐饮服务投诉量增加了 5879 件,而在十大服务类投诉的排名则由 2015 年的第八名提高至第四名(图 5-26)。餐饮类服务投诉增加的可能原因,一方面是餐饮业发展快速,政府对餐饮业监管虽然重视但仍可能因监管资源不足而存在盲点;另一方面是大众在外就餐次数增多,且消费者维权意识增强,从而导致投诉量的上升。

表 5-4　2016 年食品类与烟、酒和饮料类等受理投诉的相关情况统计表※

（单位：件）

类　别	总计	质量	安全	价格	计量	假冒	合同	虚假宣传	人格尊严	售后服务	其他
一、食品类	26979	12654	1148	2037	1555	885	1608	3240	102	2345	1405
食品	16409	8278	695	1321	1180	527	905	1331	56	1312	804
其中：米、面粉	1063	545	54	67	138	25	45	76	7	62	44
食用油	817	353	35	76	52	35	45	145	1	36	39
肉及肉制品	1817	1027	81	114	245	62	71	92	7	56	62
水产品	917	357	47	75	161	37	61	82	6	44	47
乳制品	1748	998	81	160	32	55	114	122	2	92	92
保健食品	6220	2217	274	392	176	240	427	1616	26	558	294
其他	4350	2159	179	324	199	118	276	293	20	475	307
二、烟、酒和饮料类	11817	5396	490	832	324	923	847	792	35	1525	653
烟草、酒类	5710	2489	263	469	184	689	306	393	18	613	286
其中：啤酒	1687	802	125	118	69	137	101	138	9	99	89
白酒	2000	804	95	153	98	342	102	159	8	132	107
非酒精饮料	4504	2136	194	278	115	145	436	286	16	628	270
其中：饮用水	2890	1195	148	179	112	114	362	236	14	336	194
其他	1603	771	33	85	25	89	105	113	1	284	97
三、婴幼儿奶粉	533	322	45	36	6	26	16	24	5	33	20
四、餐饮服务	15363	4762	938	1561	139	427	2259	749	133	3075	1320

资料来源：中国消费者协会《2016 年全国消协组织受理投诉情况分析》。

※ 本表食品种类的有关分类按照中国消费者协会传统的统计方法。实际上，按照国家统计局的统计口径，烟、酒和饮料类属于食品。

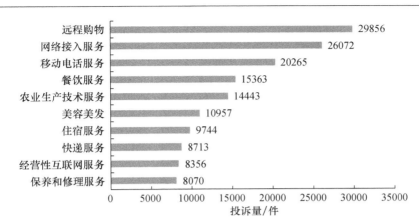

图 5-26　服务大类细分领域投诉量前十位　（单位：件）

资料来源：中国消费者协会：《2016 年全国消协组织受理投诉情况分析》。

3. 服务类投诉中餐饮消费纠纷多

2016 年，中国消协组织受理的生活、社会服务类投诉 64685 件，排在服务大类投诉的第一位。生活、社会服务类消费纠纷集中在餐饮、住宿服务和美容、美发行业预付卡消费领域，消费者反映主要问题有：住宿环境差、收费不合理；消费者主动中止消费要求商家退款，难以达成；经营者擅自变更预付费（卡）合同条约，拒不履行之前办卡时的约定；变更经营信息、搬迁、停业、装修不告知消费者，给消费者造成不便或损失；美容美发效果与宣传时差异大或产品不安全导致过敏或强制消费等。

4. 远程食品消费问题突出

网络购物、电视购物等省时省力便捷的购物方式已经成为消费者普遍的购物方式，但与此同时，网络购物、电视购物消费投诉也越来越成为消协组织遇到的普遍性投诉，其中也不乏食品消费投诉。由于缺乏全国性的数据，在此以广东省东莞市 2016 年网购食品投诉为例展开简单的分析。2016 年，东莞市食品监管领域共收到投诉举报案件 6402 件，其中食品生产 277 件、食品流通 4651 件、餐饮 1410 件、保健食品 64 件，与 2015 年同比增长 2.16 倍，上升幅度最大的是食品流通环节，投诉量达到 4651 件。在所有的食品投诉举报案件中，网购的占比达 23.6％，超过 1000 宗，达到了约 1511 件。可以预见的是，网购食品投诉量持续增长将成为未来食品安全消费投诉的新问题。

（三）消费者食品安全投诉举报意愿与行为：以山东省为案例的分析

为规范食品药品投诉举报管理工作，推动食品药品安全社会共治，加大对食品药品违法行为的惩治力度，保障公众身体健康和生命安全，我国自 2011 年起开始试行食品药品投诉举报制度。五年来，食品药品投诉举报发展迅速，目前已在全国范围内得到全面推广。《2016 年度全国食品药品监管统计年报》的数据显示，2016 年全国食品药品监管系统共受理食品投诉举报 577915 件，立案 22479 件，结案 20988 件；受理保健食品投诉举报 26966 件，立案 640 件，结案 705 件，投诉举报量比 2015 年有了较大的增长（图 5-27、图 5-28）。从投诉举报具体品种来看，普通食品的投诉举报量最大，占比高达 80％。投诉举报反映的问题主要集中在流通环节，如无证经营、销售不符合标准的食品、虚假宣传等，投诉举报已成为监管部门

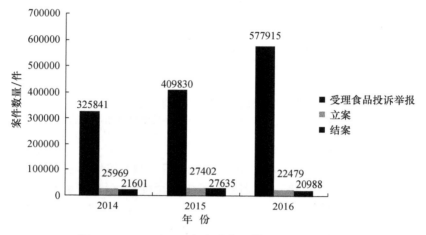

图 5-27 2014—2016 年全国食品药品监管系统受理
食品投诉举报情况示意图　（单位：件）
资料来源：国家食品药品监督管理总局：《全国食品药品监管统计年报（2014—2016）》。

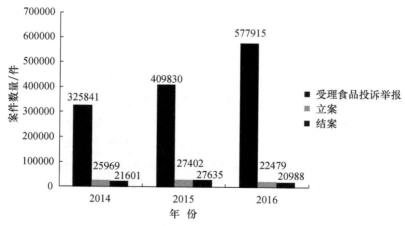

图 5-28 2014—2016 年全国食品药品监管系统受理
保健食品投诉举报情况示意图
资料来源：国家食品药品监督管理总局：《全国食品药品监管统计年报（2014—2016）》。

发现和打击重大违法犯罪行为的主要案源渠道。2016 年国家食品药品监督管理总局办理的大案要案中,有六成来源于投诉举报线索,四分之三的投诉举报来源于热线电话举报。食品投诉举报制度的建立与完善对激发公众参与食品安全风险治理与精准监督食品安全起到了重要的作用。由于缺少全国性的数据,本节以山东省的调查与相关数据就消费者食品安全投诉举报意愿与行为展开分析。

山东省于 2012 年出台实施了《山东省食品安全举报奖励实施办法(试行)》,开通了"12331"投诉举报电话,并逐步建立起"12331"网站、信函、来访、传真、微信等于一体的投诉举报体系。公众投诉举报对惩治违法违规行为、防范食品安全风险起到了重要作用。但是,在调查中发现,山东省公众对食品投诉举报制度普遍了解不够,对政府监管部门处置投诉举报的信心不足,对投诉举报心怀顾虑且积极性不高。本节重点基于山东全省 17 个地市的 1036 位城乡居民(以下简称"受访者")的实际调查(为尽可能地保证调查结果的可靠性与代表性,在每个地市选取约 50~70 位城乡居民),并结合对近年来山东省乃至我国食品投诉举报情况的总体研究,分析了山东省公众食品安全投诉举报的态度、意愿与行为,重点探究了可能影响公众投诉举报的主要因素,并基于实际提出了引导公众积极参与投诉举报,健全食品安全风险社会共治体系的建议。

1. 受访者的食品安全投诉举报意愿与行为

山东省食品药品监督管理局稽查局定期统计分析山东全省食品药品投诉举报的具体情况,包括公众投诉举报的食品类别、地域分布、举报方式和案件办理情况等,对发挥与保护公众食品药品投诉举报的积极性,积极防范山东省食品安全风险起到了重要作用。但山东省食药局稽查局主要是根据已发生的投诉举报数据进行分析,无法对公众对食品安全投诉举报的态度与意愿的研究,也难以揭示影响公众投诉举报的可能因素。为此,我们在山东全省 17 个地市进行了专项调查,并适当与投诉举报部门统计数据进行比较,研究发现,山东省食品安全投诉举报量呈现持续增长态势,受访者普遍认为投诉举报在食品安全监管中有着重要作用,但投诉举报意愿总体不高。具体情况如下:

(1)受访者普遍认可投诉举报的重要性。有 25% 的受访者认为投诉举报制度对防范食品安全风险的作用"非常重要",有高达 41.02% 的受访者认为"比较重要",超过 66% 的受访者选择了"非常重要"与"比较重要";认为"用处一般"和"用处不大"的受访者比例较为接近,分别为 14.48% 和 14.09%;只有 5.41% 的受访者认为"基本无用"。由此可见,受访者普遍认可投诉举报在食品安全风险治理中的积极作用。

(2)受访者投诉举报意愿仍有待提高。调查显示,如果发现食品生产或加工"黑窝点",受访者的举报意愿普遍不高。但"黑窝点"如果对受访者生活造成干扰

（如"黑窝点"排放的污水、散发的气味等），则有 74.32％的受访者会选择举报；如果"黑窝点"对受访者的生活没有干扰，仅有 20.47％的受访者会选择举报。进一步地，当"黑窝点"生产经营者为受访者的亲友时，受访者普遍表示不会举报；即使该"黑窝点"对自己生活造成干扰时，也仅有 23.14％的受访者表示可能进行举报。可见，在食品安全风险不直接危及受访者利益时，受访者的投诉举报意愿非常低，反映出公众社会责任的普遍缺失。

（3）自行协商解决或自认倒霉是公众解决食品消费纠纷的主要选择。我们的调查表明，当购买食品遇到食品安全问题时，选择"自行协商解决"和"自认倒霉，不了了之"的受访者比例分别为 48.25％、30％，而选择"向政府监管部门或消费者协会举报""向媒体曝光"的受访者比例仅分别为 14.42％、6.37％。当遇到食品安全问题时，自行协商解决或自认倒霉成为公众解决食品消费纠纷的主要选择，向监管部门或消费者协会等举报的积极性亟须提高。

（4）电话是最主要的投诉举报方式。在 1036 名受访者中，分别有 46.81％、23.46％、20.37％的受访者表示最愿意采用的投诉举报方式依次是电话、网络、微信，而最愿意采用上访、信件的受访者比例仅分别为 6.47％和 1.54％。调查还表明，分别有 22.29％、5.24％、2.11％的受访者拨打过"12331"或其他电话投诉与举报过食品安全问题，而实际通过信件、走访等传统方式投诉举报的受访者比例仅分别为 1.24％、0.15％。由此可见，电话仍然是现阶段公众投诉举报的最重要方式。我们的调查结论与省食药局提供的投诉举报主要方式的统计数据基本一致。

（5）对投诉举报的奖励力度总体上较为满意。有 24.9％的受访者认为当前食品安全投诉举报的奖励力度"非常大"或"比较大"，有 34.17％的受访者认为"合适"，三者之和接近 60％；认为"非常小"或者"比较小"的受访者仅占 18.92％。另外，还有 22.01％的受访者表示"不清楚"。由此可见，受访者普遍对当前山东省食品安全投诉举报的奖励力度是满意的，现有的食品安全有奖举报制度对激励大多数公众参与是有效的。

（6）投诉举报量呈现持续增长态势。近年来公众对食品安全日益关注，对"12331"热线等投诉举报的知晓度不断提高，电话、网络等投诉举报方式日益便捷，山东全省投诉举报数量逐年攀升。2016 年，山东全省受理公众食品投诉举报 50319 件，同比增长 21.32％，这一增长趋势，与全国各地基本相似。公众投诉举报数量的持续增长，对防范食品安全风险起到了重要作用，同时也大大增加了监管人员的工作压力，给监管部门带来更多的挑战，提出了更高的要求。

2. 影响公众食品安全投诉举报的主要因素

通过调查，我们发现，受访者认为投诉举报后政府监管部门也难有作为、担忧举报信息被泄露、担心打击报复与不知道如何举报或举报不方便等是阻碍公众食

品安全投诉举报的主要因素,而公众人物宣传示范、亲友举报经历等会促进公众投诉举报。具体而言:

(1)对政府监管部门的信心不足。调查显示,相信政府监管部门能够认真核查投诉举报信息,并采取措施处罚被举报者(食品生产经营者)的受访者仅为33.06%。公众对政府监管部门严惩食品安全违法违规行为的信心不足的原因可能主要在于如下两点:一是惩治力度与效果可能与公众要求尚有距离,二是由于宣传不到位而使得公众对有关情况缺乏足够了解。

(2)对政府保护举报者隐私的信任不足。调查表明,不足50%的受访者认为,政府监管部门能够保护好举报人的隐私以避免举报者受到打击报复,但仍然有超过20%的受访者对政府保护隐私的责任意识持有怀疑的态度,另有29.54%的受访者表示"说不清"。进一步的调查显示,如果进行举报,68.94%的受访者表示会放弃领取举报奖金而选择匿名举报。因此,提升公众对政府保密举报人隐私的信心,打消举报人的顾虑,应引起高度重视。

(3)公众对投诉举报制度了解不足。在1036名受访者中,表示"非常不了解"和"不太了解"食品安全投诉举报制度的受访者比重高达43.24%,远远高于表示"非常了解"和"比较了解"的受访者比重(26.25%)。对于"12331"投诉举报电话,高达38.03%的受访者表示"没有听说过",有41.7%的受访者表示"听说过,但记不住",只有20.27%的受访者知道并能记住号码。公众对投诉举报制度认知状况总体不容乐观,既直接影响了公众投诉举报的现实行为,又影响其维权意识与维权能力。

(4)投诉举报渠道的便利性不够。近年来,山东省努力畅通"12331"电话、网络、信件、走访等食品安全投诉举报渠道,致力于建立一体化的投诉举报信息管理系统。但就调查结果来看,有相当比例的受访者认为现有投诉举报渠道的方便程度仍然不高。调查数据表明,认为现有举报渠道"非常方便"和"比较方便"的比例仅占39.04%,认为"不太方便"和"很不方便"的比例则高达36.35%。

(5)公众人物示范与亲友举报经历有助于提高投诉举报意愿。我们构建计量模型对调查数据进行的研究表明,社会声誉良好的公众人物的示范宣传,对普通公众投诉举报意愿和行为都会有着显著地促进作用,产生的效果甚至大于政府职能部门宣传教育;模型分析结果还表明,亲友的投诉举报经历会促进公众的投诉举报意愿,说明人际关系网络在公众投诉举报决策中发挥着重要作用,应通过广泛宣传教育,形成公众广泛参与的社会氛围。

3. 引导公众参与投诉举报的建议

目前,山东省食品安全风险仍然处于高发期,防范系统性、区域性的食品安全风险的任务仍然相当艰巨。按照习近平总书记提出的"四个最严"要求,加快构建严密高效、社会共治的食品安全风险治理体系，是当前和今后一个时期防范山东省食品安全风险治理的基本指导方针。公众参与是食品安全社会共治的重要力量，对弥补政府监督力量的不足，防范食品安全风险具有重要作用。各级各部门要强化投诉举报工作，落实有奖举报制度，将构建投诉举报体系作为推动社会共治的强力举措。为此，基于对山东全省 17 个地市 1036 位城乡居民的调查结果，我们提出如下建议：

（1）构建全方位宣传体系，提高公众认知和社会责任意识。应构建多主体参与的、全方位的推广食品安全投诉举报制度的宣传体系，尤其是考虑发挥具有良好声誉的社会公众人物的作用，以明星代言、公益广告等形式加大宣传力度。在宣传中，既要提高公众对食品安全投诉举报的知晓度，培养消费者的维权意识与维权能力，更要注意引导公众社会责任意识的提升，约束公众的"利己主义"行为，使得公众切实认识到食品安全事关每一个人切身利益，客观存在的食品安全风险使得任何人都无法"独善其身"，食品安全风险治理"匹夫有责"。

（2）严惩重处违法违规企业，建立面向公众开放的透明惩罚机制。担心某些政府工作人员可能出于"懒政"思想、地方利益保护甚至是私利腐败而对食品安全违法违规行为包庇纵容，严重影响了公众参与热情。政府相关部门必须坚决按照习近平总书记关于"四个最严"的要求，对食品安全违法生产经营者进行"最严厉的处罚"。建立面向公众开放的透明惩罚机制，可以考虑建立统一的信息公布平台，及时向社会公布依据举报线索破获的违法违规案件处理结果，提高公众信心。

（3）完善举报者保护机制，严惩信息泄露与打击报复行为。完善对食品安全投诉举报者的激励和保护机制，制定《举报人信息保护工作制度》，切实加强对举报人隐私的保护，彻底解除举报者的顾虑。一是加强政府工作人员内部监督，对徇私舞弊、泄露投诉举报人相关信息的工作人员，严肃追究行政乃至刑事责任，凡对举报人打击报复的，一律予以严惩。二是加大宣传教育，重点是让公众了解政府对举报信息泄密等行为的严惩措施，提升公众对政府监管职能部门的信任，打消举报顾虑，提高投诉举报积极性。

（4）健全投诉举报体系，畅通投诉举报渠道。健全山东全省省市县三级食品安全投诉举报体系，畅通"信件、电话、网络"等举报渠道，推进各级食品安全投诉举报中心标准化建设，在乡镇（街道）和农贸市场等设立集投诉举报、咨询服务和科普宣传功能为一体的食品药品便民服务站。创新多样化的举报方式，简化举报程序，畅通举报渠道，进一步发挥网络与微信、微博等新型通信工具的作用，开发、完善手机投诉举报 APP 软件功能，实现网络 24 小时接通，建立首日先行联系制度，确保投诉举报人第一时间得到回应，保证受理率和办结率。

（5）对投诉举报信息分级分类，减少无效或低效投诉。投诉举报信息的持续增长，必将给监管部门带来更多工作压力。有必要根据投诉举报信息在维权主张、反映事件社会影响力、监管侧重点等方面的不同，对投诉举报信息分级分类，重点是将投诉信息和举报信息分开统计、处置。举报类信息，主要是在稽查办案、严惩违法犯罪行为方面发挥作用，考虑建立督办制度，对重要案件实施跟踪指导。对投诉类信息，重点探索调解机制，发挥消费者协会作用，有效解决食品生产经营方和消费者之间的纠纷，降低无效投诉量，提高立案率；建立政府部门与食品生产经营者的联系机制，定期分业态举行例会，向食品生产经营者通报投诉举报情况，指导食品生产经营者提高管理水平，减少投诉举报量。

七、流通环节食品可追溯体系建设的调查：广东省中山市的案例

食品可追溯体系通过在供应链上提供可靠、持续的信息流，对食品的生产过程和流向实施监控，并通过追溯来识别问题源头和实施召回，在国际上被认为是从根本上预防食品安全风险的主要工具之一。为借鉴国际经验，探索建立我国食品安全风险的防范机制，商务部、财政部于2010年开始在全国范围内推进肉菜流通追溯体系建设的试点。截止到2014年8月，商务部、财政部共分五批在全国共选择了58个城市作为肉类制品可追溯体系建设的试点城市。2013年12月商务部、财政部批准中山市为全国第四批肉类蔬菜流通追溯体系建设试点城市，中山市由此成为广东省目前唯一的试点城市。经过三年多来的努力，中山市肉菜流通追溯体系建设取得了一些成效。但在调查中发现，中山市溯源节点运行状况的问题较为突出。现将我们的调查情况报告如下：

（一）中山市溯源节点建设目标与调查方案

为了推进肉菜流通追溯体系建设，按照商务部办公厅、财政部办公厅《关于肉类蔬菜流通追溯体系建设试点指导意见的通知》（商秩字〔2010〕279号）的要求，中山市政府在2014年7月印发了《中山市肉类蔬菜流通追溯体系建设实施方案》，确定的工作目标为：力争用2年时间建成肉类蔬菜流通追溯体系，实现肉类蔬菜流通追溯体系覆盖全市9家机械化定点屠宰厂、2家大型批发市场、10家大型连锁超市（50个门店），实现其销售的肉类蔬菜可追溯；覆盖60个标准化菜市场，确保城区大型农贸市场、每个镇区中心农贸市场均纳入溯源体系建设；覆盖30个团体消费单位和2个肉菜生产基地。按照此计划，2016年年底中山市应在全市建成肉菜流通追溯体系。根据中山市肉类蔬菜流通追溯管理平台网站上的数据显示，截至2017年5月，中山市可查询肉类蔬菜可追溯信息的溯源节点共有160个。

在农贸市场、标准化菜市场、大型连锁超市建立以入场确认、摊位间调拨和零售交易打单管理为核心内容，以溯源机具（也称追溯码查询终端）为信息对称控制

手段的追溯子系统,这是《中山市肉类蔬菜流通追溯体系建设实施方案》确定的中山市试点建设的主要内容之一。溯源机具一般是以便能够实现信息查询的工具,其中追溯码查询终端是配备二维码扫描系统用于查询可追溯信息的溯源机。溯源节点可以理解为具有食品安全信息化投诉及肉类蔬菜可追溯信息查询系统的集中功能点。本次调查主要是考察中山市肉类蔬菜可追溯信息的溯源节点的运行状况,即溯源节点能否实现消费者查询功能的情况。

由于 160 个溯源节点分布在中山市 24 个镇区。为节约成本,本次调查采用分层抽样的方法进行,对分布在中山市 24 个镇区的 160 个溯源节点进行抽样调查。主要根据中山市 24 个镇区 2016 年 GDP 排行榜确定如下的调查镇区:火炬区、小榄镇、坦洲镇、三乡镇(高收入镇区代表),三角镇、黄圃镇、西区、沙溪镇(中等收入镇区代表),横栏镇、阜沙镇、五桂山镇(低收入镇区代表)等 11 个镇区。然后,在这 11 个镇区中,随机抽样调查了共 19 个肉类蔬菜流通追溯溯源节点,具体是:文田批发市场、小榄镇食品有限公司、肉联厂肉批市场、农产品交易中心、肉联厂肉品批发、长禾肉联厂等 6 家批发市场,永宁市场、阜沙市场、结民市场、碧雅市场、长命水市场、金门市场、隆都市场等 7 家零售市场,壹加壹顺昌购物中心、好又多超市申堂店、壹加壹汇豪购物广场、壹加壹横栏购物中心等 4 家超市,以及小榄镇公饭店和桂南学校等。

(二)调查发现的主要问题

本次调查主要是考察中山市肉类蔬菜可追溯信息的溯源节点的运行状况,在 19 个肉类蔬菜流通追溯溯源节点上,我们发现了值得高度重视的三个重要问题:

1. 溯源机配备率低且无法使用

溯源机的主要功能是,消费者通过输入追溯码数字或者扫描溯源票证上的二维码,在溯源机屏幕就能显示出商品产地、生产厂家、发货时间、出货时间等一系列信息。因此,溯源机是肉类蔬菜可追溯系统与消费者信息交流的平台,是消费者识别肉菜来源、了解可追溯信息的主要工具。在所调查的 6 家批发市场中,只有在文田批发市场现场摆放有溯源机。这是在 6 家批发市场中唯一摆放的一台溯源机。非常遗憾的是,文田批发市场的这台溯源机虽然屏幕有显示,但无法进行溯源查询的实际操作。在所调查的 7 家零售市场中,虽然都设置有溯源机,但均不能够正常使用。在所调查的 4 家超市中,也都没有发现溯源机,经询问,这 4 家超市的相关管理人员均向我们表示没有见过溯源机,也并不清楚溯源机的具体用途。在小榄镇公饭店,厨房工作人员和大堂经理均表示在饭店没有见过溯源机,也不清楚溯源机的具体用途。在桂南学校,相关人员也向我们表示没有见过溯源机,并拒绝我们进入学校内部查看。也就是说,在所调查的 6 家批发市场、7

家零售市场、4 家超市与小榄镇公饭店和桂南学校等 19 个肉菜流通追溯体系溯源节点中，虽有 8 个溯源节点配备了肉菜流通追溯查询用的溯源机（配备率占调查点的 42.1％），但没有一个节点上的溯源机是能正常使用的。

2. 可追溯信息查询 APP 系统形同虚设

除溯源机外，消费者也可以通过手机 APP，输入由数字组成的追溯码或者以扫描二维码的方式进行实时查询。为了便于消费者查询肉类蔬菜可追溯信息，中山市开发了"中山好生活"APP，并开通了"中山商务局中山好生活"微信公众号，关注公众号后点击"流通追溯"进入溯源查询界面，通过输入 20 位追溯码或者"扫一扫"可追溯票证上的二维码便可以查询到肉菜的追溯信息。但在所调查的 19 个肉菜流通追溯体系溯源点中，我们发现，只有文田批发市场、长命水市场两个溯源点张贴了相关公众号与查询追溯信息操作流程指南的公告。与此同时，在 19 个肉菜流通追溯体系溯源节点的调查现场，我们通过询问的方式发现，消费者对可以通过扫描二维溯源码进行实时查询肉类蔬菜可追溯信息的形式知之甚少，一问三不知的情况非常普遍。当然，我们发现，消费者也可登录中山市肉类蔬菜流通追溯管理平台，按照平台上的操作指南，输入购买可追溯肉类蔬菜时获得的票证上的溯源码确实可以查询到所购买猪肉的品种、原产地、零售市场和货主信息等。但类似的操作需要保存好购买可追溯肉类蔬菜时的票证，带回家或到有电脑的地方查询，手续复杂，由于信息查询地远离购买的商家，一旦发现问题等，需要来回往返。

3. 商家很少使用溯源电子秤

溯源电子秤是肉类蔬菜流通追溯管理系统中的重要工具，是利用 IC 卡技术核查肉类蔬菜来源与流向的主要依据，是规范商户（摊贩）的交易行为，保证交易信息完整度的重要技术保证，同时可用于打印带有追溯码标识的肉类蔬菜销售票证，为消费者查询可追溯信息提供依据。但我们在文田批发市场的调查中发现，该市场中有少部分猪肉摊贩设有溯源电子秤，但只有极少数年龄相对年轻的猪肉摊主能主动使用打票秤，也会主动为消费者提供可追溯肉类蔬菜的销售票证；而一些年龄偏大的猪肉摊主一般拒绝使用溯源电子秤，认为使用电子秤打票机耗电大，消费者多的时候使用起来不够方便灵活，甚至声称溯源电子秤称量不准确。阜沙市场的市场管理人员告知，中山市政府分发给每一位猪肉摊主一台溯源电子秤，但溯源电子秤一般处于闲置状况，猪肉摊主对其使用率很低，即使使用也经常打不出溯源码的票证。碧雅市场的猪肉摊贩告知我们，溯源电子秤接电较为麻烦。在长命水市场仅见到一个销售蔬菜的摊主摆设了溯源电子秤，但已经坏了，联系维修人员多次，依然迟迟没有解决。我们在金门市场随机访问若干个猪肉摊贩,摊主表示溯源电子秤充电麻烦,但如果消费者有要求,还是能够使用并提供溯源码的票证。我们在隆都市场的调查发现,没有一个猪肉摊贩使用溯源电子秤,只有一个蔬菜摊贩前有一台溯源电子秤,但此摊贩表示很少使用,不会主动向消费者提供溯源票证,称溯源电子秤不够灵活。

(三) 对中山市肉菜流通追溯体系运行状况实施督查的建议

通过中山市肉菜流通追溯体系中 19 个溯源节点相关情况的调查,我们从一个较小的调查面客观地观测到中山市肉菜流通追溯体系建设虽已取得一定程度进展,但基于学者发现社会问题并建言献策的责任意识,我们更多的是从中挖掘出了目前中山市肉菜流通追溯体系建设运行中存在的某些亟须重视并加以改进的现实问题。出于学术与实际问题调查的严谨,我们声明,我们所反映的问题不一定全面与完全准确。但是应该承认,自 2013 年以来中山市肉菜流通追溯体系试点建设的实施效果,与国家商务部的要求、与中山市政府在《中山市肉类蔬菜流通追溯体系建设实施方案》中对全市人民的庄严承诺相比,存在很大的差距,特别是中山市肉类蔬菜可追溯信息溯源节点形同虚设。考虑到中山市是广东省目前唯一的全国肉类蔬菜流通追溯体系试点城市,而且广东省正在全省范围内推进肉菜中药材追溯体系建设及运营试点工作,因此我们建议,广东省政府对中山市实施的商务部肉菜流通追溯体系的建设状况进行必要的督查,以总结经验,发现问题,这对未来的食品可追溯体系建设具有十分重要的作用。

我们认为,督查主要内容与相关建议是:

(1) 督查《中山市肉类蔬菜流通追溯体系建设实施方案》是否进行反复的科学论证;参与中山市肉类蔬菜流通追溯体系建设的相关业务公司是否具有相应的技术资质,是否通过严格的招标方式来选择。

(2) 溯源机的配备与使用极不理想、可追溯信息查询 APP 形同虚设的关键原因是什么,是政府管理部门的责任,还是商家的责任,下一步应该如何解决。

(3) 在所调查的 19 个溯源节点中,溯源电子秤普遍很少使用,虽然原因复杂,但肉菜摊贩反映的问题是客观存在的。因此,应督查中山市肉类蔬菜流通追溯体系中的关键技术与重要设备的来源,采购时是否规定先进性、可靠性的技术参数等,研究导致溯源电子秤大范围地闲置弃用的主要原因与解决方案。

(4) 据网络公开信息的报道,中山市首次在国内试点城市中推行 IOS 模式,自 2013 年试点以来到 2015 年 12 月,中山市肉类蔬菜流通追溯体系建设至少投入了 2.347 亿元,其中,中央与地方财政投入了 4470 万元。我们建议,如有必要,可对财政经费的使用状况进行督查。

(5) 据《中山日报》2015 年 12 月 25 日《全省肉菜流通追溯体系建设现场会在

我市举行》的报道,广东省将学习和借鉴中山和其他城市的经验,积极探索适合自身的追溯体系建设和运营模式。从 2016 年开始,经广东省商务厅与省财政部门协调,拟从广东省现代服务业发展引导专项资金中拿出一部分,每年有重点地支持若干个城市开展肉菜中药材追溯体系建设及运营试点工作,分期分批稳步推进肉菜追溯体系建设工作。我们无法了解到广东省目前肉菜追溯体系的建设状况,但我们建议,要绝对防范中山市目前出现的状况,真正使肉菜追溯体系建设惠及老百姓,成为防范食品安全风险的重要工具。

第六章 2016 年进口食品贸易与质量安全性考察

我国已成为全球第一大食品进口市场,并呈现进口规模继续平稳较快增长、进口种类日趋齐全、进口来源地保持相对集中,但面临的风险日益增大的特征。确保进口食品的质量安全,已成为保障国内食品安全的重要组成部分。本章在具体阐述进口食品数量变化的基础上,重点考察进口食品的安全性与进口食品接触产品的质量状况,并提出强化进口食品安全性的建议。[①]

一、进口食品贸易的基本特征

改革开放以来,特别是 20 世纪 90 年代以来,我国食品进口贸易的发展呈现出总量持续扩大,结构不断提升,市场结构整体保持相对稳定与逐步优化的基本特征,对调节国内食品供求关系,满足食品市场多样性等方面发挥了日益重要的作用。[②] 为保持"中国食品安全发展报告"的延续性,本章的研究仍然主要以 2008 年为起点,在讨论 2008—2016 年我国进口食品贸易具体情况的基础上,重点研究 2016 年进口食品的安全性。

(一)进口食品的总体规模

2008 年以来,我国食品进口贸易规模变化呈现增长态势。图 6-1 显示,2008 年我国进口食品贸易规模为 226.3 亿美元,受当时全球金融危机的影响,2009 年进口额下降到 204.8 亿美元,下降 9.5%。之后,进口食品贸易总额总体上一直保持强势增长,2010—2012 年则分别增长到 269.1 亿美元、368.9 亿美元和 450.7 亿美元。2013 年进口食品贸易额增长到 489.2 亿美元,我国从此成为全球第一大食品进口市场。[③] 2016 年,我国进口食品贸易在高基数上继续实现新增长,贸易总额达到 554.8 亿美元,较 2015 年小幅增长了 1.22%,再创历史新高。八年来,我

---

① 本章的相关数据主要源于商务部对外贸易司的《中国进出口月度统计报告:食品》《中国进出口月度统计报告:农产品》以及国家质检总局进出口食品安全局定期发布的《进境不合格食品、化妆品信息》《全国进口食品接触产品质量状况》年度报告等。为方便读者,本章的相关图表均标注了主要数据的来源。

② 尹世久、吴林海、王晓莉:《中国食品安全发展报告 2016》,北京大学出版社 2016 年版。

③ 《2014 年度全国进口食品质量安全状况(白皮书)》,2015 年 4 月 7 日,国家质检总局网站,http://www.aqsiq.gov.cn/zjxw/zjxw/zjftpxw/201504/t20150407_436001.htm

国进口食品贸易总额累计增长 145.16％,年均增长率高达 11.86％。图 6-1 显示,在 2008—2016 年间除个别年份有所波动外,我国食品进口贸易规模整体呈现出平稳较快增长的特征。

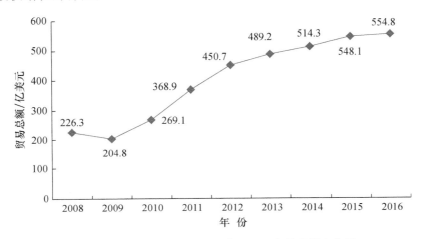

图 6-1　2008—2016 年间我国食品进口贸易总额变化图
资料来源:商务部对外贸易司:《中国进出口月度统计报告:食品》(2008—2016 年)。

(二) 进口食品的贸易特征

目前,我国进口食品的品种几乎涵盖了全球各类质优价廉的食品,进口种类十分齐全。值得关注的一个态势是,随着人们消费观念的改变,我国进口食品的重点种类正在逐渐发生改变,主要表现在肉及制品,蔬菜、水果、坚果及制品,水产品等进口额持续增长,而动植物油脂及其分解产品、谷物及其制品则逐步呈现下降趋势。根据商务部发布的数据,2016 年我国进口食品的主要类别为肉及制品,蔬菜、水果、坚果及制品,水产品,分别占据进口食品贸易总额的 18.51％、15.70％、12.78％,三类食品占全部进口食品贸易额的比例之和为 46.99％,接近进口食品贸易额的半壁江山,显示我国进口食品集中化趋势的加强。2008—2016 年间我国进口食品结构变化的基本态势是:

1. 肉及制品

近年来,我国发生了诸多的肉类食品安全事件,如 2011 年的双汇“瘦肉精”事件、2014 年上海“福喜”事件以及病死猪肉事件等。受国内肉制品安全事件持续发生的影响,肉及肉制品的进口额迅速增长,由 2008 年的 23.3 亿美元迅速达到 2016 年的 102.7 亿美元,八年间增长了 340.77％,年均增长 20.37％,占进口食品总额的比重从 2008 年的 10.3％增长到 2016 年的 18.51％,成为我国第一大进口食品种类。

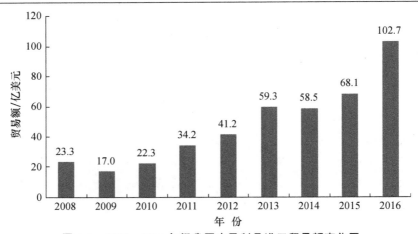

图 6-2　2008—2016 年间我国肉及制品进口贸易额变化图

资料来源:商务部对外贸易司:《中国进出口月度统计报告:农产品》(2008—2016 年)。

2.蔬菜、水果、坚果及制品

蔬菜、水果、坚果及制品是我国又一重要的进口食品种类。由于国内食品需求结构的升级,蔬菜、水果、坚果及制品的进口量实现显著增长。2008 年我国蔬菜、水果、坚果及制品的进口额为 21.2 亿美元,占进口食品总额的 9.37%,而 2015 年的进口额增加到 95.3 亿美元,同比增长 349.53%,所占比重也提高到 17.39%。虽然 2016 年我国蔬菜、水果、坚果及制品进口总额下降至 87.1 亿美元,较上年下降 8.60%,占进口食品总额的比重下降为 15.7%,但并未改变其进口额整体增长的趋势。随着人民生活水平的提高以及消费观念的转变,未来对进口蔬菜、水果、坚果及制品的需求还会进一步上扬。

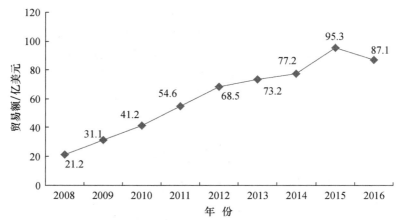

图 6-3　2008—2016 年间我国蔬菜、水果、坚果及制品进口贸易额变化图

资料来源:商务部对外贸易司:《中国进出口月度统计报告:农产品》(2008—2016 年)。

３．水产品

图 6-4 显示，在 2008—2016 年间我国水产品进口贸易额变化较大，虽然在个别年份出现负增长，但整体呈现出缓慢上升的趋势。2008 年水产品的进口额为 37.3 亿美元，2016 年则达到 70.9 亿美元，八年间增长了 90.08%，但占所有进口食品总额的比重由 2008 年的 16.48% 下降到 2016 年的 12.78%。相对于肉及制品、水果和蔬菜等其他进口食品，水产品进口增长缓慢且重要性相对降低，但依然是我国十分重要的进口食品种类。

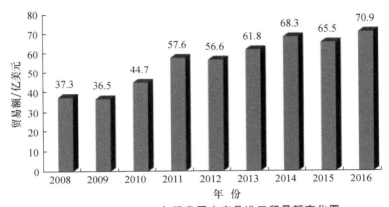

图 6-4　2008—2016 年间我国水产品进口贸易额变化图
资料来源：商务部对外贸易司：《中国进出口月度统计报告：农产品》(2008—2016 年)。

４．动植物油脂及其分解产品

图 6-5 显示，我国对动植物油脂及其分解产品的进口趋势呈现出明显的倒"V"字形。虽然受全球金融危机的影响，动植物油脂及其分解产品的进口额在

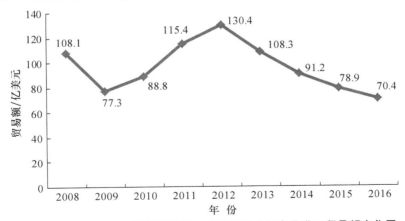

图 6-5　2008—2016 年间我国动植物油脂及其分解产品进口贸易额变化图
资料来源：商务部对外贸易司：《中国进出口月度统计报告：农产品》(2008—2016 年)。

2009 年出现一定的下降,但 2010 年之后又表现出明显的增长,并于 2012 年达到 130.4 亿美元的历史峰值。此后进口规模持续下降,2016 年动植物油脂及其分解产品的进口额仅为 70.4 亿美元,较 2012 年下降 46.01%,达到了 2008 年以来我国动植物油脂及其分解产品进口额的最低值。主要的原因是由居民健康饮食的意识增强,对油脂类产品需求减弱造成的,未来对动植物油脂及其分解产品的进口量可能还会进一步下降。

5. 乳品、蛋品、蜂蜜及其他食用动物产品

由于国内消费者信心严重不足,导致对进口乳品、蛋品、蜂蜜及其他食用动物产品的需求不断攀升,乳品、蛋品、蜂蜜及其他食用动物产品的进口额从 2008 年的 8.7 亿美元增至 2014 年的 86 亿美元,六年间增长了 8.89 倍,占进口食品总额的比重从 2008 年的 3.84% 上升至 2014 年的 15.69%。可能由于国产奶制品等质量日趋提升,2015 年乳品、蛋品、蜂蜜及其他食用动物产品的进口额出现断崖式下跌,下降幅度高达 27.91%,进口额为 62 亿美元。2016 年,乳品、蛋品、蜂蜜及其他食用动物产品的进口额为 69.8 亿美元,虽然较 2015 年增长 12.58%,但尚未恢复到 2014 年的水平。

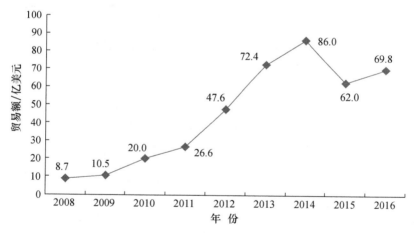

图 6-6　2008—2016 年间我国乳品、蛋品、蜂蜜及其他食用动物产品进口贸易额变化图
资料来源:商务部对外贸易司:《中国进出口月度统计报告:农产品》(2008—2016 年)。

6. 谷物及制品

由于国内耕地的减少,人口刚性的增加,我国对谷物及制品的进口迅速增长,进口额从 2008 年的 14.2 亿美元迅速攀升到 2015 年的 102.3 亿美元,七年间增长了 6.2 倍,进口额占食品进口总额的 18.66%,成为 2015 年第一大进口食品种类。然而,在经历了 2015 年 50.22% 的爆炸式增长后,谷物及制品的进口额在 2016 年

出现断崖式下跌,同比下降 34.12%。可见,我国谷物及制品的进口趋势并不稳定,但由于刚需的存在,预计未来谷物及制品的进口量会小幅上升。

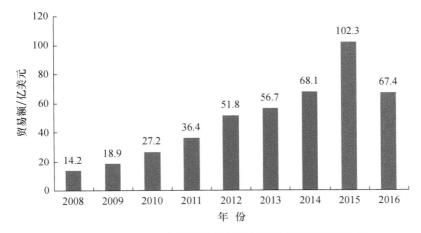

图 6-7 2008—2016 年间我国谷物及制品进口贸易额变化图
资料来源:商务部对外贸易司:《中国进出口月度统计报告:农产品》(2008—2016 年)。

(三) 进口食品的来源地特征

1. 进口食品来源地的洲际特征

2008 年我国食品进口贸易的各大洲分布是:亚洲(92.4 亿美元、40.83%)、南美洲(41.7 亿美元、18.43%)、欧洲(40.5 亿美元、17.90%)、北美洲(35.8 亿美元、15.82%)、大洋洲(14.1 亿美元、6.23%)、非洲(1.8 亿美元、0.33%)。2016 年我国食品进口贸易的各大洲分布则是:亚洲(157.8 亿美元、28.44%)、欧洲(151.4 亿美元、27.29%)、北美洲(89.7 亿美元、16.17%)、大洋洲(77.2 亿美元、13.91%)、南美洲(73.7 亿美元、13.28%)、非洲(5.0 亿美元、0.90%)。

2008—2016 年我国食品进口贸易的各大洲贸易额的变化见图 6-8。图 6-8 显示,亚洲稳居我国进口食品贸易的第一大来源地,但占进口食品贸易总额的比重出现明显下降;欧洲于 2009 年超越南美洲成为第二大来源地,除 2012 年外,其第二大进口食品来源地的地位逐步稳固,并有赶超亚洲的趋势;北美洲位列第三位,其占进口食品贸易总额的比重变化不大,大洋洲则在近年来迅速追赶,2015 年的贸易额与北美洲相差不大;南美洲所占的比重则呈现下降趋势,非洲所占的比重一直很低,几乎可以忽略不计。[①]

---

① 需要说明的是,商务部对外贸易司《中国进出口月度统计报告:食品》中除了列举亚洲、欧洲、北美洲、大洋洲、南美洲、非洲等 6 大洲外,还列举了其他地区,但由于进口量极小,本文不再列举。

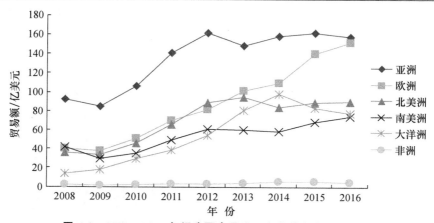

图 6-8   2008—2016 年间我国食品进口贸易的各大洲贸易额

资料来源:商务部对外贸易司:《中国进出口月度统计报告:食品》(2008—2016 年)。

2. 进口食品来源地的地区特征

2016 年,我国进口食品来源地的主要地区是"一带一路"国家、东盟和欧盟,从上述三个地区的进口食品贸易额均超过 100 亿美元,但从"一带一路"国家、东盟进口食品的贸易额在 2016 年均出现下降,而从欧盟进口食品的贸易额则增长 11.83%。我国从拉美地区、独联体国家的进口额也相对较高,分别为 73.7 亿美元和 30.2 亿美元;中东欧国家、中东国家、南非关税区、海合会国家的市场份额则相对较小,所占比例均低于 1%。较之 2015 年,从欧盟、拉美地区的食品进口额保持了较快增长,相比之下,作为我国主要贸易地区的"一带一路"国家的进口额出现了负增长,相信在 2017 年 5 月召开的"一带一路"国际合作高峰论坛之后,我国对"一带一路"国家食品的进口额会实现快速增长。

表 6-1   2015 年与 2016 年我国进口食品地区分布变化比较   (单位:亿美元)

地区分布	2016 年		2015 年		2016 年比 2015 年增减
	进口金额	占比/(%)	进口金额	占比/(%)	
"一带一路"国家	161.8	29.16	171.0	31.20	-5.38
东盟	118.7	21.40	125.7	22.93	-5.57
欧盟	115.3	20.78	103.1	18.81	11.83
拉美地区	73.7	13.28	68.6	12.52	7.43
独联体国家	30.2	5.44	31.6	5.77	-4.43
中东欧国家	2.8	0.50	3.2	0.58	-12.50
中东国家	2.4	0.43	2.5	0.46	-4.00
南非关税区	2.3	0.41	2.5	0.46	-8.00
海合会	0.1	0.02	0.5	0.09	-80.00

资料来源:商务部对外贸易司:《中国进出口月度统计报告:食品》(2015—2016 年)。

3. 进口食品来源地的国家特征

2008 年我国食品主要的进口国家是美国(27.2 亿美元、12.02%)、印度尼西亚(23.2 亿美元、10.25%)、法国(11.4 亿美元、5.04%)、巴西(10.4 亿美元、4.60%)、泰国(8.4 亿美元、3.71%)、加拿大(8.2 亿美元、3.62%)、澳大利亚(7.7 亿美元、3.40%)、新西兰(6.3 亿美元、2.78%),从上述八个国家进口的食品贸易总额达到 102.8 亿美元,占当年食品进口贸易总额的 45.43%。2016 年我国食品主要进口国家则分别是美国(63 亿美元、11.36%)、新西兰(38.8 亿美元、6.99%)、澳大利亚(37.7 亿美元、6.8%)、印度尼西亚(34.8 亿美元、6.27%)、巴西(31.2 亿美元、5.62%)、泰国(28 亿美元、5.05%)、法国(27.9 亿美元、5.03%)、加拿大(25.6 亿美元、4.61%),从以上八个国家进口的食品贸易总额为 287 亿美元,占当年所有进口食品额的 51.73%。由此可见,近年来我国食品主要进口国家基本稳定,且进口食品的来源地呈集中的趋势。

然而,我国食品主要进口国家的贸易额波动较大,主要国家的排名多次发生改变。2008—2016 年我国主要进口食品国家贸易额的变化见图 6-9。图 6-9 显示,美国多年来一直稳居我国第一大进口食品来源国的地位,短时间内很难被其他国家超越。新西兰、澳大利亚的进口额增长迅猛,所占比重大幅提升,尤其是新西兰在 2013 年、2014 年和 2016 年均是我国第二大进口食品来源国,澳大利亚则在 2016 年位列第三位,进口食品贸易额与新西兰仅差 1.1 亿美元。法国、泰国、加拿大在我国食品进口市场中的份额也呈逐年上升的趋势。伴随着这些国家的超越,印度尼西亚、巴西对我国食品出口的市场份额则进一步缩减。

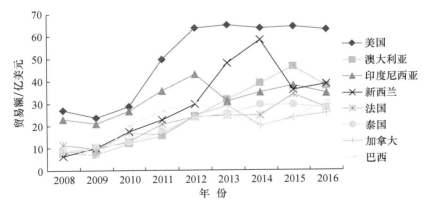

图 6-9　2008—2016 年间我国食品进口贸易主要国家的贸易额
资料来源:商务部对外贸易司:《中国进出口月度统计报告:食品》(2008—2016 年)。

二、具有安全风险的进口食品的批次与来源地

经过改革开放 30 多年的发展,我国已成为进口食品农产品贸易总额排名世界第一的大国。虽然进口食品质量安全总体情况一直保持稳定,没有发生过重大进口食品质量安全问题,但随着食品进口量的大幅攀升,其质量安全的形势日益严峻。从保障食品消费安全的全局出发,基于全球食品的安全视角,分析研究具有安全风险的进口食品的基本状况,并由此加强食品安全的国际共治就显得尤其重要。

(一)进口不合格食品的批次

伴随着进口食品的大量涌入,近年来被我国出入境检验检疫机构检出的不合格食品的批次和数量整体呈现上升趋势。国家质量监督检验检疫总局的数据显示,2009 年,我国进口食品的不合格批次为 1543 批次,2010—2012 年分别增长到1753 批次、1857 批次和 2499 批次。虽然 2013 年进口食品的不合格批次下降到2164 批次,但在 2014 年迅速上扬,达到了 3503 批次的历史最高点。2016 年检出不符合我国食品安全国家标准和法律法规要求的进口食品共 3042 批次,较 2015年增长 8.45%,虽然较 2014 年的最高值还有一定的差距,但并未改变进口不合格食品批次整体上升的趋势,进口食品的问题依然严峻,其安全性备受国内消费者关注(图 6-10)。

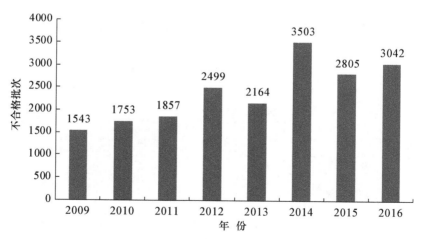

图 6-10　2009—2016 年间进口食品不合格批次

资料来源:国家质量监督检验检疫总局进出口食品安全局:《2009—2016 年 1—12 月进境不合格食品、化妆品信息》,并由作者整理计算所得。

(二) 进口不合格食品的主要来源地

表 6-2 是 2015—2016 年间我国进口不合格食品的来源地分布。据国家质量监督检验检疫总局发布的相关资料,2015 年我国进口不合格食品批次最多的前十位来源地分别是:中国台湾(730 批次,26.02％)、日本(171 批次,6.1％)、马来西亚(153 批次,5.45％)、美国(152 批次,5.42％)、意大利(141 批次,5.03％)、泰国(117 批次,4.17％)、西班牙(117 批次,4.17％)、韩国(104 批次,3.71％)、法国(98 批次,3.49％)、德国(85 批次,3.03％)(图 6-11)。上述 10 个国家和地区不合格进口食品合计为 1868 批次,占全部不合格 2805 批次的 66.59％。

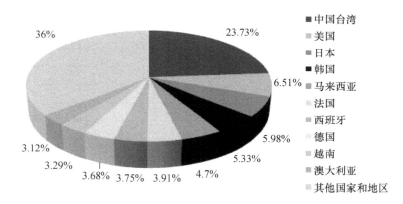

图 6-11　2016 年我国进口不合格食品主要来源地分布图
资料来源:国家质量监督检验检疫总局进出口食品安全局:《2016 年 1—12 月进境不合格食品、化妆品信息》,并由作者整理计算所得。

2016 年我国进口不合格食品批次最多的前十位来源地分别是:中国台湾(722 批次,23.73％)、美国(198 批次,6.51％)、日本(182 批次,5.98％)、韩国(162 批次,5.33％)、马来西亚(143 批次,4.7％)、法国(119 批次,3.91％)、西班牙(114 批次,3.75％)、德国(112 批次,3.68％)、越南(100 批次,3.29％)、澳大利亚(95 批次,3.12％)(图 6-11)。上述 10 个国家和地区不合格进口食品合计为 1947 批次,占全部不合格 3042 批次的 64％。可见,我国主要的进口不合格食品来源地相对比较集中且近年来变化不大。

从进口不合格食品来源地来看,中国台湾依然是进口不合格食品的第一大来源地,不合格食品批次占所有不合格食品批次的四分之一左右,远远超过其他国家或地区。从来源地的数量来看,我国进口不合格食品来源地的数量与 2015 年保持一致,达到 82 个国家或地区。

表 6-2　2015—2016 年我国进口不合格食品来源地区汇总表

2016 年不合格食品的来源国家或地区	不合格食品批次	所占比例/（%）	2015 年不合格食品的来源国家或地区	不合格食品批次	所占比例/（%）
中国台湾	722	23.73	中国台湾	730	26.02
美国	198	6.51	日本	171	6.10
日本	182	5.98	马来西亚	153	5.45
韩国	162	5.33	美国	152	5.42
马来西亚	143	4.70	意大利	141	5.03
法国	119	3.91	泰国	117	4.17
西班牙	114	3.75	西班牙	117	4.17
德国	112	3.68	韩国	104	3.71
越南	100	3.29	法国	98	3.49
澳大利亚	95	3.12	德国	85	3.03
俄罗斯	92	3.02	新西兰	85	3.03
意大利	89	2.93	越南	77	2.75
泰国	75	2.47	澳大利亚	74	2.64
巴西	64	2.10	俄罗斯	60	2.14
印度尼西亚	63	2.07	比利时	57	2.03
英国	56	1.84	印度尼西亚	52	1.85
匈牙利	47	1.55	土耳其	48	1.71
土耳其	39	1.28	加拿大	45	1.60
新西兰	39	1.28	保加利亚	34	1.21
中国香港	38	1.25	中国香港	28	1.00
加拿大	35	1.15	巴西	27	0.96
菲律宾	32	1.05	荷兰	26	0.93
荷兰	30	0.99	挪威	26	0.93
瑞士	25	0.82	英国	24	0.86
波兰	23	0.76	奥地利	19	0.68
丹麦	22	0.72	波兰	19	0.68
中国*	20	0.66	新加坡	15	0.53
吉尔吉斯斯坦	18	0.59	中国澳门	13	0.46
智利	18	0.59	菲律宾	12	0.43
格鲁吉亚	17	0.56	印度	12	0.43
斯里兰卡	17	0.56	乌拉圭	11	0.39
伊朗	15	0.49	葡萄牙	10	0.36

（续表）

2016 年不合格食品的来源国家或地区	不合格食品批次	所占比例/（%）	2015 年不合格食品的来源国家或地区	不合格食品批次	所占比例/（%）
葡萄牙	14	0.46	智利	10	0.36
中国澳门	14	0.46	阿根廷	9	0.32
乌克兰	13	0.43	巴基斯坦	9	0.32
阿根廷	12	0.39	捷克	9	0.32
奥地利	11	0.37	希腊	8	0.29
老挝	10	0.33	中国※	8	0.29
摩尔多瓦	9	0.30	瑞士	7	0.25
新加坡	9	0.30	哈萨克斯坦	6	0.21
保加利亚	8	0.27	吉尔吉斯斯坦	6	0.21
比利时	8	0.27	斯里兰卡	6	0.21
南非	8	0.27	匈牙利	6	0.21
孟加拉	7	0.23	阿塞拜疆	5	0.17
塞尔维亚共和国	7	0.23	基里巴斯	5	0.17
缅甸	6	0.20	斯洛文尼亚	5	0.17
瑞典	6	0.20	哥伦比亚	4	0.14
塞内加尔	6	0.20	罗马尼亚	4	0.14
巴基斯坦	5	0.16	丹麦	3	0.10
芬兰	5	0.16	瑞典	3	0.10
莫桑比克	5	0.16	塞内加尔	3	0.10
冰岛	4	0.13	芬兰	2	0.07
斐济	4	0.13	格鲁吉亚	2	0.07
罗马尼亚	4	0.13	科特迪瓦	2	0.07
乌拉圭	4	0.13	立陶宛	2	0.07
印度	4	0.13	蒙古	2	0.07
蒙古	3	0.10	秘鲁	2	0.07
秘鲁	3	0.10	摩洛哥	2	0.07
斯洛文尼亚	3	0.10	墨西哥	2	0.07
爱尔兰	2	0.07	南非	2	0.07
克罗地亚	2	0.07	尼泊尔	2	0.07
肯尼亚	2	0.07	塞浦路斯	2	0.07
摩洛哥	2	0.07	斯洛伐克	2	0.07
尼泊尔	2	0.07	乌克兰	2	0.07

（续表）

2016 年不合格 食品的来源 国家或地区	不合格 食品批次	所占比例 /（%）	2015 年不合格 食品的来源 国家或地区	不合格 食品批次	所占比例 /（%）
尼日利亚	2	0.07	阿尔巴尼亚	1	0.04
阿尔巴尼亚	1	0.03	阿联酋	1	0.04
贝宁	1	0.03	爱尔兰	1	0.04
布隆迪	1	0.03	冰岛	1	0.04
多哥	1	0.03	玻利维亚	1	0.04
厄瓜多尔	1	0.03	厄瓜多尔	1	0.04
哥伦比亚	1	0.03	几内亚	1	0.04
格陵兰	1	0.03	加纳	1	0.04
津巴布韦	1	0.03	喀麦隆	1	0.04
科特迪瓦	1	0.03	克罗地亚	1	0.04
马其顿	1	0.03	肯尼亚	1	0.04
毛里塔尼亚	1	0.03	缅甸	1	0.04
墨西哥	1	0.03	尼日利亚	1	0.04
挪威	1	0.03	萨摩亚	1	0.04
塞浦路斯	1	0.03	沙特阿拉伯	1	0.04
危地马拉	1	0.03	塔吉克斯坦	1	0.04
希腊	1	0.03	伊朗	1	0.04
以色列	1	0.03	以色列	1	0.04
			其他***	3	0.10
合　计	3042	100.00	合　计	2805	100.00

* 货物的原产地是中国，是出口食品不合格退运而按照进口处理的不合格食品批次。

*** 2015 年国家质量监督检验检疫总局的报告中有部分没有标注国别，本报告将其归为"其他"。

资料来源：国家质量监督检验检疫总局进出口食品安全局：《2015 年、2016 年 1—12 月进境不合格食品、化妆品信息》，并由作者计算所得。

三、不合格进口食品主要原因的分析考察

分析国家质量监督检验检疫总局发布的相关资料，2016 年我国进口食品不合格的前五大原因是：食品添加剂不合格、微生物污染、标签不合格、品质不合格、证书不合格，这五大原因导致的不合格批次占全部不合格批次的 75.18%，且明显低于 2015 年 82.35% 的水平，表明近年来进口食品不合格原因呈现出分散的趋势，这不利于对进口食品安全的重点监测。

　　进一步分析,食品添加剂不合格、微生物污染与重金属超标是影响进口食品安全风险的本质性问题,占检出不合格进口食品总批次的 43.95%;在进口食品安全风险非本质性问题中,标签不合格、品质不合格、证书不合格、货证不符、超过保质期则是主要问题,占检出不合格进口食品总批次的 44.64%。2016 年,进口食品中添加剂不合格与微生物污染仍然是我国进口食品不合格的最主要原因,共有1218 批次,占全年所有进口不合格食品批次的 40.04%(表 6-3、图 6-12)。

表 6-3　2015—2016 年我国进口不合格食品的主要原因分类

2016 年			2015 年		
进口食品不合格原因	批次	占比/(%)	进口食品不合格原因	批次	占比/(%)
食品添加剂不合格	679	22.32	食品添加剂不合格	643	22.92
微生物污染	539	17.72	微生物污染	598	21.32
标签不合格	460	15.12	标签不合格	471	16.79
品质不合格	321	10.55	品质不合格	357	12.73
证书不合格	288	9.47	证书不合格	241	8.59
货证不符	146	4.80	超过保质期	177	6.30
超过保质期	143	4.70	重金属超标	127	4.53
包装不合格	141	4.64	未获准入许可	43	1.53
重金属超标	119	3.91	货证不符	42	1.50
未获准入许可	69	2.27	包装不合格	40	1.43
检出有毒有害物质	51	1.68	检出有毒有害物质	22	0.78
含有违规转基因成分	26	0.85	感官检验不合格	21	0.75
感官检验不合格	21	0.69	含有违规转基因成分	17	0.61
农兽药残留超标	17	0.56	农兽药残留超标	2	0.07
风险不明	15	0.49	携带有害生物	2	0.07
检出异物	3	0.10	风险不明	1	0.04
携带有害生物	3	0.10	来自疫区	1	0.04
辐照	1	0.03			
总　计	3042	100.00	总　计	2805	100.00

　　资料来源:国家质量监督检验检疫总局进出口食品安全局:《2015、2016 年 1—12 月进境不合格食品、化妆品信息》,并由作者整理计算所得。

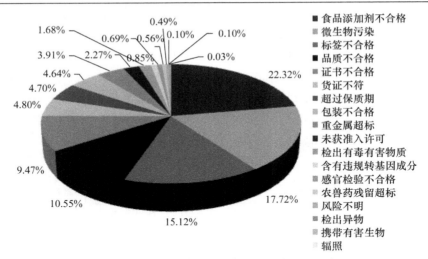

图 6-12 2016 年我国进口食品不合格项目分布

资料来源:国家质量监督检验检疫总局进出口食品安全局:《2016 年 1—12 月进境不合格食品、化妆品信息》。

(一) 食品添加剂不合格

1. 具体情况

食品添加剂超标或不当使用是引发全球食品安全风险的重要因素。2016 年,因食品添加剂不合格而进口至我国的食品共计 679 批次,较 2015 年增长 5.6%,但所占比例由 2015 年的 22.92% 下降到 2016 年的 22.32%,呈现小幅下降趋势。自 2014 年以来,食品添加剂不合格一直是我国进口食品不合格的最主要原因。2016 年由食品添加剂不合格引起的进口不合格食品,主要是由防腐剂、着色剂、营养强化剂、甜味剂等违规使用所致(表 6-4)。

表 6-4 2015—2016 年由食品添加剂不合格引起的进口不合格食品的具体原因分类

序号	2016 年			2015 年		
	进口食品不合格的具体原因	批次	占比/(%)	进口食品不合格的具体原因	批次	占比/(%)
1	防腐剂	165	5.42	着色剂	214	7.63
2	着色剂	164	5.39	防腐剂	177	6.31
3	营养强化剂	121	3.98	营养强化剂	103	3.67
4	甜味剂	77	2.53	甜味剂	61	2.17
5	漂白剂	39	1.28	抗结剂	26	0.93
6	其他	25	0.82	抗氧化剂	22	0.78
7	抗结剂	19	0.62	乳化剂	13	0.46

（续表）

序号	2016 年			2015 年		
	进口食品不合格 的具体原因	批次	占比 /（%）	进口食品不合格 的具体原因	批次	占比 /（%）
8	抗氧化剂	16	0.53	酸度调节剂	9	0.31
9	乳化剂	14	0.46	香料	5	0.18
10	酸度调节剂	14	0.46	增稠剂	5	0.18
11	膨松剂	10	0.34	膨松剂	3	0.11
12	增稠剂	8	0.26	缓冲剂	1	0.04
13	缓冲剂	2	0.07	加工助剂	1	0.04
14	香料	2	0.07	其他	3	0.11
15	酶制剂	1	0.03			
16	塑化剂	1	0.03			
17	充气剂	1	0.03			
	总　计	679	22.32	总　计	22.92	643

资料来源：国家质量监督检验检疫总局进出口食品安全局：《2015 年、2016 年 1—12 月进境不合格食品、化妆品信息》，并由作者整理计算所得。

2. 主要来源地

如图 6-13 所示，2016 年由食品添加剂不合格引起的进口不合格食品的主要来源国家和地区分别是中国台湾（165 批次，24.30%）、美国（86 批次，12.67%）、马来西亚（46 批次，6.77%）、匈牙利（46 批次，6.77%）、韩国（45 批次，6.63%）、日本（28 批次，4.12%）、泰国（27 批次，3.98%）、西班牙（27 批次，

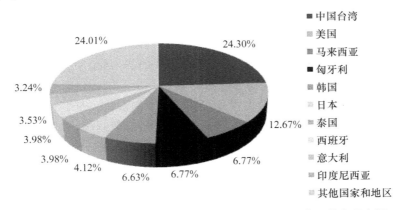

图 6-13　2016 年食品添加剂不合格引起的进口不合格食品的主要来源

资料来源：国家质量监督检验检疫总局进出口食品安全局：《2016 年 1—12 月进境不合格食品、化妆品信息》，并由作者整理计算所得。

3.98％）、意大利（24 批次，3.53％）、印度尼西亚（22 批次，3.24％）。以上 10 个国家和地区因食品添加剂不合格而导致我国进口食品不合格的批次为 516 批次，占所有食品添加剂不合格批次的 75.99％。

3．典型案例

近年来的典型案例是：

（1）德国水果麦片违规添加"生物素"。2015 年 1 月 3 日和 4 日，市民蒋天亮在位于合肥市长江中路 98 号的北京华联超市购物时购买了 5 盒"诗尼坎普维生素 10 种水果麦片"（750 g 装），一盒"诗尼坎普维生素玉米片"（225 g 装），共付款 664 元。两款产品的外包装上均显示，原产国为德国，国内经销商是北京嘉盛行商贸有限公司。上述产品的外包装配料栏中标明添加了"生物素"，而根据国家食品安全标准《食品营养强化剂使用标准 GB14480-2012》，上述产品不在"生物素"允许使用范围之内。在向商家索赔遭拒的情况下，蒋天亮一纸诉状将北京华联超市起诉到合肥市庐阳区人民法院。最终，法院依据《食品安全法》和《最高人民法院关于审理食品药品纠纷案件适用法律若干问题的规定》的相关规定，判决北京华联公司退还蒋某购物款 664 元，并给予 10 倍赔偿 6640 元。[①]

（2）匈牙利铜锣烧违规使用防腐剂。2016 年 7 月，由匈牙利 KOVACS ES SZALAY KFT 公司生产的 12 批次微笑牌铜锣烧不合格，包含杏子味、草莓味、香草味、巧克力味等多种类型，不合格的主要原因包括超范围使用食品添加剂苯甲酸、超限量使用食品添加剂山梨酸。该 12 批次的微笑牌铜锣烧是由深圳市恒盛润商贸有限公司进口的，合计 432 公斤，最终都被深圳市检验检疫部门做销毁处理。[②]

（二）微生物污染

1．具体情况

微生物个体微小、繁殖速度较快、适应能力强，在食品的生产、加工、运输和经营过程中很容易因温度控制不当或环境不洁造成污染，是威胁全球食品安全的又一主要因素。2016 年国家质量监督检验检疫总局检出的进口不合格食品中因微生物污染的共有 539 批次，占全年所有进口不合格食品批次的 17.72％，不合格批次和所占比重较 2015 年均有一定下降，但其中菌落总数超标、大肠菌群超标以及霉菌超标的情况仍然较为严重。表 6-5 分析了在 2015—2016 年间由微生物污染引起的进口不合格食品的具体原因分类。

---

① 《北京华联超市售卖滥用添加剂麦片被判赔 10 倍》，中国食品报网，2015 年 4 月 14 日，http://www.cnfood.cn/n/2015/0414/52426.html

② 国家质检总局进出口食品安全局：《2016 年 7 月进境不合格食品、化妆品信息》，2016 年 8 月 25 日，http://jckspaqj.aqsiq.gov.cn/jcksphzpfxyj/jjspfxyj/201608/t20160825_472874.htm

表 6-5 2015—2016 年由微生物污染引起的进口不合格食品的具体原因分类

序号	2016 年			2015 年		
	进口食品不合格的具体原因	批次	占比/(%)	进口食品不合格的具体原因	批次	占比/(%)
1	菌落总数超标	274	9.01	菌落总数超标	273	9.73
2	大肠菌群超标	129	4.24	大肠菌群超标	158	5.63
3	霉菌超标	73	2.40	霉菌超标	74	2.64
4	大肠菌群、菌落总数超标	34	1.12	大肠菌群、菌落总数超标	25	0.89
5	酵母菌超标	5	0.17	酵母菌超标	18	0.64
6	检出单增李斯特菌	4	0.13	霉变	8	0.29
7	检出金黄色葡萄球菌	4	0.13	检出单增李斯特菌	6	0.21
8	酵母菌、菌落总数超标	4	0.13	检出沙门氏菌	6	0.21
9	霉菌、菌落总数超标	3	0.10	大肠菌群、霉菌、菌落总数超标	5	0.18
10	大肠菌群、霉菌超标	2	0.07	酵母菌、菌落总数超标	5	0.18
11	酵母菌、霉菌超标	2	0.07	检出金黄色葡萄球菌	3	0.11
12	大肠菌群、霉菌、菌落总数超标	1	0.03	霉菌、大肠菌群超标	3	0.11
13	检出沙门氏菌	1	0.03	酵母菌、霉菌超标	2	0.07
14	嗜渗酵母超标	1	0.03	非商业无菌	1	0.04
15	铜绿假单胞菌超标	1	0.03	霉菌、菌落总数超标	1	0.04
16	细菌总数超标	1	0.03	细菌总数超标	1	0.04
17				其他	9	0.31
	总　计	539	17.72	总　计	598	21.32

资料来源:国家质量监督检验检疫总局进出口食品安全局:《2015、2016 年 1—12 月进境不合格食品、化妆品信息》,并由作者整理计算所得。

2. 主要来源地

如图 6-14 所示,2016 年由微生物污染引起的进口不合格食品的主要来源国家和地区分别是中国台湾(118 批次,21.89%)、韩国(78 批次,14.47%)、俄罗斯(68 批次,12.62%)、越南(42 批次,7.79%)、马来西亚(35 批次,6.49%)、澳大利亚(30 批次,5.57%)、美国(17 批次,3.15%)、德国(15 批次,2.78%)、印度尼西亚(15 批次,2.78%)、中国香港(15 批次,2.78%)。以上 10 个国家和地区因微生物污染而食品不合格的批次为 433 批次,占所有微生物污染批次的 80.32%,成为进口食品微生物污染的主要来源地。值得注意的是,中国台湾成为进口食品微生物污染的最大来源地,所占比例超过五分之一。

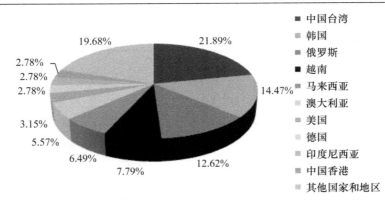

图 6-14　2016 年微生物污染引起的进口不合格食品的主要来源

资料来源：国家质量监督检验检疫总局进出口食品安全局：《2016 年 1—12 月进境不合格食品、化妆品信息》，并由作者整理计算所得。

3．典型案例

以下的案例具有一定的典型性。

（1）冷冻食品中检出金黄色葡萄球菌。金黄色葡萄球菌是人类生活中最常见的致病菌，其广泛存在于自然界中，尤其是食品中。食品中超出一定数量的金黄色葡萄球菌就会导致食用者出现呕吐、腹泻、发烧，甚至死亡的中毒事件，[1]是引发毒素型食物中毒的三大主因之一。[2] 随着食品安全的逐步升级，对食品中金黄色葡萄球菌的检测成为食品检测中的重要内容。2014 年，我国进口食品中仍有较多批次的金黄色葡萄球菌超标的冷冻食品，包括来自新西兰、越南、英国、法国等国的冰鲜鲑鱼、冻鱼糜、冻猪筒骨、冻猪肋排等产品，给人们的食品安全带来隐患（表 6-6）。

表 6-6　2014 年部分金黄色葡萄球菌不合格的冷冻产品

时　间	产　地	具体产品	处理方式
2014 年 3 月	新西兰	冰鲜鲑鱼	销毁
2014 年 5 月	越南	冻鱼糜	退货
2014 年 11 月	英国	冻猪筒骨	退货
2014 年 11 月	法国	冻猪肋排	退货
2014 年 11 月	马来西亚	榴梿球（速冻调制食品）	退货
2014 年 12 月	西班牙	冷冻猪连肝肉	退货

资料来源：国家质量监督检验检疫总局进出口食品安全局：2014 年 1—12 月进境不合格食品、化妆品信息，并由作者整理计算所得。

---

①　柳敦江，王鹏：《一种快速鉴定猪舍空气样品中金黄色葡萄球菌的方法》，《猪业科学》2013 年第 5 期。

②　刘海卿，佘之蕴，陈丹玲：《金黄色葡萄球菌三种定量检验方法的比较》，《食品研究与开发》2014 年第 13 期。

（2）韩国海苔大肠菌群超标和菌落总数超标。2016 年 8 月,韩国韩百食品生产的 6 批次海苔因大肠菌群超标和菌落总数超标不合格,包括韩式调味海苔、虾味韩式海苔、咖喱味韩式海苔、待烤调味海苔、待烤辣味调味海苔、果仁韩式海苔等类型,共计 855.2 千克。这六批次海苔是由威海真汉白贸易有限公司进口的,最终都被山东省检验检疫部门做退货处理。[1]

（三）重金属超标

1. **具体情况**

表 6-7 显示,2016 年我国进口食品中由重金属超标而被拒绝入境共计 119 批次,批次规模较 2015 年下降 6.3%,占所有进口不合格食品批次的比例也由 2015 年的 4.53% 下降到 2016 年的 3.91%。除了常见的如铜、铁、镉、铁等重金属污染物超标外,进口食品中稀土元素、砷、铅等重金属超标的现象也需要引起重视。

表 6-7　2015—2016 年由重金属超标引起的进口不合格食品具体原因

序号	2016 年			2015 年		
	进口食品不合格的具体原因	批次	比例/(%)	进口食品不合格的具体原因	批次	比例/(%)
1	稀土元素超标	50	1.64	稀土元素超标	34	1.21
2	铁超标	17	0.56	砷超标	30	1.07
3	砷超标	14	0.46	铜超标	23	0.82
4	铅超标	10	0.33	铁超标	10	0.36
5	镉超标	8	0.26	镉超标	6	0.21
6	锌超标	7	0.23	硼超标	6	0.21
7	铜超标	6	0.20	镁超标	4	0.14
8	铝超标	5	0.16	铅超标	4	0.14
9	汞超标	2	0.07	铝超标	3	0.11
10				锰超标	3	0.11
11				钙超标	2	0.07
12				汞超标	1	0.04
13				锌超标	1	0.04
	总　　计	119	3.91	总　　计	127	4.53

资料来源:国家质量监督检验检疫总局进出口食品安全局:《2015 年、2016 年 1—12 月进口不合格食品、化妆品信息》,并由作者整理计算所得。

2. **主要来源地**

如图 6-15 所示,2016 年我国由重金属超标引起的进口不合格食品的主要来

---

[1]　国家质检总局进出口食品安全局:《2016 年 8 月进境不合格食品、化妆品信息》,2016 年 9 月 26 日,http://jckspaqj.aqsiq.gov.cn/jcksphzpfxyj/jjspfxyj/201609/t20160926_474619.htm

源国家和地区,分别是中国台湾(26 批次,21.85%)、美国(16 批次,13.45%)、印度尼西亚(9 批次,7.56%)、斯里兰卡(8 批次,6.72%)、西班牙(7 批次,5.88%)、新加坡(7 批次,5.88%)、韩国(6 批次,5.04%)、英国(6 批次,5.04%)、法国(5 批次,4.20%)、意大利(4 批次,3.36%)。以上 10 个国家和地区因重金属超标而食品不合格的批次为 94 批次,占所有重金属超标批次的 78.98%。

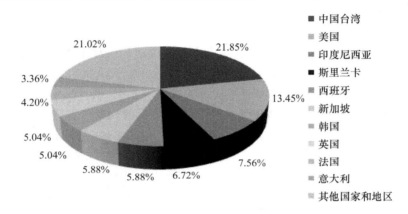

图 6-15   2016 年重金属超标引起的进口不合格食品的主要来源

资料来源:国家质量监督检验检疫总局进出口食品安全局:《2016 年 1—12 月进境不合格食品、化妆品信息》,并由作者整理计算所得。

3. 典型案例

以下是近年来我国进口食品重金属超标的典型案例。

(1) 2015 年 7 月,河南出入境检验检疫局郑州经济技术开发区办事处发现,4批进口食品不符合我国食品卫生标准。其中的 1 批葡萄酒共计 200 纸箱,货值0.65 万元,经实验室检测检出重金属(铜)超标。[①] 铜的过量摄入可能引发铜中毒,导致神经损伤。

(2) 2016 年 12 月,中国台湾茗满天下国际茶业股份有限公司生产的乘云流香乌龙茶(75 克 * 2 罐)、福寿梨山茶(75 克 * 2 罐)、乘云流香乌龙茶(75 克 * 2 包* 2 罐)、扬香芽乌龙茶(100 克 * 3 罐)、扬香芽乌龙茶(100 克 * 2 罐)等 5 批茶叶被国家质量监督检验检疫总局检出稀土元素超标,共有 66 千克。所有的茶叶均已做退货处理。[②] 在一般情况下,接触稀土不会对人带来明显危害,但长期低剂量

---

① 《2015 年食品重金属超标事件》,搜狐网,2015 年 8 月 24 日,http://mt.sohu.com/20150824/n419613468.shtml

② 国家质检总局进出口食品安全局:《2016 年 12 月进境不合格食品、化妆品信息》,2017 年 2 月 6 日,http://jckspaqj.aqsiq.gov.cn/jcksphzpfxyj/jjspfxyj/201702/t20170206_482514.htm

暴露或摄入可能会给人体健康或体内代谢产生不良后果,包括影响大脑功能,加重肝肾负担,影响女性生育功能等。

(四) 农兽药残留超标或使用禁用农兽药

1. 具体情况

由表 6-8 可以看出,相比 2015 年,2016 年进口食品中因农兽药残留超标和使用禁用农兽药而被拒绝入境的批次出现明显上升,增幅高达 750%,占所有不合格批次的比例也由 2015 年的 0.07% 上升到 2016 年的 0.56%,表明农兽药残留超标或使用禁用农兽药导致的进口食品不合格的需要引起相关部门的重视。从地区分布看,2016 年因农兽药残留超标或使用禁用农兽药而不合格的进口食品主要来自吉尔吉斯斯坦、巴西、斯里兰卡、意大利、缅甸、俄罗斯、智利、阿根廷和中国台湾等国家和地区。

表 6-8　2015—2016 年由农兽药残留超标或使用禁用农兽药等引起
的进口不合格食品具体原因分类

序号	2016 年			2015 年		
	进口食品不合格的具体原因	批次	比例/(%)	进口食品不合格的具体原因	批次	比例/(%)
1	检出呋喃唑酮	5	0.16	草甘膦	1	0.04
2	检出呋喃西林	4	0.14	氟虫腈	1	0.04
3	检出氯霉素	4	0.14			
4	甲氰菊酯超标	1	0.03			
5	检出毒虫畏	1	0.03			
6	土霉素、金霉素、四环素超标	1	0.03			
7	草甘膦超标	1	0.03			
	总　　计	17	0.56	总　　计	2	0.07

资料来源:国家质量监督检验检疫总局进出口食品安全局:《2015 年、2016 年 1—12 月进境不合格食品、化妆品信息》,并由作者整理计算所得。

2. 典型案例

进口美国近 500 吨猪肉产品含莱克多巴胺事件是近年来有代表性的案例。2014 年 11 月,国家质量监督检验检疫总局的天津口岸接连在进口自美国的 17 批猪肉产品中检出莱克多巴胺,累计超过 478 吨,涵盖冻猪肘、冻猪颈骨、冻猪脚、冻猪肾、冻猪心管、冻猪舌、冻猪鼻等猪肉产品。所有这些猪肉产品均已做退货或销毁处理。[1] 同时,进口意大利的果酱蜂蜜组合农药残留超标也有典型性。2016 年

---

[1]　国家质检总局进出口食品安全局:《2014 年 11 月进境不合格食品、化妆品信息》,2015 年 1 月 12 日,http://jckspaqj.aqsiq.gov.cn/jcksphzpfxyj/jjspfxyj/jjbhgsptb/

1 月,意大利著名的 S. A. C. R. A. S. r. l 公司生产的花神果酱蜂蜜组合被检出呋喃西林及其代谢物,最终被江苏检验检疫部门销毁处理。①

(五) 进口食品标签标识不合格

1. 具体情况

根据我国《食品标签通用标准》的规定,进口食品标签应具备食品名称、净含量、配料表、原产地、生产日期、保质期、国内经销商等基本内容。实践已经证明,规范进口食品的中文标签标识是保证进口食品安全、卫生的重要手段。2016 年我国进口食品标签中存在的问题主要是食品名称不真实、隐瞒配方、标签符合性检验不合格等,共计 460 批次,较 2015 年下降 11 批次,占全部不合格批次总数的15.12%。

2. 主要来源地

如图 6-16 所示,2016 年由标签不合格引起的进口不合格食品的主要来源国家和地区分别是中国台湾(122 批次,26.52%)、法国(46 批次,10%)、澳大利亚(24 批次,5.22%)、西班牙(23 批次,5%)、越南(23 批次,5%)、马来西亚(19 批次,4.13%)、日本(19 批次,4.13%)、美国(16 批次,3.48%)、泰国(15 批次,3.26%)、韩国(14 批次,3.04%)、伊朗(14 批次,3.04%)。以上 11 个国家和地区因标签不合格而食品不合格的批次为 335 批次,占所有标签不合格批次的72.82%。

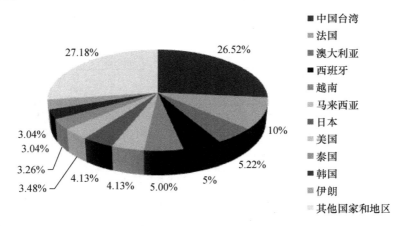

图 6-16　2016 年标签不合格引起的进口不合格食品的主要来源

资料来源:国家质量监督检验检疫总局进出口食品安全局:《2016 年 1—12 月进境不合格食品、化妆品信息》,并由作者整理计算所得。

---

① 国家质检总局进出口食品安全局:《2016 年 1 月进境不合格食品、化妆品信息》,2016 年 2 月 6 日,http://www.aqsiq.gov.cn/zjsj/jssj/jssj4/

3. 典型案例

江苏省苏州市的张先生夫妇陆续在某网络科技公司开设于京东商城的网店购买了美国、德国进口的婴幼儿零食、辅食、奶粉等,总共价值 7600 多元。但他发现,这些国外进口的预包装食品上没有一样具备中文标签和中文说明书。张先生认为,这违反了食品安全法的规定,于是起诉销售商索赔。2015 年 6 月,苏州市吴中区人民法院支持了张先生的诉讼请求,判令销售者退还货款,并支付十倍赔偿金。①

(六) 含有转基因成分的食品

1. 具体情况

作为一种新型的生物技术产品,转基因食品的安全性一直备受争议,而目前学界对于其安全性也尚无定论。2014 年 3 月 6 日,农业部部长韩长赋在十二届全国人大二次会议新闻中心举行的记者会上指出,转基因在研究上要积极,坚持自主创新,在推广上要慎重,做到确保安全。② 我国对转基因食品的监管政策一贯是明确的。2016 年,我国进口食品中含有违规转基因成分共计 26 批次,较 2015 年增长 52.94%,占全部不合格批次总数的比例由 2015 年的 0.61% 上升到 2016 年的 0.85%,表明进口食品中含有转基因成分的风险呈上升趋势。从地区分布看,含有转基因成分的进口食品主要来自我国台湾、马来西亚、美国等国家和地区。

2. 典型案例

2014 年 3 月,进口自我国台湾的永和豆浆因含有违规转基因成分被国家质量监督检验检疫总局的福建口岸截获,最终做退货处理。永和豆浆是海峡两岸及香港著名的豆浆生产品牌,豆浆产品由永和国际开发股份有限公司生产。③ 这一事件表明国际大品牌的食品质量安全同样需要高度重视。2016 年 1 月,进口自马来西亚 ACE CANNING CORPORATION SDN. BHD 公司的 8 批次调制豆浆也被检出含有违规转基因成分,合计 16.88 吨,最终被退货处理。④ 以上两个事件显示,进口豆浆中的转基因风险需要引起有关部门注意。

---

① 《无中文标签进口食品被认定不合格消费者获十倍赔偿》,中国食品报网,2015 年 6 月 11 日,http://www.cnfood.cn/n/2015/0611/58255.html

② 《农业部长回应转基因质疑:积极研究慎重推广严格管理》,新华网 2014 年 3 月 6 日中文电,http://news.xinhuanet.com/politics/2014-03/06/c_126229096.htm

③ 《永和豆浆被检出转基因》,半月谈网,2014 年 5 月 18 日中文电,http://www.banyuetan.org/chcontent/zc/bgt/2014516/101635.html

④ 国家质检总局进出口食品安全局:《2016 年 1 月进境不合格食品、化妆品信息》,2016 年 2 月 6 日,http://www.aqsiq.gov.cn/zjsj/jssj/jssj4/

四、进口食品接触产品的质量状况

食品接触产品是指日常生活中与食品直接接触的器皿、餐厨具等产品,这类产品会与食品或人的口部直接接触,与消费者身体健康密切相关。近年来,随着国内居民生活水平的不断提高,高档新型的进口食品接触产品越来越受到人们的喜爱,进口数量也在快速增长,由此因食品接触产品引发的食品安全问题已成为一个新的关注点。本节主要借鉴国家质量监督检验检疫总局发布的《全国进口食品接触产品质量状况》报告,[①] 在 2016 年报告的基础上继续分析进口食品接触产品的质量状况。目前,我国管理进口食品接触产品安全性的主要规范有《中华人民共和国进出口商品检验法》及其实施条例、国家质量监督检验检疫总局《进出口食品接触产品检验监管工作规范》及相关标准。

(一) 进口食品接触产品贸易的基本特征

1. 进口规模持续增长

近年来,进口食品接触产品的规模呈现出明显的增长态势。图 6-17 显示,我国进口食品接触产品从 2012 年的 14891 批次增长到 2014 年的 79562 批次,并于

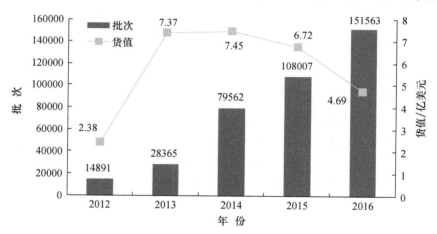

图 6-17　2012—2016 年间进口食品接触产品的批次和货值

资料来源:国家质量监督检验检疫总局:《2013—2016 年度全国进口食品接触产品质量状况》,并由作者整理所得。

---

① 《质检总局召开新闻发布会发布 2016 年进口工业品不合格总体情况、进口法检商品贸易欺诈风险分析以及部分进口产品质量状况》,国家质检总局网站,2017 年 5 月 18 日,http://www.aqsiq.gov.cn/zjxw/zjxw/xwfbt/201705/t20170518_488825.htm

2015 年首次突破 100000 批次,达到 108007 批次。2016 年,我国进口食品接触产品高达 151563 批次,较 2015 年增长 40.33%,增长势头较为迅猛。然而,进口食品接触产品的货值呈现先增加后降低的趋势,2012 年,进口食品接触产品的货值为 2.38 亿美元,2013 年和 2014 年分别增长到 7.37 亿美元和 7.45 亿美元,但2015 年下降到 6.72 亿美元。2016 年,进口食品接触产品的货值为 4.69 亿美元,较 2015 年下降 30.21%。

2. 金属制品、塑料制品、日用陶瓷占绝大多数

2016 年,我国进口食品接触产品主要包括金属制品、塑料制品、日用陶瓷和纸制品,所占比例分别为 44.25%、20.39%、10.74% 和 0.74%。可见,金属制品、塑料制品、日用陶瓷成为我国主要进口的食品接触产品类别(图 6-18)。

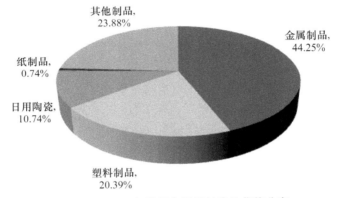

图 6-18 2016 年进口食品接触产品货值分布

资料来源:国家质量监督检验检疫总局:《2016 年度全国进口食品接触食品质量状况》,并由作者整理所得。

(二) 进口食品接触产品质量状况

1. 进口食品接触产品不合格率

2012 年,我国进口食品接触产品的不合格率仅为 3.77%,2013—2015 年分别增长到 4.20%、6% 和 7.71%。2016 年,进口食品接触产品的不合格率进一步增长到 9.83%,主要原因是贸易商在每批进口货物数量不多、货值不高的情况下更容易忽略产品质量问题。

2. 不合格情况分析

我国进口食品接触产品五年来检验批次不合格率逐年上升的主要原因是,进口产品不符合我国法律法规和标准的情况普遍存在,且贸易相关方对我国法律法规和标准要求尤其是关于标识标签的问题未引起足够重视,同时国家相关部门为保护消费者健康安全而出台了一系列检验监管措施,持续加大对进口产品的把关力度。2016 年,全国检验检疫机构共检出不合格进口食品接触产品 14895 批,其

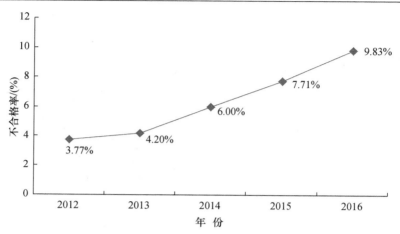

图 6-19 2012—2016 年间进口食品接触产品不合格率

资料来源:国家质量监督检验检疫总局:《2016 年度全国进口食品接触食品质量状况》,并由作者整理所得。

中标识标签不合格 14685 批,安全卫生项目检测不合格 154 批,其他项目检验不合格 206 批,所占比例分别为 97.61%、1.02% 和 1.37%。可见,标识标签不合格是我国进口食品接触产品不合格的主要原因。除标识标签不合格外,进口食品接触产品不合格情况主要体现为日用陶瓷铅、镉溶出量超标,塑料制品蒸发残渣(多为正己烷蒸发残渣)、丙烯腈单体超标、脱色试验不合格等,不锈钢制品铅、镉、镍、铬等重金属溶出量超标及金属表面涂层蒸发残渣、铬、氟检出超标,纸制品微生物超标,玻璃制品重金属超标及其配件重金属和蒸发残渣超标、脱色试验不合格等(见图 6-20)。

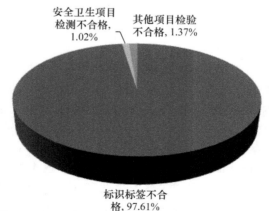

图 6-20 2016 年进口食品接触产品不合格的主要原因

资料来源:国家质量监督检验检疫总局:《2016 年度全国进口食品接触食品质量状况》,并由作者整理所得。

3. 各类产品不合格情况

从产品类别看,2016 年进口食品接触产品的检测不合格率由高到低依次是塑料制品、金属制品、纸制品、其他制品、日用陶瓷,所占比例分别为 2.71%、1.83%、1.42%、0.76% 和 0.66%。这样的对比符合公众对于不同材料质量安全的基本认知,塑料制品存在的质量安全风险相对较高,而玻璃制品和陶瓷制品则相对安全(见图 6-21)。

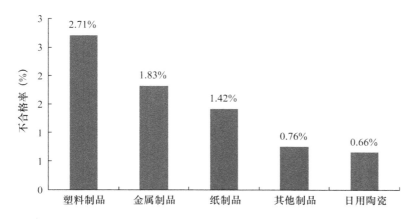

图 6-21 2016 年不同类别进口食品接触产品的检测不合格率
资料来源:国家质量监督检验检疫总局:《2016 年度全国进口食品接触食品质量状况》,并由作者整理所得。

五、防范进口食品与食品接触产品安全风险的建议

面对日益严峻的进口食品的安全风险,突破传统的思维模式,立足于现实与未来需要,把握食品安全监管国际化的基本态势,着力完善覆盖全过程的具有中国特色、与中国大国形象相匹配的进口食品安全监管体系,保障国内食品安全已非常迫切。

(一)建立与大国形象相匹配的进口食品监管方式

近年来,我国在改革监管进口食品安全风险方面做了大量的工作,初步建立了进口食品的准入机制与食品生产加工企业质量控制体系的评估审查制度,推行了境外食品生产企业注册制与境外食品出口商和境内进口商备案制,推行了对境外食品出具官方证书制度和入境动植物源性食品检疫审批制度等。然而,与发达国家相比,我国对进口食品的源头监管方式还有待于进一步改革。建议通过立法的方式,赋予国家食品药品监督管理总局对境外食品企业实施不定期巡检的职责权力,督查安全风险较大的食品企业按照规范进行生产,并探索进口食品在境外

完成检验,并主要委托境外机构来完成的机制。这既是国际惯例,更是确立中国大国形象的重要体现。这些改革可通过试点的方式来逐步推进。

(二) 实施的精准的口岸监管

我国进口食品的口岸相对集中。如图 6-22 所示,2016 年我国查处不合格进口食品前十一位的口岸分别是上海(829 批次,27.24%)、厦门(443 批次,14.56%)、广东(316 批次,10.38%)、深圳(304 批次,9.99%)、福建(229 批次,7.53%)、江苏(217 批次,7.13%)、山东(158 批次,5.19%)、内蒙古(87 批次,2.86%)、浙江(77 批次,2.53%)、北京(76 批次,2.50%)、广西(76 批次,2.50%)。以上十一个口岸共检出不合格进口食品 2812 批次,占全部不合格进口食品批次的 92.41%(见图 6-22)。

虽然对进口食品的口岸监管不断强化,但目前对不同种类的进口食品的监管主要采用统一的标准和方法,不同类型的进口食品大体处于同一尺度的口岸监管之下,难以做到有效监管与精准监管。因此,必须基于风险程度,对具有安全风险的不同国别地区的进口食品进行分类,实施有针对性的重点监管,建立基于风险危害评估基础上的进口食品合规评价的预防措施,依靠技术手段,建立进口食品风险自动电子筛选系统。推行进口食品预警黑名单制度,对列入预警黑名单的食品在进入口岸时即被采取自动扣留的措施。

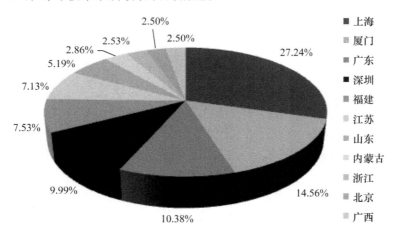

图 6-22 2016 年检测不合格进口食品的主要口岸

资料来源:国家质量监督检验检疫总局进出口食品安全局:《2016 年 1—12 月进境不合格食品、化妆品信息》,并由作者整理计算所得。

(三) 推进口岸检验与后续监管的无缝对接

2013 年 3 月,我国对食品安全监管体制实施了改革,口岸监管仍然由国家质检部门管理,进口食品经过口岸检验进入国内市场后由原来的工商部门监管调整为由食品药品监管部门负责,进口食品安全监管依然是分段式管理模式。口岸对进口食品安全监管属于抽查性质,在进口食品的监管中具有"指示灯"的作用。然而,进口食品的质量是动态的,进入流通消费等后续环节后仍然可能产生安全风险。因此,必须完善质检与食品药品监管系统间的协同机制,实施口岸检验和流通消费监管的无缝对接,以加强对进口食品流通消费环节的后续监管。

（四）建立具有中国特色的进口食品技术性贸易措施

依靠技术进步、强化技术治理,始终是防范进口食品安全风险最基本的工具。要进一步加大投入,加快突破防范进口食品安全风险的关键共性技术,加大口岸技术装备的更新力度。完善进口食品安全的国家标准,努力与国际标准接轨,有效解决食品安全标准偏低、涵盖范围偏窄的状况。同时依据中国人普适性的健康特点设置具有特色的进口食品技术标准,显示国家主权与文化自信。总之,要通过立法、技术标准等手段将技术治理的本质要求内化为我国监管进口食品安全风险的基本规制,建立形成具有中国特色的进口食品技术性贸易措施。

（五）构建食品接触产品监督的法治体系

进口食品接触产品种类繁多、材质复杂、用途不一,应完善国家法检目录,解决目前部分食品接触产品还没有纳入国家法检目录的问题,并进一步加大抽查力度,特别是对涉及公众食品安全的食品加工电器及机械的抽查,确保质量安全。值得关注的一个问题是,目前大量产品通过旅客携带的非正常贸易方式,跨境电商交易方式,通过邮寄、快递、代购等形式进入国内,规避相关部门的检验监管,对消费者健康安全造成威胁。应尽快制定上述贸易方式监管方面的法律法规,并加强与海关等部门的合作,最大程度地堵塞进口食品接触产品的监管"漏洞"。

（六）完善食品安全国际共治格局

在经济全球化、贸易自由化的背景下,全球食品贸易规模屡创新高,供应链体系更加复杂多样,"互联网＋"的新业态的出现,增加了防范食品安全风险的难度。任何一个国家均不可能独善其身。加强国际合作,是未来保障食品安全的基本路径。应该采取的策略是,呼应《推动共建丝绸之路经济带和 21 世纪海上丝绸之路的愿景与行动》,以"一带一路"以及与我国签订食品安全合作协议的国家或地区为重点,通过信息通报、风险预警、技术合作、机制对接、联合打击走私等方式,搭建不同层次的食品安全风险治理的合作平台,努力构建食品安全国际共治体系。

第七章　2016 年出口食品贸易与质量安全性考察

我国是世界上重要的食用农产品和食品出口大国之一,食用农产品出口量仅次于美国、欧盟、加拿大等国家和地区。食品出口贸易在我国出口贸易占有重要地位,保障出口食品的质量安全,对促进我国出口食品对外贸易发展、维护我国负责任的大国形象具有重要意义。本章在具体阐述出口食品规模变化的基础上,重点考察出口水产品的安全性,并提出构建具有中国特色的出口食品安全监管体系的政策建议。[①]

一、出口食品贸易的基本特征

(一)出口食品的总体规模

2008 年以来,我国食品出口贸易总额变化见图 7-1。图 7-1 显示,2008 年我国出口食品贸易总额为 326.9 亿美元,受当时国际金融危机的影响,2009 年的出口食品贸易总额下降到 321.5 亿美元,较 2008 年下降了 1.65%。之后,出口食品贸易总额逐年增长,其中 2010 年和 2011 年的增长势头迅猛,分别增长到 407.5 亿美元和 503.2 亿美元,分别同比增长 26.75% 和 23.48%。2012—2015 年的我国出口食品贸易总额分别增长到 512 亿美元、550.9 亿美元、581.2 亿美元和 583 亿美元。2016 年,我国出口食品贸易总额在高基数上进一步增长,首次突破 600 亿美元大关,达到 606.2 亿美元的历史新高,较 2015 年增长 3.98%。2008—2016 年间除个别年份有所波动外,我国出口食品贸易总额累计增长 85.44%,年均增长 8.03%,整体上呈现出平稳较快增长的基本特征。

---

① 本章的相关数据主要源于商务部对外贸易司的《中国进出口月度统计报告:食品》《中国进出口月度统计报告:农产品》以及国家质量监督检验检疫总局国际检验检疫标准与技术法规研究中心定期发布的《国外扣留(召回)我国农食类产品情况分析报告》年度报告等。为方便读者,本章的相关图、表均标注了主要数据的来源。

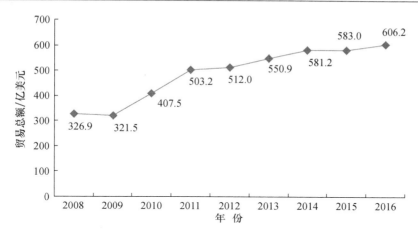

图 7-1　2008—2016 年间我国食品出口贸易总额

资料来源:商务部对外贸易司:《中国进出口月度统计报告:食品》(2008—2016 年)

(二) 主要出口的食品品种

随着出口食品贸易总额的增长,近年来我国出口食品的种类也逐渐增加,对满足全球食品消费的多样化发挥了重要作用。总体来说,我国出口食品的主要种类包括蔬菜、水果、坚果及制品,水产品,咖啡、茶及调味香料,肉及制品,谷物及制品。其中,蔬菜、水果、坚果及制品和水产品是我国最重要的两大类出口食品,2016 年此两大类食品的出口额占出口食品贸易总额的比重分别为 38.55％和33.03％,两者之和为 71.58％,占我国食品出口贸易总额的比重超过七成,出口食品贸易额的集中化趋势加强。2008—2016 年间我国出口食品结构变化的基本态势是。

1. 蔬菜、水果、坚果及制品

蔬菜、水果、坚果及制品是我国第一大出口食品种类。2008 年我国蔬菜、水果、坚果及制品的出口额为 121.7 亿美元,占出口食品总额的 37.23％,之后出口额基本呈增长的趋势,2015 年的出口额增加到 215.7 亿美元,占出口食品总额的37％。2016 年,我国出口蔬菜、水果、坚果及制品总额为 233.7 亿美元,较 2015 年增长 8.34％,占出口食品总额的比重为 38.55％。2008—2016 年间,我国蔬菜、水果、坚果及制品的出口额累计增长 92.03％,年均增长 8.5％。由此可见,除个别年份外,2008—2016 年间我国蔬菜、水果、坚果及制品的出口额稳步高速增长,且占出口食品总额的比重基本维持在 37％以上,预计未来蔬菜、水果、坚果及制品的出口额还会进一步上扬(图 7-2)。

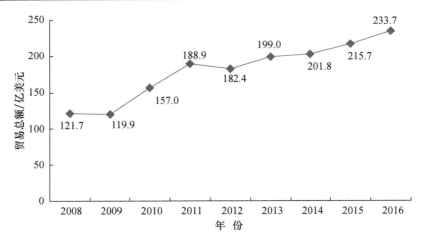

图 7-2　2008—2016 年间我国蔬菜、水果、坚果及制品出口贸易额变化图

资料来源：商务部对外贸易司：《中国进出口月度统计报告：农产品》(2008—2016 年)。

2. 水产品

水产品是我国出口食品中又一重要种类。图 7-3 是 2008—2016 年间我国水产品出口贸易额变化图。2008 年，我国水产品的出口额为 101.2 亿美元，占出口食品总额的比重为 30.96％。之后出口额稳定增长，2014 年首次突破 200 亿美元，达到 208.9 亿美元的历史峰值，占出口食品总额的比重增长为 35.94％。然而，2015 年的水产品出口额下降为 195.9 亿美元。2016 年，我国水产品出口贸易实现恢复性增长，出口额达到 200.2 亿美元，较 2015 年增长 2.19％，占出口食品总额的比重 33.03％。2008—2016 年间，我国水产品出口额累计增长 97.83％，年均增长 8.9％。虽然 2015 年和 2016 年的水产品出口额没有达到 2014 年的水平，但总体来说，我国水产品出口额占出口食品总额的比重基本保持在 30％以上的水平上。

3. 咖啡、茶及调味香料

我国不仅是咖啡、茶及调味香料的生产大国，同时也是重要的出口大国。如图 7-4 所示，2008 年，我国咖啡、茶及调味香料的出口额为 13.1 亿美元，到 2016 年增长为 29.8 亿美元，累计增长 127.48％，年均增长 10.82％，增长势头较为迅猛。与此同时，我国咖啡、茶及调味香料的出口额占出口食品总额的比重也从 2008 年的 4.01％增长到 2016 年的 4.92％。

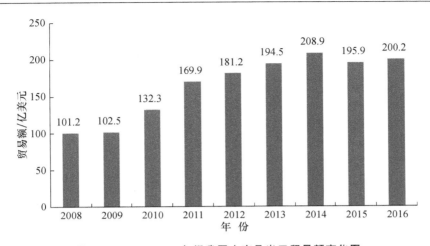

图 7-3　2008—2016 年间我国水产品出口贸易额变化图
资料来源：商务部对外贸易司；《中国进出口月度统计报告：农产品》(2008—2016 年)。

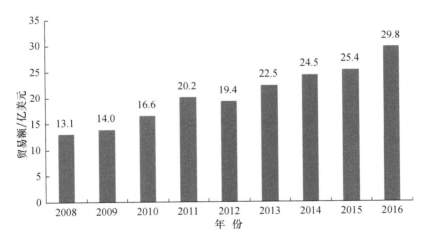

图 7-4　2008—2016 年间我国咖啡、茶及调味香料出口贸易额变化图
资料来源：商务部对外贸易司；《中国进出口月度统计报告：农产品》(2008—2016 年)。

4. 肉及制品

我国是世界上重要的畜肉和禽肉生产国，在基本满足国内巨大的肉类消费需求的同时，也实现了部分肉及制品的出口。2008 年，我国肉及制品的出口额为 19.0 亿美元，占出口食品总额的比重为 5.81%。之后肉及制品的出口额保持稳步增长，并于 2014 年达到了近年来 32.5 亿美元的最高值，占出口食品总额的比重为 5.59%。然而，2015 年以后的出口额出现了下降，2015 年和 2016 年分别下降为 28 亿美元和 25.3 亿美元,占出口食品总额的比重分别为 4.8% 和 4.17%(图 7-5)。

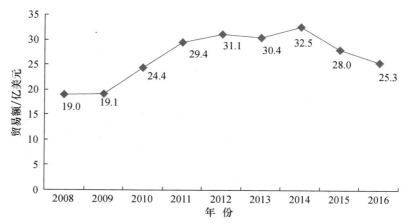

图 7-5　2008—2016 年间我国肉及制品出口贸易额变化图

资料来源:商务部对外贸易司:《中国进出口月度统计报告:农产品》(2008—2016 年)。

5. 谷物及制品

近年来,我国粮食产量逐年走高,实现了"十二连增",在保障粮食安全的同时,也有部分以谷物及制品出口。图 7-6 是 2008—2016 年间我国谷物及制品出口贸易额变化图。如图 7-6 所示,2008 年以来,我国谷物及制品的出口额虽然波动明显,但整体处于 16 亿—22 亿美元之间。2016 年,谷物及制品的出口额为 18.7 亿美元,较 2015 年增长 6.25%,占出口食品总额的比重由 2015 年的 3.02% 增长到 2016 年的 3.08%。

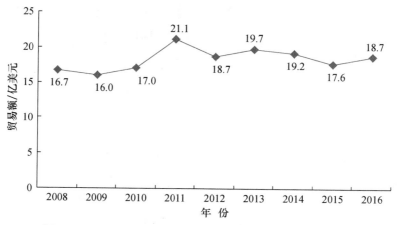

图 7-6　2008—2016 年间我国谷物及制品出口贸易额变化图

资料来源:商务部对外贸易司:《中国进出口月度统计报告:农产品》(2008—2016 年)。

（三）食品出口的地域特征

1. 食品出口的洲际特征

2008 年我国食品出口贸易的各大洲分布是，亚洲（184.6 亿美元，56.47％）、欧洲（62.7 亿美元，19.18％）、北美洲（48.2 亿美元，14.74％）、非洲（13.7 亿美元，4.19％）、南美洲（10.9 亿美元，3.33％）、大洋洲（6.8 亿美元，2.09％）。2016 年我国食品出口贸易的各大洲分布则是，亚洲（401 亿美元，66.15％）、欧洲（79.5 亿美元，13.11％）、北美洲（70.3 亿美元，11.60％）、非洲（23.8 亿美元，3.93％）、南美洲（20.1 亿美元，3.31％）、大洋洲（11.5 亿美元，1.9％）。

2008—2016 年我国食品出口贸易的各大洲贸易额的变化见图 7-7。图 7-7 显示，亚洲一直是我国食品出口的第一大洲，且对亚洲的食品出口额远远大于其他大洲，尤其是近年来，我国对亚洲的食品出口额迅猛增长，与其他大洲的差距越来越大，占我国食品出口总额的比重由 2008 年的 56.47％增长到 2016 年的 66.15％。欧洲和北美洲分别第二位和第三位，我国对欧洲的食品出口额波动明显，而对北美洲的出口额则呈现稳定增长的态势，并且对欧洲、北美洲食品出口额的差距逐渐缩小。非洲、南美洲和大洋洲分别位列第四位、第五位和第六位，我国对以上三个大洲的食品出口额增长较为缓慢。除亚洲外，我国对其他大洲的食品出口额占食品出口总额的比重均呈下降趋势。

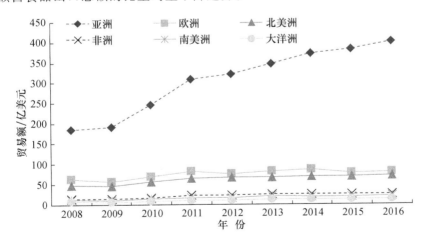

图 7-7　2008—2016 年间我国食品出口的各大洲贸易额

资料来源：商务部对外贸易司：《中国进出口月度统计报告：食品》（2008—2016 年）。

2. 食品出口的区域特征

2016 年，我国食品出口的主要地区是"一带一路"国家和东盟，对上述两个地区的食品出口贸易额均超过 100 亿美元，分别为 190.8 亿美元和 132.6 亿美元，较

2015 年均出现明显增长,占食品出口贸易总额的比重由 30.98％和 21.51％分别增长到 31.47％和 21.87％。除此之外,我国对欧盟、独联体国家、中东国家和拉美地区的出口额也相对较高,2016 年我国对这些地区的食品出口额分别为 59.1 亿美元、22.8 亿美元、22.4 亿美元和 20.1 亿美元,所占比例分别为 9.75％、3.76％、3.70％和 3.32％。我国对海合会、中东欧国家、南非关税区、加勒比地区的食品出口额则相对较低,均低于 10 亿美元(见表 7-1)。

表 7-1　2015 年与 2016 年我国食品出口地区分布变化比较　(单位:亿美元)

地区分布	2016 年		2015 年	
	出口金额	占比/(％)	出口金额	占比/(％)
"一带一路"国家	190.8	31.47	180.6	30.98
东盟	132.6	21.87	125.4	21.51
欧盟	59.1	9.75	59.1	10.14
独联体国家	22.8	3.76	22.1	3.79
中东国家	22.4	3.70	21.6	3.70
拉美地区	20.1	3.32	17.2	2.95
海合会	8.2	1.35	8.4	1.44
中东欧国家	4.1	0.68	4.4	0.75
南非关税区	2.2	0.36	1.9	0.33
加勒比地区	1.4	0.23	1.1	0.19

资料来源:商务部对外贸易司:《中国进出口月度统计报告:食品》(2015—2016 年)。

3. 食品出口的国别(地区)特征

2015 年我国食品出口的主要国家(地区)是,日本(84.9 亿美元,14.56％)、中国香港(80.2 亿美元,13.76％)、美国(60.2 亿美元,10.33％)、韩国(35 亿美元,6％)、泰国(34.3 亿美元,5.88％)、越南(28.6 亿美元,4.91％)、马来西亚(22.6 亿美元,3.88％)、中国台湾(19 亿美元,3.26％)、俄罗斯(16.3 亿美元,2.80％)、菲律宾(15.4 亿美元,2.64％),对上述十个国家和地区食品出口贸易总额达到 396.5 亿美元,占当年食品出口贸易总额的 68.02％(见表 7-2)。

2016 年我国食品出口的主要国家(地区)(见图 7-8)是:中国香港(85.2 亿美元,14.05％)、日本(84.1 亿美元,13.87％)、美国(61 亿美元,10.06％)、韩国(38.9 亿美元,6.42％)、越南(32.1 亿美元,5.3％)、泰国(31.2 亿美元,5.15％)、马来西亚(23.9 亿美元,3.94％)、中国台湾(20.5 亿美元,3.38％)、菲律宾(18.1 亿美元,2.99％)、俄罗斯(17.8 亿美元,2.94％),对上述十个国家和地区食品出口贸易总额达到 412.8 亿美元,占当年食品出口贸易总额的 68.1％。由此可见,近年来我国食品出口的主要国家和地区基本稳定,且出口地呈集中的趋势。

表 7-2　2015 年与 2016 年我国食品出口国家(地区)分布变化比较

(单位:亿美元)

2016 年食品出口主要国家(地区)	出口金额	占比/(%)	2015 年食品出口主要国家(地区)	出口金额	占比/(%)
中国香港	85.2	14.05	日本	84.9	14.56
日本	84.1	13.87	中国香港	80.2	13.76
美国	61.0	10.06	美国	60.2	10.33
韩国	38.9	6.42	韩国	35.0	6.00
越南	32.1	5.30	泰国	34.3	5.88
泰国	31.2	5.15	越南	28.6	4.91
马来西亚	23.9	3.94	马来西亚	22.6	3.88
中国台湾	20.5	3.38	中国台湾	19.0	3.26
菲律宾	18.1	2.99	俄罗斯	16.3	2.80
俄罗斯	17.8	2.94	菲律宾	15.4	2.64

资料来源:商务部对外贸易司:《中国进出口月度统计报告:食品》(2015—2016 年)。

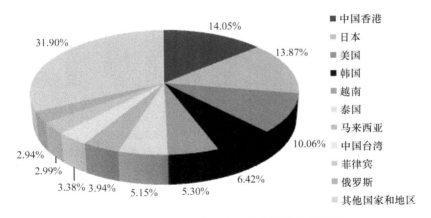

图 7-8　2016 年我国食品出口的主要国家(地区)

资料来源:商务部对外贸易司:《中国进出口月度统计报告:食品》(2016 年)。

二、不合格出口食品的基本特征

(一) 出口不合格食品的批次

2008 年以来,我国出口食品不合格批次见图 7-9。图 7-9 显示,近年来我国出口食品的不合格批次波动十分明显。2008 年,我国出口食品的不合格批次为

1648 批次。由于受当年"三鹿奶粉"等重大食品安全事件的影响,相关国家或地区加大了对我国出口食品的检测力度,导致我国 2009 年出口食品的不合格批次出现了爆发式增长,达到 2298 批次,较 2008 年增长了 39.44%。之后 2010—2011年出口食品的不合格批次分别下降至 1862 批次和 1628 批次,但在 2012—2013 年又分别增长为 1787 批次和 1882 批次,而 2014 年和 2015 年的不合格批次分别为1497 批次和 1842 批次。2016 年,我国出口食品的不合格批次为 1619 批次,较2015 年下降 12.11%。需要指出的是,虽然 2016 年的出口食品不合格批次较2015 年下降明显,但依然处于较高水平。总体来看,2008 年以来,除 2014 年以外,我国出口食品的不合格批次基本维持在 1600 批次以上的水平上,出口食品受阻的形势并没有发生根本性改观。

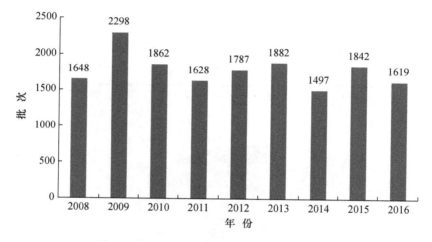

图 7-9　2008—2016 年间出口食品不合格批次
资料来源:国家质量监督检验检疫总局国际检验检疫标准与技术法规研究中心:《国外扣留(召回)我国农食类产品情况分析报告》(2008—2016)。

(二)出口不合格食品的主要种类

2015 年,我国不合格出口食品的主要种类依次是蔬菜及制品类(386 批次,20.96%)、水产及制品类(353 批次,19.16%)、肉类(220 批次,11.94%)、干坚果类(149 批次,8.09%)、其他加工食品类(97 批次,5.27%)、中药材类(91 批次,4.94%)、谷物及制品类(77 批次,4.18%)、植物产品(69 批次,3.75%)、油脂及油料类(58 批次,3.15%)、糕点饼干类(48 批次,2.61%)。2016 年,我国不合格出口食品的主要种类依次是水产及制品类(343 批次,21.19%)、蔬菜及制品类(289 批次,17.85%)、肉类(229 批次,14.14%)、干坚果类(138 批次,8.52%)、其他加工食品类(112 批次,6.92%)、糕点饼干类(74 批次,4.57%)、植物产品(62 批次,

3.83%)、饲料类(54 批次,3.34%)、植物性调料类(43 批次,2.67%)、粮谷及制品类(33 批次,2.04%)(表 7-3、图 7-10)。

表 7-3　2015—2016 年我国不合格出口食品的主要种类

2016 年			2015 年		
出口不合格食品种类	批次	占比/(%)	出口不合格食品种类	批次	占比/(%)
水产及制品类	343	21.19	蔬菜及制品类	386	20.96
蔬菜及制品类	289	17.85	水产及制品类	353	19.16
肉类	229	14.14	肉类	220	11.94
干坚果类	138	8.52	干坚果类	149	8.09
其他加工食品类	112	6.92	其他加工食品类	97	5.27
糕点饼干类	74	4.57	中药材类	91	4.94
植物产品	62	3.83	粮谷及制品类	77	4.18
饲料类	54	3.34	植物产品	69	3.75
植物性调料类	43	2.67	油脂及油料类	58	3.15
粮谷及制品类	33	2.04	糕点饼干类	48	2.61
中药材类	31	1.91	饲料类	47	2.55
油脂及油料类	31	1.91	茶叶类	44	2.39
糖类	27	1.67	乳制品类	33	1.79
饮料类	25	1.54	植物性调料类	32	1.74
茶叶类	23	1.41	动物产品	28	1.52
调味品类	23	1.41	蛋及制品类	25	1.36
蛋及制品类	22	1.36	调味品类	23	1.25
动物产品	19	1.17	糖类	15	0.81
罐头类	16	0.99	罐头类	12	0.65
乳制品类	10	0.62	饮料类	10	0.54
其他植物源性食品类	5	0.31	蜂产品类	9	0.49
蜜饯类	4	0.25	其他动物源性食品类	7	0.38
其他动物源性食品类	3	0.19	酒类	4	0.22
蜂产品类	3	0.19	蜜饯类	2	0.11
			动物源性产品	1	0.05
			其他植物源性食品类	1	0.05
			卷烟类	1	0.05
总　　计	1619	100.00	总　　计	1842	100.00

资料来源:国家质量监督检验检疫总局国际检验检疫标准与技术法规研究中心:《国外扣留(召回)我国农食类产品情况分析报告》(2015—2016)。

　　比较 2015 年和 2016 年我国不合格出口食品的主要种类,可以看出,水产品超越蔬菜及制品类,成为 2016 年我国不合格出口食品的最大种类,蔬菜及制品类、肉类分别位列第二位和第三位,以上三类食品占 2016 年我国不合格出口食品批次的 53.18%。此外,与 2015 年相比,2016 年不合格出口食品中糕点饼干类、植物性调料类、糖类和饮料类的不合格批次增长较快,需要引起监管部门和相关食品行业的重视。

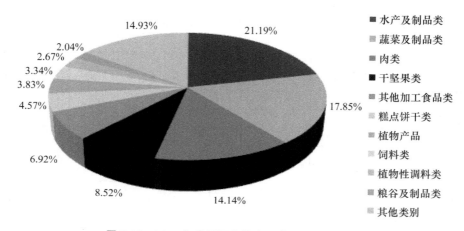

图 7-10　2016 年我国不合格出口食品的主要种类

资料来源:国家质量监督检验检疫总局国际检验检疫标准与技术法规研究中心;《国外扣留(召回)我国农食类产品情况分析报告》(2016 年)。

(三) 出口不合格食品的主要原因

　　分析国家质量监督检验检疫总局发布的相关资料,2015 年我国出口食品不合格的主要原因是:农兽药残留超标、品质不合格、食品添加剂不合格、证书不合格、不符合动物检疫规定、微生物污染、检出有毒有害物质、标签不合格、检出污染物、辐照、包装不合格、不符合储运规定、含有违规转基因成分、化学性能不合格、检出致敏原、人类受到危害、携带有害生物、机械物理方面不合格、其他不合格项目等。整体而言,2015 年出口食品不合格的上述前五大原因共计 1337 批次,占所有不合格出口食品批次的比例为 72.58%。2016 年我国出口食品不合格的主要原因是:农兽药残留超标、品质不合格、食品添加剂不合格、不符合动物检疫规定、证书不合格、微生物污染、标签不合格、检出有毒有害物质、检出污染物、检出致敏原、包装不合格、含有违规转基因成分、其他不合格项目、化学性能不合格、不符合储运规定、携带有害生物等。同样地,2016 年出口食品不合格的上述前五大原因共计 1187 批次,占所有不合格出口食品批次的比例为 73.32%。

　　2016 年,农兽药残留超标、品质不合格和食品添加剂不合格是我国出口食品不合格的主要原因,所占比例分别为 21.06%、16.74%和 15.38%。在食品质量安全存在的问题中,农兽药残留超标、食品添加剂不合格、微生物污染、检出有毒有害物质、检出污染物是主要问题,占不合格出口食品总批次的 54.35%;在非食品质量安全存在的问题中,品质不合格、不符合动物检疫规定、证书不合格、标签不合格则是主要问题,占检出不合格出口食品总批次的 43.92%。2016 年,我国出口食品不合格的原因共计有 16 种,较 2015 年的 19 种下降明显,显示我国出口食品不合格的原因呈现集中趋势(表 7-4、图 7-11)。

表 7-4 **2015—2016 年我国不合格出口食品的主要原因分类**

2016 年			2015 年		
出口食品不合格原因	批次	占比/(%)	出口食品不合格原因	批次	占比/(%)
农兽药残留超标	341	21.06	农兽药残留超标	470	25.52
品质不合格	271	16.74	品质不合格	262	14.22
食品添加剂不合格	249	15.38	食品添加剂不合格	262	14.22
不符合动物检疫规定	175	10.81	证书不合格	191	10.37
证书不合格	151	9.33	不符合动物检疫规定	152	8.25
微生物污染	144	8.89	微生物污染	145	7.87
标签不合格	114	7.04	检出有毒有害物质	135	7.33
检出有毒有害物质	100	6.18	标签不合格	133	7.22
检出污染物	46	2.84	检出污染物	55	2.99
检出致敏原	7	0.43	辐照	11	0.60
包装不合格	6	0.38	包装不合格	5	0.28
含有违规转基因成分	5	0.31	不符合储运规定	5	0.28
其他不合格项目	5	0.31	含有违规转基因成分	4	0.22
化学性能不合格	2	0.12	化学性能不合格	3	0.16
不符合储运规定	2	0.12	检出致敏原	3	0.16
携带有害生物	1	0.06	人类受到危害	3	0.16
			携带有害生物	1	0.05
			机械物理方面不合格	1	0.05
			其他不合格项目	1	0.05
总 计	1619	100.00	总 计	1842	100.00

资料来源:国家质量监督检验检疫总局国际检验检疫标准与技术法规研究中心:《国外扣留(召回)我国农食类产品情况分析报告》(2015—2016)。

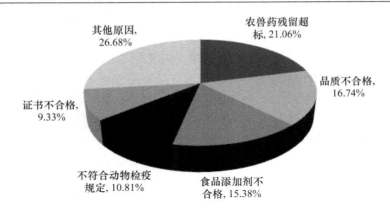

图 7-11 2016 年我国出口食品不合格主要原因分布

资料来源:国家质量监督检验检疫总局国际检验检疫标准与技术法规研究中心:《国外扣留(召回)我国农食类产品情况分析报告》(2016 年)。

(四) 出口食品受阻的主要国家(地区)

表 7-5 是 2015—2016 年间我国出口食品受阻的主要国家(地区)。据国家质量监督检验检疫总局发布的相关资料,2015 年我国出口食品受阻的主要国家(地区)分别是,美国(941 批次,51.09％)、韩国(381 批次,20.69％)、欧盟(299 批次,16.23％)、日本(130 批次,7.06％)、加拿大(47 批次,2.55％)、澳大利亚(44 批次,2.38％)。2016 年我国出口食品受阻的主要国家(地区)分别是,美国(796 批次,49.17％)、韩国(444 批次,27.42％)、欧盟(154 批次,9.51％)、日本(134 批次,8.28％)、加拿大(50 批次,3.09％)、澳大利亚(41 批次,2.53％)(图 7-12)。

表 7-5 2015—2016 年我国出口食品受阻的主要国家(地区)

2016 年出口食品受阻的国家(地区)	不合格食品批次	占比/(％)	2015 年出口食品受阻的国家(地区)	不合格食品批次	占比/(％)
美国	796	49.17	美国	941	51.09
韩国	444	27.42	韩国	381	20.69
欧盟	154	9.51	欧盟	299	16.23
日本	134	8.28	日本	130	7.06
加拿大	50	3.09	加拿大	47	2.55
澳大利亚	41	2.53	澳大利亚	44	2.38
合 计	1619	100.00	合 计	1842	100.00

资料来源:国家质量监督检验检疫总局国际检验检疫标准与技术法规研究中心:《国外扣留(召回)我国农食类产品情况分析报告》(2015—2016 年)。

从出口食品受阻的主要国家（地区）来看，美国是我国出口食品受阻批次最多的国家，所占比例基本维持在 50％左右，占据半壁江山。出口韩国受阻的食品批次位列第二位，2016 年的受阻批次较 2015 年增长 16.54％，占所有不合格出口食品批次的比重由 2015 年的 20.69％上升到 2016 年的 27.42％。2016 年，出口欧盟受阻的食品批次出现明显的下降，较 2015 年下降了 48.49％，占所有不合格出口食品批次的比重由 2015 年的 16.23％下降到 2016 年的 9.51％。出口日本、加拿大和澳大利亚受阻的水产品批次分别位列第四位、第五位和第六位，2016 年的受阻批次与 2015 年变化不大。

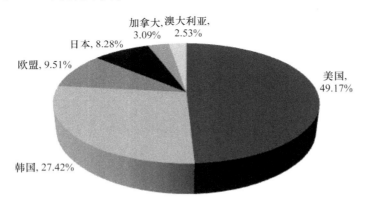

图 7-12　2016 年我国出口食品受阻的主要国家（地区）

资料来源：国家质量监督检验检疫总局国际检验检疫标准与技术法规研究中心：《国外扣留（召回）我国农食类产品情况分析报告》（2016 年）。

三、主要出口受阻食品的具体分析

为了进一步深入了解我国出口食品受阻的特征，本节重点分析水产及制品类、蔬菜及制品类、肉类、干坚果类等主要出口受阻食品种类的具体特征。

（一）水产及制品类

1. 出口不合格水产及制品类的具体种类

2016 年，我国不合格出口水产及制品类的具体种类是鱼产品、其他水产品、贝产品、虾产品、水产制品、海草及藻、蟹产品等。其中，鱼产品、其他水产品、贝产品和虾产品是我国不合格出口水产及制品类的主要种类。鱼产品是我国出口不合格水产及制品类的第一大种类，虽然不合格批次和占出口食品不合格批次的比重较 2015 年均出现下降，但占出口食品不合格批次的比重依然接近 9％。其他水产品、贝产品的不合格批次较 2015 年有所上升，占出口食品不合格批次的比重也有所增加。虾产品的不合格批次和占出口食品不合格批次的比重与 2015 年相差不大。水产制品、海草及藻、蟹产品的不合格批次和占出口食品不合格批次的比重均在 2016 年出现明显下降,质量安全状况逐步向好。

表 7-6　2015—2016 年我国不合格出口水产及制品类的具体种类

具体种类	2016 年		具体种类	2015 年	
	批次	占比/(%)		批次	占比/(%)
鱼产品	144	8.89	鱼产品	180	9.77
其他水产品	102	6.30	其他水产品	63	3.42
贝产品	40	2.47	虾产品	33	1.79
虾产品	31	1.91	贝产品	24	1.30
水产制品	14	0.87	蟹产品	18	0.98
海草及藻	8	0.50	海草及藻	18	0.98
蟹产品	4	0.25	水产制品	17	0.92
总计	343	21.19	总计	353	19.16

资料来源:国家质量监督检验检疫总局国际检验检疫标准与技术法规研究中心:《国外扣留(召回)我国农食类产品情况分析报告》(2015—2016 年)。

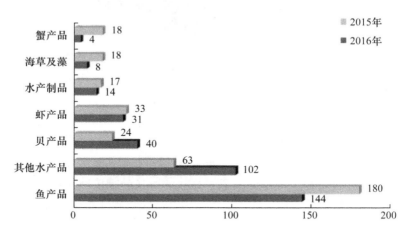

图 7-13　2015—2016 年我国不合格出口水产及制品类的具体种类
资料来源:国家质量监督检验检疫总局国际检验检疫标准与技术法规研究中心:《国外扣留(召回)我国农食类产品情况分析报告》(2016 年)。

2. 出口不合格水产及制品类的具体原因

2016 年,我国出口水产及制品类不合格的具体原因是:品质不合格、农兽药残留超标、微生物污染、食品添加剂不合格、检出污染物、标签不合格、证书不合格、包装不合格、不符合储运规定、不符合动物检疫规定等。其中,品质不合格、农兽药残留超标、微生物污染是最主要原因。品质不合格超越农兽药残留超标，成为2016 年出口水产及制品类的第一大原因，不合格批次较 2015 年增长 39.64%，增长势头迅猛，占不合格出口食品批次的比重也由 2015 年的 6.02% 增长到 2016 年的 9.57%。农兽药残留超标的不合格批次和占不合格出口食品批次的比重较2015 年均出现下降，而微生物污染的不合格批次和占不合格出口食品批次的比重在 2016 年出现明显的上升（表 7-7）。

表 7-7 2015—2016 年我国不合格出口水产及制品类的具体原因

2016 年			2015 年		
具体原因	批次	占比/（%）	具体原因	批次	占比/（%）
品质不合格	155	9.57	农兽药残留超标	115	6.24
农兽药残留超标	77	4.76	品质不合格	111	6.02
微生物污染	64	3.95	微生物污染	50	2.71
食品添加剂不合格	22	1.36	食品添加剂不合格	26	1.41
检出污染物	9	0.56	检出污染物	17	0.93
标签不合格	6	0.37	标签不合格	13	0.71
证书不合格	4	0.25	证书不合格	5	0.27
包装不合格	3	0.19	不符合储运规定	4	0.22
不符合储运规定	2	0.12	辐照	2	0.11
不符合动物检疫规定	1	0.06	包装不合格	2	0.11
			检出有毒有害物质	2	0.11
			携带有害生物	1	0.05
			其他*	5	0.27
总 计	343	21.19	总 计	353	19.16

资料来源：国家质量监督检验检疫总局国际检验检疫标准与技术法规研究中心：《国外扣留（召回）我国农食类产品情况分析报告》（2015—2016 年）。

*《2015 年国外扣留（召回）我国农食类产品情况分析报告》中有 5 批次水产品没有标注不合格的具体原因，本章将其归类为其他。

3. 出口水产及制品类受阻的主要国家（地区）

如图 7-14 所示，2016 年我国出口水产及制品类受阻的主要国家（地区）分别是，美国（227 批次，66.18%）、加拿大（46 批次，13.41%）、日本（38 批次，11.08%）、欧盟（13 批次，3.79%）、韩国（10 批次，2.92%）、澳大利亚（9 批次，2.62%）。其中，美国是我国出口水产及制品类受阻的最主要国家，所占比例超过 65%，占绝大多数，出口加拿大和日本的受阻批次也相对较多，所占比例均在 10% 以上。

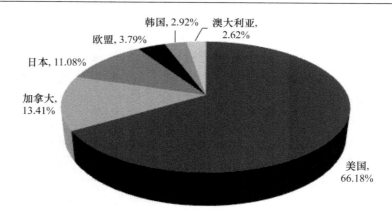

图 7-14　2016 年我国出口水产及制品类受阻的主要国家(地区)
资料来源:国家质量监督检验检疫总局国际检验检疫标准与技术法规研究中心:《国外扣留(召回)我国农食类产品情况分析报告》(2016 年)。

(二) 蔬菜及制品类

1. 出口不合格蔬菜及制品类的具体种类

2015 年,我国不合格出口蔬菜及制品类的具体种类包括蔬菜及制品和食用菌两大类,不合格批次分别为 294 批次和 92 批次,占不合格出口食品批次的比重分别为 15.97% 和 4.99%。2016 年,我国不合格出口蔬菜及制品类的具体种类包括蔬菜及制品和食用菌两大类,不合格批次分别为 190 批次和 99 批次,占不合格出口食品批次的比重分别为 11.74% 和 6.11%。蔬菜及制品的不合格批次较 2015 年下降了 35.37%,下降幅度明显,而食用菌的不合格批次和占不合格出口食品批次的比重均较 2015 年有小幅上升。

2. 出口不合格蔬菜及制品类的具体原因

2016 年,我国出口蔬菜及制品类不合格的具体原因是:农兽药残留超标、品质不合格、微生物污染、食品添加剂不合格、标签不合格、证书不合格、检出污染物、包装不合格、检出致敏原、化学性能不合格等。其中,农兽药残留超标、品质不合格、微生物污染、食品添加剂不合格是主要原因。农兽药残留超标一直是我国出口蔬菜及制品类的第一大原因,不合格批次较 2015 年稍有下降,但占不合格出口食品批次的比重较 2015 年有所增加。因品质不合格而出口受阻的蔬菜及制品类批次和占不合格出口食品批次的比重在 2016 年均出现下降,微生物污染的情况则变化不大。2016 年,因食品添加剂不合格而出口受阻的蔬菜及制品类的批次为 28 批次,较 2015 年的 81 批次下降了 65.43%,占不合格出口食品批次的比重也由 2015 年的 4.4% 下降到 2016 年的 1.73%(表 7-8)。

表 7-8　2015—2016 年我国不合格出口蔬菜及制品类的具体原因

2016 年			2015 年		
具体原因	批次	占比/(%)	具体原因	批次	占比/(%)
农兽药残留超标	142	8.77	农兽药残留超标	151	8.19
品质不合格	51	3.15	食品添加剂不合格	81	4.40
微生物污染	30	1.85	品质不合格	72	3.91
食品添加剂不合格	28	1.73	微生物污染	28	1.52
标签不合格	17	1.05	标签不合格	24	1.31
证书不合格	14	0.87	证书不合格	21	1.15
检出污染物	4	0.25	检出污染物	6	0.33
包装不合格	1	0.06	不符合储运规定	1	0.05
检出致敏原	1	0.06	辐照	1	0.05
化学性能不合格	1	0.06	检出有毒有害物质	1	0.05
总计	289	17.85	总计	386	20.96

资料来源:国家质量监督检验检疫总局国际检验检疫标准与技术法规研究中心;《国外扣留 (召回)我国农食类产品情况分析报告》(2015—2016 年)。

3. 出口蔬菜及制品类受阻的主要国家(地区)

如图 7-15 所示,2016 年我国出口蔬菜及制品类受阻的主要国家(地区)分别 是,美国(199 批次,68.86%)、韩国(45 批次,15.57%)、日本(29 批次,10.03%)、 澳大利亚(9 批次,3.11%)、欧盟(7 批次,2.43%)。其中,美国是我国出口蔬菜及 制品类受阻的最主要国家,所占比例接近 7 成,占绝大多数;出口韩国和日本的受 阻批次也相对较多,所占比例均在 10%以上。

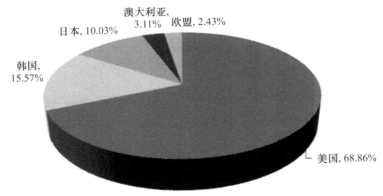

图 7-15　2016 年我国出口蔬菜及制品类受阻的主要国家(地区)　(单位:%)

资料来源:国家质量监督检验检疫总局国际检验检疫标准与技术法规研究中心;《国外 扣留(召回)我国农食类产品情况分析报告》(2016 年)。

(三) 肉类

1. 不合格肉类出口的具体种类

2016 年,我国不合格肉类出口的具体种类(表 7-9,图 7-16)包括其他肉类及其制品、禽肉及其制品、牛肉及其制品、熟肉制品、猪肉及其制品、羊肉及其制品、肠衣等。其中,其他肉类及其制品、禽肉及其制品、牛肉及其制品、熟肉制品是我国不合格出口肉类的主要种类。2016 年,其他肉类及其制品超越禽肉及其制品,成为我国出口不合格肉类的第一大种类,不合格批次较 2015 年上升 33.33%,占出口食品不合格批次的比重也由 2015 年的 2.93% 上升到 2016 年的 4.45%。禽肉及其制品、熟肉制品的不合格批次在 2016 年均出现下降,牛肉及其制品的不合格批次则出现小幅上升。

表 7-9 2015—2016 年我国不合格出口肉类的具体种类

2016 年			2015 年		
具体种类	批次	占比/(%)	具体种类	批次	占比/(%)
其他肉类及其制品	72	4.45	禽肉及其制品	56	3.04
禽肉及其制品	49	3.03	其他肉类及其制品	54	2.93
牛肉及其制品	38	2.35	熟肉制品	37	2.01
熟肉制品	34	2.10	牛肉及其制品	32	1.74
猪肉及其制品	19	1.17	猪肉及其制品	22	1.19
羊肉及其制品	14	0.86	羊肉及其制品	15	0.81
肠衣	3	0.18	肠衣	4	0.22
总 计	229	14.14	总 计	220	11.94

资料来源:国家质量监督检验检疫总局国际检验检疫标准与技术法规研究中心:《国外扣留(召回)我国农食类产品情况分析报告》(2015—2016 年)。

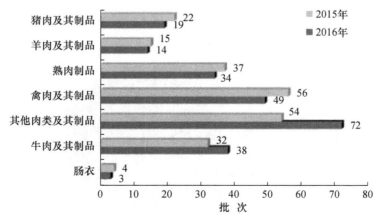

图 7-16 2015—2016 年我国不合格肉类出口的具体种类

资料来源:国家质量监督检验检疫总局国际检验检疫标准与技术法规研究中心:《国外扣留(召回)我国农食类产品情况分析报告》(2016 年)。

2. 不合格肉类出口的具体原因

2016 年,我国出口肉类不合格的具体原因是:不符合动物检疫规定、证书不合格、微生物污染、品质不合格、其他不合格项目、农兽药残留超标、标签不合格等。其中,不符合动物检疫规定、证书不合格是最主要原因,且占比较高,可见,我国肉类出口受阻的主要原因并不是质量安全存在问题,而是对出口国的动物检疫标准和证书要求不了解导致的。不符合动物检疫规定一直是我国出口肉类不合格的第一大原因,不合格批次和占不合格出口食品批次的比重较 2015 年均有一定的增长。证书不合格是我国出口肉类不合格的第二大原因,与不符合动物检疫规定类似,因证书不合格而出口受阻的肉类不合格批次和占不合格出口食品批次的比重较 2015 年均有一定的增长(表 7-10)。

表 7-10　2015—2016 年我国不合格肉类出口的具体原因

2016 年			2015 年		
具体原因	批次	占比/(%)	具体原因	批次	占比/(%)
不符合动物检疫规定	130	8.03	不符合动物检疫规定	122	6.62
证书不合格	72	4.44	证书不合格	65	3.52
微生物污染	9	0.56	微生物污染	21	1.14
品质不合格	8	0.49	品质不合格	7	0.39
其他不合格项目	5	0.31	农兽药残留超标	4	0.22
农兽药残留超标	4	0.25	标签不合格	1	0.05
标签不合格	1	0.06			
总　计	229	14.14	总　计	220	11.94

资料来源:国家质量监督检验检疫总局国际检验检疫标准与技术法规研究中心:《国外扣留(召回)我国农食类产品情况分析报告》(2015—2016 年)。

3. 出口肉类受阻的主要国家(地区)

如图 7-17 所示,2016 年我国出口肉类受阻的主要国家(地区)分别是:韩国(212 批次,92.58%)、日本(9 批次,3.93%)、欧盟(7 批次,3.05%)、美国(1 批次,0.44%)。其中,出口韩国受阻的肉类批次占我国不合格出口食品批次的比重超过 90%,表明我国绝大多数出口受阻肉类都是由韩国引发的。因此,未来需要重点加强对韩国肉类进口政策的研究,保障我国肉类出口商的权益。

(四) 干坚果类

1. 出口不合格干坚果类的具体种类

2015 年,我国不合格出口干坚果类的具体种类包括干果和干(坚)果、炒货两大类,不合格批次分别为 75 批次和 74 批次,占不合格出口食品批次的比重分别为

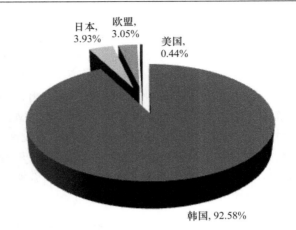

图 7-17   2016 年我国出口肉类受阻的主要国家(地区)

资料来源:国家质量监督检验检疫总局国际检验检疫标准与技术法规研究中心:《国外扣留(召回)我国农食类产品情况分析报告》(2016 年)。

4.07%和 4.02%。2016 年,我国不合格出口干坚果类的具体种类包括干果和干(坚)果、炒货两大类,不合格批次分别为 90 批次和 48 批次,占不合格出口食品批次的比重分别为 5.56%和 2.96%。总体来说,干果的不合格批次较 2015 年上升了 20%,上升幅度明显,占不合格出口食品批次的比重也有明显上升。干(坚)果、炒货的不合格批次较 2015 年下降了 35.14%,下降幅度较大,占不合格出口食品批次的比重也有明显的下降。

2. 出口不合格干坚果类的具体原因

2016 年,我国出口干坚果类不合格的具体原因是:检出有毒有害物质、食品添加剂不合格、农兽药残留超标、标签不合格、品质不合格、证书不合格、微生物污染、检出污染物、携带有害生物、化学性能不合格等。其中,检出有毒有害物质一直是我国出口干坚果类的最主要原因,但不合格批次较 2015 年下降 18.6%,占不合格出口食品批次的比重也由 2015 年的 4.67%下降到 2016 年的 4.32%。食品添加剂不合格与农兽药残留超标也是我国出口干坚果不合格的主要原因,不合格批次和占不合格出口食品批次的比重在 2016 年均出现上升。总体来说,出口干坚果类不合格的具体原因由 2015 年的 7 种变成 2016 年的 10 种,不合格原因呈扩散的趋势(表 7-11)。

表 7-11　2015—2016 年我国不合格出口干坚果类的具体原因

2016 年			2015 年		
具体原因	批次	占比/(%)	具体原因	批次	占比/(%)
检出有毒有害物质	70	4.32	检出有毒有害物质	86	4.67
食品添加剂不合格	20	1.23	食品添加剂不合格	18	0.98
农兽药残留超标	16	0.99	品质不合格	16	0.87
标签不合格	8	0.49	农兽药残留超标	12	0.65
品质不合格	7	0.44	证书不合格	6	0.33
证书不合格	6	0.37	微生物污染	6	0.33
微生物污染	6	0.37	标签不合格	5	0.26
检出污染物	3	0.19			
携带有害生物	1	0.06			
化学性能不合格	1	0.06			
总　　计	138	8.52	总　　计	149	8.09

资料来源:国家质量监督检验检疫总局国际检验检疫标准与技术法规研究中心:《国外扣留(召回)我国农食类产品情况分析报告》(2015—2016 年)。

3. 出口干坚果类受阻的主要国家(地区)

如图 7-18 所示,2016 年我国出口干坚果类受阻的主要国家(地区)分别是,美国(47 批次,34.06%)、欧盟(42 批次,30.43%)、日本(32 批次,23.19%)、澳大利亚(13 批次,9.42%)、韩国(4 批次,2.90%)。其中,美国、欧盟、日本是我国出口干坚果类受阻批次较多的国家(地区),出口受阻批次均高于 30 批次,占有较高的比重。出口澳大利亚和韩国的受阻批次则相对较少,所占比例均小于 10%。

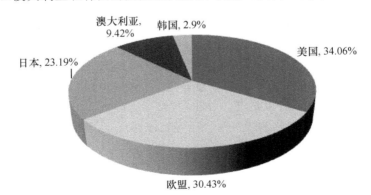

图 7-18　2016 年我国出口干坚果类受阻的主要国家(地区)

资料来源:国家质量监督检验检疫总局国际检验检疫标准与技术法规研究中心:《国外扣留(召回)我国农食类产品情况分析报告》(2016 年)。

四、建立具有中国特色的出口食品安全监管体系

保障出口食品质量安全不仅可以促进我国食品出口贸易和食品工业的发展，而且对维护我国的国际形象具有重要意义。因此，加大对出口食品安全风险的综合治理，构建具有中国特色的出口食品安全监管体系显得尤为重要。

（一）建立严格的市场准入制度

严格食品和食品生产企业的市场准入，建立起一套完整的食品质量卫生安全市场准入条件，对进入食品出口市场的生产企业和食品按照国际规范加强监管，形成一套食品质量卫生安全市场准入体系，对有效解决我国出口食品安全问题、促进食品出口有着至关重要的意义。在要求食品出口企业满足出口国食品质量安全要求的同时，一方面，对出口食品的原料种植、养殖基地实施备案管理，只有获得备案的种植养殖基地的原料，才能够用于生产加工出口的食品；另一方面，对出口食品的生产企业实施卫生注册制度，只有获得注册的企业才可生产出口食品，涉及食品安全的违法企业将被列入"黑名单"，禁止其出口。

（二）构建出口食品安全风险分级制度

食品安全风险分级是一种对风险进行确认、分级并得出最重要风险的技术方法，正在成为食品安全监管不可或缺的一部分。[1] 按照国际食品法典委员会（CAC）权威观点和国际大多数国家的共识，风险分级是食品安全风险管理过程中的重要环节，被称为"所有风险评估中的首要步骤"。建立出口食品安全风险分级，可以帮助出口食品安全监管机构识别出口食品安全风险的优先次序，并排列出行动的轻重缓急，确定出口食品的重点检测项目、检测环节、监控项目以及实施方案，有利于风险管理资源的合理分配，也有助于决策者和管理者制订政策，[2]是近年来食品安全管理领域的前沿热点方向。

（三）完善出口食品风险预警制度

我国食品出口贸易受阻，不仅是存在食品安全风险的问题，还有可能是因为经济环境、国家关系等问题导致食品出口目的地国家对我国设置技术性贸易壁垒，提高出口食品的标准和要求。因此，有必要建立出口食品的风险预警制度。目前，虽然国家质量监督检验检疫总局已经初步建立了出口食品安全风险预警制度，但是还需在以下方面加强。

第一，及时收集美国、日本、欧盟、韩国、澳大利亚、加拿大等国家和地区的技

① SpeybroeckNS et al. Needs and expectations regarding risk ranking in the food chain: A pilot survey amongst decision makers and stakeholders[J]. *Food Control*, 2015(54): 135—143.

② Webster KD. Risk ranking: Investigating expert and public differences in evaluating food safety risks[R]. Canada: University of Alberta, 2008.

术标准和与 WTO 有关技术贸易壁垒协议的研究,充分利用 TBT 咨询点的窗口作用收集相关信息,及早地得到 WTO 其他成员制订技术法规和合格评定的信息。

第二,对出口食品安全风险进行分级,将对出口地国家(地区)的风险分为高、较高、中、低等不同等级,如果出口风险达到一定的等级,要根据等级发布不同预警,告知出口企业在该国出口受阻的可能性比较大。

第三,在风险预警的过程中,要坚持及时性、实用性、动态性原则。所谓及时性,是指信息发布必须做到分析及时、决策果断、执行有力,真正起到检验检疫风险预警体系的作用;实用性,是指信息发布必须坚持从检验检疫工作实际出发,坚持实用性、适用性原则;动态性,是指信息发布必须参照国际通行做法,按照实际情况进行适当调整。

(四) 建立发挥企业自律和社会积极参与的机制

食品安全社会共治体系是我国食品安全治理体系未来的发展方向,在发挥政府对出口食品安全监管的作用的同时,构建出口水产品安全的社会共治体系,建立企业自律和社会积极参与的机制,形成全社会共同参与出口食品安全治理的良好氛围。一方面,加强企业自律,落实企业主体责任。通过培训、宣传等手段,让食品出口企业认识到质量安全对企业形象和出口收益的重要性,推动企业自觉保障出口食品质量安全;进一步提高食品出口企业的组织化程度,设立出口食品质量安全示范区,指导出口食品企业加强技术合作,整合检测资源,共享自检自控检测设备,提升企业自检自控水平。另一方面,发挥社会力量的作用。发挥社会力量在出口食品安全治理中的作用,重点要发挥食品行业协会的作用。食品行业协会承担着加强行业自律、建设行业诚信的重要职责,不仅可以围绕着规范食品安全的中心,健全各项自律性管理制度,制订并组织实施行业、职业道德准则,大力推动行业诚信建设,建立完善行业自律性管理约束机制,规范会员行为,协调会员关系,营造食品安全诚信环境;而且可以依法加强自我约束和自我管理,在为会员提供各项服务、维护会员利益的同时,发挥好"桥梁和纽带"的作用,积极配合政府及其有关部门,引导食品生产经营者遵守法律法规政策、遵守行规行约,承担起保证出口食品质量安全的责任。

第八章 2016 年国内主流媒体报道的食品安全事件的研究报告

历史是未来的延伸与发展。研究业已发生的食品安全事件对防范未来的食品安全风险具有重要的价值。相比于政府公布的食品安全事件信息而言,国内主流媒体报道的食品安全事件更具有时效性与全面性。本章主要采用大数据的研究根据,基于国内主流媒体(包括主流网络媒体)的报道,研究 2016 年我国发生的食品安全事件。

一、概念界定与研究方法

已经发生的食品安全事件是食品安全风险客观存在的具体体现。研究过去较长时间周期内发生的食品安全事件数量,了解食品安全的总体现状,是防范未来可能产生的食品安全风险的逻辑起点。

(一) 食品安全事件

截至目前,学术界对食品安全事件并没有严格的定义,多基于食品安全的定义而进行界定。众所周知,食品安全属于公共卫生的范畴,世界卫生组织(World Health Organization,WHO)将食品安全定义为,食品中有毒、有害物质对人体健康影响的公共卫生问题。基于食品安全的定义,可以认为,食品中含有的某些有毒、有害物质(可以是内生的,也可以是外部入侵的,或者两者兼而有之)超过一定限度而影响到人体健康所产生的公共卫生事件就属于食品安全事件。[1] 厉曙光等将食品安全事件与食品或食品接触材料关联,认为食品安全事件为涉及食品或食品接触材料有毒或有害,或食品不符合应当有的营养要求,对人体健康已经或可能造成任何急性、亚急性或者慢性危害的事件。[2] 实际上,在可观察到的国内外研究文献中,鲜见对食品安全事件的界定,而且近年来中国发生的影响人体健康的食品安全事件往往是由媒体首先曝光,故在目前国内已有的研究文献中,学者们

---

[1] 《食品安全社会共治对话会在京举行媒体发表倡议书》,中国新闻网,2014 年 11 月 19 日 http://finance. chinanews. com/jk/2014/11-19/6793537. shtml

[2] 厉曙光,陈莉莉,陈波:《我国 2004—2012 年媒体曝光食品安全事件分析》,《中国食品学报》2014 年第 3 期。

较多地选取媒体报道的与食品安全相关的事件进行研究。

中国饮食文化形态丰富,食物种类繁多,食品加工集中度低,媒体报道的食品安全事件并非严格属于食品安全事件的范畴,但同样能够反映我国现实与潜在的食品安全风险。虽然媒体发布的与食品安全相关的报道所反映的相当数量的食品安全事件对人体健康的影响程度尚待进一步考证,或者可能并不足以危及人体健康,但在现代信息快速传播的背景下,大量曝光的食品安全事件引发了人们食品安全恐慌,由此对人们脆弱的心理产生了伤害。[1] 因此,基于中国的现实,本章的研究将从狭义、广义两个层次上来界定食品安全事件。狭义的食品安全事件是指食源性疾病、食品污染等源于食品、对人体健康存在危害或者可能存在危害的事件,与新版的《食品安全法》所指的"食品安全事故"完全一致;广义的食品安全事件既包含狭义的食品安全事件,同时也包含社会舆情报道的且对消费者食品安全消费心理产生负面影响的事件。除特别说明外,本章研究中所述的食品安全事件均使用广义的概念。此外,需要特别说明的是,本章均以食品安全事件数量作为衡量标准对我国的食品安全事件状况进行研究。

(二)数据来源

国内学者较多地选取媒体发布的食品安全事件来收集数据,与食品安全相关的新闻事件作为食品安全事件,即本章所定义的广义食品安全事件,来源主要为主流媒体(包括网络媒体)网站报道。基于现有的研究文献,具有代表性且有较明确食品安全事件数据来源的研究成果列于表 8-1 中。

表 8-1　食品安全事件数据来源

论文作者	数据来源	数据量
李清光、李勇强、牛亮云、吴林海、洪巍	"掷出窗外"网站数据库	2005 年 1 月 1 日至 2014 年 12 月 31 日间,我国发生的有明确时空定位的 2617 起食品安全事件[2]
罗昶、蒋佩辰	慧科中文报纸数据库及方正 Apabi 报纸资源数据库中双重检索的北京、河北两地的报纸媒体	2008 年北京奥运会后至 2015 年 7 月间由河北生产、制造或加工并输入北京后产生的 86 篇食品安全事件报道[3]

---

[1]　吴林海,钟颖琦,洪巍,吴治海:《基于随机 n 价实验拍卖的消费者食品安全风险感知与补偿意愿研究》,《中国农村观察》2014 年第 2 期。

[2]　李清光、李勇强、牛亮云、吴林海、洪巍:《中国食品安全事件空间分布特点与变化趋势》,《经济地理》2016 年第 3 期。

[3]　罗昶,蒋佩辰:《界限与架构:跨区域食品安全事件的媒体框架比较分析——以河北输入北京的食品安全事件为例》,《现代传播(中国传媒大学学报)》2016 第 5 期。

（续表）

论文作者	数据来源	数据量
陈静茜、马泽原	"北京市食品药品监督管理局网站"中发布的"食品安全信息"、"食品伙伴网"发布的"食品资讯"和"掷出窗外"网站整理的食品安全事件报道	2008—2015 年间媒体首发报道的发生在北京的食品安全事件 101 起①
江美辉、安海忠、高湘昀、管青、郝晓晴	凤凰网、搜狐、腾讯、网易、新浪等主要新闻媒体的报道	2014 年 7 月 20 日至 2015 年 3 月 22 日关于"上海福喜"事件的 2308 篇报道②
莫鸣、安玉发、何忠伟、罗兰	中国农业大学课题组所收集的"2002—2012 年中国食品安全事件集"	2002 年 1 月 1 日至 12 月 31 日 4302 起食品安全事件，其中超市 359 起③、④
张红霞、安玉发、张文胜	选择政府行业网站、食品行业专业网站和新闻媒体 3 类共 40 个网站，搜集并进行重复性和有效性筛选	2010 年 1 月 1 日至 12 月 31 日 628 起涉及生产企业的食品安全事件⑤ 2004 年至 2012 年 3300 起安全事件⑥
厉曙光、陈莉莉、陈波	收集纸媒、各大门户网络、新闻网站及政府舆情专报，并进行整理	2004 年 1 月 1 日至 12 月 31 日 2489 起安全事件⑦
王常伟、顾海英、Yang Liu, Feiyan Liu, Jiangfang Zhang	"掷出窗外网站"（http://www.zc-cw.info）食品安全事件数据库，前期发布（2004—2012 年）和网友后期补充（2013—2014 年）	2004 年至 2012 年 2173 起食品安全事件⑧ 2004 年 1 月 1 日至 2013 年 8 月 1 日 295 起发生在北京的食品安全事件⑨

① 陈静茜、马泽原：《2008—2015 年北京地区食品安全事件的媒介呈现及议程互动》，《新闻界》2016 第 22 期。

② 江美辉、安海忠、高湘昀、管青、郝晓晴：《基于复杂网络的食品安全事件新闻文本可视化及分析》，《情报杂志》2015 第 12 期。

③ 莫鸣、安玉发、何忠伟：《超市食品安全的关键监管点与控制对策——基于 359 个超市食品安全事件的分析》，《财经理论与实践》2014 年第 1 期。

④ 罗兰、安玉发、古川、李阳：《我国食品安全风险来源与监管策略研究》，《食品科学技术学报》2013 年第 2 期。

⑤ 张红霞、安玉发：《食品生产企业食品安全风险来源及防范策略——基于食品安全事件的内容分析》，《经济问题》2013 年第 5 期。

⑥ 张红霞、安玉发、张文胜：《我国食品安全风险识别、评估与管理——基于食品安全事件的实证分析》，《经济问题探索》2013 年第 6 期。

⑦ 厉曙光、陈莉莉、陈波：《我国 2004—2012 年媒体曝光食品安全事件分析》，《中国食品学报》2014 年第 3 期。

⑧ 王常伟、顾海英：《我国食品安全态势与政策启示——基于事件统计、监测与消费者认知的对比分析》，《社会科学》2013 年第 7 期。

⑨ Y. Liu et al. "Insights into the Nature of Food Safety Issues in Beijing Through Content Analysis of an Internet Database of Food Safety Incidents in China", *Food Control*, Vol. 51, 2015, pp. 206—211.

（续表）

论文作者	数据来源	数据量
李强、刘文、王菁	选择 43 个我国主要网站及与食品相关的网站，网络扒虫自行抓扒，并人工筛选	2009 年 1 月 1 日至 6 月 30 日 5000 起安全事件[①]
文晓巍、刘妙玲	随机选取国家食品安全信息中心、中国食品安全资源信息库、医源世界网的"安全快报"等权威报道，并进行筛选	2002 年 1 月至 2011 年 12 月 1001 起食品安全事件[②]

资料来源：由作者根据相关资料整理。

（三）研究方法

由于目前国内尚没有成熟的大数据挖掘工具，故现有研究文献中有关食品安全事件的数据主要来源于学者根据各自研究需要而进行的专门收集，收集的范围主要是门户网站、新闻网站、食品行业网站等，收集网站的数量一般约在 40 个左右，收集的方法大多为人工搜索或网络"扒虫"，收集后再人工进行重复性和有效性筛选。部分学者直接选取"掷出窗外网站"（http://www.zccw.info）食品安全事件数据库。该网站 2012 年之前数据系统性较高，2012 年后采用网友补充的方式，新增数据的重复性较高，可靠性明显下降。目前，学者研究的食品安全事件发生的时间区间大多在 2002—2015 年间，总量约在 5000 起以内，而且在目前的研究文献中，学者并没有明确指出食品安全事件数量等数据的具体来源，不同数据库得出的结论不尽相同甚至差异很大，故食品安全事件数量的准确性、可靠性难以进行有效性考证。

《报告 2017》研究的数据来源于江南大学食品安全风险治理研究院、江苏省食品安全研究基地与江苏无锡食品安全大数据有限公司联合开发的食品安全事件大数据监测平台 Data Base V1.0 版本。这是目前在国内食品安全治理研究中率先投入使用、具有自主知识产权且最为先进的食品安全事件分析的大数据挖掘平台。

该系统采用新型模块化分布式架构设计，分别规划采集区域、清洗区域、展示区域三大模块，各模块均实现了统一部署和独立部署两种方式，并在实际部署过程中开发了平台管理软件模块，基于数据采集和分析情况的压力，灵活地增加或减少处理节点，根据各节点的压力灵活地配比任务，各区域的节点数量均可以增加或减少配置，最终实现以合理的资源投入，满足最快的处理速度（图 8-1）。同

① 李强、刘文、王菁、戴岳：《内容分析法在食品安全事件分析中的应用》，《食品与发酵工业》2010 年第 1 期。

② 文晓巍、刘妙玲：《食品安全的诱因、窘境与监管：2002～2011 年》，《改革》2012 年第 9 期。

时,针对食品安全类信息数据量庞大、数据重复更新情况较普遍的现象,一方面,针对食品安全事件的核心分析目标,构建食品安全事件模板和数据文本分层结构模型,有效进行数据重复率检测,识别出重复的食品安全事件报道,计算出重复报道的次数和转载及引用关系,事件属性准确率达到 80%～90% 以上。另一方面,引入搜索引擎领域广泛应用的基于海明距离的 simhash 去重算法,将去重效率提高 40 余倍,有效性达 90% 以上,显著提升了数据采集的准确性。

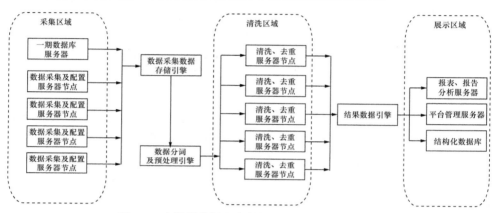

图 8-1　大数据挖掘平台数据处理系统流程示意图

(四) 统计时间与研究范围

为了在一个较长的时间周期内研究业已发生的食品安全事件,本章研究的时间段设定在 2007 年 1 月 1 日—2016 年 12 月 31 日,重点分析 2016 年发生的食品安全事件的相关情况,通过大数据挖掘工具抓取涵盖政府网站、食品行业网站、新闻报刊等主流媒体(包括网络媒体)报道的食品安全事件。在抓取过程中,所确定的食品安全事件必须同时具备明确的发生时间、清楚的发生地点、清晰的事件过程等"三个要素"。凡是缺少其中任何一个要素,由社会舆情报道的与食品安全问题相关的事件均不统计在内。

二、食品安全事件的数量与在供应链上的分布状况

基于上述概念的界定与研究方法等,可以分析 2007—2016 年 10 年间全国发生的食品安全事件的数量,以及在供应链上的分布状况。

(一) 食品安全事件发生的数量

应用大数据挖掘工具的研究显示,2007—2016 年十年间全国共发生的食品安全事件数量达 256287 起,平均全国每天发生约 70.2 起,仍然处于高发周期。其中,2016 年全国共发生食品安全事件数量达 18614 起,占 2007—2016 年十年间全

国共发生的食品安全事件数量的比例为 7.26％。如图 8-2 所示,从时间序列上分析,在 2007—2011 年间食品安全事件发生的数量呈逐年上升趋势且在 2011 年达到峰值(当年发生了 38513 起)。以 2011 年为拐点,从 2012 年起食品安全事件发生量开始下降且趋势较为明显,2013 年下降至 18190 起,但在 2014 年出现反弹,事件发生数上升到 25006 起,2015 年再次呈现小幅上升,食品安全事件发生量较 2014 年增加 1125 起,2016 年则再次显著下降,食品安全事件发生量较 2015 年下降 7617 起,下降约 29.04％。在 2007—2016 年间食品安全事件发生的数量,2010 年、2012 年、2013 年、2016 年呈现同比下降的态势,2008 年、2009 年、2011 年、2014 年、2015 年均有不同程度的增长。其中,同比下降最快的年份为 2013 年,下降 52.21％,同比增长最快的年份为 2011 年,增长 41.66％。2016 年间全国发生了 18614 起事件,平均每天发生约 51 起事件,相比于 2015 年发生的 26231 起食品安全事件,呈大幅下降态势。

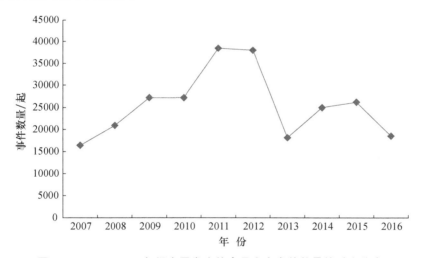

图 8-2　2007—2016 年间中国发生的食品安全事件数量的时序分布

（二）食品安全事件在供应链环节上的分布状况

从理论上而言,在食物全程供应链"农业生产—食品运输与储存—食品生产加工—食品消费"各环节上均存在多种物理性、生物性和化学性等多种风险,并随食品供应链累积而产生食品安全事件。因此,以食品全程供应链的视角研究食品安全事件在各环节中的分布,对精准防范未来的食品安全风险具有重要意义。

图 8-3 显示,虽然在 2007—2016 年间,食品供应链各个主要环节均不同程度地发生了安全事件,但 66.86％的事件发生在食品生产与加工环节,其他环节依次是批发与零售、餐饮与家庭食用、初级农产品生产、食品仓储与运输,发生事件量

分别占总量的 11.08％、8.87％、8.06％和 5.13％。

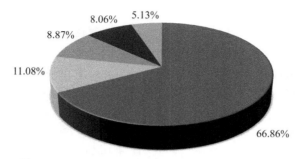

图 8-3　2007—2016 年间所发生的食品安全事件在供应链主要环节上的分布

　　表 8-2 显示,2016 年发生的食品安全事件主要集中于食品生产与加工环节,事件发生量约占总量比例的 66.91％,其次分别是餐饮与家庭食用、批发与零售、食品仓储与流通、初级农产品生产,事件发生量分别占总量比例的 13.54％、7.64％、6.42％、5.49％。其中,餐饮与家庭食用的事件最多,占事件总量比例的 13.54％。在初级农产品生产环节中,发生在养殖环节的食品安全事件数量大于种植环节,说明我国畜牧业产品生产的源头风险应该值得重视。在食品仓储与流通环节中,仓储环节发生的食品安全事件数量大于运输过程的发生数,主要反映出冷藏技术能力的不足以及仓储管理水平相对低下。与 2015 年相比较,2016 年各环节发生的食品安全事件数占全年发生数的比例波动较大,波动最大的为生产环节,比上年上升 4.16％,其次为消费、仓储环节,分别上升 2.79％、2.54％,最后为包装、加工、批发环节,分别下降 2.31％、2.13％、1.9％,其余各占比波动均在 1％左右。需要说明的是,与 2007—2016 年十年间整个食品供应链上所发生的食品安全事件的总体状况相比较,2015 年、2016 年所发生的食品安全事件在主要环节的分布与占比并没有根本性的变化,说明近十年来我国发生的食品安全事件或者说食品安全风险在供应链的分布具有稳定性。

表 8-2　2016 年食品安全事件在主要环节的分布与占比

环　节	关键词	2016 年		2015 年	2016 年较 2015 年
		频数/起	占比/(％)	占比/(％)	升/降/(％)
初级农产品生产	种植	614	2.40	2.92	↓0.52
	养殖	792	3.09	4.05	↓0.96
食品生产与加工	生产	9845	38.44	34.28	↑4.16
	加工	4005	15.64	17.77	↓2.13
	包装	3286	12.83	15.14	↓2.31

（续表）

环　节	关键词	2016 年		2015 年	2016 年较 2015 年
		频数/起	占比/(%)	占比/(%)	升/降/(%)
食品仓储与运输	仓储	871	3.40	0.86	↑2.54
	运输	775	3.02	4.14	↓1.08
批发与零售	批发	1279	4.99	6.89	↓1.90
	零售	679	2.65	3.20	↓0.55
餐饮与家庭食用	消费	3468	13.54	10.75	↑2.79
	总计	25614	100	100	
食品安全事件总量		18614			

注：因同一食品安全事件可以发生在多个环节，故频数总和大于食品安全事件发生数量。

三、食品安全事件中涉及的食品种类与数量

（一）食品种类的分类方法

本章研究的食品种类的分类方法是在食品质量安全市场准入 28 大类食品分类表的基础上，去除其他类别，选取明确分类的前 27 类食品种类。同时，为弥补食品质量安全市场准入制度食品分类体系中缺少日常消费较多的生鲜食品的缺陷，在二级分类中增加生鲜肉类、食用菌、新鲜蔬菜、水果、鲜蛋、生鲜水产品，并将相对应的一级分类修改为肉与肉制品、蔬菜与蔬菜制品、水果与水果制品、蛋与蛋制品、水产与水产制品（表 8-3），以提高食品安全事件中食品类别的效度。

表 8-3　食品种类的分类方法

序　号	一级分类	二级分类
1	粮食加工品	小麦粉
		大米
		挂面
		其他粮食加工品
2	食用油、油脂及其制品	食用植物油
		食用油脂制品
		食用动物油脂
3	调味品	酱油
		食醋
		味精
		鸡精调味料
		酱类
		调味料产品

（续表）

序　号	一级分类	二级分类
4	肉与肉制品	肉制品
		生鲜肉类
5	乳制品	乳制品
		婴幼儿配方乳粉
6	饮料	饮料
7	方便食品	方便食品
8	饼干	饼干
9	罐头	罐头
10	冷冻饮品	冷冻饮品
11	速冻食品	速冻食品
12	薯类和膨化食品	膨化食品
		薯类食品
13	糖果制品（含巧克力及制品）	糖果制品
		果冻
14	茶叶及相关制品	茶叶
		含茶制品和代用茶
15	酒类	白酒
		葡萄酒及果酒
		啤酒
		黄酒
		其他酒
16	蔬菜与蔬菜制品	蔬菜制品
		食用菌
		新鲜蔬菜
17	水果与水果制品	蜜饯
		水果制品
		水果
18	炒货食品及坚果制品	炒货食品及坚果制品
19	蛋与蛋制品	蛋制品
		鲜蛋
20	可可及焙炒咖啡产品	可可制品
		焙炒咖啡
21	食糖	糖
22	水产与水产制品	水产加工品
		其他水产加工品
		生鲜水产品

（续表）

序　号	一级分类	二级分类
23	淀粉及淀粉制品	淀粉及淀粉制品
		淀粉糖
24	糕点	糕点食品
25	豆制品	豆制品
26	蜂产品	蜂产品
27	特殊膳食食品	婴幼儿及其他配方谷粉产品

资料来源：《食品质量安全市场准入 28 大类食品分类表》，食品伙伴网，2015 年 2 月 6 日，http://bbs.foodmate.net/thread-831098-1-1.html，并由作者根据本章所确定的相关定义修改形成。

（二）食品安全事件中涉及的主要食品种类与数量

图 8-4 显示，最具大众化的肉与肉制品、蔬菜与蔬菜制品、酒类、水果与水果制品和饮料是 2007—2016 年间我国发生的食品安全事件量最多的五大类食品，事件发生量分别为 23424 起、21807 起、21494 起、19024 起、18174 起，占食品安全事件发生总量的比例分别为 9.14％、8.51％、8.39％、7.42％、7.09％，发生事件量之和占总量的 40.55％。

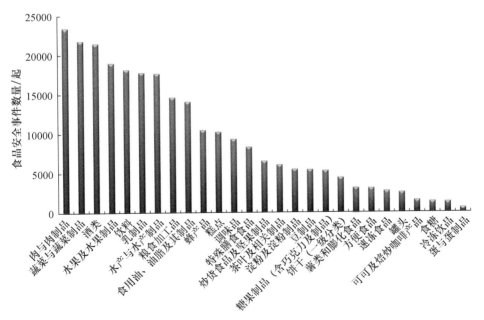

图 8-4　2007—2016 年间中国发生的食品安全事件中食品类别分布

　　图 8-5 显示了在 2016 年发生的事件数量所涉及的主要食品,事件发生量排名前五位的食品种类分别为酒类(1900 起,10.21%)、[1]肉与肉制品(1627 起,8.74%)、蔬菜与蔬菜制品(1569 起,8.43%)、水产与水产制品(1481 起,7.95%)、水果与水果制品(1372 起,7.37%),这与 2007—2016 年间发生的事件数量最多的五大类食品的种类有所差异,酒类由 2015 年的第二位跃居第一位,而肉与肉制品由 2015 年的第一位降为 2016 年的第二位,水产与水产制品、蔬菜与蔬菜制品分别由排序第三、四位调整为第四、三位。因此,必须严格监控酒类的安全质量。

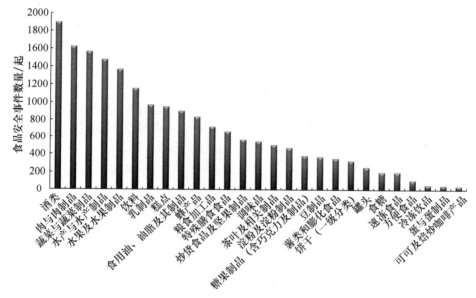

图 8-5　2016 年发生的食品安全事件所涉及的主要食品种类

四、食品安全事件的空间分布与风险因子分析

(一) 食品安全事件的空间分布

　　本部分空间统计的分析中,以省、自治区、直辖市或食品类别为基本单元,研究的是在统计时间区间内发生的食品安全事件的相关情况。需要特别说明的是,若食品安全事件涉及 N 个省(区、市)或 N 个食品种类,相对应的食品安全事件数则分别记为 N 次。

　　2007—2016 年间我国 31 个省、自治区、直辖市发生的食品安全事件数量分布如图 8-6 所示。由此表明,全国发生的食品安全事件具有明显的区域差异与聚集

---

　　① 　括号中的数字是表示该类食品安全事件数量占所有食品安全事件数量的百分比,下同。

特点。北京、广东、上海、山东、浙江是发生量最多的五省市,累计总量为 103389 起,占此时间段发生总量的 40.34%;贵州、新疆、宁夏、青海、西藏等则是发生数量最少的五省区,累计总量为 11574 起,占总量的 4.52%。值得关注的是,事件发生量最多的五个省市均是发达或地处东南沿海的省市,而发生量最少的五个省区均分布于西北地区,区域空间分布上呈现明显的差异性。

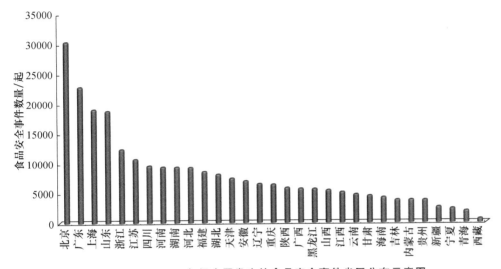

图 8-6 2007—2016 年间中国发生的食品安全事件省区分布示意图

图 8-7 显示了 2016 年全国 31 个省、自治区、直辖市发生的食品安全事数量,排名前五位的区域分别为北京(1736 起,9.33%),①山东(1686 起,9.06%)、广东(1614 起,8.67%)、上海(1072 起,5.76%)、江苏(829 起,4.46%);排名最后五位的省区分别为西藏(29 起,0.16%)、青海(94 起,0.50%)、宁夏(157 起,0.84%)、新疆(202 起,1.09%)、吉林(265 起,1.42%)。与 2007—2016 年间食品安全事件发生量在区域分布的总体状况基本一致,2016 年发生量最多的五省市除江苏与浙江的区别外,其余均没有根本性变化;发生量最少的五省区,新疆、宁夏、青海、西藏仍然在列,不过排序有所变化,变化最大的是吉林进入了最少的五省区,而贵州则被排除在外。需要说明的是,北京、山东、广东、上海、浙江、江苏等经济发达地区发生的食品安全事件数量远远高于经济欠发达的区域,并不能够说明这些省市食品安全状况比发生食品安全事件数最少的省区差,一个重要的原因是,经济社会比较发达省市人口集聚且流动性大、所需食品的外部输入性强,其食品安全信

---

① 括号中的数据分别为发生在该省区食品安全事件数量与占全国事件总量的比例(下同)。

息公开状况相对较好,也更为国内主流媒体所关注,因此食品安全问题的报道相对更多。

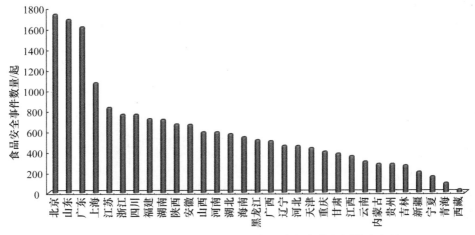

图 8-7　2016 年各省级行政区发生食品安全事件数量的分布图

(二) 引发食品安全事件的风险因子

食品安全事件中风险因子主要是指包括微生物种类或数量指标不合格、农兽药残留与重金属超标、物理性异物等具有自然特征的食品安全风险因子,以及违规使用(含非法或超量使用)食品添加剂、非法添加违禁物、生产经营假冒伪劣食品等具有人为特征的食品安全风险因子。本章使用大数据挖掘工具的研究揭示的在 2007—2016 年间引发食品安全事件的风险因子如图 8-8 所示。图 8-8 显示,72.32％的食品安全事件是由人源性因素所导致,其中违规使用添加剂引发的事件最多,占食品安全事件总数的 33.9％,其他依次为造假或欺诈、使用过期原料或出售过期产品、无证或无照的生产经营、非法添加违禁物,分别占食品安全事件总量的 13.75％、10.95％、8.91％、4.81％。在非人源性因素所产生的事件中,含有致病微生物或菌落总数超标引发的事件量最多,占食品安全事件总量的 10.75％,其他因素依次为农兽药残留、重金属超标、物理性异物,分别占食品安全事件总量的 8.11％、6.56％、2.26％。综上所述,在 2007—2016 年间引发食品安全事件因素中,虽然也有技术不足、环境污染等方面的原因,但更多的是生产经营主体不当行为、不执行或不严格执行已有的食品技术规范与标准体系的违规违法行为等人源性因素造成的。人源性风险占主体的这一基本特征将在未来一个很长历史时期继续存在,难以在短时期内发生根本性改变,由此决定了我国食品安全风险防控的长期性与艰巨性。因此,食品安全风险治理能力提升的重点是防范人源性因素,且政府未来有效的监管资源也要向此方面重点倾斜。

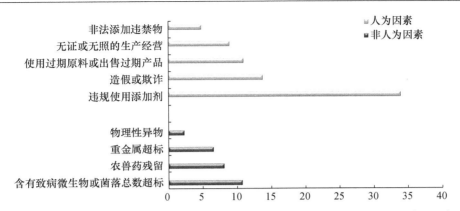

图 8-8 2007—2016 年间中国发生的食品安全事件中风险因子分布与占比 （单位:%）

在 2016 年发生的食品安全事件中,由于违规使用食品添加剂、生产或经营假冒伪劣产品、使用过期原料或出售过期产品等人为特征因素造成的食品安全事件占事件总数的比例为 66.18%。相对而言,自然特征的食品安全风险因子导致产生的食品安全事件仍然相对较少,占事件总数的比例为 33.82%。图 8-9 显示,在人为特征的食品安全风险因子中造假或欺诈导致的食品安全事件数量较多,占到食品安全事件总数的 19.81%,其他依次为违规使用添加剂(18.81%)、非法添加违禁物(11.90%)、无证无照生产或经营食品(8.06%)、使用过期原料或出售过期食品(7.60%)等。在自然特征的食品安全风险因子中,含有致病微生物或菌落总数超标产生的食品安全事件最多,占事件总数的 18.85%,其余依次为农药兽药残留超标(9.29%)、重金属超标(4.33%)、物理性异物(1.35%)等。与 2007—2016年间引发食品安全事件因素相比较,人为特征因素造成的食品安全事件发生量占

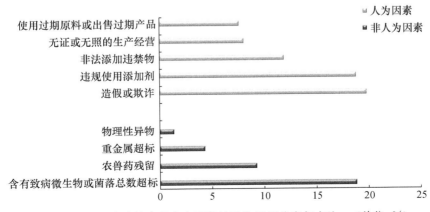

图 8-9 2016 年发生的食品安全事件的风险因子分布与占比 （单位:%）

事件发生总量的比例有了较大幅度的下降,主要的原因是政府持续推进强有力的监管,以及史上最严的《食品安全法》的颁布实施等。

五、食品安全事件的主要特征

以全程食品供应链体系为基础,以食品安全事件发生数量为依据,基于时间演化、食品种类、空间分布、风险因子特点等多个层面,可以进一步挖掘与分析2007—2016年的十年间我国所发生的食品安全事件的基本特征。这些特征可以初步概括为五个层面。

(一)覆盖供应链各个环节

在2007—2016年十年间全国所发生的食品安全事件中,约66.86%的事件发生在食品生产与加工环节,其他环节依次是批发与零售、餐饮与家庭食用、初级农产品生产、食品仓储与运输。也就是说,此十年间发生的食品安全事件虽然主要发生在食品生产与加工环节,但覆盖了食品供应链体系的各个环节。

(二)处于高发周期

从时间分布层面分析,在2007—2011年间食品安全事件持续增长并于2011年达到最高峰值;2013年快速下降;虽然2013—2016年间有增有减,但增幅与降幅相对较小。在2007—2016年的十年间全国共发生了256287起食品安全事件,平均每天发生约70.2起。虽然每年发生的食品安全事件数量出现一定幅度的波动,但在此十年间就其总量而言,还是相当大的。

(三)大众化食品是主要的风险食品

从食品种类层面分析,肉与肉制品、蔬菜与蔬菜制品、水果与水果制品、水产与水产制品、酒类和饮料等大众化的食品均是每年发生事件量最多的食品种类,且占到所有食品安全事件总数的50%左右。

(四)具有明显的区域差异与空间集聚性

从空间层面分析,北京、广东、上海、山东、浙江等经济发达地区发生的食品安全事件数量远远高于经济欠发达的区域,每年约占全国食品安全事件总数的40%左右,约为贵州、新疆、宁夏、青海、西藏等不发达地区的10倍。

(五)人源性因素是主导因素

从事件特点层面来分析,我国的食品安全事件大多由违规使用(含非法或超量使用)食品添加剂、非法添加违禁物、生产经营假冒伪劣食品等具有人为特征的食品安全风险因子,这与发达国家的情形存在显著差异,发达国家的食品安全事件大多是由具有自然特征的生物、物理、化学等非人为因素造成。

六、食品安全事件发生的机理

食品安全事件的发生具有固有的客观规律。排除自然与技术因素,食品安全事件的发生与社会环境、区域特征等具有高度的相关性。在此简要分析并努力揭示我国食品安全事件发生的机理。

（一）与经济发展水平、人口密度具有相关性

如表 8-4 所示，经济发达程度与食品安全事件所反映出的食品安全潜在风险严重程度呈现较高的正相关性。以 2016 年发生食品安全事件数量排名前五位的北京、山东、广东、上海、江苏和排名后五位的西藏、青海、宁夏、新疆、吉林 10 个省（区、市）为例，分析上述省（区、市）的居民消费水平、人口密度与食品安全事件发生数量便可一目了然。食品安全事件多集中于经济较为发达，人口密度相对较高的北京、山东、广东、上海、江苏等省市。而食品安全事件较少的省区主要分布于经济欠发达，人口密度相对较少的西藏、青海、宁夏、新疆、吉林等。

表 8-4　省区居民消费水平与人口密度（2009—2013）（单位：人/平方公里）

省（区、市）	项　目	2015 年	2014 年	2013 年	2012 年	2011 年
北京	居民消费水平	39200	36057	33337	30350	27760
	人口密度	1323	1311	1289	1261	1230
山东	居民消费水平	20684	19184	16728	15095	13524
	人口密度	627	623	620	616	613
广东	居民消费水平	26365	24582	23739	21823	19578
	人口密度	604	597	592	590	585
上海	居民消费水平	45816	43007	39223	36893	35439
	人口密度	1276	1282	1276	1258	1240
江苏	居民消费水平	31682	28316	23585	19452	17167
	人口密度	744	74	741	739	737
吉林	居民消费水平	14630	13663	13676	12276	10811
	人口密度	1015	1015	1014	1014	1014
新疆	居民消费水平	13684	12435	11401	10675	8895
	人口密度	1	14	14	13	13
宁夏	居民消费水平	17210	15193	13537	12120	10937
	人口密度	101	100	98	97	96
青海	居民消费水平	15167	13534	12070	10289	8744
	人口密度	8	8	8	8	8
西藏	居民消费水平	8756	7205	6275	5340	4730
	人口密度	3	3	3	3	2

注：居民消费水平（元）指按常住人口平均计算的居民消费支出；人口密度（人/平方公里）为单位国土面积上的年末常住的人口数。

数据来源：根据国家统计局（http：//data.stats.gov.cn）相关数据计算得出。

究其原因,经济发达、人口密集地区的居民消费水平高、食品消费量大、消费的食品种类多、同一类食品可供选择的品牌丰富。在食品消费量巨大的情境下,发生食品安全事件的概率必然提高。相比于经济发达地区,经济欠发达、人口密度较低的省区由于消费的食品数量相对较少、外源性食品输入较少,食品安全监管相对容易,食品安全事件爆发的数量也相对较少。各省、市、自治区经济发达程度、人口密度差异造成食品安全潜在风险地理分布不均衡的状况难以改善,由此导致的食品安全潜在风险地域性差异将在长期内存在。

(二)与地理环境、食品产业结构具有相关性

固然肉与肉制品、蔬菜与蔬菜制品、酒类、水果及水果制品和饮料等是大众日常消费的主要食品,由于消费量巨大而成为发生食品安全事件数量最多的食品类别。但进一步分析则可以发现,食品安全事件中食品种类的分布与地理环境和产业结构密不可分。以某省区发生的某类食品安全事件数量占该省区发生的食品安全事件总量的百分比作为考察因子,2016 年间全国发生的水产与水产制品安全事件中排名前五位的省市为上海、浙江、福建、江苏和广东,发生的水果及水果制品安全事件排名前五位的省(区、市)为海南、新疆、吉林、天津和山东,发生的乳制品安全事件排名前五位的省(区、市)为内蒙古、黑龙江、陕西、河北和上海,发生的食糖安全事件排名前五位的省(区、市)为广西、云南、海南、新疆和天津。可以看出,各省(区、市)发生的食品安全事件中食品种类与地理环境相关。例如沿海地区的水产品丰富,新疆的气候条件盛产水果和甜菜,内蒙古草原资源丰富,广西、云南为甘蔗主产区等,分化出了各省区的食品产业结构特色和产业企业集聚,例如内蒙古的伊利、蒙牛、黑龙江的完达山、河北的小洋人、上海的光明等大型乳业集团公司。

根据《中国工业统计年鉴》中各省(区、市)乳制品、成品糖的产量数据(表 8-5)进行进一步分析,发现我国各省(区、市)食品安全事件中的食品种类分布与该省(区、市)的对应的食品工业产品产量具有相关性和稳定性。由于各省地不同的地理环境、食品产业结构是食品安全风险地理分布不均衡的环境因素,由此导致的食品安全风险地域性差异具有相对稳定性。

如表 8-5 所示,本章分别选取 2007 年、2010 年和 2013 年各省(区、市)的乳制品、成品糖的产量数据进行比较。可以看出,2007—2013 年间两类产品产量排名前八位的省(区、市)虽然排名顺序有所变化,但所包含的省(区、市)及其产量占全国产量的百分比基本稳定,且与各省(区、市)发生的食品安全事件中较多的食品种类高度相关,食品安全风险地域性差异具有相对稳定性。

表 8-5　乳制品、成品糖产量位居前八位的省区及其产量占比　　（单位：%）

产　品	年份	1	2	3	4	5	6	7	8
乳制品	2007 年	内蒙古	河北	黑龙江	山东	辽宁	陕西	河南	北京
	占比	20.83	14.19	8.96	7.74	6.27	5.85	3.68	3.29
	2010 年	内蒙古	河北	山东	黑龙江	陕西	河南	辽宁	江苏
	占比	16.01	11.84	11.54	8.52	6.86	6.14	4.71	4.62
	2013 年	河北	内蒙古	山东	黑龙江	陕西	河南	江苏	辽宁
	占比	11.79	11.39	9.84	8.01	6.98	6.97	5.08	4.15
成品糖	2007 年	广西	云南	广东	新疆	海南	黑龙江	内蒙古	河北
	占比	60.65	14.70	10.83	5.11	3.00	2.03	1.53	0.55
	2010 年	广西	云南	广东	新疆	海南	黑龙江	内蒙古	辽宁
	占比	63.12	16.09	8.49	4.04	2.75	1.99	1.08	0.55
	2013 年	广西	云南	广东	新疆	海南	内蒙古	黑龙江	河北
	占比	63.45	14.95	9.22	2.93	2.74	2.59	0.98	0.59

数据来源：根据中国工业统计年鉴（2008 年、2011 年、2014 年）中食品工业主要产品产量数据计算整理形成。

（三）与食品安全监管力度、公众监督意识及媒体活跃度具有相关性

食品安全监管力度、公众监督意识及媒体活跃度在某种程度上会影响食品安全事件的发生数量。反之，各省（区、市）食品安全事件的发生数量不仅反映了潜在食品安全风险程度，也反映出省（区、市）监管力度、公众监督意识等食品安全治理氛围的区域性差异。

一方面，食品安全监管力度高的省（区、市）监管资金投入大、监管人员配备充足、监管覆盖面广，监管信息公开度高，媒体报道的部分食品安全事件是由监管部门主动提供的查处情况，在一定程度上增加了该省区的食品安全事件被报道的数量。相比于食品安全监管力度高的省区，食品安全监管力度低的省（区、市）在食品安全风险监测方面存在设备投入不足、监管人员缺乏等特点，造成食品风险监管的水平低，同时对已发生食品安全事件可能会采取不公开处理，以防事态的蔓延和扩大，报道出的食品安全事件自然比监管力度高的地区要少。

另一方面，受到消费者文化教育程度等的影响，不同地区的消费者法制观念、监督意识显著不同。[①] 研究表明，农民受教育程度低、维权意识弱、对食品安全的

---

① 冯剑：《西北地区城乡居民畜产品消费结构研究》，西北农林科技大学 2013 年硕士学位论文。

认知缺乏是造成欠发达地区农村假冒伪劣食品泛滥的主要原因。[①] 吴林海等研究得出，对信息加工水平越高的消费者，风险感知越强烈；对食品安全关注程度越高的消费者，对自身及家人的健康也更为关注，[②]从另一个侧面印证了监督意识的差异导致了消费者在消费和购买过程中的监督行为差异的结论。例如，在购买食品过程中不同地区的消费者对是否有生产许可证号、保质期、营养成分等信息的关注度呈现不同水平。当对食品信息关注度高的消费者能及时、有效地甄别出质量不合格等存在安全隐患的食品时，主动揭发食品安全问题行为的可能性越高。消费者可以通过向监管部门投诉，在新闻媒体、微信、微博等媒体上发表舆论等方式进行维权。换言之，消费者的维权意识强，维权途径多且便利的地区，食品安全事件被报道的可能性会高于其他地区并较为及时。

不同省（区、市）的监管力量强弱、消费者和营销者监督维权意识差异，以及新闻媒体活跃度高低是造成食品安全事件数量表现在相同经济发展程度、地域接近等条件下具有显著差异性的内在原因之一。因此，通过食品安全事件数量划分区域，能够促进食品安全监管基础相近、食品安全社会共治公众主体认知基础相似的省（区、市）有效地开展协同监管。各地食品安全监管力度、公众监督意识及媒体活跃度是食品安全风险地理分布不均衡的文化因素，由此导致的食品安全风险地域性差异具有显著性。

（四）与诚信道德等社会特征具有相关性

研究发现，违规使用（含非法或超量使用）食品添加剂、非法添加违禁物、生产经营假冒伪劣食品等人为因素是导致食品安全事件发生的主要因素，且每年 66%左右的食品安全事件发生在食品生产加工环节。人为因素占主导的本质原因是食品供应链中主体的诚信和道德缺失，而且更多的是生产经营主体的不当行为、不执行或不严格执行已有的食品技术规范与标准体系等违规违法的人源性因素所造成，人源性因素是导致食品安全风险重要源头之一。此外，与发达国家相比，不难发现，分散化、小规模的食品生产经营方式与风险治理之间的矛盾是引发我国食品安全风险最具根本性的核心问题（图 8-10）。由于我国食品工业的基数大、产业链长、触点多，更由于食品生产、经营、销售等主体的不当行为，且由于处罚与法律制裁的不及时、不到位，更容易引发行业潜规则，在"破窗效应"的影响下，食品安全风险在传导中叠加，必然导致我国食品安全风险的显示度高、食品安全事

---

① 孙艳华，应瑞瑶：《欠发达地区农村食品安全的实证研究——基于假冒伪劣食品的视角》，《农村经济》2007 年第 2 期。

② 吴林海，钟颖琦，洪巍，吴治海：《基于随机 n 价实验拍卖的消费者食品安全风险感知与补偿意愿研究》，《中国农村观察》2014 年第 2 期，第 60—72、94 页。

件发生的概率大。

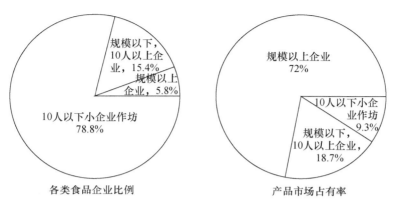

图8-10　现阶段中国食品制造与加工企业比例及其产品市场占有率

七、防范食品安全事件的路径分析

现阶段我国食品安全事件的发生受到各地区的经济水平、人口密度、产业结构和媒体活跃度等的影响,具有长期性、稳定性和显著性。同时,我国食品安全事件主要由人源性因素引发,归结于我国诚信与道德体系的缺失,而社会诚信体系与道德建设并非一日之功,由此决定了食品安全风险治理具有特殊性和长期性。此外,由于中国食品工业为13多亿人口提供消费需求,生产量巨大且食品种类繁多,更造就了中国食品安全风险治理的艰巨性与复杂性。

(一) 提升风险治理体系与能力,加强食品安全风险治理

1. 全面依法治理,完善法治体系,严厉打击犯罪活动

消除新的《食品安全法》在实施过程中可能出现的盲点,基本形成与新的《食品安全法》相配套、相衔接的较为完备的法律体系;组建"食药警察"专业队伍,协同监管部门与司法部门的力量,统筹不同行政区域间、城市与农村间的联合行动,依法坚决打击犯罪活动,特别是生产与加工环节的非法添加违禁物、不规范使用添加剂、造假或欺诈等犯罪行为,防范区域性、系统性的安全风险;必须确保《食品安全法》与相关法律法规在实际执行中的严肃性,确保不走样,尤其是努力消除地方保护主义。

2. 明确治理主线,深化体制改革,有效提升治理能力

以整体性治理为视角,重点厘清各级政府间、同一层次政府部门间风险治理的职能与权限,特别是要在实践中探索解决食品与保障下倾,优先向县及乡镇街道倾斜与优化配置监管力量与技术装备,形成横向到边、纵向到底的监管体系;以县级行政区为单位,分层布局、优化配置、形成体系,基于风险的区域性差异与技

术能力建设的实际,强化县级技术支撑能力建设,将地方政府负总责直接落实到监管能力建设上。

3. 顶层设计,提出重点,提升技术治理能力

必须基于"从农田到餐桌"的系统治理中面临的关键重大共性技术缺失,顶层设计食品安全技术的创新驱动,设计防范系统性、区域性食品安全技术创新线路图。重中之重的任务是有效突破重金属、农兽药残留、地膜、畜禽粪便污染的防范技术,提升源头治理的技术能力。充分运用现代信息技术,特别是大数据技术,以信息化推进食品安全治理的系统化。

(二)突出治理重点,转变监管方式,推进全程无缝监管

重点监管肉与肉制品、蔬菜与蔬菜制品、酒类、水果及水果制品和饮料等大众食品;追求预期经济收益是生产加工厂商采用非法行为的主要动力,在现阶段政府的监管首先要加大对生产加工厂商采用非法行为的经济惩罚力度,最大程度地提高厂商违规违法行为的成本,并且绳之以法;改革基于食品生产经营主体的业态、规模大小等要素实施分类分级监管的传统做法,以人源性因素治理为重点,对食品生产经营厂商分类分级,实施精准治理;以新的《食品安全法》等相关法律法规为依据,从种植、养殖开始,实施源头治理,并建立全产业链的无缝监管。推广随机抽查规范事中事后监管,建立随机抽取检查对象、随机选派执法检查人员的"双随机"抽查监管机制,科学确定国家、省级、市(县)等不同层次的随机抽查监管的分工体系,保证抽查监管覆盖面和工作力度。

(三)实施区域协作,提高治理效率

虽然我国的食品安全监管体制不断改革,到目前为止形成了"三位一体"的监管模式,但长期以来实行的是多部门监管、分段监管模式,这一体制的一个特点是区域之间的协同监管严重不足,制约了我国食品安全监管模式的系统性、协调性、有效性和可持续性。因此,需对我国食品安全监管模式进行新的改革和创新,推进区域沟通协作,构建区域联动平台,通过跨区域联动监管解决分段监管和全面治理不能兼顾的矛盾,实现各省(区、市)有效对接和快速反应的监管机制,进而建立更加完善的食品安全风险社会共治体系,确保食品质量安全。区域协作监管机制的基本框架如图 8-11 所示。

1. 多维度地评估食品安全风险

食品安全风险评估是食品安全风险管理的基础,也是食品安全风险交流的信息来源。我国目前建立食品安全风险评估制度主要涵盖食品、食品添加剂中生物性、化学性和物理性危害,对食品安全风险在时空中的分布变化信息掌握较少。由于我国的食品种类、分布区域都十分复杂,各地发生的食品安全事件中的食品种类具有结构差异性,防范系统性、区域性的食品安全风险是我国更是食品安全

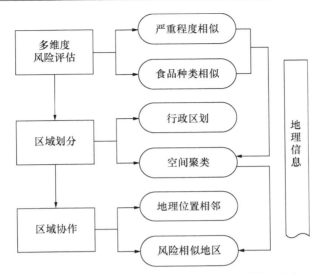

图 8-11　食品安全风险区域协作监管机制的基本框架

风险管理的重中之重。因此,区域协作监管应将食品安全风险评估与地理因素相连接,建立涵盖行政区划、区域空间、食品特征等方面的多维度食品安全风险评估机制,以便于对风险相似地区的进行系统的风险管理。

2. 科学划分食品安全风险区域

食品安全风险区域划分主要根据行政区划和空间聚类进行划分。其中,空间聚类是指利用已发生的食品安全事件中的地理信息进行聚类,划分出风险相似的区域并根据风险的高低判定出重点区域,进而加强重点区域的协作监管,建立联动机制,防范区域性食品安全风险的发生。空间聚类方式分为两种:一种是通过各省区已发生的食品安全事件中食品种类的结构差异划分区域;另一种是针对某一类食品进行区域分类,从而得到整体性食品安全风险相似的省(区、市)分布或某类食品安全风险相似的省(区、市)分布。空间聚类的两种方式,既从整体上划分了食品安全风险的区域分布,也可针对某类食品进行重点防控。应该认识到,食品安全风险的差异是暂时的,随着经济发展、社会转型的深入,监管能力的提升,社会参与程度的提高,消费意识的强化,食品安全风险将在空间发生一系列变化。因此,防范系统性、区域性的食品安全风险具有长期性,需要与时俱进。

3. 推进食品安全风险的区域协作监管

鉴于现代食品流通的特性,食品安全监管中首先应实现地理位置相邻省区的联动,以防止食品安全风险在相邻省区内反复传播。其次,食品安全监管更应加强风险相似区域的协作监管,促进整体性食品安全风险或某类食品安全风险相似的区域间进行协作监管。当食品安全风险相似区域内的一个省（区、市）发生某类食品问题，其他省（区、市）可以对该类食品进行重点控制以预防类似风险事件的发生。最后，通过区域协作监管数据库的建设，逐步完善区域协作中的预警机制，各地区监管部门发现食品安全问题后及时发布风险信息，预警相似省区，遏制食品安全风险的跨地区转移传播，将食品安全风险危害控制在最小范围。

（四）重构市场环境、重塑社会秩序，构建社会共治格局

准确界定政府、市场、社会的边界，积极发挥市场与社会力量，通过市场环境的重构与社会秩序的改革，建立主体间协同治理机制，实现治理理念的彻底转型与治理力量的增量改革，构建具有中国特色的食品安全风险共治模式；加快形成以国家食品药品监督管理总局牵头的纵横衔接的风险治理信息主平台，彻底解决食品安全信息分散与残缺不全的状况，并规范信息公开行为，特别是主动发布"双随机"抽查监管结果，形成有效震慑，推进市场治理；完善企业内部吹哨人制度和监举报制度等，用社会力量弥补政府监管力量的不足。一方面，发挥媒体传播的积极作用媒体传播范围广、速度快，这些特点决定了媒体如果发挥了积极的传播作用，必然会减轻公众的心理恐慌，避免社会出现混乱秩序。因此，一定要发挥好媒体传播的积极作用，及时掌握事件动态，消除消费者疑虑，让公众了解到最新、最真实的消息而做出有效的预防行为。为了使媒体传播出的消息具有权威性，可以采纳一些权威专家的意见和建议。另一方面，引入非政府组织与公民群体等社会力量参与食品安全治理。[①] 完善公众参与自治的民间组织，加强公众参与食品安全监督的组织化保障，克服公众个体多样性、复杂性所带来的公众参与食品安全治理的能力的局限性，形成公众参与监督的"自权性"。[②] 加强政府、生产经营者等与公众的信息互动交流，有效消除信息不对称，畅通食品安全举报投诉渠道，保障公众参与的重要条件。普及食品安全知识，尤其是公众参与食品安全风险治理方面的知识，在提高公众辨别和判断能力的同时，加强公众参与食品安全风险治理的意识与能力。

---

① Bailey. A. P., Garforth C. An Industry Viewpoint on the Role of Farm Assurance in Delivering Food Safety to the Consumer：The Case of the Dairy Sector of England and Wales[J]. *Food Policy*，2014（45）：14—24.

② 肖峰，王怡：《我国食品安全公众监督机制的检讨与完善》，《华南农业大学学报（社会科学版）》2015年第 2 期，第 93—102 页。

第九章　2016 年度城乡居民食品安全状况的调查报告

以人民为中心的发展理念,决定了城乡居民对食品安全状况的评价成为衡量食品安全真实状况的最基本、最重要的标准。较大范围、较大样本地就城乡居民对食品安全状况展开调查,既是系列"中国食品安全发展报告"研究的重点,更是研究的重要特色。本章的研究主要基于江南大学食品安全风险治理研究院、佛山科技学院华南食品安全发展中心联合组织的对全国 15 个省、自治区、直辖市的调查,分析城乡居民食品安全的满意度与满意度的变化,所担忧的食品安全的主要风险,食品安全风险成因与对政府监管力度的满意度等,努力刻画城乡居民对食品安全状况评价的现实状态。

一、调查说明与受访者特征

由于我国城乡居民食品安全认知、食品安全风险防范意识等存在较大差异,人们对其所在地区食品安全的满意度不尽相同,甚至具有很大的差异性。同时受条件的限制,我们难以在全国层面上展开大范围的调查。因此,与过去的历次调查相仿,《报告》对城乡居民食品安全满意度等方面的调查仍然采用抽样方法,选取全国部分省、自治区、直辖市的城乡居民作为调查对象,通过统计性描述与比较分析的方法研究城乡居民对当前食品安全状况的评价与食品安全满意度的总体情况,以期最大程度地反映全国的总体状况。

(一) 调查样本的选取与调查区域

本次调查在全国范围内选取了 15 个省、自治区、直辖市,采取随机抽样的方法进行实地的问卷调查。调查的时间为 2017 年 1—2 月间完成(在本章中统称为 2017 年调查,但主要侧重反映的是 2016 年城乡居民对食品安全评价状况)。

1. 抽样设计的原则

调查样本的抽样设计遵循科学、效率、便利的基本原则,整体方案的设计严格按照随机抽样方法,选择的样本在条件可能的情况下基本涵盖全国典型省、自治区和直辖市,以确保样本具有代表性。抽样方案的设计在相同样本量的条件下将尽可能提高调查的精确度,最大程度减少目标量估计的抽样误差。同时,设计方案同样注重可行性与可操作性,便于后期的数据处理与分析。

2. 随机抽样方法

主要采取分层设计和随机抽样的方法,先将总体中的所有单位按照某种特征或标志(如性别、年龄、职业或地域等)划分成若干类型或层次,然后再在各个类型或层次中采用简单随机抽样的办法抽取子样本。在城乡居民食品安全状况评价的调查方法上,《报告2017》与已经出版的多本年度发展报告完全一致。

3. 调查的地区

在过去多次调查的基础上,2017年的调查在福建、河北、河南、湖北、湖南、吉林、江苏、江西、内蒙古、宁夏、山东、山西、四川、天津、浙江等15个省、自治区的43个地区(包括城市与农村区域)展开。调查共采集了4177个样本(以下简称总体样本),其中城市居民受访样本2102个(以下简称城市样本),占总体样本比例的50.32%;农村区域受访样本2075个(以下简称农村样本),占总体样本比例的49.68%。与过去的历次调查相比较(诸如2016年调查了4358个总体样本,其中,2163个城市样本和2195个农村样本),2017年调查的样本量等相差不大,但调查省、自治区有所扩大。

4. 调查的组织

为了确保调查质量,在实施调查之前对调查人员进行了专门培训,要求其在实际调查过程中严格采用设定的调查方案,并采取一对一的调查方式,在现场针对相关问题进行半开放式访谈,协助受访者完成问卷,以提高数据的质量。

(二)受访者基本特征

表9-1显示了由15个省、自治区4177个城乡受访者所构成的总体样本的基本特征。

基于表9-1,可得受访者如下的基本统计性特征。

1. 女性略多于男性

在总体样本中,男性占比为47.5%,女性占比为52.5%。在农村样本中,男性占比45.93%,女性占比54.07%;城市样本中,男性占比49.05%,女性占比50.95%。也就是说,无论是总体样本,还是城市与农村样本,女性受访者均略多于男性,比例适中,样本选取合理。

表 9-1　受访者相关特征的描述性统计单位

特征描述	具体特征	频数/个			有效比例/(%)		
		总体样本	农村样本	城市样本	总体样本	农村样本	城市样本
总体样本		4177	2075	2102	100.00	49.68	50.32
性别	男	1984	953	1031	47.50	45.93	49.05
	女	2193	1122	1071	52.50	54.07	50.95
年龄	18 岁以下	83	61	22	1.99	2.94	1.05
	18～25 岁	1184	591	593	28.35	28.48	28.21
	26～45 岁	2213	1082	1131	52.98	52.14	53.81
	46～60 岁	608	283	325	14.56	13.64	15.46
	60 岁以上	89	58	31	2.13	2.80	1.47
婚姻状况	未婚	1462	715	747	35.00	34.46	35.54
	已婚	2715	1360	1355	65.00	65.54	64.46
家庭人口	1 人	58	15	43	1.39	0.72	2.05
	2 人	298	126	172	7.13	6.07	8.18
	3 人	1750	734	1016	41.90	35.37	48.33
	4 人	1313	774	539	31.43	37.30	25.64
	5 人或 5 人以上	758	426	332	18.15	20.53	15.79
学历	初中或初中以下	880	633	247	21.07	30.51	11.75
	高中(包括中等职业)	1039	587	452	24.87	28.29	21.50
	大专	787	298	489	18.84	14.36	23.26
	本科	1269	465	804	30.38	22.41	38.25
	研究生及以上	202	92	110	4.84	4.43	5.23
个人年收入	1 万元及以下	386	207	179	9.24	9.98	8.52
	1～2 万元之间	549	328	221	13.14	15.81	10.51
	2～3 万元之间	940	526	414	22.50	25.35	19.70
	3～5 万元之间	761	300	461	18.22	14.46	21.93
	5 万元以上	754	321	433	18.05	15.47	20.60
	是学生,没有收入	787	393	394	18.84	18.94	18.74
家庭年收入	5 万元及以下	918	446	472	21.98	21.49	22.45
	5～8 万元之间	1273	645	619	30.48	31.52	29.45
	8～10 万元之间	1051	520	531	25.17	25.06	25.26
	10 万元及以上	934	455	480	22.37	21.93	22.84
是否有 18 岁以下的小孩	是	2133	1063	1070	51.07	51.23	50.90
	否	2044	1012	1032	48.93	48.77	49.10
职业	公务员	226	87	139	5.41	4.19	6.61
	企业员工	835	356	479	19.99	17.16	22.79
	农民	551	446	105	13.19	21.49	5.00
	事业单位职员	603	229	374	14.44	11.04	17.79
	自由职业者	583	256	327	13.96	12.34	15.56
	离退休人员	104	37	67	2.49	1.78	3.19
	无业	83	50	33	1.99	2.41	1.57
	学生	850	449	401	20.35	21.64	19.08
	其他	342	165	177	8.19	7.95	8.42

2．26～45 岁年龄段的受访者比例最高

如图 9-1 所示，在总体样本、农村样本、城市样本中，26～45 岁年龄段的受访者比例最高，分别为 52.98％、52.14％、53.81％；其次是年龄在 18～25 岁和 46～60 岁的受访者，在总体样本中所占比例分别为 28.35％和 14.56％；受访者年龄在 18 岁以下和 60 岁以上的比例均较低，分别为 1.99％和 2.13％。总体来说，接近 96％的受访者年龄在 18～60 岁之间。

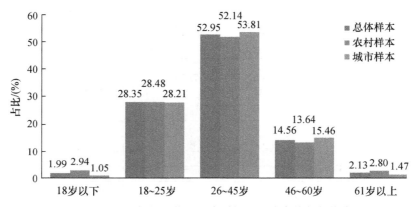

图 9-1　2017 年调查的不同类别样本受访者的年龄构成

3．已婚的受访者占大多数

表 9-1 显示，在总体样本、城市样本、农村样本中的已婚受访者均占大多数，占比分别为 65％、65.54％、64.46％，比例均高于 60％。

4．家庭人口数以 3 人或 4 人为主

虽然农村样本与城市样本的家庭人口方面有所差异，但在总体样本中，家庭人数为 3 人的比例最高，为 41.9％；4 人的比例也相对较高，为 31.43％；5 人或 5 人以上的比例为 18.15％；1 人和 2 人的比例则相对较低，仅分别为 1.39％和 7.13％。

5．在不同的样本类别中受访者学历层次有较大的差距

图 9-3 反映了不同样本类别的受访者的受教育程度。在总体样本中，学历为本科的比例较高，为 30.38％；初中或初中以下、高中（包括中等职业）的比例比较接近，分别 21.07％、24.87％；大专的比例为 18.84％；而研究生及以上的比例仅为 4.84％。而在农村样本中，初中及初中以下受访者占比最高，为 30.51％；城市样本中，本科学历受访者占比最高，为 38.25％。

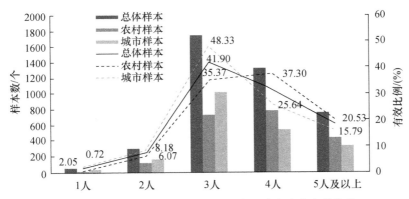

图 9-2　2017 年调查的不同类别样本受访者家庭人数结构

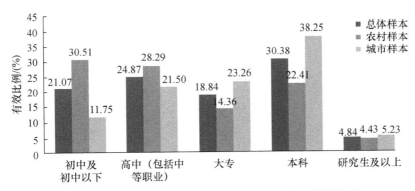

图 9-3　2017 年调查的不同类别样本受访者的受教育程度

6. 城市受访者个人年收入明显高于农村受访者

图 9-4 所示,在总体样本中,受访者的个人年收入在 2 万～3 万之间的比例最高,为 22.50%;3 万～5 万元之间、5 万元以上、没有收入(受访者是学术)的比例差别不大,分别为 18.22%、18.05%、18.84%;1 万元及以下、1 万～2 万元之间的比例分别为 9.24%、13.14%。在农村样本中,个人收入在 2 万～3 万元之间的比例最高,但在城市样本中,个人收入在 3～5 万元之间的比例最高。

7. 家庭年收入分布均匀

图 9-5 显示,总体样本、农村样本和城市样本的受访者家庭年收入分布较为均匀。总体占比分布在 21%～32% 之间。就总体样本而言,受访者家庭年收入在 5～8 万元之间的比例相对较高,占比 30.48%。

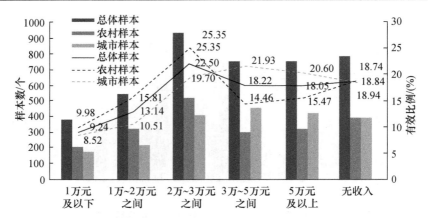

图 9-4　2017 年调查的不同类别样本受访者的个人年收入分布

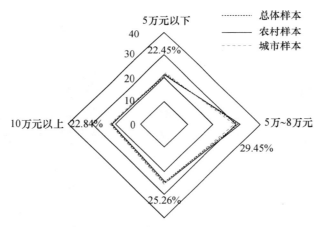

图 9-5　2017 年调查的不同类别样本受访者的家庭年收入分布

8. 家中有 18 周岁以下小孩的比例较高

研究表明,家庭中是否有未成年人影响家庭对食品安全的关注度。在总体样本中,51.07%的受访者家中有 18 岁以下的小孩。在农村样本和城市样本中,家中有 18 岁以下小孩的占比分别为 51.23%,50.90%。

9. 受访者是学生、企业员工的比例较高

在 4177 个总体样本的受访者中,职业分布较为广泛。受访者是学生和企业员工的比例最高,所占比例分别为 20.35% 和 19.99%;职业为农民、事业单位职员、自由职业者的比例基本相同,分别为 13.19%、14.44% 和 13.96%;公务员、离退休人员、无业人员和其他职业的受访者比例较低,均未超过 10%。

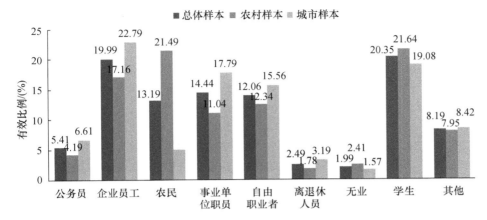

图 9-6　2017 年调查的不同类别样本受访者的职业分布

二、受访者的食品安全总体满意度与未来信心

基于调查数据,本部分主要研究城乡受访者对食品安全总体满意度、担忧的主要食品问题、受重大事件影响的食品安全信心、对未来食品安全的信心等问题,并比较城乡受访者相关评价的差异性。

(一) 对当前市场上食品安全满意度的评价

如表 9-2 所示,在 2017 年调查的总体样本 4177 名受访者中,有 28.23% 的受访者对食品安全表示不满意,分别有 27.39% 和 25.4% 的受访者表示一般和比较满意。有 13.74% 的受访者表示非常不满意。仅有 5.24% 的受访者对当前市场上食品安全表示非常满意。总体而言,41.97% 的受访者对当前食品安全表示出非常不满意或不满意的态度,有 30.64% 的受访者表示比较满意或非常满意,另有 27.39% 受访者表示一般。也就是说,2016 年城乡居民对食品安全的满意度为 58.03%。显而易见,就总体而言,受访者对当前市场上的食品安全的满意度水平仍处于中等偏下的状况,表示满意或非常满意的比例为 30.64%,占比明显低于 50%。其中,在农村样本中,有 38.55% 的受访者表示比较满意或非常满意;而在城市样本中,仅有 22.84% 的受访者表示比较满意或非常满意。可见,城市受访者对食品安全满意度最低。

表 9-2   2017 年调查的不同类别受访者对食品安全的满意度

样　　本	占比/（%）				
	非常不满意	不满意	一般	比较满意	非常满意
总体样本	13.74	28.23	27.39	25.40	5.24
农村样本	9.11	26.70	25.64	30.65	7.90
城市样本	18.32	29.73	29.12	20.22	2.62

　　如图 9-7 所示，与 2016 年的调查相比，在总体样本中，对当前食品安全表示比较满意和非常满意的受访者比例略有上升，分别上升了 1.58％和 1.27％。其中，在城市受访者中，受访者对食品安全表示比较满意的比例上升较为明显，上升了 3.58％。同时，2016 年的调查中，总体样本有 45.45％的受访者对食品安全表示非常不满意或不满意，而在 2017 年的调查中该比例下降为 41.97％，下降了 3.48％。总体而言，与 2016 年的调查相比较，2017 年受访者对食品安全的满意度略有上升。

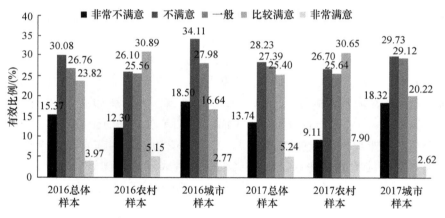

图 9-7   2016 年和 2017 年调查样本的受访者食品安全满意度的比较

（二）对本地区食品安全是否改善的评价

　　表 9-3 显示，在总体样本中，30.6％的受访者认为食品安全状况变差了或有所变差，30.26％的受访者认为食品安全情况有所好转或大有好转，好转与变差的比例大体相当。在农村受访者中，33.45％的受访者认为食品安全情况有所好转或大有好转，这个比例在三类调查样本中最高。而在城市受访者中，有 32.97％的受访者认为本地区的食品安全状况在过去一年内更差了或有所变差，这个比例同样在三类样本中最高。在总体样本、农村样本和城市样本中，均有超过三成的受访

者认为食品安全状况基本上没有变化。

表 9-3　2017 年调查中不同类别样本的受访者对本地区食品安全是否改善的评价

样本	占比/(%)				
	变差了	有所变差	基本上没变化	有所好转	大有好转
总体样本	15.71	14.89	39.14	25.38	4.88
农村样本	13.40	14.80	38.36	26.22	7.23
城市样本	17.98	14.99	39.91	24.55	2.57

　　就总体样本而言,与 2016 年调查相比,2017 年所调查的受访者中,总体认为食品安全情况有所好转或大有好转的比例上升,上升了 3.89%,而认为食品安全状况变差了或有所变差的比例则下降了 5.15%。再与 2014 年调查的总体样本情况相比较,2017 年所调查的受访者中认为有所变差或变差了的比例下降,认为有所好转或大有好转的比例则进一步提高。因此,受访者对本地区食品安全状况改善的评价持续提高(见图 9-8)。

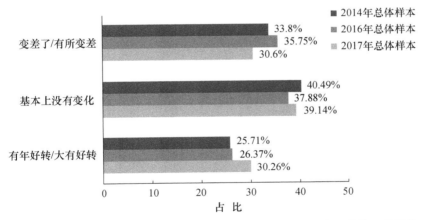

图 9-8　2014 年、2016 年和 2017 年总体样本受访者对食品安全改善情况的评价

(三) 对未来食品安全状况的信心

　　如表 9-4 所示,在总体样本中,当问及"对未来食品安全状况的信心"时,36.92% 的受访者的回答为"一般",占比最高。其后依次为"比较有信心""没有信心""很没有信心"以及"非常有信心",占比分别为 24.23%、19.63%、10.63% 和 8.59%。可以看出,三成以上的受访者对未来食品安全状况表示一般,近三成的受访者表示没有信心或很没有信心。总体来说,受访者对未来的食品安全状况还是信心不足。

表 9-4　2017 年调查的不同类别的受访者对未来食品安全状况的信心

样本	占比/（%）				
	很没有信心	没有信心	一般	比较有信心	非常有信心
总体样本	10.63	19.63	36.92	24.23	8.59
农村样本	9.59	18.51	33.73	27.28	10.89
城市样本	11.66	20.74	40.06	21.22	6.33

　　与 2014 年、2016 年调查相类似,2017 年受访者对未来食品安全状况表示"一般"的受访者比例仍然最高。相比而言,在 2017 年的调查中,总体样本受访者对未来食品安全状况表示"非常有信心"和"比较有信心"的总比例为 32.82%,比 2016 年的调查上升了 2.39%,显示出受访者对未来食品安全状况的信心有所回升(见图 9-9)。

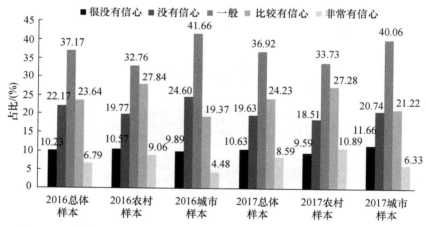

图 9-9　2016 年、2017 年调查的各类样本受访者对未来食品安全状况的信心

（四）受重大事件影响的食品安全信心

　　如表 9-5 所示,在 2017 年调查的总体样本中有 40.48% 的受访者认为食品安全信心受到重大事件比较影响的占比最高。仅有 5.1% 的受访者表示非常有信心,不受重大食品安全事件的影响。由此可见,58.05% 的受访者认为持续发生的一系列重大品安全事件影响了消费信心。其中,城市受访者比较受影响的比例高达 47.86%,相对而言,城市受访者的食品安全信心更受频发的重大食品安全事件的影响。

表 9-5　2017 年调查的不同类别的受访者受重大事件影响的食品安全信心

样本	占比/(%)				
	严重影响	比较影响	几乎没有影响	比较有信心	非常有信心
总体样本	17.57	40.48	25.52	11.32	5.10
农村样本	11.95	33.01	32.00	15.33	7.71
城市样本	23.12	47.86	19.12	7.37	2.52

与 2014 年和 2016 年的调查相比,在 2017 年调查的总体样本中受访者受食品安全事件比较影响或严重影响的占比有所下降。在三类样本中,城市受访者受影响的比例在三年的调查中占比均为最高。显然,城市受访者受重大食品安全事件的影响较为严重。总体而言,2017 年的调查数据显示,受访者受重大食品安全事件的影响程度有所下降,对食品安全的信心有所提升(见图 9-10)。

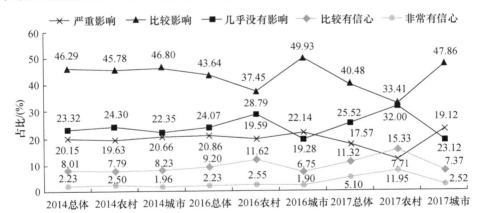

图 9-10　2014 年、2016 年、2017 年调查中不同类别样本受访者受食品安全事件的影响

虽然食品安全事件对城市受访者食品安全信心的影响仍然较为明显,但纵观总体样本的历年数据,受影响的比例仍在下降。

三、最突出的食品安全风险与受访者的担忧度

2017 年的调查继续考察了受访者所关注的目前最突出的食品安全风险,以及受访者对这些安全风险的担忧度等。

(一) 目前最突出的食品安全风险

如表 9-6 所示,在 2017 年的调查中,总体样本的受访者认为目前最突出的食

品安全风险是农兽药残留超标,占比 62.05％,其余由高到低依次为滥用添加剂与非法使用化学物质,占比 57.34％;微生物污染超标,占比 44.31％;重金属超标,占比 44％;食品本身的有害物质超标占比最低,为 18.94％。在城市受访者和农村受访者中,对于农兽药残留超标是最大的食品安全风险的认同度均为最高,而食品本身的有害物质超标占比均最低。城市和农村受访者对滥用添加剂与非法使用化学物质、微生物污染超标、重金属超标的认同度存在一定的差异。由此可见,目前受访者普遍认为最突出的食品安全风险是农兽药残留超标(见图 9-11)。

表 9-6　2017 年调查中受访者认为目前最突出的食品安全风险

样　　本	占比/(％)				
	微生物污染超标	重金属超标	农兽药残留超标	滥用添加剂与非法使用化学物质	食品本身的有害物质超标
总体样本	44.31	44.00	62.05	57.34	18.94
农村样本	45.98	40.96	57.54	53.06	23.66
城市样本	42.67	47.00	66.51	61.56	14.27

图 9-11 显示,2017 年调查中最突出的食品安全风险因素仍然是农兽药残留超标和滥用添加剂与非法使用化学物质,且较 2016 年的调查相比,比例有所上升,这两项风险因素依然在所调查的五个风险因素中被认为是目前最突出的食品安全风险。与 2016 年的调查相比,在 2017 年所调查的总体样本中,受访者认为最突出的食品安全风险排序仍然不变。农村受访者认为微生物污染超标是目前最突出的食品安全风险的比例较 2016 年有所下降,而认为滥用添加剂与非法使用化学物质是目前最突出的食品安全风险的比例则有所上升,且超过了微生物污染超标的比例,成为排序第二的因素。在城市受访者中,2017 年调查结果显示农兽药残留超标因素超过了 2016 年位居第一的滥用添加剂与非法使用化学物质风险,成为排序第一的最突出食品安全风险。

再结合 2014 年的调查数据发现,如图 9-12 所示,仅从总体样本分析,2014 年、2016 年和 2017 年的调查结果,除了数据有所变化,受访者对于最突出食品安全风险因素的排序没有变化,且受访者在五大风险的关注程度上几乎没有太明显的比例变化。虽然在三年的数据中,总体样本对于各个风险的比例都略有增减,但总体相对稳定。由此可见,农兽药残留超标和滥用添加剂与非法使用化学物质一直是近年来受较高关注的风险因素,而食品本身的有害物质超标风险一直比例较低,受关注程度较低。

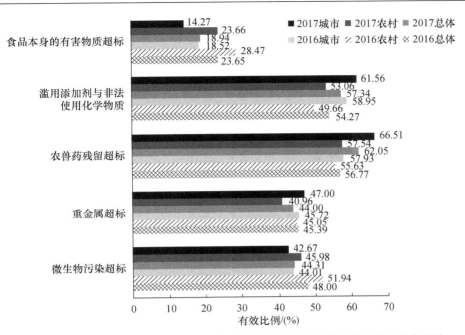

图 9-11　2016 年、2017 年调查中不同类别样本受访者认为最突出的食品安全风险

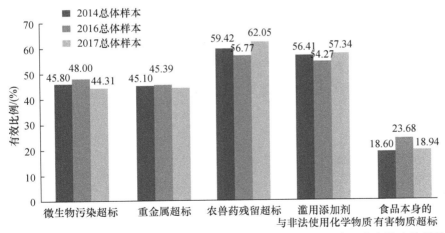

图 9-12　2014 年、2016 年和 2017 年总体样本受访者对最突出的食品安全风险的判断

（二）食品安全风险的担忧度

本节通过调查受访者对不当或违规使用添加剂、非法使用添加剂、食品中重金属含量超标、农兽药残留超标、细菌与有害微生物和食品本身有害物质超标的担忧，分析受访者对食品安全主要风险的担忧程度。

1. 对不当或违规使用添加剂、非法使用添加剂的担忧程度

图 9-13 显示,2017 年的调查数据表明,在总体样本中 73.19％的受访者对不当或违规使用添加剂、非法使用添加剂所引发的食品安全风险表示比较担忧或非常担忧。其中,在城市受访者中,表示比较担忧或非常担忧的受访者比例为83.54％,高于农村受访者的 62.69％,而表示为一般担忧的农村受访者比例则高出城市受访者 9.5％。

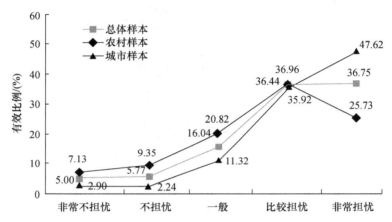

图 9-13 2017 年调查中受访者关于食品中不当或违规使用添加剂、
非法使用添加剂的担忧度

与 2016 年数据对比,在 2017 年总体样本中,受访者对于不当或违规使用添加剂、非法使用添加剂所引发的食品安全风险表示比较担忧或非常担忧的比例下降

图 9-14 2014 年、2016 年和 2017 年调查中受访者关于食品中不当
或违规使用添加剂、非法使用添加剂的担忧度对比

了 2.1％。其中,城市受访者表示对此比较担忧或非常担忧的比例,与 2016 年调查结果相比上升了 0.6％,而农村受访者对此的担忧度则下降了 5.06％。

与 2014 年数据比较,在 2017 年的调查结果中,总体样本对于不当或违规使用添加剂、非法使用添加剂所引发的食品安全风险表示比较担忧或非常担忧的受访者比例也有所下降,较 2014 年下降了 1.42％。可以认为,受访者对于不当或违规使用添加剂的情况,较前几年的担忧程度有所好转。虽然该项比例在 2016 年的调查结果中有小幅度提升,但最终仍在 2017 年的数据中呈现下降趋势。虽然受访者对于该项风险呈现出不同的选择,总体还是表现担忧的态势(见图 9-14)。

2. 对重金属含量超标的担忧程度

图 9-15 表明,在 2017 年的调查结果中,总体样本、农村样本、城市样本的多数受访者都对重金属含量超标所引发的食品安全风险表示出比较担忧或非常担忧。其中,城市受访者该项比例最高,达到 73.07％;其次为总体样本的 62.3％和农村样本的 51.38％。

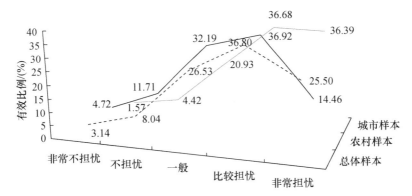

图 9-15 2017 年调查各类样本受访者对食品中重金属含量超标的担忧度

图 9-16 显示,在 2016 年调查数据中,对食品中重金属含量超标表示比较担忧或非常担忧的总体样本、农村样本、城市样本比例分别为 66.70％、60.27％、73.23％,较 2016 年的调查结果分别下降了 4.4％、8.89％、0.16％。其中,农村样本的下降比例最为明显。

再与 2014 年数据比较。2017 年调查中,总体样本中有 62.3％的样本对该项因素表示比较担忧或非常担忧,与 2014 年水平相近。农村受访者对该项因素担忧程度的比例从 2014 年的 64.71％下降至 2017 年的 60.27％;但城市受访者对该项因素担忧程度的比例则由 2014 年的 59.6％上升至 2017 年的 73.07％。

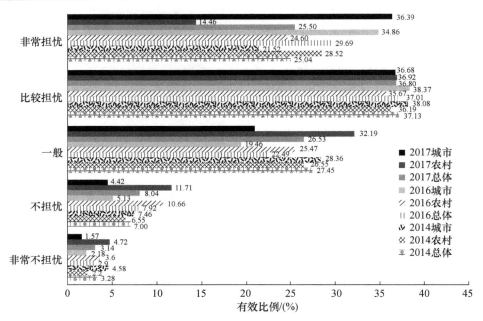

图 9-16　2014 年、2016 年和 2017 年调查各类受访者对食品中重金属含量超标的担忧度对比

3. 对农兽药残留超标的担忧程度

如图 9-17 所示,在 2017 年调查中,76.55％的城市受访者表示对食品中农兽药残留超标所引发的食品安全风险表示比较担忧或非常担忧,而农村受访者该项的比例为 55.91％。城市受访者对农兽药残留问题的担忧度明显高于农村受访者。总体样本中,66.29％的受访者对该问题表示比较担忧或非常担忧。

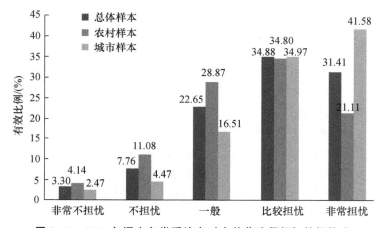

图 9-17　2017 年调查各类受访者对农兽药残留超标的担忧度

图 9-18 显示,与 2016 年调查结果比较,总体样本的受访者中对于农兽药残留超标问题表示比较担忧或非常担忧的比例有所上升,增加了 2.27%。与 2014 年调查结果相比,2017 年的受访者对于农兽药残留超标表示比较担忧或非常担忧的比例略有下降,但均高于 60%,仍然保持较高的担忧度。

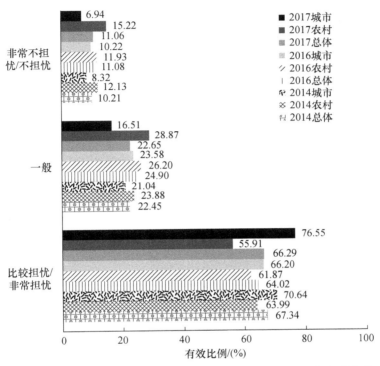

图 9-18 2014 年、2016 年和 2017 年调查各类受访者对农兽药残留超标的担忧度对比

4. 对细菌与有害生物超标的担忧程度

2017 年所调查的三类样本的受访者对细菌与有害微生物超标所引发的食品安全风险的担忧程度的结果如图 9-19 所示。在总体样本中,56.98% 的受访者表示出比较担忧或非常担忧。城市受访者对此表示担忧的比例较高,达到 66.99%。同时,三类受访者对此项内容表示不担忧或非常不担忧的比例,从高到低依次为:农村样本 21.06%、总体样本 15.3%、城市样本 9.61%。

与 2016 年的调查数据相对比,如图 9-20 显示,2017 年农村受访者对于该项表示比较担忧或非常担忧的比例下降了 8.24%,虽然城市受访者对该项表示担忧的比例较 2016 年的比例上升了 0.79%,但就总体样本而言,受访者对该项表示比较担忧或非常担忧的比例下降了 3.62%。

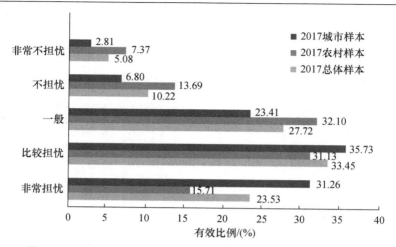

图 9-19　2017 年调查各类受访者对细菌与有害生物超标的担忧度

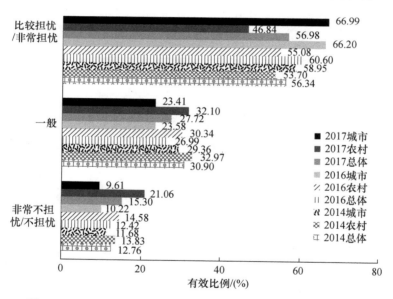

图 9-20　2014 年、2016 年和 2017 年调查各类受访者对食品中细菌
与有害微生物的担忧度对比

　　再与 2014 年数据比较。在 2017 年的调查结果中,农村受访者对该项表示担忧的比例较 2014 年下降了 6.86%,但城市受访者对该项表示担忧的比例则较2014 年上升了 8.04%,农村与城市的受访者表现出较大的差异性。

5. 对食品本身带有的有害物质超标的担忧程度

图9-21中,在2017年的调查中,虽然总体样本和农村样本对食品本身带有的有害物质超标所引发的食品安全风险表示出比较担忧或非常担忧的比例均未达到50%,但城市受访者对此的担忧度达到了56.04%。

图 9-21　2017年调查各类受访者对食品中本身带有的有害物质超标的担忧度

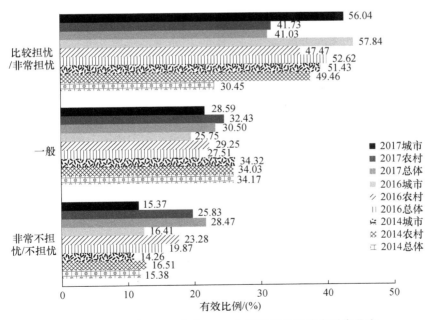

图 9-22　2014年、2016年和2017年调查各类受访者对食品中自带有害物质超标的担忧度对比

与 2016 年的调查数据相比较,2017 年调查的总体样本的受访者对食品中自带的有害物质超标的担忧度仍然大幅下降,降低了 11.59％。农村与城市受访者的担忧程度分别下降了 5.74％、1.80％。由此可见,受访者总体上对于食品中自带的有害物质超标的担忧程度有所好转。

四、食品安全风险成因判断与对政府监管力度的满意度

(一)受访者对食品安全风险成因的判断

表 9-7 显示,分别有 65.48％、66.41％、64.56％的总体样本、农村样本、城市样本的受访者认为,食品安全风险的主要原因来自"企业追求利润,社会责任意识淡薄"。49.72％、43.76％、55.61％的总体样本、农村样本、城市样本的受访者认为"信息不对称,厂商有机可乘"是主要原因。而 25.83％、21.74％、12.35％、3.64％的总体样本受访者则分别认为主要原因是"政府监管不到位""国家标准不完善""环境污染"和"企业生产技术水平不高"。

表 9-7　2017 年调查中受访者对引发食品安全风险主要原因的判断

样　　本	占比/(％)						
	信息不对称,厂商有机可乘	企业追求利润,社会责任意识淡薄	国家标准不完善	政府监管不到位	环境污染严重	企业生产技术水平不高	其他
总体样本	49.72	65.48	21.74	25.83	12.35	3.64	1.24
农村样本	43.76	66.41	27.04	44.24	27.33	16.14	4.48
城市样本	55.61	64.56	31.02	49.57	31.26	5.76	2.28

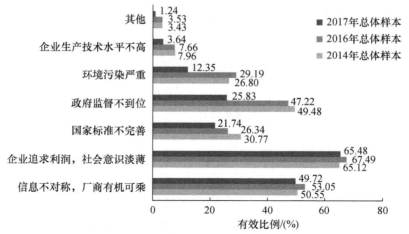

图 9-23　2014 年、2016 年和 2017 年调查总体样本受访者对引发食品安全风险主要成因判断的对比

图 9-23 显示,对比 2014 年、2016 年总体样本的数据可以发现,2014 年、2016 年和 2017 年总体样本的受访者对于食品安全风险主要成因的判断主要集中在"企业追求利润,社会意识淡薄"和"信息不对称,厂商有机可乘"。相比于 2016 年的调查数据,在 2017 年的调查中,受访者认为主要成因是"政府监督不到位"和"环境污染"的比例有所下降,分别降低了 21.93% 和 16.84%。"国家标准不完善""企业生产技术水平不高"两个选项的比例变化不大。可见,"企业追求利润,社会意识淡薄"和"信息不对称,厂商有机可乘"是受访者对于引发食品安全风险普遍较为认同的主要原因。"环境污染严重"和"政府监督不到位"在受访者的判断中,与食品安全问题的关联性正在逐渐减弱。

(二) 对政府监管力度的满意度

延续 2016 年的调查,2017 年的调查数据表明,受访者对政府监管力度的满意度有所提升,向比较满意的趋势发展。

1. 对政府政策、法律法规对保障食品安全有效性的满意度

在 2017 年所调查的总体样本、农村样本、城市样本中,大部分受访者认为政府政策、法律法规对保障食品安全的有效性"一般",占比分别为 38.95%、36.53%、41.29%。从总体样本来看,只有 7.59% 的受访者对该项评价为"非常满意"。表示"非常不满意"或"不满意"的比例为 29.17%。

**表 9-8　2017 年调查中受访者对政府政策、法律法规
对保障食品安全有效性评价**

样　　本	占比/(%)				
	非常不满意	不满意	一般	比较满意	非常满意
总体样本	11.52	17.65	38.95	24.29	7.59
农村样本	9.93	15.33	36.53	27.08	11.13
城市样本	13.08	19.93	41.29	21.55	4.14

如图 9-24 所示,比较 2014 年、2016 年、2017 年的调查数据,总体样本的受访者对政府政策、法律法规对保障食品安全有效性的满意度总体而言持续上升。2017 年,受访者表示比较满意或非常满意的比例为 31.88%,分别比 2016 年、2014 年高出 2.9%、14.29%。同时,表示不满意或非常不满意的比例,也相应下降。

2. 对政府保障食品安全的监管与执法力度的满意度

表 9-9 显示,38.35% 的总体样本的受访者对政府保障食品安全的监管与执法力度表示"一般",表示比较满意和非常满意的比例分别为 22.62% 和 6.1%。其中,农村受访者表示比较满意的比例在三类样本中最高,为 27.33%。

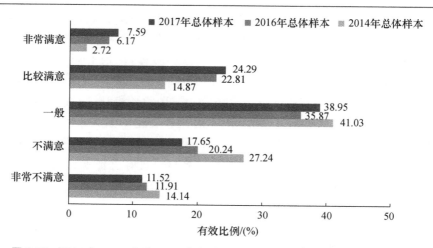

图 9-24　2014 年、2016 年和 2017 年调查总体样本受访者对政府政策、法律法规
对保障食品安全有效性的满意度对比

表 9-9　2017 年调查中受访者对政府保障食品安全的监管与执法力度评价

样　　本	占比/(%)				
	非常不满意	不满意	一般	比较满意	非常满意
总体样本	10.82	22.10	38.35	22.62	6.10
农村样本	7.86	20.10	36.48	27.33	8.24
城市样本	13.75	24.07	40.20	17.98	4.00

图 9-25 所示,比较 2014 年、2016 年、2017 年的调查数据,总体样本的受访者
对政府保障食品安全的监管与执法力度有效性的满意度结果持续上升。2017 年

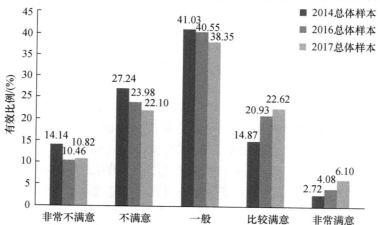

图 9-25　2014 年、2016 年和 2017 年调查中总体样本受访者对政府保障食品安全
的监管与执法力度有效性的满意度对比

28.72％的受访者表示比较满意和非常满意,比 2014 年、2016 年分别上升了 11.13％、3.71％。

3. 对政府与社会团体的食品安全宣传引导能力的满意度

表 9-10 显示,2017 年所调查的总体样本中有 42.58％的受访者对政府与社会团体的食品安全宣传引导能力表示一般,总体样本、农村样本和城市样本的受访者表示非常满意的比例分别为 7.16％、9.69％、4.71％。

表 9-10　2017 年调查中受访者对政府与社会团体
的食品安全宣传引导能力评价

样　　本	占比/（％）				
	非常不满意	不满意	一般	比较满意	非常满意
总体样本	9.53	19.73	42.58	21.00	7.16
农村样本	6.75	17.49	41.64	24.43	9.69
城市样本	12.27	21.93	43.48	17.60	4.71

图 9-26 显示,在 2017 年总体样本中,表示非常满意的比例有所上升,较 2014 年、2016 年分别上升了 3.59％、0.64％,而表示"一般"的比例基本保持在同一水平上。可以认为,近三年来,受访者对该项的满意度略有提升。

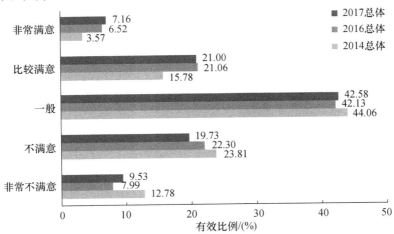

图 9-26　2014 年、2016 年和 2017 年调查中总体样本受访者对政府与社会团体
的食品安全宣传引导能力的满意度对比

4. 政府食品质量安全认证的满意度

表 9-11 显示,单从总体样本分析,在 2017 年的调查中,37.23％的受访者对政府食品质量安全认证的满意度表示一般,表示非常满意、比较满意和不满意的比

例分别为 7.52％、29.38％和 17.24％。在三类样本中,城市受访者对该项的满意度表示非常满意的比例最低,仅 4.71％。

表 9-11　2017 年调查中受访者对政府食品质量安全的认证满意度评价

样　本	占比/(％)				
	非常不满意	不满意	一般	比较满意	非常满意
总体样本	8.64	17.24	37.23	29.38	7.52
农村样本	6.75	17.49	41.64	24.43	9.69
城市样本	12.27	21.93	43.48	17.60	4.71

与 2014 年和 2016 年的调查结果相对比,2017 年受访者对该项评价表示非常不满意的比例出现较大的波动,2016 年此数据大幅度提升,但在 2017 年则下降,回归到与 2014 年基本一致的水平。受访者表示非常满意的比例相对应地升高,2017 年受访者表示非常满意的比例比 2016 年高出 2.54％。总体而言,这三年来受访者对政府食品质量安全的认证满意度更加倾向于正面肯定(见图 9-27)。

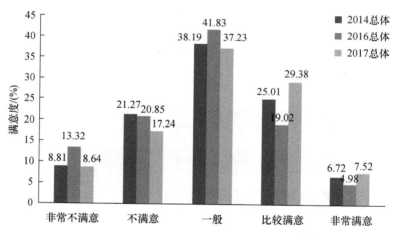

图 9-27　2014、2016 和 2017 年调查中总体样本受访者
对政府食品质量安全认证的满意度对比

5. 食品安全事故发生后政府处置能力的满意度

表 9-12 中,在 2017 年调查的总体样本中,33.87％的受访者认为发生食品安全事故后政府处置能力的满意度为一般,表示比较满意和不满意的比例分别为 25.49％和 19.28％。三类样本中,农村受访者对该项表示非常满意的比例最高,达到 12.14％。

**表 9-12 2017 年调查中受访者对食品安全事故发生后
政府的处置能力评价**

样　　本	占比/（%）				
	非常不满意	不满意	一般	比较满意	非常满意
总体样本	11.78	19.28	33.87	25.49	9.58
农村样本	9.73	17.83	34.70	25.59	12.14
城市样本	13.80	20.69	33.02	25.36	7.14

图 9-28 所示，总体样本受访者对于政府在食品安全事故发生后的处置能力，表示非常满意和比较满意的比例，在 2014 年的调查结果为 35.37%，在 2016 年为 33.64%，2017 年为 35.07%，变化不大。

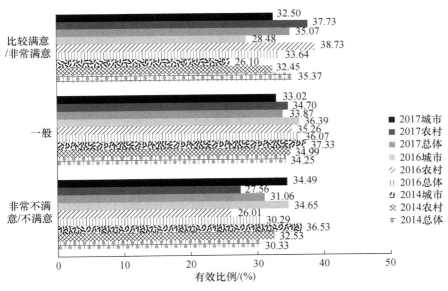

**图 9-28 2014 年、2016 年和 2017 年调查中不同类别样本受访者
对食品安全事件发生后政府处置能力的满意度对比**

6. 对政府新闻媒体舆论监督的满意度

表 9-13 显示，在 2017 年总体样本中的 36.92% 的受访者对政府新闻媒体舆论监督的评价为一般，且城市受访者选择一般的比例最高，达到 39.87%。不仅如此，而且城市受访者选择非常满意的比例最低，仅 3.33%。

表 9-13　2017 年调查中受访者对政府新闻媒体舆论监督的满意度评价

样　本	占比/（%）				
	非常不满意	不满意	一般	比较满意	非常满意
总体样本	13.38	19.73	36.92	23.92	6.06
农村样本	10.60	16.96	33.93	29.69	8.82
城市样本	16.13	22.45	39.87	18.22	3.33

　　如图 9-29 所示，仅从总体样本的角度比较，在 2017 年调查结果中，受访者比较满意和非常满意的比例与 2016 年调查结果相近。需要指出的是，总体样本的受访者在 2014—2016 年间对政府新闻媒体舆论监督的满意度逐步上升，但仍然在 30% 左右，满意度仍然不高。

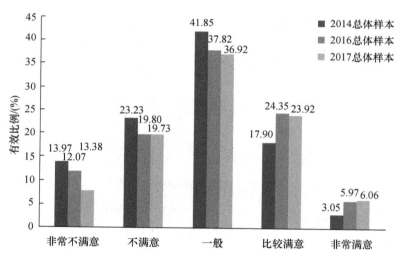

图 9-29　2014 年、2016 年和 2017 年调查中总体样本受访者
对政府新闻媒体舆论监督的满意度对比

五、综合分析：城乡居民食品安全满意度相对低迷可能将持续一个较长历史时期

　　综合第二章、第四章的分析数据，我国食品质量国家抽查总体合格率持续提升，由 2005 年的 80.1% 上升到 2016 年的 96.8%，且自 2010 年以来，总体合格率一直稳定在 95% 以上。与此同时，主要食用农产品总体合格率也稳中有升，2016 年总体抽检合格率达到 97.5%。研究团队的研究表明，2011—2015 年间我国的

食品安全稳定地处于相对安全的低风险状态。英国经济学人智库发布的《2016 年全球食品安全指数报告》也显示,在 113 个被评估的国家中,中国综合排名位居第 42 位,总体状况处于世界中上游,处在发展中国家前列。可见,"总体稳定、趋势向好"是目前我国食品安全状况的基本态势。但与此相悖的是,自 2008 年以来公众的食品安全满意度呈相对持续低迷的状态。我们认为,公众相对低迷可能将持续一个较长历史时期。对此,必须有清醒的认识,科学的把握。

(一) 公众满意度的基本状态

十年来,公众食品安全满意度的演化状态是:

1. 2005—2008 年间的满意度处于较高的区间

2005—2008 年间商务部对全国 20 余个省级行政区连续展开了四次跟踪调查,样本量分别达到 4507 个、6426 个、9305 个和 9329 个城乡消费者。数据显示,虽然 2008 年爆发了影响极其恶劣的"三鹿奶粉"事件,但公众较为理性,食品安全的满意度仍然保持持续上扬的状态。2008 年高达 88.5%、89.5% 的城市、农村受访者对食品安全状况持满意与基本满意的评价。

2. 2010—2012 年间满意度大幅下降

2010 年以来,中国全面小康研究中心与清华大学媒介调查实验室连续展开了满意度调查。数据显示,2010 年受访者的食品安全满意度仅为 33.6%;2011 年超过 50% 的受访者认为当年的食品安全状况比以往更糟糕。2012 年受访者食品安全满意度为 45.9%。与此同时,2010 年英国 RSA 保险集团发布的《风险 300 年:过去、现在和未来》的全球风险调查报告则表明,中国受访者最担心的是地震,其次是不安全食品配料和水供应。由于此调查的时间在青海玉树发生地震后不久,显然这是受访者将地震风险排在第一位的重要原因。

3. 2014—2016 年间满意度仍然低迷但较为稳定且呈小幅上升的态势

江南大学食品安全风险治理研究院于 2014 年、2016 年、2017 年采用分层的方法对公众食品安全满意度展开了跟踪调查,调查固定在福建、贵州、河南、湖北、吉林、江苏、江西、山东、陕西、四川 10 个省内相对固定的城市或农村地区进行,样本量均在 4100 个以上。结果显示,2013 年、2014 年、2017 年公众对食品安全的满意度分别为 52.12%、54.55%、58.03%。2014 年专门对农村地区的调查显示,农村受访者对食品安全的满意度为 64.94%。

虽然商务部、中国全面小康研究中心、江南大学调查的样本量、区域和采用的方法各不相同,没有绝对的可比性,但大体反映了最近 10 年来公众满意度的基本走势:即自 2005 年以来,公众食品安全满意度持续上扬,约在 2008 年前后达到最高点,在 2010 年前后下降至最低点,目前处于约 60% 相对低迷的水平上且呈 L 型的走势,与食品安全真实状况的走势相悖。

（二）满意度相对低迷的主要原因

原因非常复杂，最主要的原因是：

1. 频发的食品安全重大事件影响了信心

江南大学食品安全风险治理研究院在 2014 年、2016 年、2017 年的调查中分别发现，70.2％、66.44％、58.05％的受访者认为，持续发生的一系列重大品安全事件影响了消费信心。确实，以"三鹿奶粉"的爆发为起点，2008 年以来，我国高频率地连续发生一列食品安全事件，食品安全成为中国当下最大的社会风险之一，为全球瞩目，令公众难以置信。

2. 复杂的网络舆情环境影响了信心

目前，食品安全谣言在自由、开放的互联网与社交媒体大肆传播。2012 年，国内平均每天约有 1.8 条谣言被报道，其中有六成是与食品、政治、灾难有关的硬谣言。近年来，国内有关食品安全的谣言更达到各类网络谣言的 45％，位居各类网络谣言的第一位。公众面对谣言时难以甄别真伪，往往"宁可信其有，不可信其无"，严重干扰了公众的理性认识。

3. 公众非理性心理与行为

对食品安全问题的认定需要客观的态度、科学的方法，理性的方式应该是摆事实、讲道理。但现实是相当一部分缺乏食品安全科学素养的公众往往用偏见来代替科学或客观事实，在没有明辨是非情况下，通过自媒体不负责任地发布信息或传播谣言。一个典型的案例是，2012 年 10 月 16 日上午，在新浪微博发布一则关乎食品安全的信息称："南京农业大学动物学院研究员随机检测南京市场上猪肉，发现南京猪肉铅超标率达 38％"。这条微博在短时间内就被疯狂转发。虽然相关部门第一时间介入调查，并及时辟谣，但造成极大的负面影响。

（三）满意度相对低迷可能是未来一个历史时期的常态

作出这样的预判，主要的依据是：

1. 食品安全事件未来仍将处在高发期

虽然生产方式正在逐步转型，但食用农产品生产仍主要以家庭为基本单元，而"点多、面广、量大"仍是食品生产经营的基本格局，且难以在短时期内发生根本性改变。尤其是，我国的食品安全事件虽然也有技术不足、环境污染等方面的原因，但目前更多的表现是由生产经营主体的违规违法的人源性因素所造成的。这一状况也难以在短时期内得到有效改观。食品安全事件仍将处于高发期，因此公众满意度不可能有根本性逆转。

2. 网络舆情环境的治理具有长期性与复杂性

网络舆情非理性状态与网络本身特性相关。某一突发舆情事件一旦处理不恰当，很可能裂变成为全国性的舆情事件，可谓一点发难，烽火四起，治理难度极大。同时也与不完善的法治环境有关,谣言性质的界定与事实的认定、舆论监督的边界等难以形成共识,导致舆情环境的治理规范滞后于现实,非理性甚至是恶意的舆情造成的破坏性后果无法在短时期消除。因此,非理性的网络环境将长期存在,并影响公众的食品安全满意度。

3. 部分公众的非理性心理与行为难以在短时期改变

未来食品安全事件仍将处于高发期,且大多数由人为因素所造成,极易引发公众的愤怒情绪,催生且放大公众的非理性行为。与此同时,政府应对不力、媒体报道夸大扭曲、网络推手推波助澜,公众容易迷失在网络信息的海洋中,容易形成非理性甚至是极端的认识。而公众心理与行为主要受其年龄、学历、收入、民族、家庭人口等个体与家庭因素,以及周围群体、法制环境、社会风气等因素影响,在矛盾多元的社会背景下难以在短时期发生显著变化。

(四) 科学应对的初步建议

公众食品安全满意度相对低迷,是多种复杂问题长期积累而形成的一种势逼至此的常态。政府作为治理的最重要的主体,应准确把握、科学应对、主动适应、努力化解。

1. 社会危害与风险危害相统一,推进精准治理

长期以来,政府的监管往往基于食品生产经营主体的业态、规模大小等要素进行分类分级监管。事实已反复证明,这一方法难以有效。食品安全风险无处不在,治理策略应当是基于现实食品安全风险程度与社会舆情危害程度相统一的原则,确定治理重点、方式与工具,特别是要依据历史抽查数据,推进精准治理,重点监管风险程度大、社会反映强烈的食品与食品供应链体系上的企业群,最大程度地降低食品安全事件,减少影响公众满意度的外在因素。

2. 最大限度地公开信息,引导社会认识问题的根源

国家食品药品监督管理总局应该履行其功能,从自身做起,在监督各级政府食品安全监管部门及时、准确地发布信息,遏制谣言传播的同时,应加快制定暂行办法,确定信息公开的负面清单,规范信息公开行为。政府应该或委托第三方公布年度食品安全事件分析报告,最大程度地公开食品安全风险产生的根源,告知全社会治理的关键在于实现政府、生产经营者与公众间的激励相容。

3. 完善治理体系,净化舆情环境

面对迅速发展的食品安全舆情环境,必须摒弃传统自由与管制二元藩篱的治理思维。在坚持政府主导的同时,放手让民间组织、网络意见领袖发挥其应有作用,形成参与式、互动式的多元治理主体。改变政府与民间两个舆情场相互割裂的状况,政府舆情的传播必须由单向说服模式向互动沟通模式转变,并以互动为重点,推动舆论向着形成社会共识的方向发展。与此同时,推进网络舆情空间治

理的法治化。政府应统筹考虑,顶层设计,加快制订相关法律法规,并依法处置违法犯罪事件,发挥法律对规范舆情空间秩序的引领与震慑作用。

4. 多元协同,引导非理性行为

政府、市场、社会共同参与,通过有效途径努力提升公众科学素养,从源头上减少食品安全虚假信息制造与发布群体。政府相关部门应展开或委托第三方机构经常性地调查公众食品安全科学素养并分析典型的非理性心理与行为,发布调查报告,用典型案例引导公众准确认识食品安全问题。政府的作用并不是无限的,在我国食品安全呈"总体稳定、趋势向好"基本走势的背景下,政府背上公众食品安全满意度相对低迷的包袱,既不实事求是,更影响政府形象。

第十章 2016 年食品安全法治体系建设与 执法成效的新进展

　　建立完善的食品安全法律体系是法治国家治理食品安全风险的基本保障与必经路径。2009 年,我国基本确立了以《食品安全法》为核心的食品安全法律制度框架,并持续推进相关食品安全法律法规制度的修改、完善与新的立法等建设工作。在随后的六年间,以《食品安全法》为基础,逐步构建起具有中国特色的较为完整的食品安全法律体系,食品安全领域无法可依的状态基本不复存在。在总结经验的基础上,我国自 2015 年 10 月 1 日实施了新修订的《食品安全法》,标志着我国食品安全法律体系建设进入了一个新的发展时期。本章主要是考察 2016 年食品安全法律制度体系建设与执法成效的新进展。

一、努力完善食品安全法治体系的顶层设计

　　"十三五"时期是全面建成小康社会的决胜阶段,也是全面建立严密高效、社会共治的食品安全治理体系的关键时期。2016 年,是实施"十三五"规划的开局之年,具有中国特色的食品安全法治体系的顶层设计得到进一步完善,中央层面出台了一系列的重要规划与政策文件,为进一步完善食品安全法律体系建设奠定了重要的基础。

　　2016 年,党中央、国务院和有关部门相继完善食品安全法治体系的顶层设计。中共中央、国务院印发了《"健康中国 2030"规划纲要》、国务院发布了《关于加快推进重要产品追溯体系建设的意见》、国家卫计委印发了《食品安全标准与监测评估"十三五"规划(2016—2020 年)》等,就是较为典型的体现。《中共中央关于制定国民经济和社会发展第十三个五年规划的建议》提出,推进健康中国建设,并实施食品安全战略,形成严密高效、社会共治的食品安全治理体系,让人民群众吃得放心。将食品安全战略提升到国家安全战略的高度,表明食品安全不再被视为单纯的行政监管工作,而是要跳出部门监管的局限,站在全局的高度通盘筹划、科学地

做出战略布局,强调了食品安全风险治理的系统性、整体性和协同性。① 尤其需要指出的是,中共中央、国务院颁布实施的《"健康中国 2030"规划纲要》,这是今后 15 年推进健康中国建设、实施食品安全战略的行动纲领,系首次在国家层面提出的健康领域中长期战略规划。《"健康中国 2030"规划纲要》既是体现党和国家政策的重要文件,也是立法、执法、司法等活动的重要渊源,对食品安全法治体系的建设具有重要的导向作用。

不仅如此,2016 年国务院还出台了多项与食品安全相关的政策性文件,主要是,2016 年 9 月 6 日印发《消费品标准和质量提升规划(2016—2020 年)》,对包括"食品及相关产品"在内的九类重点领域的消费品标准和质量提升进行了系统规划。党和政府高度重视食品安全问题,重拳严治,以保障人民群众"舌尖上的安全"。② 2016 年 1 月,习近平同志对食品安全工作作出重要指示强调,确保食品安全是民生工程、民心工程,是各级党委、政府义不容辞的责任。近年来,各相关部门做了大量工作,取得了积极成效。当前,我国食品安全形势依然严峻,人民群众热切期盼吃得更放心、吃得更健康。《纲要》既对公共服务提出了高标准、严要求,也对公共治理能力和法治化水平提出了新挑战、新期待。其中明确提出,要完善食品安全标准体系,实现食品安全标准与国际标准基本接轨。食品安全是人民健康的底线要求,是实现健康中国必须要解决的重大现实问题。

二、全面推进社会共治的食品安全法治体系建设

《食品安全法》属于食品安全领域的基本法,涵盖的领域广阔,相关法律法规的调整对象,既涉及广泛的社会主体,又涉及从农田到餐桌的不同环节;既涉及专业、严谨的技术标准,又涉及不同的利益相关方,不可能在一部法律中作出明确、具体的规定。因此,落实现行的《食品安全法》的各项规定,需要通过更具体的法规、规章、规范性文件,使相关要求制度化,具有操作性。与此同时,《食品安全法》基于我国的具体情况和国际上的先进经验,新增加了一些食品安全领域的基本制度。例如,连带责任制度、终身禁业制度、统一信息平台发布制度、先行赔付制度等等。这些在《食品安全法》中作出了明确规定的食品安全领域的基本制度需要进一步制定具体的规章、规范性文件。③ 经过坚持不懈的努力,到 2016 年年底已

---

① 罗云波:《正本清源高屋建瓴 有的放矢——〈2016 年食品安全重点工作安排〉深度解读之一》,载《中国食品药品监管》2016 年第 5 期。

② 中国法学会食品安全法治研究中心:《2016 年度食品安全法治十大事件》,载《民主与法制》2017 年 3 月。

③ 胡锦光:《提高食品安全法治化水平——〈2016 年食品安全重点工作安排〉深度解读之四》,载《中国食品药品监督》2016 年第 5 期。

经取得重要进展。贯彻落实"史上最严"的《食品安全法》,增强新法的系统性和实效性,织密食品安全法治网络,出台配套规章、配套的规范性文件等,在更高层次上推进食品安全法规制度体系是 2016 年的重要特点。考虑到篇幅的限制,主要就以下六个方面展开介绍。

(一) 国务院法制办公室修订《食品安全法实施条例》

2016 年 10 月 19 日,国务院法制办公室发布《食品安全法实施条例(修订草案送审稿)》(以下简称送审稿)。送审稿共 10 章 208 条,主要从提升食品安全治理能力,强化和落实企业主体责任、部门监管责任和政府属地管理责任,实施最严格监管,创新监管方式,推进社会共治等方面贯彻落实现行的《食品安全法》。①

(二) 国家食品药品监督管理总局修订法律法规

2016 年 8 月 16 日,国家食品药品监督管理总局发布了《关于全面加强食品药品监管系统法治建设的实施意见》,提出了 2020 年国家食药监管系统法治建设的总体目标,并针对八个方面制订了 23 项主要任务和具体措施。② 新《食品安全法》实施以来,国家食品药品监督管理总局在法治建设方面的步伐明显加快。现行的《食品安全法》自颁布实施以来至 2016 年年底,先后出台配套部门规章 17 部,其中2016 年出台 6 部,分别是《保健食品注册与备案管理办法》《婴幼儿配方乳粉产品配方注册管理办法》《食用农产品市场销售质量安全监督管理办法》《食品生产经营日常监督检查管理办法》《食品药品投诉举报管理办法》《网络食品安全违法行为查处办法》。需要指出的是,国家食品药品监督管理总局发布的《关于全面加强食品药品监管系统法治建设的实施意见》以贯彻落实现行的《食品安全法》为契机,绘制了食药监管系统法治建设的时间表和路线图,是全面依法治国在食品安全风险治理领域的贯彻落实,也是运用法治思维和法治方式的具体体现,对于全面加强食品监管系统法治化建设,积极推进食品药品监管部门依法行政具有重要意义。

(三) 国家卫计委努力完善食品安全标准体系

食品安全标准是保障公众食品安全的强制性标准。国家卫计委发布了《食品安全标准与监测评估"十三五"规划(2016—2020 年)》,并宣布原有的《食品安全地方标准管理办法》《食品安全企业标准备案办法》失效,明确提出制订新的《食品安全标准管理办法》,这对积极实施现行的《食品安全法》,完善我国食品安全标准体

---

① 《国务院法制办公室关于公布〈中华人民共和国食品安全法实施条例(修订草案送审稿)〉公开征求意见的通知》,引自国务院法制办公室官网,http://www.chinalaw.gov.cn/article/cazjgg/201610/20161000481908.shtml

② 《总局关于全面加强食品药品监管系统法治建设的实施意见》,国家食品药品监督管理总局官网,http://www.sda.gov.cn/WS01/CL0852/163000.html

系起到了积极作用。截至 2016 年 12 月,国家卫计委已牵头完成近 5000 项食品标准的清理整合,并会同国家食品药品监督管理总局、农业部等部门发布了近 1100 项食品安全国家标准体系,基本覆盖所有食品类别和主要危害因素,初步构建起符合我国国情的食品安全国家标准体系。2016 年 12 月,农业部正式颁布《食品安全国家标准食品中农药最大残留限量》(2016 版),规定了 433 种农药在 13 大类农产品中 4140 个残留限量,基本涵盖了我国已批准使用的常用农药和居民日常消费的主要农产品。

(四) 相关职能部门协同修订法律法规

2016 年,为了更好地贯彻落实现行的《食品安全法》,国家食品药品监管总局、卫生计生委、农业部、质检总局等部门相互配合,协同推进,加快配套规章制度完善的步伐。2016 年 7 月至 9 月,先后出台了《网络食品安全违法行为查处办法》《农业转基因生物安全评价管理办法》《粮食质量安全监管办法》等配套规章,以及《有碍食品安全的疾病目录》《食品生产许可审查通则》《食品安全信用信息管理办法》《食品生产经营风险分级管理办法》等规范性文件等。

(五) 密集颁布与实施特殊食品的配套规章

与 2009 年实施的《食品安全法》相比较,现行的《食品安全法》的一大亮点就是专门辟出一节,将保健食品、特殊医学用途配方食品和婴幼儿配方食品作为特殊食品,实施严格监督管理。保健食品、特殊医学用途配方食品和婴幼儿配方食品和普通食品不一样,在产品注册、备案、对原料和功能声称有要求、标签说明书有特殊要求、广告有特殊要求等。[1] 既然是特殊食品,对其的规制也应有特殊之处。因此,关于保健食品、特殊医学用途配方食品和婴幼儿配方食品配套法规的颁布和制定,始终是业内关注的焦点。2016 年,国家食品药品监督管理总局陆续发布了《保健食品注册与备案管理办法》《特殊医学用途配方食品注册管理办法》《婴幼儿配方乳粉产品配方注册管理办法》《保健食品注册审评审批工作细则》《保健食品生产许可审查细则》等,标志着我国已开始建立了特殊食品严格监管的法治制度体系。

具体情况是:第一,2016 年 2 月 26 日,《保健食品注册与备案管理办法》公布,于 2016 年 7 月 1 日起施行。该《办法》打破了之前全部采用由国家食品药品监督管理总局受理注册的管理办法,明确了保健食品的申报将采用注册和备案"双轨制"管理。由于保健食品的法律定位明确,极大地鼓舞了新投资者的涌入,同时由于管理方式的改变,将迫使部分企业不能适应变化而退出市场,行业内将出现新陈代谢加速的新景象。第二,2016 年 3 月 7 日,《特殊医学用途配方食品注册管理

---

[1]　陆悦:《共治共享共赢我国食品安全治理全面走向法治化》,《中国医药报》2016 年 9 月 23 日。

办法》公布,于2016年7月1日起施行。该《办法》是对现行的《食品安全法》中特医食品条款的细化,明确了特医食品的法律地位,具有里程碑的意义。该《办法》出台后,特医食品市场进一步规范,同时将推动特医食品的资本运作,我国特医食品行业进入蓬勃发展阶段。第三,2016年6月8日,《婴幼儿配方乳粉产品配方注册管理办法》公布,于2016年10月1日起实施。该《办法》明确,用药品管理方式规范配方乳粉,并严格限定婴幼儿配方乳粉产品注册申请人必须为生产婴幼儿配方乳粉的企业;每个企业生产不得超过3个配方系列9种产品配方。该《办法》的出台,表明了中国政府持续不断加强婴幼儿配方乳粉的监管、不断提升中国乳业健康水平的决心。特殊食品配套规章的密集发布,表明了国家对于特殊食品治理的决心。

除此之外,国家还提出要加强特殊食品的审评工作,加强专职审评员队伍建设,依法按时完成保健食品、特殊医学用途配方食品和婴幼儿配方乳粉产品配方技术审评任务。现行的《食品安全法》中的先进理念和制度不是空话,必将在今后的食品安全风险治理的法治体系中逐步得到相应的贯彻落实。而密集出台的特殊食品的规章制度,为现行的《食品安全法》的严格落地畅通了制度上的路径,编织起了制度层面上的食品安全法治网络。

(六) 各省市相继出台监管"三小"的专门地方立法

从食品生产经营整个链条上看,各类食品生产经营小业态可以概括为小作坊、小摊贩、小餐饮,统称"三小"。"三小"业态在我国社会经济发展中发挥着重要作用,事关人民群众的切身利益,与人民群众生活和创业就业息息相关,但随着时代的进步,食品消费结构的升级,食品"三小"业态对防范食品安全带来了较大的安全风险和隐患。为此,现行的《食品安全法》规定,县级以上地方人民政府应当对食品生产加工小作坊、食品摊贩等进行综合治理,加强服务和统一规划,改善其生产经营环境,鼓励和支持其改进生产经营条件,进入集中交易市场、店铺等固定场所经营,或者在指定的临时经营区域、时段经营;食品生产加工小作坊和食品摊贩等的具体管理办法由省、自治区、直辖市制定;对食品生产加工小作坊、食品摊贩等的违法行为的处罚,依照省、自治区、直辖市制定的具体管理办法执行。现行的《食品安全法》颁布后,各省、自治区、直辖市进一步加强食品生产加工小作坊和食品摊贩等具体管理规则的制修订,[①]但进展不平衡。为了全面贯彻现行的《食品安全法》,国家食品药品监督管理总局于2015年12月在广州召开全国食品"三小"地方立法座谈会,要求各省、自治区、直辖市食品药品监管部门积极推动食品"三

---

① 《各地加快推进食品"三小"地方立法》,国家食品药品监督管理总局官网,http://www.cfda.cn/WS01/CL0050/163180.html

小"地方立法步伐。

考虑到食品生产加工小作坊和食品摊贩等点多面广,各地差异很大,由国家统一规范难度较大,现行的《食品安全法》同时明确授权各省、自治区、直辖市根据本地情况,制定具有地方特色、操作性强、能够解决实际问题的管理办法。现行的《食品安全法》在(2009 年版)《食品安全法》规定的"食品生产加工小作坊和食品摊贩"的基础上,增加了一个"等"字。这主要是考虑到除了食品生产加工小作坊、食品摊贩外,实践中还存在小餐饮、小食杂店等小微食品生产经营者,以及一些小微食品生产经营企业。因此,地方立法可以根据本地实际情况,将食品生产加工小作坊和食品摊贩以外的小微食品生产经营者纳入地方立法的调整范围。2015 年 5 月 22 日,内蒙古自治区第十二届人民代表大会常务委员会第十六次会议通过了《内蒙古自治区食品生产加工小作坊和食品摊贩管理条例》,这是依据现行《食品安全法》出台的第一个地方性省级"三小"地方性法规。随后,广东、河北、江苏、重庆、青海、云南、湖南、四川、湖北、青海、天津、辽宁、甘肃、江西、黑龙江等省级层次也相继出台关于"三小"问题的专门立法。截至 2016 年 12 月,全国已有 16 个省(区、市)出台食品生产加工小作坊和食品摊贩等地方性法规和政府规章。

针对"三小"食品业态问题,除了有的省份采取出台专门管理条例的方式外,还有的省份通过本省的食品安全条例进行规定,如辽宁省、黑龙江省、湖北省等。就调整范围而言,有的省份规范食品生产加工小作坊和食品摊贩两类,有的省份则明确为小作坊、小餐饮、小摊点三类,还有的省份把小食品店等业态也纳入其中。总体而言,在管理方式上,对食品生产加工小作坊、小餐饮基本上采取了许可管理,对食品摊贩则都采取了备案管理。

2016 年国家与省部级层面制定的有关重要的法律法规等文件的有关情况可参见本章后附的表 10-1 至表 10-7(第 260～278 页)。

三、食品安全热点问题持续受到关注

2016 年,转基因食品、网络食品等热点问题的相关法律法规备受关注,并且取得了一定的进展。

(一) 转基因农产品

随着科学技术的不断发展,转基因技术及其农产品一直备受关注。而且"挺转派"和"反转派"的争论日益白热化,进而使得公众对转基因作物及相关食品的误解日渐加深。与此同时,近几年曝光的多起非法种植转基因作物事件,更是加剧了人们的担忧。转基因问题既是重大的科技问题和国家安全问题,也是全面推进依法治国进程中的重大现实问题,必须注重运用法治思维与法治方式加以有效治理。2016 年 12 月 16 日,黑龙江省十二届人大常委会第三十次会议通过了新修订的《黑龙江省食品安全条例》，规定："本省行政区域内依法禁止种植转基因玉米、水稻、大豆等粮食作物，禁止非法生产、经营和为种植者提供转基因粮食作物种子，禁止非法生产、加工、销售、进口转基因或者含有转基因成分的食用农产品。"虽然此条例一经公布就引起了社会的广泛热议，甚至受到不少科学家的反驳，其合法性也受到部分法学专家的质疑，但作为一种尝试，应该值得肯定。

（二）网络食品安全

中国消费者协会发布的《2016 年全国消协组织受理投诉情况分析》指出，以网络购物为主体的远程购物的投诉量在服务投诉中依然遥遥领先，侵权行为频发，需要进一步加大网络购物领域消费者权益的保护力度。由于食品事关公众身体健康，网购食品的安全性更日益成为舆论关注的热点。由于网络食品经营的虚拟性和跨地域特点，对监管部门的行政管辖、案件调查、证据固定、处罚执行以及消费者权益保护等带来了极大的挑战，亟待出台具有针对性和操作性的管理办法。现行的《食品安全法》在全球首次规定了网络食品交易第三方平台法律责任，为此，国家食品药品监督管理总局从实际出发，于 2016 年 7 月发布了《网络食品安全违法行为查处办法》（国家食品药品监督管理总局令第 27 号），并于当年 10 月 1 日起施行。[①]　实际上国家食药监管总局曾先后于 2014 年、2015 年发布过《互联网食品药品经营监督管理办法（征求意见稿）》《网络食品经营监督管理办法（征求意见稿）》，最终通过的是《网络食品安全违法行为查处办法》。这一过程也在一定程度上折射了网络食品监管的复杂性。国家食品药品监管总局法制司有关负责人曾表示，我国在网络食品交易监管上有两个全球"第一"：第一个在食品安全法律中明确网络食品交易第三方平台义务和相应法律责任，第一个专门制订《网络食品安全违法行为查处办法》的国家。该《办法》体现了依法监管、分级管辖的特点，并强调落实主体责任，倡导社会共治。

与此同时，各地食品药品监管部门也进行了积极探索，各自发布了地方规制办法。2016 年 3 月，北京市食品药品监督管理局出台《网络食品经营监督管理办法（暂行）》；同年 4 月，辽宁省食品药品监督管理局出台《关于加强网络订餐食品安全监管的指导意见》；6 月，上海市食品药品监督管理局、上海市通信管理局出台《上海市网络餐饮服务监督管理办法》等。总之，《网络食品安全违法行为查处办法》等的出台，提高了网络食品安全治理的法治化水平，为监管部门进一步利用互联网思维探索食品安全治理的新路径，不断创新监管方式和监管手段提供了法律依据。

---

① 《国家食品药品监督管理总局发布〈网络食品安全违法行为查处办法〉》，国家食品药品监督管理总局官网，http://www.sda.gov.cn/WS01/CL0051/159061.html

四、食品安全法律法规的执法成效

执法成效是衡量法律法规能否有效得到贯彻落实的最基本的标准。2016 年，在食品安全法律法规的执法方面，取得了明显的成效。

（一）全国人大常委会的食品安全执法检查

2015 年 10 月 1 日被称为"史上最严"的《食品安全法》开始实施，2016 年全国人大在修法不到一年的时间就组织了执法检查。这次检查是人大执法检查以来规格最高、规模最大、创新最多的一次执法检查，这对督促政府建立健全统一权威的食品安全监管体制，推动食品安全战略、治理体系和治理能力建设，落实最严格的食品安全监管制度，着力发现和解决当前食品安全领域的突出问题具有重要的意义。[①]

2016 年上半年，全国人大常委会组成《食品安全法》执法检查组，由全国人大常委会委员长张德江和 4 位副委员长分别带队，赴天津、内蒙古、黑龙江、福建、湖北、广东、重庆、四川、陕西、甘肃等 10 个省、自治区和直辖市对《食品安全法》的实施情况进行检查，其他各省、自治区和直辖市进行自查。2016 年 6 月 30 日，张德江代表全国人大常委会执法检查组向常委会作了关于检查《食品安全法》实施情况的报告。2016 年 12 月 23 日，在第十二届全国人民代表大会常务委员会第二十五次会议上，国家食品药品监督管理总局局长、国务院食品安全办主任毕井泉受国务院委托，向全国人大常委会报告研究处理食品安全法执法检查报告和审议意见的情况。本次执法检查是自 2009 年《食品安全法》施行以来全国人大常委会开展的第三次执法检查，前两次分别在 2009 年和 2011 年。本次执法检查报告提出了九个方面需要高度重视的问题，对国务院今后的工作提出了十一项建议。

总体而言，2016 年进行的《食品安全法》第三次执法检查有如下四个特点：一是检查力度大。全国人大常委会委员长亲自担任组长并带队赴地方检查，由四位副委员长担任副组长，执法检查后还开展了专题询问，加大了执法检查的力度。二是检查范围广。此次检查基本涵盖了涉及食品安全的各个领域以及近年来人民群众关心的重点食品领域。三是深入基层。各执法检查组深入到乡镇食品监管机构以及最基层的食品生产经营单位，深入了解食品安全领域最突出的问题以及与人民群众关系最密切的食品安全问题。四是突出问题导向，边查边改。这次执法检查在新修订的食品安全法实施不满半年之际开展，充分体现了全国人大常委会对食品安全工作的高度重视，有力地推动了食品安全法的贯彻实施，对全面

---

① 《食品安全法执法检查》，中国人大网，http://www.npc.gov.cn/npc/zfjc/zfjcelys/node_30394.htm

落实党中央关于食品安全"四个最严"的要求,构建统一权威的食品药品监管体制,加快食品安全治理体系和能力现代化,保障人民群众食品安全意义重大。

(二) 依法惩处食品安全犯罪

2016 年是"十三五"规划的开局之年,不论是国家还是各省、自治区、直辖市都在食品安全的治理上进行了众多有益的探索。加快完善统一权威的食品安全监管体制和制度,增强食品安全监管工作的专业性和系统性。

2016 年,行政机关与司法部门按照各自的职能,以现行的《食品安全法》等法律法规为依据,在依法惩处食品安全犯罪方面又取得了新进展。

1. 行政机关执法

在此,以食品药品监管管理系统为例展开分析。2016 年,全国食品药品监管部门共查处食品案件 171221 件,货值金额 52620.9 万元,罚款 160570.9 万元,没收违法所得金额 8046.8 万元,查处无证 7741 户,捣毁制假窝点 344 个,吊销许可证 146 件,移送司法机关 1514 件。其中,查处保健食品案件 3725 件,货值金额 7866.7 万元,罚款 4786.4 万元,没收违法所得金额 196.9 万元,取缔(查处)未经许可生产经营 75 户,捣毁制假售假窝点 21 个,责令停产停业 97 户,移交司法机关 141 件(参见图 10-1)。查处保健食品案件情况示意于图 10-2 中。

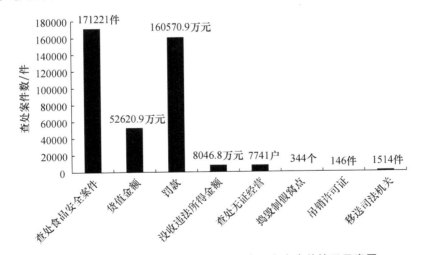

图 10-1　全国食品药品监管系统查处食品安全案件情况示意图

资料来源:国家食品药品监督管理总局:《食品药品监管统计年报》(2014—2016 年)。

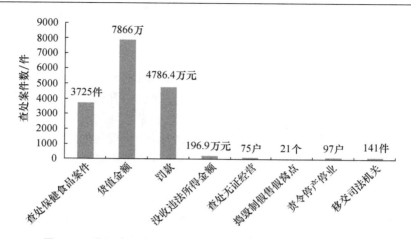

图 10-2   全国食品药品监管系统查处保健食品案件情况示意图

资料来源:国家食品药品监督管理总局:《食品药品监管统计年报》(2014—2016 年)。

与此同时,全国食品药品监管部门会同公安等部门,认真研究食品安全违法案件取证难、移送难、入罪难等问题,建立完善了案件线索通报、案件移送、案件信息通报等制度机制并联合检察院系统共同挂牌督办重大食品安全犯罪案件。

2. 公安机关执法

2016 年,公安部认真贯彻落实中央领导同志关于食品药品安全工作一系列重要指示批示精神,部署各地公安机关开展以食品药品领域为重点的打假"利剑"行动,不断深化"打四黑除四害"工作,坚持零容忍、出快手、下重拳,继续保持对食品药品违法犯罪的严打高压态势,创新打击犯罪工作机制,完善行政执法和刑事司法衔接机制,会同食品药品监管等部门有效维护了食品药品安全持续稳定向好的局面。全年共破获食品犯罪案件 1.2 万起、药品犯罪案件 8500 起,公安部挂牌督办的 350 余起案件全部告破,及时铲除了一批制假售假的黑工厂、黑作坊、黑窝点、黑市场,有效摧毁了一批制假售假的犯罪网络。与此同时,公安部公布了打假"利剑"行动破获食品药品犯罪典型案件。这些典型的食品安全犯罪案件是:

(1)上海普陀董某等销售含瘦肉精牛肉案。2016 年 10 月,上海市公安局普陀分局在食品药品监管部门配合下,成功侦破一起销售含瘦肉精牛肉案,抓获犯罪嫌疑人董某等 5 人,现场查获无检验检疫证明的进口牛肉 6080 公斤,涉案金额达 1000 万元。经检测,涉案牛肉含有"莱克多巴胺"成分。经查,自 2015 年起,犯罪嫌疑人董某等人大量购买从美国进口的未经检验检疫且含有"瘦肉精"成分的牛肉,并在本地水产市场开设店铺对外销售。目前,该案已移送检察院审查起诉。

（2）湖南怀化破获假冒保健食品非法添加药品案。2016年6月，根据当地食药监部门移送的线索，湖南怀化公安机关破获一起减肥产品非法添加西药案。经查，2015年以来，广州安诗生物科技有限公司原法人代表姚某某联系广州希亚益生物科技有限公司总经理刘某某提供减肥产品WOASO闪电瘦。刘某某收到姚某某订单及货款后，联系广州市东智盟生物科技有限公司主管黄某某生产"WOASO闪电瘦"产品。姚某某通过微信、支付宝、银行转账等方式收集其下线"官方合伙人"产品订单及货款，下线"官方合伙人"24人，涉案人员包括一级、二级、三级代理和特约经营人员近500人。经检测，"WOASO闪电瘦"产品含国家禁止添加的"西布曲明"成分。目前，当地公安机关已采取刑事强制措施38人，并于近期移送检察院审查起诉。

（3）湖北随州李某某等生产、销售假酒案。2016年1月，湖北随州公安机关会同食品药品监管部门，打掉位于随州城区的生产、销售假酒"黑窝点"，现场查扣假冒知名品牌假酒11.2万余瓶，查封制假生产线1条、各类包装材料30万余件（套）、食用酒精100多吨。经查，犯罪嫌疑人李某某，聘请王某某等人组成制假售假团伙，非法勾兑调配灌装白酒，并假冒知名品牌白酒，通过糖酒交易会向各地经销商推销，销售金额达1200万元。目前，该案已移送检察院审查起诉。

（4）江苏盐城张某某等生产、销售假盐案。2016年2月，江苏盐城公安机关根据盐务部门通报的线索，破获张某某等人涉嫌生产、销售假盐案，抓获犯罪嫌疑人14人，捣毁加工生产窝点6处，查扣涉案食盐40吨。经查，2015年8月至案发，犯罪嫌疑人张某某等人利用在盐城苏盐连锁有限公司做运销员的工作便利，从王某某等处购入工业盐、假冒外包装箱、食用盐包装袋等，组织吴某某等生产假冒品牌食盐，销售至盐城及周边调味品批发部、超市等，案值120万元。目前，该案已移送检察院审查起诉。

3. 检察机关与人民法院执法

2016年，全国检察机关把严惩危害食品药品安全犯罪作为重要工作，深入开展专项立案监督，建议食品药品监管部门移送涉嫌犯罪案件1591件，起诉危害食品药品安全犯罪11958人。庞红卫等人非法经营疫苗案曝光后，最高人民检察院立即挂牌督办，山东、河南、河北等地检察机关加强与监管部门和公安机关衔接，批准逮捕355人，已起诉291人，立案查处失职渎职等职务犯罪174人。

全国法院系统认真贯彻以人民为中心的发展思想，切实保障民生权益，严惩危害食品药品安全犯罪。上海法院审结福喜公司生产、销售伪劣产品案，山东济南法院审结庞红卫等非法经营疫苗系列案。湖南、广西、海南、云南等地法院在景区设立审判点，就地化解旅游纠纷。

表 10-1　2016 年国务院修改的有关食品安全的行政法规

序号	制定机关	文件名称	文　号	制定时间
1	国务院	《中华人民共和国食品安全法实施条例》(2016 年修订)	国务院令第 666 号	2016.02.06
2	国务院	《饲料和饲料添加剂管理条例》(2016 年修订)	国务院令第 666 号	2016.02.06
3	国务院	《生猪屠宰管理条例》(2016 年修订)	国务院令第 666 号	2016.02.06

资料来源:根据相关资料整理形成。

表 10-2　2016 年国务院发布的有关食品安全的规范性文件

序号	制定机关	文件名称	文　号	制定时间
1	国务院	国务院《关于整合调整餐饮服务场所的公共场所卫生许可证和食品经营许可证的决定》	国发[2016]12 号	2016.02.03
2	国务院办公厅	国务院办公厅《关于印发贯彻实施质量发展纲要 2016 年行动计划的通知》	国办发[2016]18 号	2016.04.04
3	国务院办公厅	国务院办公厅《关于印发 2016 年食品安全重点工作安排的通知》	国办发[2016]30 号	2016.04.27
4	国务院办公厅	国务院办公厅《关于印发食品安全工作评议考核办法的通知》	国办发[2016]65 号	2016.08.17
5	国务院办公厅	国务院办公厅《关于印发消费品标准和质量提升规划(2016—2020 年)的通知》	国办发[2016]68 号	2016.09.06
6	国务院办公厅	国务院办公厅《关于建立统一的绿色产品标准、认证、标识体系的意见》	国办发[2016]86 号	2016.11.22
7	国务院	国务院《关于研究处理食品安全法执法检查报告及审议意见情况的反馈报告》	—	2016.12.23

资料来源:根据相关资料整理形成。

表 10-3　2016 年国务院部委发布的有关食品安全的规章

序号	制定机关	文件名称	文　号	制定时间
1	国家食品药品监督管理总局	《食用农产品市场销售质量安全监督管理办法》	国家食品药品监督管理总局令第 20 号	2016.01.05
2	国家食品药品监督管理总局	《食品药品投诉举报管理办法》	国家食品药品监督管理总局令第 21 号	2016.01.12
3	国家食品药品监督管理总局	《保健食品注册与备案管理办法》	国家食品药品监督管理总局令第 22 号	2016.02.26
4	国家食品药品监督管理总局	《食品生产经营日常监督检查管理办法》	国家食品药品监督管理总局令第 23 号	2016.03.04
5	国家食品药品监督管理总局	《特殊医学用途配方食品注册管理办法》	国家食品药品监督管理总局令第 24 号	2016.03.07
6	国家食品药品监督管理总局	《婴幼儿配方乳粉产品配方注册管理办法》	国家食品药品监督管理总局令第 26 号	2016.06.06
7	国家食品药品监督管理总局	《网络食品安全违法行为查处办法》	国家食品药品监督管理总局令第 27 号	2016.07.13
8	农业部	农业部《关于修改〈农业转基因生物安全评价管理办法〉的决定(2016)》	农业部令 2016 年第 7 号	2016.10.01

资料来源:根据相关资料整理形成。

表 10-4　2016 年国务院部委发布的有关食品安全的规范性文件

序号	制定机关	文件名称	文　号	制定时间
1	国家食品药品监督管理总局	国家食品药品监管总局办公厅《关于将国产保健食品吸收合并等批准证书变更事项纳入保健食品注册管理系统管理的通知》	食药监办食监三[2016]1 号	2016.01.05
2	国家卫生和计划生育委员会,国家食品药品监督管理总局	国家卫生计生委办公厅、食品药品监管总局办公厅《关于食品安全国家标准有关问题的复函》	国卫办食品函[2016]34 号	2016.01.12
3	国家食品药品监督管理总局	《关于公布食品生产许可分类目录的公告》	国家食品药品监督管理总局公告 2016 年第 23 号	2016.01.22
4	国家食品药品监督管理总局	国家食品药品监管总局办公厅《关于复配食品添加剂生产许可有关问题的复函》	食药监办食监一函[2016]71 号	2016.02.01

（续表）

序号	制定机关	文件名称	文　号	制定时间
5	国家食品药品监督管理总局	国家食品药品监管总局办公厅《关于非法添加药品氨茶碱和双氯芬酸钠违法行为定性的复函》	食药监办食监三函[2016]72号	2016.02.01
6	国家食品药品监督管理总局	监管总局办公厅《关于过渡期食品生产许可证吊销有关问题的复函》	食药监办食监一函[2016]86号	2016.02.04
7	国家质量监督检验检疫总局	《关于调整国家级出口食品农产品质量安全示范区考核时间等有关事项的通知》	国质检食［2014］216号	2016.02.17
8	国家食品药品监督管理总局	《关于停止冬虫夏草用于保健食品试点工作的通知》	食药监食监三[2016]21号	2016.02.26
9	国家食品药品监督管理总局	《关于处置违法使用不合格银杏叶提取物生产保健食品行为的意见》	—	2016.03.01
10	国家食品药品监督管理总局，国家卫生和计划生育委员会	《关于整合调整餐饮服务场所的公共场所卫生许可证和食品经营许可证有关事项的通知》	食药监食监二[2016]29号	2016.03.14
11	国家食品药品监督管理总局	国家食品药品监管总局办公厅《关于新食品原料生产许可审查有关问题的复函》	食药监办食监一函[2016]184号	2016.03.22
12	国家食品药品监督管理总局	《关于印发食品生产经营日常监督检查有关表格的通知》	食药监食监一[2016]58号	2016.05.06
13	国家食品药品监督管理总局	《关于印发食用农产品批发市场落实〈食用农产品市场销售质量安全监督管理办法〉推进方案的通知》	食药监食监二[2016]71号	2016.06.13
14	国家食品药品监督管理总局	《关于食用农产品市场销售质量安全监督管理有关问题的通知》	食药监食监二[2016]72号	2016.06.13
15	国家卫生和计划生育委员会	《关于海藻酸钙等食品添加剂新品种的公告》	国家卫生计生委公告2016年第8号	2016.06.15
16	国务院食品安全委员会	《关于进一步加强学校校园及周边食品安全工作的意见》	食安办[2016]12号	2016.06.16

（续表）

序号	制定机关	文件名称	文　号	制定时间
17	国家卫生和计划生育委员会	《关于进一步加强食品安全标准管理工作的通知》	国卫办食品函〔2016〕733 号	2016.06.30
18	国家食品药品监督管理总局	《关于实施〈保健食品注册与备案管理办法〉有关事项的通告》	国家食品药品监管总局通告 2016 年第 103 号	2016.06.30
19	国家食品药品监督管理总局	《关于实施〈保健食品注册与备案管理办法〉有关事项的通知》	食药监食监三〔2016〕81 号	2016.06.30
20	国家卫生和计划生育委员会	《关于印发有碍食品安全的疾病目录的通知》	国卫食品发〔2016〕31 号	2016.07.01
21	国家食品药品监督管理总局	《关于进一步加强食品添加剂生产监管工作的通知》	食药监办食监一〔2016〕96 号	2016.07.11
22	国家食品药品监督管理总局	《关于发布〈特殊医学用途配方食品注册管理办法〉相关配套文件的公告》	国家食品药品监管总局公告 2016 年第 123 号	2016.07.13
23	国家食品药品监督管理总局	《关于加强食品销售者现场制售食品监管工作的通知》	食药监办食监二〔2016〕100 号	2016.07.14
24	国家卫生和计划生育委员会	《关于氨基磺酸等食品相关产品新品种的公告》	国家卫生和计划生育委员会公告 2016 年第 10 号	2016.07.22
25	国家卫生和计划生育委员会	《关于抗坏血酸棕榈酸酯（酶法）等食品添加剂新品种的公告》	国家卫生和计划生育委员会公告 2016 年第 9 号	2016.07.22
26	国务院食品安全委员会	《关于印发〈畜禽水产品抗生素、禁用化合物及兽药残留超标专项整治行动方案〉的通知》	食安办〔2016〕15 号	2016.07.27
27	国家食品药品监督管理总局，国家认证认可监督管理委员会	国家食品药品监管总局、国家认监委《关于印发食品检验机构资质认定条件的通知》	食药监科〔2016〕106 号	2016.08.08
28	国家食品药品监督管理总局	《关于全面加强食品药品监管系统法治建设的实施意见》	食药监法〔2016〕101 号	2016.08.08

（续表）

序号	制定机关	文件名称	文　　号	制定时间
29	国家食品药品监督管理总局	《关于印发食品生产许可审查通则的通知》	食药监食监一〔2016〕103 号	2016.10.01
30	国家食品药品监督管理总局	《关于餐饮服务场所的公共场所卫生许可证和食品经营许可证整合后调整食品经营许可条件有关事项的通知》	食药监食监二〔2016〕109 号	2016.08.22
31	国家食品药品监督管理总局	《关于印发食品安全信用信息管理办法的通知》	食药监食监二〔2016〕110 号	2016.08.22
32	国家卫生和计划生育委员会，国家食品药品监督管理总局	《关于发布〈食品安全国家标准食品添加剂磷酸氢钙〉（GB 1886.3-2016）等 243 项食品安全国家标准和 2 项标准修改单的公告》	国家卫生计生委、食品药品监管总局公告2016 年第 11 号	2016.08.31
33	国家食品药品监督管理总局	《关于印发食品生产经营风险分级管理办法（试行）的通知》	食药监食监一〔2016〕115 号	2016.09.05
34	国家发展和改革委员会	国家发展改革委等部门印发《关于对食品药品生产经营严重失信者开展联合惩戒的合作备忘录》的通知	发改财金〔2016〕1962 号	2016.09.13
35	国家食品药品监督管理总局	《关于推动食品药品生产经营者完善追溯体系的意见》	食药监科〔2016〕122 号	2016.09.22
36	国家食品药品监督管理总局	《关于加强县级食品药品监督管理部门及其派出机构食品安全执法规范化的指导意见》	食药监法〔2016〕124 号	2016.09.30
37	国家食品药品监督管理总局	《关于发布特殊医学用途配方食品临床试验质量管理规范（试行）的公告》	国家食品药品监管总局公告 2016 年第162 号	2016.10.13
38	国家卫生和计划生育委员会，国家食品药品监督管理总局	《关于发布〈食品安全国家标准食品接触材料及制品通用安全要求〉（GB 4806.1-2016）等 53 项食品安全国家标准的公告》	国家卫生和计划生育委员会、国家食品药品监管总局公告 2016年第 15 号	2016.10.19

（续表）

序号	制定机关	文件名称	文　号	制定时间
39	国家食品药品监督管理总局	《关于发布〈婴幼儿配方乳粉产品配方注册申请材料项目与要求（试行）〉和〈婴幼儿配方乳粉产品配方注册现场核查要点及判断原则（试行）〉的公告》	国家食品药品监管总局公告 2016 年第 175 号	2016.10.29
40	国家卫生和计划生育委员会	《关于食品用香料新品种 9-癸烯-2-酮、茶多酚等 7 种食品添加剂扩大使用范围和食品营养强化剂钙扩大使用范围的公告》	国家卫生和计划生育委员会公告 2016 年第 14 号	2016.11.01
41	国家食品药品监督管理总局	《关于印发保健食品注册审评审批工作细则的通知》	食药监食监三〔2016〕139 号	2016.11.14
42	国家食品药品监督管理总局，中国铁路总公司	《关于印发铁路运营食品安全管理办法的通知》（2016 修订）	无	2016.11.23
43	国家食品药品监督管理总局	《关于印发保健食品生产许可审查细则的通知》	食药监食监三〔2016〕151 号	2016.11.28
44	国家食品药品监督管理总局	《关于进一步监督大型食品生产企业落实食品安全主体责任的指导意见》	食药监食监一〔2016〕152 号	2016.11.28
45	国家食品药品监督管理总局	国家食品药品监管总局办公厅《关于食品安全行政处罚法律适用有关事项的通知》	食药监办法函〔2016〕668 号	2016.11.29
46	国家食品药品监督管理总局	《关于进一步加强婴幼儿配方乳粉监管有关工作的公告》	国家食品药品监管总局公告 2016 年第 184 号	2016.12.02
47	国家食品药品监督管理总局	国家食品药品监管总局办公厅《关于种猪及晚阉猪肉生鲜肉品上市销售问题的复函》	药监办食监二函〔2016〕888 号	2016.12.06
48	国家食品药品监督管理总局、教育部	《关于进一步加强中小学校和幼儿园食品安全监督管理工作的通知》	食药监食监二〔2016〕158 号	2016.12.07

（续表）

序号	制定机关	文件名称	文　　号	制定时间
49	国家食品药品监督管理总局	《关于保健食品延续注册(再注册)受理有关问题的通告》	国家食品药品监管总局通告 2016 年第 163 号	2016.12.09
50	国家卫生和计划生育委员会,农业部,国家食品药品监督管理总局	国家卫生和计划生育委员会、农业部、国家食品药品监督管理总局《关于发布〈食品安全国家标准食品中农药最大残留限量〉(GB 2763-2016)等 107 项食品安全国家标准的公告》	国家卫生和计划生育委员会、农业部、国家食品药品监督管理总局公告 2016 年第 16 号	2016.12.18
51	国家食品药品监管总局	《关于发布食品中那非类物质的测定和小麦粉中硫脲的测定 2 项检验方法的公告》	国家食品药品监管总局公告 2016 年第 196 号	2016.12.22
52	国家食品药品监管总局	国家食品药品监管总局办公厅《关于印发食品补充检验方法工作规定的通知》	食药监办科〔2016〕175 号	2016.12.23
53	国家卫生和计划生育委员会,国家食品药品监督管理总局	《关于发布〈食品安全国家标准鲜(冻)畜、禽产品〉(GB 2707-2016)等 127 项食品安全国家标准的公告》	国家卫生计生委、国家食品药品监管总局公告 2016 年第 17 号	2016.12.23
54	国家食品药品监督管理总局,国家卫生和计划生育委员会,国家中医药管理局	《关于发布〈保健食品原料目录(一)〉和〈允许保健食品声称的保健功能目录(一)〉的公告》	国家食品药品监督管理总局、国家卫生计生委、国家中医药管理局公告 2016 年第 205 号	2016.12.27
55	国家食品药品监督管理总局	《关于印发食品检验工作规范的通知》	食药监科〔2016〕170 号	2016.12.30
56	农业部	《关于加快推进农产品质量安全追溯体系建设的意见》	农质发〔2016〕8 号	2016.06.21
57	农业部	农业部办公厅《关于印发〈2016 年农业转基因生物安全监管工作方案〉的通知》	农办科〔2016〕3 号	2016.01.28
58	农业部	《关于进一步加强转基因作物监管工作的通知》	农科教发〔2016〕3 号	2016.04.12

资料来源:根据相关资料整理形成。

表 10-5 2016 年颁布的有关食品安全的地方性法规

序号	制定机关	文件名称	文 号	制定时间
1	河北省人大	《河北省食品小作坊小餐饮小摊点管理条例》	河北省第十二届人民代表大会常务委员会公告第 81 号	2016.03.29
2	江苏省人大	《江苏省食品小作坊和食品摊贩管理条例》	江苏省人大常委会公告第 40 号	2016.03.30
3	广东省人大	《广东省食品安全条例》（2016 修订）	广东省第十二届人民代表大会常务委员会公告第 61 号	2016.05.25
4	湖北省人大	《湖北省食品安全条例》	湖北省人民代表大会常务委员会公告第 201 号	2016.07.28
5	青海省人大	《青海省食品生产加工小作坊和食品摊贩管理条例》	青海省人民代表大会常务委员会公告第 37 号	2016.09.23
6	辽宁省人大	《辽宁省食品安全条例》	辽宁省人民代表大会常务委员会公告第 54 号	2016.11.11
7	重庆市人大	《重庆市食品生产加工小作坊和食品摊贩管理条例》	重庆市人民代表大会常务委员会公告〔2016〕第 56 号	2016.11.24
8	甘肃省人大	《甘肃省食品小作坊小经营店小摊点监督管理条例》	甘肃省人民代表大会常务委员会公告第 52 号	2016.11.24
9	四川省人大	《四川省食品小作坊、小经营店及摊贩管理条例》	四川省第十二届人民代表大会常务委员会公告第 79 号	2016.11.30
10	江西省人大（含常委会）	《江西省食品小作坊小餐饮小食杂店小摊贩管理条例》	江西省第十二届人民代表大会常务委员会公告第 120 号	2016.12.01
11	湖南省人大	《湖南省食品生产加工小作坊小餐饮和食品摊贩管理条例》	无	2016.12.02
12	黑龙江省人大	《黑龙江省食品安全条例》（2016 修订）	黑龙江省第十二届人民代表大会常务委员会公告第 46 号	2016.12.16
13	浙江省人大	《浙江省食品小作坊小餐饮店小食杂店和食品摊贩管理规定》	浙江省人民代表大会常务委员会公告第 53 号	2016.12.23
14	浙江省人大	《浙江省农产品质量安全规定》	浙江省人民代表大会常务委员会公告第 52 号	2016.12.01

（续表）

序号	制定机关	文件名称	文　号	制定时间
15	新疆维吾尔自治区人大（含常委会）	《新疆维吾尔自治区畜禽屠宰管理条例》（2016 年修正）	新疆维吾尔自治区第十二届人民代表大会常务委员会公告第 31 号	2016.09.29
16	吉林市人大（含常委会）	《吉林市餐厨垃圾管理条例》	吉林市第十五届人民代表大会常务委员会公告第 4 号	2016.04.01
17	无锡市人大	《无锡市外送快餐卫生管理规定》（2016 年修正）	无	2016.12.02
18	浙江省人大	《浙江省盐业管理条例》（2016 年修正）	浙江省人民代表大会常务委员会公告第 54 号	2016.12.23
19	天津市人大	《天津市盐业管理条例》（2016 年修正）	天津市人民代表大会常务委员会公告第 52 号	2016.07.29
20	浙江省人大	《浙江省盐业管理条例》（2016 年修正）	浙江省人民代表大会常务委员会公告第 54 号	2016.12.23

资料来源：根据相关资料整理形成。

表 10-6　2016 年颁布的有关食品安全的地方政府规章

序号	制定机关	文件名称	文　号	制定时间
1	淄博市政府	《淄博市餐厨废弃物管理办法》	淄博市人民政府令第 97 号	2016.01.29
2	杭州市政府	《杭州市餐厨废弃物管理办法》	杭州市人民政府令第 290 号	2016.02.03
3	合肥市政府	《合肥市畜产品质量安全监督管理办法》（2016 年）	合肥市人民政府令第 184 号	2016.03.17
4	内蒙古自治区政府	《内蒙古自治区牛羊屠宰管理办法》	内蒙古自治区人民政府令第 218 号	2016.04.01
5	杭州市政府	《杭州市危害食品安全行为举报奖励办法》	杭州市人民政府令第 292 号	2016.07.06
6	广州市政府	《广州市临近保质期和超过保质期食品管理办法》	广州市人民政府令第 141 号	2016.07.23
7	天津市政府	《天津市食品生产加工小作坊和食品摊贩监督管理办法》	天津市人民政府令第 26 号	2016.09.21
8	西藏自治区政府	《西藏自治区食品安全责任追究办法》（试行）	西藏自治区人民政府令第 134 号	2016.10.09
9	云南省政府	《云南省食品生产加工小作坊和食品摊贩管理办法》	云南省人民政府令第 205 号	2016.10.17

（续表）

序号	制定机关	文件名称	文　号	制定时间
10	海南省政府	《海南省食品生产加工小作坊监督管理办法》	海南省人民政府令第263 号	2016.12.07

资料来源：根据相关资料整理形成。

表 10-7　2016 年发布的有关食品安全的地方规范性文件

序号	制定机关	文件名称	文　号	制定时间
1	贵州省食品药品监督管理局	《贵州省食品经营许可实施办法》（试行）	黔食药监发〔2016〕2 号	2016.01.01
2	贵州省食品药品监督管理局	《贵州省食品经营许可审查细则》（试行）	黔食药监发〔2016〕3 号	2016.01.01
3	内蒙古自治区食品药品监督管理局	《内蒙古自治区重大活动餐饮服务食品安全保障工作指南》（试行）	内食药监办〔2016〕2 号	2016.01.05
4	北京市食品药品监督管理局，北京市农业局	《北京市畜禽产品食品安全监督管理暂行办法》	—	2016.01.06
5	长沙市政府	《长沙市农村集体聚餐食品安全监督管理办法》	长政办发〔2016〕1 号	2016.01.07
6	长沙市政府	《长沙市食品药品违法行为举报奖励办法》	长政办发〔2016〕3 号	2016.01.11
7	上海市政府	《上海市食品安全举报奖励办法》	沪府办发〔2016〕2 号	2016.01.19
8	湖北省食品药品监督管理局	《湖北省食品药品行政处罚自由裁量权适用规则》	鄂食药监文〔2016〕13 号	2016.01.21
9	上海市食品药品监督管理局	《上海市食品生产加工小作坊食品品种目录》（2015 版）	上海市食品药品监管局通告 2016 年第 1 号	2016.01.29
10	广东省食品药品监督管理局	《广东省食品药品监督管理局关于食品经营许可的实施细则》（试行）	粤食药监办食餐〔2016〕36 号	2016.01.29
11	扬州市政府	《扬州市食品安全事故应急预案》	扬府办发〔2016〕12 号	2016.01.30
12	吉林省政府食品药品安全委员会，吉林省食品药品监督管理局	《吉林省食品药品安全突发事件应急预案管理办法》	吉食药安办发〔2015〕65 号	2016.02.15

（续表）

序号	制定机关	文件名称	文　号	制定时间
13	辽宁省食品药品监督管理局	《辽宁省食品药品监督管理局关于加强和改进食品生产许可工作的意见》	辽食药监生发〔2016〕23号	2016.02.18
14	广东省食品药品监督管理局	《广东省食品药品监督管理局食品生产加工小作坊登记管理办法》	粤食药监局食产〔2016〕29号	2016.02.22
15	湖北省工商行政管理局	《湖北省工商局关于废止食品类规范性文件的决定》	鄂工商法〔2016〕25号	2016.02.26
16	北京市食品药品监督管理局	《北京市网络食品经营监督管理办法》（暂行）	—	2016.03.14
17	深圳市市场和质量监督管理委员会	《深圳市食品经营许可实施办法》（试行）	—	2016.03.16
18	北京市食品药品监督管理局（原北京市药品监督管理局）	《北京市小餐饮服务单位食品安全技术审查规范》（暂行）	—	2016.03.25
19	北京市通州人民区政府	《通州区落实乡镇政府、街道办事处食品安全监管责任管理办法》	通政办发〔2016〕6号	2016.03.29
20	上海市食品药品监督管理局	《上海市浦东新区内小餐饮店备案和监督管理办法》（试行）	沪食药监法〔2016〕313号	2016.03.30
21	商丘市人民政府	《商丘市食品安全突发事件应急预案》	商政办〔2016〕29号	2016.04.05
22	攀枝花市人民政府	《攀枝花市食品药品安全举报奖励办法》（试行）	攀办发〔2016〕12号	2016.04.17
23	上海市教育委员会	《上海高校食品安全督查员管理办法》	沪教委后〔2016〕7号	2016.04.22
24	四川省食品药品监督管理局	《四川省食品生产许可实施方案》	川食药监发〔2016〕61号	2016.04.27
25	北京市食品药品监督管理局	《北京市食品药品违法行为举报奖励办法》（2016年修订）	—	2016.05.06
26	北京市食品药品监督管理局	《北京市食品药品行政处罚案件信息公开制度》（试行）	—	2016.05.10

（续表）

序号	制定机关	文件名称	文　号	制定时间
27	湖北省食品药品监督管理局，湖北省民政厅	《湖北省养老机构食堂食品安全管理规范》（试行）	—	2016.05.12
28	上海市食品药品监督管理局	《上海市食品安全抽样检验实施细则》	沪食药监协〔2016〕292号	2016.05.12
29	湖北省食品药品监督管理局	《湖北省现制现售生鲜乳饮品食品安全管理规定》（试行）	鄂食药监规〔2016〕2号	2016.05.17
30	龙岩市政府	《龙岩市食品药品违法行为举报奖励办法》	龙政办〔2016〕123号	2016.05.18
31	北京市食品药品监督管理局	《北京市食品药品投诉举报管理办法》	—	2016.05.21
32	武汉市人民政府	《武汉市人民政府办公厅关于整合调整餐饮服务场所卫生许可和食品经营许可的通知》	武政办〔2016〕70号	2016.05.24
33	上海市卫生和计划生育委员会	《上海市食品安全企业标准备案办法》	—	2016.05.30
34	湖南省人民政府	《湖南省食品安全事故应急预案》	湘政办发〔2016〕41号	2016.06.01
35	汕头市食品药品监督管理局	《汕头市食品生产加工小作坊禁止生产的食品目录》	汕食药监〔2016〕48号	2016.06.02
36	湖北省人民政府	《湖北省食品安全信息追溯管理办法》（试行）	鄂政办发〔2016〕42号	2016.06.03
37	上海市食品药品监督管理局，上海市通信管理局	《上海市网络餐饮服务监督管理办法》	沪食药监餐饮〔2016〕341号	2016.06.24
38	河北省食品药品监督管理局	《河北省小餐饮登记管理办法》（试行）	—	2016.06.24
39	上海市食品药品监督管理局	《上海市食品药品严重违法生产经营者与相关责任人员重点监管名单管理办法》	沪食药监稽〔2016〕452号	2016.07.04
40	云南省食品药品监督管理局	《云南省食品生产企业质量安全授权管理办法》	云南省食品药品监督管理局公告第1号	2016.07.06
41	成都市	《成都市食品药品违法行为举报奖励办法》（试行）	成办函〔2016〕105号	2016.07.11

（续表）

序号	制定机关	文件名称	文　号	制定时间
42	北京市食品药品监督管理局	《北京市食品生产经营者风险分级规范》（试行）	—	2016.07.12
43	浙江省食品药品监督管理局	《浙江省食品药品行政处罚自由裁量指导意见》（试行）	浙食药监规[2016]13号	2016.07.12
44	北京市食品药品监督管理局	《北京市食品药品监督管理局食品类相关案件处理指导意见（二）》（试行）	—	2016.07.20
45	徐州市人民政府	《徐州市食品安全工作考核评价办法》	徐政办发[2016]127号	2016.07.20
46	徐州市人民政府	《徐州市食品安全工作责任制与责任追究办法》	徐政办发[2016]127号	2016.07.20
47	北京市大兴区政府	《大兴区强化镇政府街道办事处食品安全监管责任工作意见》	—	2016.08.22
48	内蒙古自治区食品药品监督管理局	《内蒙古自治区食品药品监督管理局关于加强超过保质期食品和回收食品监管有关问题的通知》	内食药监食流[2016]154号	2016.07.22
49	江西省人民政府	《江西省食品安全工作行政责任追究暂行办法》	赣府厅发[2016]36号	2016.07.27
50	南京市人民政府	南京市政府办公厅《关于印发〈南京市基层食品药品监管机构建设指导意见及考核目标〉和〈南京市食品安全检验检测体系建设指导意见〉的通知》	宁政办发[2016]101号	2016.07.27
51	江苏省食品药品监督管理局	《江苏省食品经营许可管理实施办法》（试行）	苏食药监规[2016]1号	2016.08.02
52	黑龙江省食品药品监督管理局	《黑龙江省乳制品生产环节安全监督检查操作规程》	黑食药监乳品[2016]211号	2016.08.02
53	广州市人民政府	《广州市食品安全事故应急预案》	穗府办[2016]13号	2016.08.03
54	厦门市市场监督管理局	《厦门市食品和食用农产品经营者食品安全追溯体系建设规范》	厦市监食流[2016]12号	2016.08.04

（续表）

序号	制定机关	文件名称	文　号	制定时间
55	厦门市市场监督管理局，厦门市农业局，厦门市海洋与渔业局	《厦门市食用农产品产地准出与市场准入条件规范》	厦市监综〔2016〕14 号	2016.08.04
56	永州市人民政府	《永州市食品药品监管系统事权划分意见》（暂行）	永政办发〔2016〕33 号	2016.08.08
57	乌海市人民政府	《乌海市全面推行食品安全责任保险工作实施方案》	乌海政办发〔2016〕47 号	2016.08.12
58	乌海市人民政府	《关于加强学校食堂等餐饮服务业态食品安全监管工作的实施意见》	乌海政办发〔2016〕46 号	2016.08.12
59	苏州市人民政府	《苏州市食品小作坊登记证申领程序暂行规定》	苏府办〔2016〕171 号	2016.08.12
60	河北省食品药品监督管理局	《河北省食品药品监督管理系统行政执法责任制规定》	冀食药监法〔2016〕123 号	2016.08.15
61	河北省食品药品监督管理局	《河北省食品药品监督管理系统行政执法过错责任追究办法》	冀食药监法〔2016〕122 号	2016.08.15
62	北京市食品药品监督管理局	北京市食品药品监督管理局《关于进一步加强食品添加剂生产监管工作的通知》	京食药监食生〔2016〕10 号	2016.08.16
63	北京市海淀区人民政府	《北京市海淀区食品药品安全责任约谈制度》（试行）	海政办发〔2016〕52 号	2016.08.22
64	佛山市食品药品监督管理局	佛山市食品药品监督管理局《关于印发佛山市禁止食品小作坊生产加工的食品目录的通知》（2016 版）	佛食药监食产〔2016〕326 号	2016.08.23
65	南通市人民政府	《南通市市区食品小作坊登记证申领管理办法》（试行）	通政规〔2016〕5 号	2016.08.30
66	张家界市人民政府	《张家界市食品安全事故应急预案》	张政办发〔2016〕41 号	2016.08.31
67	宁波市人民政府	宁波市人民政府办公厅《关于印发宁波市食品安全事件应急预案的通知》	甬政办发〔2016〕139 号	2016.09.02
68	苏州市人民政府	《苏州市食品安全工作考核评价办法》	苏府办〔2016〕200 号	2016.09.08

（续表）

序号	制定机关	文件名称	文　　号	制定时间
69	上海市食品药品监督管理局	《关于餐饮服务环节贯彻落实〈网络食品安全违法行为查处办法〉、〈上海市网络餐饮服务监督管理办法〉的若干意见》	沪食药监餐饮〔2016〕441号	2016.09.12
70	北京市卫生和计划生育委员会，北京市食品药品监督管理局，北京市质量技术监督局，北京市农业局	《2016年食品安全标准跟踪评价工作方案》	京卫食品字〔2016〕20号	2016.09.13
71	娄底市人民政府	《娄底市食品安全事故应急预案》	娄政办发〔2016〕23号	2016.09.19
72	吉安市人民政府	《吉安市突发食品安全事故应急预案》（试行）	吉府办发〔2016〕20号	2016.09.20
73	陕西省人民政府	《陕西省食品安全行政责任追究办法》	陕政办发〔2016〕78号	2016.09.21
74	南平市人民政府	《南平市食品安全有奖举报办法》	南政办〔2016〕121号	2016.09.21
75	江门市人民政府	《江门市年度食品安全工作评议考核办法》	江府办函〔2016〕196号	2016.09.22
76	常州市人民政府	常州市政府办公室《关于印发常州市食品安全工作评议考核办法和常州市食品安全工作责任制与责任追究办法的通知》	常政办发〔2016〕134号	2016.09.23
77	益阳市人民政府	《益阳市食品安全事故应急预案》	益政办发〔2016〕24号	2016.09.26
78	台州市人民政府	《台州市餐饮服务重点单位食品安全主体责任痕迹化管理实施意见》（试行）	台政办函〔2016〕72号	2016.09.27
79	徐州市人民政府	《徐州市市区食品小作坊登记证申领管理办法》	徐政规〔2016〕1号	2016.09.28
80	黑河市人民政府	《黑河市食品安全事故应急预案》	黑市政办规〔2016〕21号	2016.09.28

（续表）

序号	制定机关	文件名称	文　号	制定时间
81	成都市人民政府	《成都市食品安全突发事件应急预案》	成办发[2016]36 号	2016.09.30
82	深圳市市场和质量监督管理委员会	《深圳市食品生产经营单位先进管理体系资金资助管理办法》	深市质规[2016]2 号	2016.09.30
83	北京市食品药品监督管理局	《北京市食品经营许可审查细则》（试行）	—	2016.09.30
84	北京市食品药品监督管理局	《北京市食品经营许可管理办法》（试行）	—	2016.09.30
85	深圳市市场和质量监督管理委员会	《深圳市食品生产企业、餐饮服务单位先进管理体系资金资助实施细则》（2016 年）	—	2016.09.30
86	浙江省食品药品监督管理局	《浙江省餐饮服务单位食品安全自查自评管理规定》（试行）	浙食药监规[2016]18 号	2016.10.08
87	成都市人民政府	《成都市网络食品安全监督管理办法》（试行）	成办发[2016]39 号	2016.10.09
88	上海市食品药品安全委员会办公室，上海市社会治安综合治理委员会，上海市教育委员会，上海市公安局，上海市住房和城乡建设管理委员会，上海市城市管理行政执法局，上海市食品药品监督管理局	《关于进一步加强学校校园及周边食品安全工作的实施意见》	沪食药安办[2016]134 号	2016.10.09
89	沈阳市教育局	《沈阳市学校食品安全事故应急预案》（修订）	沈教发[2016]104 号	2016.10.13
90	海南省食品药品监督管理局	《海南省保健食品生产许可实施办法》（暂行）	琼食药监保化[2016]36 号	2016.10.19
91	长沙市人民政府	《长沙市食品安全事故应急预案》	长政办发[2016]61 号	2016.10.21

（续表）

序号	制定机关	文件名称	文　号	制定时间
92	广西壮族自治区人民政府	《广西食品安全工作评议考核办法》	桂政办发〔2016〕135号	2016.10.21
93	江西省人民政府	《江西省食品安全工作评议考核办法》	赣府厅发〔2016〕71号	2016.11.01
94	北京市食品药品监督管理局	《北京市食品生产许可管理办法》（试行）	—	2016.11.01
95	包头市人民政府	《包头市食品药品安全工作评议考核办法》	包府办发〔2016〕246号	2016.11.07
96	新疆生产建设兵团	《兵团食品药品安全工作评议考核办法》	新兵发〔2016〕97号	2016.11.07
97	衡水市人民政府	《衡水市食品安全追溯体系建设试点工作实施方案》	衡政办字〔2016〕165号	2016.11.11
98	呼和浩特市人民政府	《呼和浩特市食品药品安全工作评议考核办法》	呼政办发〔2016〕51号	2016.11.16
99	扬州市人民政府	《扬州市食品安全工作考核评价办法》	扬府办发〔2016〕134号	2016.11.17
100	扬州市人民政府	《扬州市食品安全工作责任制与责任追究办法》	扬府办发〔2016〕134号	2016.11.17
101	甘肃省人民政府	《甘肃省食品安全工作评议考核办法》	甘政办发〔2016〕192号	2016.11.17
102	茂名市人民政府	茂名市人民政府《关于印发〈茂名市食品小作坊禁止生产加工食品目录〉的通知》	茂府〔2016〕72号	2016.11.18
103	新疆维吾尔自治区人民政府	《自治区食品安全工作评议考核办法》	新政办发〔2016〕166号	2016.11.21
104	重庆市人民政府	《重庆市食品安全突发事件应急预案》	渝府发〔2016〕246号	2016.11.22
105	广东省人民政府	《广东省食品安全工作评议考核办法》	粤府办〔2016〕121号	2016.11.22
106	恩施（原名鄂西）土家族苗族自治州政府	《恩施州食品药品安全工作考核评价办法》	恩施州政办发〔2016〕69号	2016.11.23
107	合肥市人民政府	《合肥市食品药品安全责任约谈制度》	合政办〔2016〕59号	2016.11.25
108	合肥市人民政府	《合肥市食品药品安全工作评议考核办法》	合政办〔2016〕58号	2016.11.25

（续表）

序号	制定机关	文件名称	文　号	制定时间
109	云南省人民政府	《云南省食品安全工作评议考核办法》	云政办发[2016]130 号	2016.11.25
110	福建省人民政府	《福建省食品安全工作评议考核办法》	闽政办[2016]186 号	2016.11.29
111	广东省食品药品监督管理局，广东省公安厅，广东省高级人民法院，广东省人民检察院，广东省食品安全委员会	《广东省食品药品行政执法与刑事司法衔接工作实施办法》	——	2016.11.30
112	北京市顺义区政府	《顺义区食品药品违法行为举报奖励办法》	顺政办发[2016]38 号	2016.11.30
113	南京市人民政府	《南京市食品小作坊登记证申领管理办法》	宁政规字[2016]14 号	2016.12.05
114	南京市人民政府	《南京市食品摊贩备案管理办法》	宁政规字[2016]15 号	2016.12.05
115	镇江市人民政府	《镇江市食品安全工作考核评价办法》	镇政办发[2016]213 号	2016.12.08
116	镇江市人民政府	《镇江市食品安全工作责任制与责任追究办法》	镇政办发[2016]213 号	2016.12.08
117	上海市食品药品监督管理局	《网络食品药品安全违法行为查处工作规范》	沪食药监稽[2016]603 号	2016.12.16
118	四川省人民政府	《四川省食品安全工作评议考核办法》	川办发[2016]105 号	2016.12.18
119	无锡市人民政府	《无锡市食品小作坊登记证管理办法》	锡政规[2016]3 号	2016.12.19
120	海南省人民政府	《海南省食品安全工作评议考核办法》（试行）	琼府办[2016]309 号	2016.12.19
121	无锡市人民政府	《无锡市食品安全工作考核评价办法》	锡政办发[2016]223 号	2016.12.20
122	无锡市人民政府	《无锡市食品安全工作责任制与责任追究办法》	锡政办发[2016]223 号	2016.12.20
123	太原市人民政府	《太原市食品安全事故应急预案》	并政办发[2016]81 号	2016.12.20

（续表）

序号	制定机关	文件名称	文　号	制定时间
124	广州市食品药品监督管理局	广州市食品药品监督管理局《关于贯彻落实食品生产加工小作坊和食品摊贩管理工作的意见》	穗食药监规字［2016］2号	2016.12.22
125	上海市食品药品监督管理局	《上海市食品经营许可管理实施办法》(试行)	沪食药监法［2016］596号	2016.12.23
126	广东省食品药品监督管理局	《广东省食品药品监督管理局食用农产品批发市场质量安全管理办法》	粤食药监局食农［2016］280号	2016.12.28
127	江苏省食品药品监督管理局	《江苏省食品生产许可质量跟踪监督管理办法》(试行)	苏食药监规［2016］3号	2016.12.29
128	广东省食品药品监督管理局	《广东省食品药品监督管理局食品药品生产经营单位责任约谈办法》	粤食药监局健［2016］281号	2016.12.29
129	广东省食品药品监督管理局	广东省食品药品监督管理局《关于网络食品监督的管理办法》	粤食药监局食营［2016］282号	2016.12.30
130	淮安市人民政府	《淮安市食品安全工作考核评价办法》	淮政办发［2016］166号	2016.12.30
131	淮安市人民政府	《淮安市食品安全工作责任制与责任追究办法》	淮政办发［2016］166号	2016.12.30
132	九江市人民政府	《九江市食品安全工作评议考核办法》	九府厅发［2016］43号	2016.12.30
133	岳阳市人民政府	《岳阳市中心城区餐厨垃圾管理办法》	岳政办发［2016］12号	2016.03.15
134	合肥市城市管理局	《合肥市餐厨垃圾收集、运输作业管理考核办法》(暂行)	合城管［2016］21号	2016.04.08
135	湖南省农业委员会办公室	《湖南省乡镇农产品质量安全监管站建设规范》	湘农发［2016］26号	2016.02.02
136	湖南省农业委员会办公室	《农产品质量安全管理制度》	湘农发［2016］26号	2016.02.02
137	黑龙江省农业委员会	《黑龙江省农业转基因作物安全监管办法》(试行)	黑农委科发［2016］47号	2016.06.30

资料来源：根据相关资料整理形成。

第十一章 食品安全监管体制改革与监管能力建设的新进展

食品安全监管体制，主要是指关于食品监管机构的设置、管理权限的划分及其纵向、横向关系的制度，在国家的食品安全风险治理体系中具有基础性的重要作用。1949 年中华人民共和国成立以来，我国的食品安全监管体制经历了从简单到复杂的发展变化过程，尤其是 1978 年 12 月改革开放以来，伴随着市场经济体制的建立与不断完善，我国的食品安全监管体制一直处于变化和调整之中。2013 年 3 月，第十二届全国人民代表大会第一次会议作出了进一步改革我国食品安全监管体制，组建国家食品药品监督管理总局的重大决定，启动了新一轮的食品安全监管体制改革（以下简称"新一轮改革"）。"中国食品安全报告"系列年度报告均十分关注新一轮食品安全监管体制改革的进展。本章延续历年来的研究，在对我国当前食品安全监管设置模式进行总体考察的基础上，分析了现有食品安全监管体制的优缺点，并重点以首批 15 个国家级食品安全示范城市为例，研究食品安全示范城市在推进食品安全监管体制改革方面的经验与问题。[①]

一、食品安全监管机构设置模式总体考察

基于当前我国食品安全监管机构设置的实际，本章主要从国家和地方两个层面考察监管机构设置的模式。

（一）国家层面食品安全监管机构设置

针对分段监管体制中存在的多头管理、分工交叉、职责不清等突出问题，中央决定组建统一的食品药品监管机构，将分散在各部门的食品药品监管职能和机构进行整合，实行集中统一监管，并由农业部门负责农产品质量安全监管，由卫生部门负责食品安全风险监测和评估、食品安全标准制订。2013 年 3 月 15 日，新华社全文公布了由第十二届全国人民代表大会第一次会议批准的《国务院机构改革和职能转变方案》。按照这一方案，改革后新的食品安全监管体制较以前的体制有

---

① 除特别说明的资料来源外，本章此方面内容的有关数据均来源于国家食品安全示范城市验收的有关公示资料及作者的实地调研。

了根本性的变化,有机整合了各种监管资源,将食品生产、流通与消费等环节进行统一监督管理,由"分段监管为主,品种监管为辅"的监管模式转变为集中监管模式,由此形成农业部和食品药品监管总局集中统一监管,以卫生和计划生育委员会为支撑,国家食品安全委员会综合协调的体制(图 11-1)。从食品安全监管模式的设置上看,新的监管体制重点由三个部门履行食品安全监管的职责,农业部主管全国初级食用农产品生产的监管工作,国家卫生计生委负责食品安全风险评估与国家标准的制定工作,国家食品药品监督管理总局对食品的生产、流通以及消费环节实施统一监督管理。① 在食品的监管环节上,由农业部门继续承担农产品种植、养殖环节的监管,而由质量监督检验检疫部门管理的食品生产、加工环节,工商行政管理部门管理的食品流通环节,食品药品监督管理部门管理的餐饮、消费环节,商务部门管理的畜禽、生猪定点屠宰环节由新组建的国家食品药品监督管理总局承担,力图建立统一权威的食品安全监管体制。

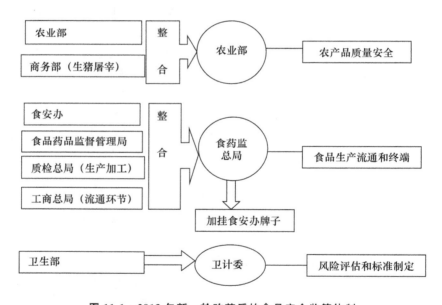

图 11-1 2013 年新一轮改革后的食品安全监管体制

2013 年 5 月,国家食品药品监督管理总局组建完毕,包括职能、机构设置、人员调整全部完成。到 2013 年底,29 个省、市、自治区食品药品监督管理局也已改革调整到位,食品监管"四合一"架构已完全建立,即由原来的国务院食品安全办公室、国家工商行政管理总局分管的食品监管部门、国家质量监督检验检疫总局

---

① 封俊丽:《大部制改革背景下我国食品安全监管体制探讨》,《食品工业科技》2013 年第 6 期。

分管的食品监管部门,再加上原来的国家食品药品监督管理局这四个部门组成了一个统一的国家食品药品监督管理总局。

(二) 地方政府食品安全监管机构设置

按照《国务院关于地方改革完善食品药品监督管理体制的指导意见(国发[2013]18 号)》(以下简称"国发[2013]18 号文")的要求,在省(自治区、直辖市)、地(市)、县(区)层面均需独立设置食品药品监督管理局,作为本级政府的组成部门。自 2013 年 4 月起,大多数省份均参照国发[2013]18 号文的要求,在省、市、县级政府层面将原食品安全办公室、原食品药品监管部门、工商行政管理部门、质量技术监督部门的食品安全监管管理职能进行整合,组建食品药品监督管理局,对食品药品实行集中统一监管,同时承担本级政府食品安全委员会的具体工作(可称之为"直线型"食药监单列模式)。2013 年改革之初,除浙江等个别省份外,北京、海南、广西等绝大多数省份均采用了上述"直线型"的食药监单列模式,但自2014 年开始,部分省份启动了"二次改革",开始在县级层面或者在市、县两级层面甚至是省、市、县三级层面均进行"三合一"或"多合一"改革探索。因此,除了"直线型"的食药监单列模式外,地方政府食品安全监管机构设置涌现出"纺锤型"的深圳模式、"倒金字塔型"的浙江模式和"圆柱型"的天津模式等。

1. "纺锤型"的深圳模式

早在 2009 年的大部制体制改革中,深圳市就整合工商、质检、物价、知识产权的机构和职能,组建市场监督管理局,后来又加入食品药品监管职能。2014 年 5月,深圳进一步深化改革,组建市场和质量监督管理委员会,下设深圳市市场监督管理局、食品药品监督管理局与市场稽查局,相应在区一级分别设置市场监管和食品监管分局作为市局的直属机构,在街道设市场监管所作为两个分局的派出机构,是典型的上下统一、中间分开的"纺锤型"结构。

2. "圆柱型"的天津模式

2014 年 7 月,天津实施食药监、质检和工商部门"三合一"改革,成立天津市市场和质量监督管理委员会,而且从市级层面到区、街道(乡镇)全部进行"三合一"改革,街道(乡镇)设置市场监管所作为区市场监督局的派出机构,原所属食药监、质检和工商的执法机构由天津市市场监管委员会垂直领导,形成了全市行政区域内垂直管理的"圆柱型"监管模式。

3. "倒金字塔型"的浙江模式

2013 年 12 月,浙江省实施了食品安全监管机构的改革,省级机构设置基本保持不变,地级市自主进行机构设置(如舟山、宁波等市设立市场监督管理局,而金华、嘉兴等市设立食品药品监督管理局),而在县级层面则整合了原工商、质检、食药监职能,组建市场监督管理局,保留原工商、质检、食药监局牌子。

与浙江模式类似,安徽省也采取了这种基层统一、上面分立的"倒金字塔型"的机构设置模式,在地级层面组建新的食品监管局,县级以下实施工商、质检、食药监部门"三合一"改革,组建市场监督管理局。此外,辽宁、吉林、武汉与上海浦东等地也在探索类似的做法。

二、地方食品安全监管机构模式设置的论争

地方政府应单独设置食品安全监管机构还是实行统一市场监管,这是当前机构改革的重大争议。由于一般商品市场监管与食品安全监管的性质并不相同,西方国家普遍设立两个部门进行相应的市场监管[①]。在我国食品安全监管体制改革过程中,是独立设置食品药品监管局,还是实行"多合一"的统一市场监管局模式(以下简称为"统一的市场监管局模式"),在业界引发广泛争论。本节在对地方食品安全监管体制改革进展进行简要介绍的基础上,重点探讨统一市场监管局模式的优劣势。

(一)地方食品安全监管体制改革的进展

我国绝大多数省份在 2013 年改革后,逐步形成了在省(自治区、直辖市)、地(市)、县(区)层面均独立设置食品药品监督管理局的中央推荐模式(即"直线型"食药监单列模式),但伴随着在较大区域内进行的"大市场"的改革探索,特别是2014 年 6 月国务院下发《关于促进市场公平竞争维护市场正常秩序的若干意见》(国发[2014]20 号),提出要加快县级政府市场监管体制改革,探索综合设置市场监管机构后,配合着地方政府职能转变和机构改革,本着加强基层政府市场监管能力的需要,各地开始探索在县级及以下层面将工商、质监、食药等部门采取"二合一"或"三合一"的模式,组建统一的市场监管机构。[②] 到 2014 年年底,全国有95%的地(市),80%左右的县(市)独立设置了食品药品监管局。但到 2015 年年底,独立设置食品药品监管部门的地(市)减少到 82%、县(市)减少到 42%,到2016 年 5 月底,全国共有 1 个直辖市、5 个副省级城市、94 个地市以及 2088 个县区实行综合执法,县区采取工商、质监、食药"三合一"(或"多合一")整合的有 1502个,独立设置食品药品监管部门县(市)进一步减少到 40%。[③]

各地"三合一"或"多合一"地组建市场监管局,甚至同一个省份或者同一个市的食品安全监管机构改革都难以统一,下合上不合,一个基层部门面对多个上级

① 胡颖廉:《统一市场监管与食品安全保障:基于"协调力—专业化"框架的分类研究》,《华中师范大学学报(人文社会科学版)》2016 年第 2 期。

② 需要指出的是,目前也有一定比例的地方政府在地市级层面实行"多合一"的市场监管局模式。

③ 毕井泉:《在全国食品药品监管工作座谈会暨仿制药一致性评价工作会议上的讲话》,2016 年 6 月29 日,http://www.instrument.com.cn/news/20160629/194855.shtml

部门,日常监管严重受到影响,直接影响了食品安全监管执法效能。为此,全国人大常委会执法检查组于 2016 年 4 月至 5 月,赴江苏、湖北、四川、内蒙古、吉林、上海、陕西 7 个省区市进行检查,了解食品安全监管体制改革的情况,认为部分市县组建"多合一"的市场监管局的做法,虽然有利于精简机构,整合行政执法力量,但也有些地方弱化了食品安全监管职能,存在着上级多头部署,下级疲于应付等情况。同时,监管机构名称标识不统一、执法依据不统一、执法程序不统一、法律文书不统一等问题,影响了新修订的《食品安全法》的实施效果。2017 年 3 月下旬至 5 月上旬,全国人大常委会执法检查组分别赴北京、黑龙江、江苏、安徽、山东、湖南、四川、云南等 8 个省(市)对《药品管理法》开展执法检查。在 2017 年 6 月 22 日发布的关于检查《药品管理法》实施情况的报告中提出,"从执法检查的情况看,新的食品药品监管体制,需要进一步磨合完善。地方各级政府要继续深化食品药品监管体制改革,监管链条要进一步严密,监管力量要进一步下沉,部门协作要进一步加强,执法工作要进一步整合。建议国务院对基层监管体制改革情况特别是机构建设情况开展专项调研并加强指导,要结合实际、因地制宜推进监管队伍和监管能力建设,妥善解决基层监管能力不足问题,加大对监管人员业务培训力度,提高执法规范化、专业化水平。"全国人大常委会的两次执法检查,都对当前食品药品监管体制存在的问题进行了深入调研,并在报告中提出了解决建议。这些五花八门的食品药品监管体制改革乱象,已经引起了中央全面深化改革领导小组的注意,习近平总书记在 2017 年 7 月 19 日主持召开中央全面深化改革领导小组第三十七次会议上,第一次明确提出要"完善食品药品监管体制"。有关进一步完善食品药品监管体制改革的方案可能正在在酝酿。

(二) 统一的市场监管局模式的优势

在基层进行统一的市场监管的改革实践,具有一定前瞻性,有利于精简执法机构、压缩行政成本、避免多头执法、重复执法,这些都成为将食品安全监管机构纳入市场监管局体系的主要理由。

1. 符合大部制改革方向

就县级政府部门而言,政策研究与制定工作较少,主要工作内容是相关改革举措或政策规定的贯彻落实与日常监管执法,这为组建综合性工作部门提供了有利条件。另外,在县级层面组建统一的市场监管机构,可以有效缓解机构限额压力,最大限度地节省行政成本。

2. 有利于强化基层食药监管力量

随着市场经济制度体系的日益完善,工商部门的管理和执法职能弱化趋势明显,但由于体制调整的滞后性,基层沉淀了大量工作力量,工商管理部门人力资源闲置问题非常突出。在此前提下,推动基层组建统一的市场监管机构,可以在编制总量控制的前提下,实现人员编制优化配置,提高行政效能。

3. 有利于基层综合执法改革

党的十八届四中全会提出,要推进综合执法,大幅减少市县两级政府执法队伍种类,重点在食品药品监管、工商质监等领域内推行综合执法。在基层组建市场监管机构,有利于统合工商、质监、食药等市场监管领域的执法力量,并为下一步行政综合执法改革积累经验。

(三) 统一的市场监管局模式改革面临的困境

改革之初,由于没有现成经验可循,加之当前体制的运行惯性,使得市场监管局模式在改革中陷入了双重困境,[①]表现在以下两个方面。

1. 专业化监管困境

根据社会的分工理论,社会生产现代化程度越高,分工就越精细,相应对管理的需求就越专业。随着经济社会的不断发展,近年来市场领域出现了许多新型经济模式,例如,物联网、互联网+等,这些新生事物与传统行业相结合,促使了部分市场领域近乎呈裂变式分化和成长。市场的高度分化,使得不同行业之间的专业壁垒更为明显,具体到市场监管领域也是如此。比如,工商领域的电商监管、质监领域的特种设备监管和食品药品监管之间就有着明显的专业鸿沟。面对这种情况,在基层组建的统一的市场监管机构,能否统配好原先分散在不同部门的人员力量以及相关检验检测和执法资源,进而对基层市场的各相关环节进行有效监管,成为当前基层统一的市场监管体制构建的一大困境。

2. 安全风险困境

我国正处于经济体制深刻变革、利益格局深度调整的特殊时期,食品安全风险尤其严峻。基层市场监管的食品领域极易发生安全事故,这类风险一旦产生,造成的社会影响和舆论、问责压力,可能会直接对现行机构改革产生影响。例如,2008 年由三鹿集团肇始的"三聚氰胺"事件,以及随后引起广泛关注的"毒豆芽""地沟油"等食品安全事件,直接推动了后来的食药监管体制改革。进而言之,也正是由于上述安全风险的存在,导致了部分地区在推动基层的统一市场监管体制改革时顾虑较大、态度谨慎,进退之间使改革陷入了困境。

(四) 统一的市场监管局模式改革面临的批评

统一的市场监管局模式,在基层尤其是县级政府的实践引起了广泛争论,尤其是其给食品安全监管可能带来不利影响,备受业界质疑。

1. 在一定程度上误解了统一市场监管的理论内涵

统一的市场监管局模式被简单理解为大部门制。很显然,统一市场监管的目

---

① 张金亮:《基层大市场监管体制构建的困境》,《机构与行政》2015 年第 8 期,第 24—26 页。

标是促进市场公平竞争、维护市场正常秩序,同时改革又嵌入到简政放权、激发市场和社会活力的大背景中,从而具有政治意义。然而,一些地方简单把体制改革等同于大部门制,片面认为整合的机构和职能越多,就是改革创新的力度越大,一味"贪大求快"。实际上,事前审批部门的多与少主要影响企业办事方便程度,事中事后监管效能的高与低才真正关乎产品质量安全,两者之间没有必然相关性。习近平同志在党的十八届二中全会第二次全体会议上强调,"大部门制要稳步推进,但也不是所有职能部门都要大,有些部门是专项职能部门,有些部门是综合部门。"各国经验表明,市场监管体系可以统一,但食品药品监管是典型的专项职能。例如美国政府设有监管一般市场秩序的联邦贸易委员会(FTC),同时专门设置食品药品监管局(FDA);英国政府有专门的药品和健康产品监管机构(MHRA);日本的厚生劳动省监管除食用农产品之外的食品安全。如果不顾当地经济与食品药品产业发展的实际,硬给不同属性的部门"拉郎配",那就是误解了统一市场监管的理论内涵。

　　2. 不同程度地弱化了食品安全监管职能

　　"三合一"或"多合一"的统一的市场监管局模式,最饱受争议之处,在于其可能是食品安全监管职能被边缘化,导致食品安全监管职能弱化,给食品安全带来更多风险。实行统一的市场监管局模式的地区,县级市场监管局职责明显增多,在行政问责的压力下,大量监管职责被下放给基层市场监管所。这种做法看似落实了属地责任,实际上以工商所为班底的乡镇市场监管所根本没有精力也没有能力承担食品生产、药品经营、特种设备等专业领域的监管职能。尤其是有的地方"三合一"以后,市场监管局人员基数庞大,为了与其他部门平衡,市场监管局的编制被大量压缩,各方面的人员较合并前都有所减少,而且到岗率也难以保证。

　　3. 在实践层面忽视了食品安全监管的专业性

　　由于食品具有自身特殊的属性,而市场监管局模式,恰恰降低了监管体系的专业性。食品安全监管与一般的市场监管存在根本差异。首先,二者监管客体不同,市场监管的客体是知识产权侵权、垄断、不正当竞争、传销和违法直销、无证无照经营等违法行为,而食品是最基本的生活物资,具有公共产品的属性,安全与否直接关系公共安全。其次,二者监管目的不同,市场监管主要致力于规范市场经济秩序,促进经济发展,而食品安全监管的根本目标是保障基本民生。再次,二者监管手段不同,市场监管多是依法进行形式审查,对违法违规行为采取行政处罚,而食品安全监管专业性较强,时刻离不开现代科学技术的支撑,风险监测、风险评估、检验检测和安全追溯等技术已成为食品安全监管的重要保障。由县、区一级基层政府的市场监管机构负责食品安全监管,难以做到全方位、专业化,而且基层是食品安全监管的主战场,这就必然造成基层监管力量配备不足、弱化食品监管,导致食品安全系统性风险变大。有些地方,食品安全监管专业队伍数量呈现了"量增质降""专业稀释"的状况。食药监管体制改革的理想设计是用管药的方法管食品,但组建市场监管局的结果是用普通产品质量监管的方法来应对食品药品的监管,与改革与政策初衷南辕北辙。采用普通产品监管的方法来对待食品,将工商部门惯用的排查、索证索票等管理方式监管市场,难以承担食品领域的专业监管。

4. 多头管理影响了基层食品安全监管效能

基层建立了市场监管部门,上一级仍是食品药品监管、工商、质检等多个部门,上级多头部署,下级疲于应付,存在不协调等情况。国家食药监总局综合司于2016 年在县级食药监管局长培训班上做的问卷调查结果显示,"三合一"市场监管局中,从事食品药品监管的人员平均只占 32.6%。有的县局反映,一年接到 3 个上级部门下发的各种文件 1784 件,工作疲于应付。① 由于需要承接来自食药监、工商和质监多个系统的专项任务,基层日常监管工作的有效开展。比如,根据我们的实地调研,山东省某县市场监管局在 2014 年承担专项任务 120 多项,而截至2015 年 4 月份已超过 100 项。同时,监管机构名称标识不统一、执法依据不统一、执法程序不统一、法律文书不统一等问题,影响了政府监管的效果。

5. 法律难以与统一的市场监管模式相适应

实行"多合一"统一的市场监管体制改革的地区,难以避免的遇到不同程度和类型的执法依据等问题,如执法主体名义、食药监执法权限、执法程序文书及复议诉讼等系列问题。虽然有些地方研究出台了一些地方性法规,但即便如此,统一市场监管改革后的监管行为,有的是有法可依的,也有的在打"擦边球",执法缺乏法理依据。基层干部反映,改革后的困难主要体现在执法依据的缺失上。

"总的来说是改革步子迈得快,法律配套跟进慢",主要表现在三个方面:一是有执法职责,但没有执法依据。在流通环节食用农产品监管上,安全监管职责已经划转到市场监管部门,但《农产品质量安全法》自 2006 年出台以来一直未做修改,对于普通农贸市场、个体工商户及个人经营不合格食用农产品没有处罚依据,实际监管中执法处在"有责无据"的尴尬境地。建议通过制定地方性法规或者政府规章形式加以解决和明确执法依据。二是有管理职责,但没有具体规范。"三局合一"消除了前店后厂、现场制售、流动摊贩家庭加工点等一批"灰色地带",但由于长期没有落实监管职责,上述领域的许可方式、许可条件、现场勘验都没有标准和规范。建议尽快出台相关管理规范,或者以地方政府规章、文件形式,授权各

---

① 毕井泉:《在全国食品药品监管工作座谈会暨仿制药一致性评价工作会议上的讲话》,2016 年 6 月29 日,http://www.instrument.com.cn/news/20160629/194855.shtml

地根据自身实际情况制定过渡性标准或规范,以满足当前迫切需要。三是原有执法依据,目前难以适用。食品分段监管时期,国家工商总局、质检总局相继制订了一批食品流通、生产管理方面的具体规章,一直是基层执法的重要依据。国家食品安全监管体制调整后,国家工商总局、质检总局不再承担食品安全监管职责,其原先制定的规章难以继续适用,而国家食药监总局又没有能及时出台替代规章,导致大量违法行为的处理缺乏依据。

6. 导致改革过渡期过长而造成持续"阵痛"

改革固然是食药监管职能整合与体系优化的必由之路,但过于频繁的改革,尤其是行动迟缓乃至"翻烧饼式"的改革,会导致人心浮动与等靠思想,挫伤监管人员的工作积极性与精神风貌,致使大量工作被搁置甚至陷入混乱。比如,根据我们 2015 年 4 月在山东省某县的实地调研,当地实行"三合一"改革试点后,原已计划配备的制服、执法车辆、部分执法装备与办公经费等全部暂停;原有执法文书与执法规范无法使用,亟需重新规范;部分人员存在抵触情绪或改革会再次"翻烧饼"的顾虑等。再比如,2015 年 3 月开始组建的山东省潍坊市某市市场监督管理局,核定编制 50 人,局领导班子核定为一正三副,调研组到访时的 2015 年 5 月 28日,该局仍然分散在原有场所办公,局级领导班子成员有 18 人,占到编制数的36%,而且科室仍未整合,事权仍未划分,核发食品经营许可证等仍然使用寿光市工商局的公章。这些由于改革过渡期太长而造成"阵痛"估计尚需要一段时间才有可能逐步解决。

(五) 统一的市场监管局模式对监管资源与能力的影响

统一的市场监管局模式虽然增加了监管资源,但在覆盖面、靶向性和专业化等方面却可能会削弱监管能力。尽管改革整合了机构并壮大了监管执法队伍,但未能实现政策目标有机融合。上下改革不同步导致市场监管局的目标定位内生冲突,一线监管人员和案件办理量大幅下降,监管覆盖面缩窄。由于市场秩序监管和公共安全治理存在理念差异,食品监管事权被下放到基层,但监管资源并未相应下沉,两者形成纵向错配。类似地,基层主要监管力量用于事前审批和专项整治,无力顾及安全风险集中的事中事后环节,从而出现横向错配。在监管人员总量约束下,专业监管人员比例大为减少,监管专业性被稀释(表 11-1)。必须要在肯定统一的市场监管体制改革本身的前提下,区分看待体制改革对监管资源和能力带来的差异化影响。[1]

① 胡颖廉:《综合执法体制和提升食药监管能力的困境》,《国家行政学院学报》2017 年第 2 期,第103—107 页。

表 11-1　监管资源、监管体制、监管能力作用机理一览

项　目	指　标	测　量	结　果
监管资源（前提性）	人力	编制总数和每万人口监管人员占比	总数从 10.36 万增加到 26.59 万,监管人员万人比从万分之零点七六上升到万分之一点九三
	财力	各级财政监管经费投入	工作经费和专项资金随人员编制总数增加
	物力	检验检测等装备	整合检验检测资源,发挥质监部门技术优势,协同提升综合执法科学性
监管体制（过程性）	目标定位	政策协同性和改革一致性	一般市场秩序与食品药品公共安全存在差异,上下改革不同步导致政策目标内生冲突
	组织结构	监管职能与监管资源相匹配	监管事权和监管力量形成纵向错配,组织结构与监管理念不兼容,阻碍监管能力提升
	监管行为	专业监管针对主要风险类型	综合执法对食品药品专业监管产生稀释
监管能力（结果性）	覆盖面	年度办案总量	从 17 万件减少到 8.9 万件
	靶向性	安全风险与监管力量匹配度	65%的监督检查力量配置到低风险监管环节,仅发现 15%的案件线索
	专业化	专业监管人员占比	从 52.3%下降到 26.8%

　　资料来源:胡颖廉:《综合执法体制和提升食药监管能力的困境》,《国家行政学院学报》2017年第 2 期。

三、食品安全监管体制改革与监管能力建设的考察:以首批国家食品安全示范城市为例

　　为督促落实食品安全党政同责和"四个最严",鼓励地方政府发挥首创精神,探索食品安全治理制度方法,示范带动全国食品安全治理水平提升,国务院食品安全委员会办公室(以下简称"国务院食安办")于 2014 年部署开展国家食品安全示范城市创建行动,选取河北省、山东省、湖北省、陕西省作为试点省份,探索开展创建工作。2017 年 4 月,第一批 15 个试点城市通过国家级层面综合评议,并于 6 月份被授牌。本节重点以这四个省份的 15 个试点城市为例,介绍我国食品安全监管机构设置与监管能力建设的现状。

(一)山东省国家级食品安全示范城市机构设置与监管能力建设状况

　　山东省共有济南、青岛、潍坊、威海和烟台 5 个地市参加第一批食品安全示范城市创建,本部分将上述五个城市食品安全监管机构设置与能力建设的基本情况进行简要考察与分析。

1. 济南市

济南市逐步形成了"分级负责、属地管理、体系健全、保障有力"的食品安全工作格局。市、县、乡三级均设有食品安全委员会(以下简称"食安委")及食品安全委员会办公室(以下简称"食安办"),独立设置食品药品监管机构,市县两级公安机关全部成立食品安全犯罪侦查机构,构建起从"农田到餐桌"的食品安全监督管理体系、检验检测体系和经费保障机制。推行基层食药监管所设施标准化、装备现代化、制度规范化、责任网格化、监管信息化"五化"建设,全市143个乡镇(街道)建立食品药品监管所148个,办公业务用房总面积达到4.2万余平方米,村级协管员队伍5287人;招聘农产品、林产品、动物防疫和畜产品质量安全专职协管员1035名,公安机关配备专职警力126名,全市从事食品安全监管人员占总人口比例达4.9人/万人。

2. 青岛市

青岛市在市、县、乡三级均设有"食安委"及"食安办",独立设置食品药品监管机构,在基层建立完善"一所一站一队"联动模式,在乡镇(街道)建立136个基层食药所,每所配备5名以上监管人员;在93个涉农乡镇(街道)建立农产品质量安全监管中心,每个中心派驻4名农产品安全监管员。全市食品监管队伍共增加1648人,其中食药监管队伍增加1276人,农业监管队伍增加372人。通过政府购买服务等方式,补充基层所站"兵员",外聘400多名食药相关专业大学生,加强基层网格化管理;招聘471名动物防疫安全协管员,充实一线监管力量;在6000个社区和村庄建立协管员队伍;组建完成全市"食药环保"警察队伍,编制230人。形成高效运转、协同联动的"三级政府、四级组织"监管网络。全市从事食品安全监管人员占总人口比例达到4.35人/万人。

3. 烟台市

烟台市在市级层面单独设置食品药品监督管理局,在县区层面实行工商、食药、质监"三合一"的统一的市场监管局(加挂食品药品监督管理局牌子)。各县市区全部成立了食品药品、食用农产品质量安全监管和食品犯罪侦查机构,全市共设立基层食品药品监管机构156个、农产品质量安全监管机构144个,在村庄(社区)广泛建立食品安全协管员队伍,基本实现了市、县、乡、村四级全覆盖、网格化监管。目前,全市共有食品安全监管人员4580人,监管人员占总人口比例达到6.5人/万人。

4. 潍坊市

潍坊市在市级层面单独设置食品药品监督管理局,在县区层面实行工商、食药、质监"三合一"的统一的市场监管局(加挂食品药品监督管理局牌子)。在16个县市区、市属开发区全部设立食品药品监管机构,在117个镇街和大型专业市场设立食品药品监管机构 136 个,在 108 个涉农镇街全部设立农产品监管机构。在所有村庄(社区)设立食品安全协管小组,确定 1 名协管员,报酬由财政补助,密织监管网底。

5. 威海市

潍坊市在市级层面单独设置食品药品监督管理局,在县区层面实行工商、食药、质监"三合一"的统一的市场监管局(加挂食品药品监督管理局牌子)。镇街全部设立食品药品监管所,全市 74 个基层监管所全部实现"执法+快检"车辆、快速检测箱、执法记录仪等标准化配备,全部配齐至少 5 名执法人员、1 名政府购买服务聘用的检测人员。64 个涉农镇全部设立农安办,配备至少 2 名专职农安员,按照"十有"的标准配齐设施设备。村级食品安全协管员、农产品质量安全信息员合二为一,每人每月补贴 200 元。

(二)河北省国家级食品安全示范城市机构设置与监管能力建设状况

河北省共有石家庄、唐山和张家口 3 个地市参加第一批食品安全示范城市创建,本部分对这三个城市食品安全监管机构设置与能力建设的基本情况进行简要考察。

1. 石家庄市

石家庄市 22 个县(市、区)全部完成食品药品监管机构改革,成立了单设的食品药品监督管理局,并在乡镇或区域设立了 125 个监管所,食品安全监管人员 2720 名,达到辖区人口的万分之二点七。各乡镇(街道)均设立了食品药品安全监管办公室,配备 2～3 名专(兼)职工作人员;村(居)配备食品安全协管员 4862 名;形成了"三级政府、四级管理、五级网络"的食品安全管理体系。石家庄市食安办印发了《乡镇(街道)食品药品监管办公室规范化建设指导意见》及操作手册,对乡镇(街道)食品药品监管办公室的标牌标识、工作制度、工作职责及流程等方面进行了统一,截至 2016 年年底,石家庄市 60%以上乡镇(街道)食品药品监管办公室达到了规范化建设基本要求。

石家庄市农业部门在全市建设县级农产品质量安全检验检测站 16 个,乡级建立区域站 115 个,村级建立工作室 1000 个。畜牧部门投资 570 万元建设乡级畜产品质量检测示范站 50 个、标准站 22 个,基层畜产品质量检测示范站 42 个。林业部门在县(市、区)均建立了县级果品质量检测机构,有效提升了食用农产品检测能力。食药监部门加快检验设备配备,提升检验检测能力,新增食品检测参数 659 项,食品相关检验检测能力达到 1141 项,本地主要食品种类、重要食品安全项目的实验室检验及快检能力得到了保障;制订了《食用农产品市场销售快速检测室建设管理规范》,在全市 63 个大中型商场、超市建立了食品快检室,食用农产品集中交易市场快检室建设工作也正在积极推进;22 个县级局在省食药监局大力支持下,配备 30 万元检测设备,建立了检测室,并制作了统一格式的标示牌,编制了《食品安全快速检测实验室通用管理手册》,规范了实验室管理。

2. 张家口市

张家口市政府独立设立了市食品药品监督管理局,与市政府食安办合并,负责食品药品各环节监管工作,市农牧局、林业局负责农产品质量安全监管,其他食安委成员单位均按照食安委职责分工落实食品监管职责。大部分县区食药、工商、质监"三合一"成立食品和市场监管局,与县区政府食安办合并,把食品安全监管作为首要任务,涿鹿、宣化等少数县区独立设置食药监督管理局。全市 232 个乡镇(街道)全部设立了食药监管办公室,按乡镇或区域设立了 165 个乡镇食药监管派出机构;村级配备协管员 4679 名,并落实了每月 100~200 元补助。全市食药监管形成了市县乡"三级机构"、市县乡村"四级网络"体系,各级监管机构实现了有责、有岗、有人、有手段,依法履行日常监管、监督抽验责任,做到了监管全覆盖。目前,全市食品监管人员占辖区常住人口的万分之三点零九。

3. 唐山市

唐山市着力构建市、县、乡、村"四级"监管网络,建立健全食品安全监管机构。全市统一规划建设了 195 个高标准的基层监管机构(其中 81 个农技区域综合站和 114 个乡镇动物防疫站),承担农产品质量安全监管职能;14 个县(市、区)全部设立市场监督管理局,设立 138 个食品药品监管派出机构,全市专门从事食品安全工作的人员达到了 2317 人。在乡镇设置了 213 个乡镇食安办,配备专兼职工作人员 750 名。

(三) 湖北省国家级食品安全示范城市机构设置与监管能力建设状况

湖北省共有武汉、宜昌和襄阳 3 个地市参加第一批食品安全示范城市创建,本部分对这三个城市食品安全监管机构设置与能力建设的基本情况进行简要考察和分析。

1. 武汉市

武汉市的市、区、街(乡镇)均成立了食品药品安全监管机构,食品安全监管人员(不包含农业、工商、质监等相关职能部门)总量基本达到 4 人/(万·辖区户籍人口),专业人员数超过 60%,划转人员到位率达到 99%。全市实行市场综合监管的区,均加挂了食品药品监督管理局和食品药品安全委员会办公室的牌子。各街道(乡镇)食品药品监督所全部建有快速检测室,快检装备配比、执法车辆配比、办公用房等均达到国家标准。以政府购买服务的方式,在全市各街道(乡镇)聘请食品药品安全协管员,在社区(村)聘请食品安全信息员。全市推行网格化管理,通过发布处置事件清单,建立事件分类分级处置标准,整合食品安全举报投诉处置机制等,提高网格化管理工作站、社区网格员对食品安全问题的发现能力。积极探索职业化检查员队伍建设,分别组建了武汉市食品药品执法总队、武汉食品药品生产许可审查员、武汉市食品安全检查员及武汉市专项餐厨废弃物管理执法中队等四支队伍。

2. 襄阳市

襄阳市建立了统一权威的食品安全监管机构,实现"一县一局、一镇一所、一村一员",形成横向到边、纵向到底的监管网络。106 个乡镇(街道)设立了食品药品监管所,88 个乡镇建立了农畜产品质量安全监管站,规范化建设达标率达60%。全市食品安全监管人员 2016 名,每万人配备监管人员 3.4 人。食品安全经费纳入财政预算管理,年均增长幅度高于经常性财政收入增长幅度,2016 年食品安全工作经费达 1.16 亿元,其中抽检经费 1700 万元。构建了以市级检测中心为核心,县级检验机构为支撑的检验检测体系。检验检测能力覆盖食品 1074 个产品、747 个参数,县级检测能力基本满足监管工作需要,食品抽检达到 5.8 份/千人,2016 年共抽检 34626 批次。"两责"落实到位,执法人员培训达到每年 40 个学时以上,行政执法实现了信息化、模式化管理,检查、处罚、抽检、信用信息及时公开。

3. 宜昌市

宜昌市建立了统一权威的食品安全监管机构,实现"一县一局、一乡一所",形成了横向到边、纵向到底的监管网络。全市 111 个乡镇(街办)、大型农产品批发市场均设立了食品药品监管所,标准化建设达标率达到 58.7%。目前宜昌共有食品安全监管人员 1958 人,每万名常住人口中拥有监管人员 4.83 人。通过科学设定资格条件、考核考评指标等措施,全市共确定了 83 名食品安全职业检查员,积极打造食品安全职业检查员队伍,让专业的人做专业的事。

整合质监、食药、粮食等部门的检验检测资源,组建了三峡食品药品检验检测中心,提供综合性、跨区域公共检测服务。投入 2.48 亿元,划拨土地 45 亩,新建了食品检验检测实验室等项目。目前,三峡食品药品检验检测中心的检测能力,已从过去的 9 个产品、116 个项目,增加到 594 个产品、664 个项目,保证全域食品检测所需。各县市也积极整合资源,相继成立了综合性检验检测机构,承担辖区内常规检验检测工作。全面落实 4 份/千人食品抽检要求,累计达到 16232 批次,食品生产按 2500 元/批次、流通消费按 1500 元/批次,财政全额保障,实现了区域、品种、项目、环节及经营业态全覆盖。

(四)陕西省国家级食品安全示范城市机构设置与监管能力建设状况

陕西省共有西安、宝鸡、韩城和杨凌(示范区)4 个城市参加第一批食品安全示范城市创建,本部分着重对这四个城市食品安全监管机构设置与能力建设的基本情况进行考察和简要分析。

1. 西安市

西安市逐步建立统一权威的食品安全监管体制,全市 14 个区县中有 10 个区(含沣东新城)独立设置了食药监管局;在 4 个区县设立了市场监管局,全部加挂了食药监管局牌子。在全市设立 166 个食药监管所,均为区食药监管局派出机构,在 3760 个社区(行政村)聘用了食品药品协管员。市公安局组建西安市食品药品犯罪侦查支队,编制 40 人,并派专人进驻市食品稽查分局,成立警务室,负责协助食品案件的查办工作。加强食品安全监管经费保障,市财政每年均投入大量经费保障食品安全工作,且逐年增长。2016 年,市本级预算安排相关经费 7060.9 万元,较 2015 年增加 860.53 万元。区(县)食品安全监管、检验检测经费、基层食品药品监管所建设配套资金均纳入区(县)政府财政预算。辖区常驻人口每年每人 3 元监管经费和检验检测样本量每年 4 份/千人的经费全面落实。

2. 宝鸡市

宝鸡市在市、县(区)层面均独立设置食品药品监督管理机构,对市、县区、镇街食品安全监管事权进行划分,明确了各级监管职责。全市 117 个镇街均设立了食品药品监管所,1729 个村、164 个社区配备了协管员。市县农业部门设立农产品监管机构,涉农镇街全部建成监管站或检测室,各村配备农产品安全信息员,全市聘请 430 多名食品安全社会监督员,构筑起四级食品安全监管网格体系。按照 3 人/万人标准,全市调整 1200 多个编制充实到了食品监管岗位。连续三年对全市食品监管人员、镇街分管领导进行集中培训,每年对执法人员培训时间 40 小时以上。落实协管员工作报酬,定期开展业务培训,严格奖惩考核,不断提升协管员工作能力。市、县区政府将食品安全监管、监督抽检经费纳入财政预算且逐年增长,按照 4 份/千人标准落实检验检测资金,镇街监管所经费、市级食品安全示范县区镇街奖励资金、举报奖励和协管员补助资金均落实到位。全市投入 1295 万元用于小作坊、小餐饮升级改造。各级监管机构有固定办公场所,配备快速检测、执法取证、应急处置、通讯等执法装备,为全市监管机构统一采购了移动执法终端设备。各级监管机构配备了执法车辆,统一了执法服装,基本满足监管需要。整合市级食品检验检测资源,建设市食品药品检验检测中心。投入 820 万元改造提升市粮油监测站和市疾控中心食品安全风险监测能力。

3. 韩城市

韩城市在深化改革中,把食药局从市场监管局单列出来,实现了食品安全监管的相对独立,基层食药所保持派出机构不变、人员不撤,而且投入不断加大,基层组织建设得到持续加强。各村(社区)均落实了"一专三员"(专职监督员和协管员、信息员、联络员)监管制度,建立了完善的企业信用档案,加强集体聚餐监管,未发生一起食品安全事故,监管触角延伸到了社会末梢。整合资源,提升食品安全检验检测能力。韩城市科学整合检验检测资源,投资 8000 余万元,启动建设黄河金三角检验检测中心大厦项目,大力引进高端技术人才,完善检验检测种类,提高检验检测水平,着力打造黄河金三角区域一流的检验检测中心,全面提升食品安全检验检测的辐射带动能力。

4. 杨凌示范区

杨凌示范区在机构改革中保持了食品监管体制稳定,权威、高效、一体的三级食品药品监管机构全面建立。镇办监管所全部通过省级标准化示范所验收,全部实现了监管网格化、资料规范化、管理信息化、快检常态化、培训经常化。两年多来,全区监管力量增长 309.5%,监管人员数量与辖区人口数量配置比超过万分之四;各级事权划分明晰,人人岗位职责明确,村村有协管员和食品药品利民服务室,检验检测和信息公开成为常态工作,"四有两责"全面落实。全覆盖食品检测体系有效运行。整合各方检测资源,建立食品农产品检验检测中心,实现了人员设备统一使用、检验任务统一安排、检验经费统一管理、检验信息部门共享。各镇(办)监管所、农产品监测站、农贸市场、农业企业、大型超市均设立了快检室,系统化、广覆盖的食品检测体系全面建成。食品抽检数量连续 2 年超过 4 份/千人,实现了重点品种全覆盖、各个业态全囊括、检测结果全公示。

四、首批国家食品安全示范城市监管体制改革的主要成效与问题

创建三年来,首批 15 个国家食品安全示范城市的创建取得初步成效,监管体制改革率先推进,监管能力得到显著提升,监管体制改革和能力建设取得显著成效,但也仍然存在若干共性问题。

(一) 基本成效

创建三年来,第一批国家食品安全示范城市的食品安全监管体制改革和能力建设取得显著成效,主要表现在如下四个方面。

1. 食品安全工作普遍得到党委和政府高度重视

一是试点城市都将食品安全纳入各自国民经济和社会发展规划,纳入党委政府年度综合目标考核(所占权重均不低于 3%)。二是试点城市党委和政府均能定期专题研究食品安全工作,听取食品安全工作专题汇报,研究解决食品安全工作存在的突出问题。三是试点城市均将食品安全监管经费纳入财政预算,创建期间食品安全财政预算逐年提高,增幅普遍在 10% 以上,高于同期经常性财政收入增长幅度,尤其是在创建工作启动后,一些试点城市政府迅速加大投入,例如,2015年,烟台的食品安全经费投入增长 176.5%,潍坊增长 62.9%,青岛增长 115.23%,河北省张家口市达到 542.51%。

2. 纵向到底的监管队伍全部建立

试点城市普遍建立起基本能够满足食品安全监管工作实际需要的基层队伍，除河北石家庄和唐山等个别城市外，全部达到 3 人/万人的创建标准（山东省将创建标准定为 3.5 人/万人，济南等五市全部超过 4 人/万人，其他省份将创建标准定为 3 人/万人），试点城市在行政区域范围内的所有街道社区与农村行政村建立了协管员（信息员）队伍，如济南成立 5287 人的协管员队伍，每年用于协管员的补助经费达 4000 多万元。

3. 技术支撑能力显著提升

食品检验检测等技术支撑能力显著提高，食品抽检样本量全部超过 4 份/千人，普遍建立起市县两级检验检测机构，除河北三个试点城市县级检验检测能力略显薄弱外，其他试点城市全部达到国家创建标准。如，山东省潍坊市构建起以市级机构为中心、县级机构为骨干、第三方机构为补充、企业为基础、快检全覆盖的"两级四网"检验检测体系，尤其是在农贸市场引入第三方建设快检室的做法，具有推广价值。

4. 食品安全违法犯罪打击力度不断增大

食品安全违法犯罪惩治效果显著，案件协查联动机制逐步建立健全，行政执法与刑事司法逐步衔接，"食药警察"队伍普遍建立，食品犯罪专业侦查力量得到强化，食品安全违法犯罪行为得到有效控制。如，山东省建立起的"三安联动"机制，实行"食安、农安、公安"三大系统资源共享、行刑衔接、检打联动，效果显著。

（二）存在的主要问题

经过近三年创建，试点城市食品安全治理水平有了显著提高，但仍存在若干问题，主要表现为：

1. 对统一权威的监管体制的理解可能存在一定偏差

在各省依据《国家食品安全示范城市标准》制订的国家食品安全示范城市评价细则中，普遍鼓励单独设置食品药品监管机构。不能否认，某些地方的统一市场监管模式改革（俗称"三合一"或"N合一"改革），增加了食药监管资源但削弱了监管能力，导致食品安全监管职能弱化甚至边缘化。但不应简单将食药监管机构是否单设作为评价食药监管体制统一权威性的标准，要正确区分体制本身存在的问题和改革过渡期带来的问题，更应该清晰认识"翻烧饼"式改革的严重后果。如某市在国家食品安全示范城市验收阶段，临时将食药监机构再次从市场监管局独立的做法，可能并不足取。

2. 基层监管力量仍然相对薄弱

主要表现在：一是 2013 年新一轮机构改革后，工作职能的增幅远远大于机构人员编制的增幅，这在基层具有一定的普遍性，"人少""事多"的矛盾在很多试点城市仍然非常突出。二是人员老化严重且业务能力不足与监管对象复杂之间的矛盾依然存在。在基层监管部门的组建中,很大比例人员是从原工商系统划转,这些人员普遍缺乏食品监管的相关专业背景与工作经验,同时因工商系统人员长期流动性不足而导致较为严重的年龄老化问题。三是基层监管执法工作仍有待于进一步规范。虽然在"现场检查标准规范"等指标上,多数试点城市均得满分,但我们在现场查验中发现,执法文书不统一、执法流程不规范、执法检查流于形式等现象在一些地方仍然存在。尤其是在综合执法体制改革的地区,基层所往往直接以工商所为班底组建,基层人员习惯于用工商部门惯用的排查、索证索票等管理方式监管市场,发证、罚款甚至已成为基层所最主要的工作内容。

3. 专业执法装备配备普遍不达标

在创建城市的食品安全监管部门办公业务用房、执法车辆、快速检测、执法取证、应急处置、通信交通等执法装备与设施配备等方面,除山东潍坊和陕西韩城两市外,其他城市均未能达到建设标准要求(指的是国家食品药品监督管理总局制定的《全国食品药品监督管理机构执法基本装备配备指导标准》),尤其是在县乡级层面,"缺枪少炮"问题依然没得到根本解决。如,河北省石家庄、唐山、张家口三市在市级机构执法车辆、执法装备均全部达标,但县乡级均不达标。山东省济南、烟台、潍坊有部分基层所快速检测装备配备不达标,青岛执法车辆未能达到创建标准。

五、基于实际调查的需要解决的管理体制问题:G自治区的案例

食品安全即使有一个好的监管体制,但仍然需要在运作过程中加以认真维护好。我们在广东、广西、江苏、江西等省区的调查中,地方政府食品监管机构的工作人员精力不集中,参与文明城市创建、维护稳定、参与拆迁等工作量比较多。这些问题不解决,最好的监管体系也无法有效地防范食品安全风险。在此以G自治区的调查来展开分析。

食品药品监管体制改革是党的十八大后,中央率先推进的具有全局性意义的重大改革。G自治区党委、政府深刻理解与全面执行党中央、国务院关于食品药品监管体制改革"统一权威"的核心要义,思想统一,认识深刻,把握规律,全面执行中央决策不动摇、推进风险治理体系建设不动摇、坚持提升风险治理能力不动摇,从实际出发,深化食药监管体制改革,形成了自治区到市(县、区)直至乡镇的统一的监管机构,取得了明显成效。当然,食品药品监管体制的改革非常复杂,受内外环境的多重影响,不可能一蹴而就,但好的体制需要坚持好、维护好。

(一)普遍存在的三个突出问题

在调查中,我们发现的可能影响基层食品安全监管能力与干部积极性的三个

普遍问题是：

1. 基层监管部门的工作人员外借的情况比较突出

一个典型的例子是，近两年来，G 自治区 N 县食品药品监管系统共公开招录 25 人(其中，2015 年录用 15 人，2016 年录用 10 人)，新进人员已全部到岗工作。目前有 8 名监管人员外借抽调到 N 县其他部门工作，被外借抽调的人员占新招录人员的 1/3。P 市食品药品局(包括乡镇监管所)核定编制 43 人，目前空编 5 人，外借 6 人，实际在岗人员 32 人。对 G 自治区边境地区而言，食品药品基层监管部门的任务相当繁重，外借人员数量占在岗人员的比例较高，势必将严重影响正常的食品药品安全监管工作。

2. 经费难以满足工作需求

我们在调查中发现，G 自治区边境地区的县级食品药品监管部门工作经费普遍紧张。比如，J 市一年的工作经费约 50 万元左右，难以满足正常的食品药品监管工作的经费开支。P 市位于 G 自治区西南部，与 Y 国接壤，是我国对 Y 国开放合作的重要前沿地区。近年来，打击边境食品走私的任务十分繁重。但我们在调查中发现，相关工作部门的工作经费普遍紧张。P 市打私办反映，查扣的走私生猪、冻品产生圈养、仓储、销毁等后续处置费用大，处置经费缺乏。如冻品，不考虑每批次搬运费和首日冷藏费，平均每天需要 2000 元的仓储费，而此仓储费没有来源。打击食品走私成效越明显，缴获的食品越多，而承担的相关处置经费压力越大，不同程度地影响基层执法部门打击生猪、冻品类走私积极性。

3. 部门间的协同问题突出

G 自治区的地理位置非常特殊，集沿边、沿江、沿海于一体，既是我国陆地边境线的起点、海岸线终点的交汇地区，又与 Y 国北部最大、最开放的 W 口岸经济特区仅一河之隔，特殊的地理因素是 G 自治区成为非法走私食品"重灾区"的外部诱发因素。走私食品越过边境后就直接进入国内市场流通，需要食品药品监管部门排查执法。但我们在调查中发现，一些地方政府的打击走私办公室成员单位中居然没有当地食品药品监督管理局的参与。这是一个令人十分费解的问题。即使当地食品药品监督管理局参与了打私办，我们在调查中发现，各个成员之间的协同、配合问题很多，而且工作经费相当紧张，影响了打击走私活动的成效。

再次需要说明的是，上述反映的问题是我们在调查中发现的 G 自治区边境地区局部或少数基层食品药品监管部门所遇到的问题，而且由于我们调查与接触的单位比较有限，所反映的问题可能并不一定准确。但我们认为，这些问题如果不能够很好地解决，将严重影响边境地区基层食品药品安全的监管能力，更不利于监管队伍的稳定。

（二）基本的建议

根据实际情况，就事论事而言，我们建议：

1. 实施必要的督查

在适当时机，由 G 自治区政府组织自治区食安办、人力资源社会保障厅、编办等部门对基层食品药品监管部门的监管能力特别是人员到岗、外借状况等、日常工作经费进行较为系统的督查，确保中央与 G 自治区党委、政府关于食品药品监督管理体制的基本要求在基层得到全面的贯彻落实，避免改革在表面上加强实则削弱的问题出现。并在此基础上，建议 G 自治区食品安全委员会办公室牵头，会同财政、编制部门等，完善现有的管理办法，进一步明确县及县以下基层食品药品监管所监管能力建设的规范性意见。

2. 建立有效的人员外借的规范性制度

改革后，G 自治区基层食品监管人员编制、人员素质与实际的监管要求相比，仍然有一定的差距，而且监管的任务相当繁重。因此，G 自治区政府或由政府相关部门应该提出明确的要求，原则上不允许食品药品监管系统尤其是县（区）及以下机构的成员外借到其他部门从事与食品药品安全不相关的工作，而且要明确这一要求是刚性的，必须无条件地贯彻执行。

3. 解决实际问题以防范走私风险

建议自治区政府展开进一步的调查研究，就 G 自治区打私办公室的职能、组成部门、人员编制、工作经费等作出更为科学、合理的制度安排，切实解决专项资金缺乏、无害化处理设施不足、群众担忧污染致使填埋地难落实的问题，尽可能地发挥各级政府打私办牵头与协调的功能作用，更加有效地打击走私活动，确保进口食品的安全性。特别是要规定食品药品监管部门为打私办的成员单位，落实好专职人员的编制，明确工作经费的来源，逐步建立起打击走私经费随打击走私实际需求刚性增长的机制。

六、基于宏观层面上的深化食品监管体制改革的建议

国家食品安全示范城市创建工作已写入国家"十三五"规划，成为我国"十三五"期间食品安全工作的一项重大任务。以示范创建为契机，总结国家食品安全示范城市创建经验，促进创新成果转化利用，示范带动食品安全治理水平提升，是当前做好食品安全工作的重要抓手。因此，我们重点基于首批食品安全示范城市的创建经验与不足，提出推进食品安全监管体制改革与能力建设的几点建议。

1. 正确理解并确保监管体制的统一权威性

地方政府应单独设置食品安全监管机构还是实行统一市场监管，这是当前机构改革的重大争议。应全面评判统一市场监管与食药监管机构单设两种模式各

自的优劣势,根据当地实际进行全面考量,慎重选择机构设置模式。

一是要分类推进市场监管体制改革,在经济相对欠发达地区,市场发育不成熟且社会力量不足的情况下,可尝试整合机构并推进综合执法甚或跨部门执法,解决监督执法覆盖面不广的问题。在经济相对发达地区,有必要强调食品安全监管的特殊性,用专业化监管防范关键风险点,深圳等地的兼顾型机构设置模式可以借鉴。

二是要分层级对待食品安全监管机构设置,现阶段省级和地市级宜单设食品药品监管机构,从专业层面解决重点和难点问题,并加强对基层的业务指导。县区局和乡镇派出机构可探索综合监督执法,解决多头执法从而减轻市场主体负担,提升监管公平性。

2. 将"党政同责"直接落实到基层监管能力建设上

基层是食品安全监管的关键部位,点多、线长、面广、任务繁重。要督促地方政府党政主要领导高度重视食品安全监管的重要性与专业性,在职能划分、机构设置、人员配备、执法装备与技术能力保障等方面,要提出刚性标准与硬性约束。要全面落实"四有两责",重点是将"党政同责"首先直接落实到当地食品安全监管的能力建设上,切实保障基层食品安全监管能力,切实提高食品安全监管水平,夯实基层基础,打通"最后一公里"。

一是要"强队伍"。"十三五"末,全国各地基层监管机构人员到岗率要普遍达到95%以上,重点充实乡镇(街道)派出机构监管力量,逐步形成"小局大所"的合理布局。建立基层骨干队伍的常态化培训机制,建设一支高素质、复合型的基层监管队伍。

二是要"强装备"。在"十三五"期间,示范城市的基层食品安全监管机构规范化建设要逐步达到100%,市、县、乡(街道)三级监管机构基础设施全部达标,执法装备配备实现标准化。同时,要着力提升县级食品安全实验室检验检测能力,加快基层食品安全快检室和企业检测室建设。

3. 建设适应监管需求的检验检测体系

建立完善以国家级检验检测机构为龙头,省级检验检测机构为骨干,市、县级检验检测机构为基础,第三方检测力量为补充,科学、公正、权威、高效的食品安全检验检测体系。要打破传统的区域模式,彻底解决各自为战、各管一摊、封闭僵化的模式,在一些技术支撑能力与财政能力比较薄弱的县(区),可以以地级市为依托,2~3个县(区)合作建设区域性的技术支撑机构。鼓励食品企业检验检测机构开展面向社会的检验检测服务。同时,在技术支撑体系建设中要积极发挥市场机制的作用,鼓励发展第三方检测服务,既弥补现有技术能力的不足,又能形成竞争局面,提高政府建设的技术支撑机构的活力。建立食品检验检测资源共享机制,逐步实现检验检测数据共享。加强检验技术产品研发和吸收引进,推进仪器设备自主化。建设食品安全监管重点实验室,支持开展创新性研究和技术攻关,解决食品安全领域基础性、前瞻性的重大技术问题。

4. 进一步完善社会共治体系的政策设计

在继续加强食品安全科普宣传教育、完善食品安全信息公开制度、畅通投诉举报渠道等工作的同时,总结、推广示范城市的创新做法和经验,进一步拓展社会共治渠道,创新共治方式,重点是秉承"共管、共治、共享"的食品安全治理理念,推动"监管"真正走向"共治"。一是要注意发挥公众参与主动性,激发参与热情。如进一步健全食品安全风险交流机制,不仅要注意拓展风险交流渠道,更要提高公众的参与度和互动性。二是要注意尊重市场规律,发挥市场机制作用。如在食品安全责任险制度设计中,要立足食品企业、保险机构等利益相关者的意愿与行为,厘清阻碍责任险落地、普及的关键因素,增强引导政策的针对性、科学性与可操作性。

第十二章　2016 年政府食品安全信息公开状况的新进展

　　食品安全风险本质上是信息不对称。食品安全信息公开的主体包括政府、企业与社会。在现阶段,政府信息公开更具有重要的价值。考虑到资料的有限性与篇幅的局限性,延续"中国食品安全发展报告"的惯例,本章重点研究政府食品安全信息公开状况,并主要通过 2014—2016 年间国家食品药品监督管理总局与江苏省食品药品监督管理局的政府信息公开工作年度报告为数据与资料来源,分析近年来政府食品安全信息公开的进展状况,研究存在的主要问题。

一、政府食品安全信息公开主体的演化历程

　　政府是食品安全信息公开的主体之一,其包含的内涵方法、涉及的主体众多。本章主要在借鉴颜海娜研究的基础上简单地阐述自 1949 年中华人民共和国成立以来到 2013 年政府食品安全监督体制改革期间政府食品安全信息公开主体的演化历程。[①]

(一) 统一监管中政府食品安全信息公开的主体模糊(1950—1992 年)

　　20 世纪 50 年代开始,我国开始关注食品卫生的法制化管理,当时的卫生部就已经颁布了一些单项规章和标准对食品卫生进行管理,随后国务院颁布了《食品卫生管理试行条例》,对食品安全监管的规范化作出了相应的规定,食品卫生从单项管理转向综合的法制管理。1982 年 11 月,第五届全国人大常委会第二十五次会议通过了《中华人民共和国食品卫生法(试行)》,在 13 年的食品安全卫生工作的法律法规不断完善的基础上,1995 年 10 月,第八届全国人大常委会第十六次会议通过了《中华人民共和国食品卫生法》(以下简称《食品卫生法》),成为我国食品卫生法制建设的重要里程碑。《食品卫生法》明确规定,将原由县级以上卫生防疫站或食品卫生监督检验所承担的食品卫生监督职责调整至县级以上地方人民政府卫生行政部门负责,但当时并没有明确政府食品安全信息公开的主体和责任,而且当时对食品安全信息的重要性非常不足。

---

　　①　颜海娜:《我国食品安全监管体制改革——基于整体政府理论的分析》,《学术研究》2010 年第 5 期。

（二）分段监管体制中政府食品安全信息公开由分散到集中（1992—2007 年）

1992 年的政府机构改革中，由计量部门、标准部门及经委质量机构合并成立了质量技术监督部门，成立后也开始介入食品安全工作中。1998 年，国务院决定将原国家商检局、原国家动植物检疫局和国家卫生检疫局合并组成国家出入境检验检疫局，统一管理全国进出口食品工作。2001 年 4 月，中央决定国家质量技术监督局与国家出入境检验检疫局合并，组建国家质量监督检验检疫总局，下辖质量技术监督和出入境检验检疫两个执法系统。2003 年的国务院机构改革方案中，国家食品药品监督管理局成立，同时确立了"全国统一领导、地方政府负责、部门指导协调、各方联合行动"的食品安全监管格局。2004 年 7 月，国务院颁发了《关于进一步加强食品安全工作的决定》（国发[2004]23 号），确定了对食品安全工作按照一个监管环节由一个部门监管的原则，形成了分段监管为主、品种监管为辅的食品安全监管模式，从原来的由卫生部门独家监管的体制，变为多部门多环节的监管体制，如图 12-1 所示。农业部负责监管初级农产品的生产环节，质监部门负责食品生产加工环节，工商部门负责食品流通环节，卫生部门负责监管餐饮业和食堂等消费环节，食品药品监督管理部门负责对食品安全的综合监督、组织协调和依法查处重大事故。这种分段监管的体制的出发点就在于将食品安全监管职能细化，虽然充分发挥了各个监管部门的专业化优势，但同时也造成了政府各部门食品安全信息公开的主体分散现象。

在食品安全监管的分段监管体制中，食品生产企业在不同的阶段要面对多个政府部门，符合多种标准，进行多次检查，提高了食品安全监管的成本，客观形成了"多头分散，齐抓共管"与"多头有责、无人负责"的局面。2007 年，国务院产品质量和食品安全领导小组成立，负责统筹协调产品质量和食品安全重大问题，部署重大行动以及督促检查产品质量和食品安全有关政策的贯彻落实与工作进展情况。领导小组办公室设在国家质检总局，承担领导小组的日常工作，研究提出加强产品质量和食品安全工作的政策建议，督查落实领导小组议定事项，开展调查研究，分析舆情，对外发布食品安全的相关信息。

（三）分段协调监管体制中政府食品安全信息公开的多主体独立（2008—2012 年）

2008 年的大部制改革中，为了加强食品药品监督，明确规定由卫生部承担食品安全综合协调，组织查处重大事故的责任，将国家食品药品监督管理局改为由卫生部管理，承担消费环节的食品安全的监管的职责，这并没有解决食品安全监督部门过于分散的状况。2009 年 6 月正式实施的《食品安全法》在第四条中规定，"国务院设立食品安全委员会，其工作职责由国务院规定"。虽然《食品安全法》（2009 年版）仍维持了部门分段监管的体制，但是通过设置国务院食品安全委员会克服原有监管体系下各部门平起平坐、谁都不服谁的监管困境，并且对原有的监

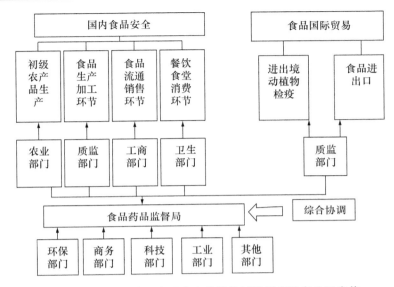

图 12-1 2004 年我国食品安全监管体制及相应信息公开主体

资料来源:颜海娜:《我国食品安全监管体制改革——基于整体政府理论的分析》,《学术研究》2010 年第 5 期。

管漏洞或模糊地带作了必要的规定,对于食品安全风险评估、食品安全标准制定、信息发布、食品安全事故的调查和处理等均明确规定,统一由卫生部门负责监管。

2010 年 2 月,根据《国务院关于设立国务院食品安全委员会的通知》(国发〔2010〕6 号〕,为加强食品安全工作,食品安全委员会下设正部级的国务院食品安全委员会办公室,作为食品安全工作综合协调、督促检查和重大事故查处的综合职能机构。但是承担责任并不能将监管效果最大化,食品安全办公室并不能取代相关部门在食品安全管理、食品安全信息公开等方面的职责,相关部门根据各自职责分工开展工作。如在食品安全问题的举报上,各部门都设立了投诉举报电话,农业部门 12316、工商部门 12315、质监部门 12365、食药局 12331、商务部门 12312,消费者在遇到食品安全问题时拨打哪一个举报电话是其面临的困难。而这一时期的政府食品安全监管的部门间合作主要是通过强制方式来实现,部门间合作的动力来源于上级部门、领导或者法律约束。

2012 年 6 月,国务院办公厅关于印发《国家食品安全监管体系“十二五”规划的通知》(国办发〔2012〕36 号〕确定了“十二五”期间食品安全监管的体系建设目标,即在县级以上地方政府均建立健全食品安全综合协调机制,以及健全食品安全监管综合协调机制,但并没有归口政府食品安全信息公开的主体。

（四）整合食品安全监管机制中政府食品安全信息公开的主体统一明确（2013年至今）

2013 年 3 月，为加强食品药品监督管理，提高食品药品安全质量水平，根据第十二届全国人民代表大会第一次会议审议的《国务院机构改革和职能转变方案》，将国家食品药品监督管理局、国务院食品安全委员会办公室、国家质量监督检验检疫总局的生产环节食品安全监督管理职责、国家工商行政管理总局的流通环节食品安全监督管理职责整合，组建国家食品药品监督管理总局，不再保留国家食品药品监督管理局和单设的国务院食品安全委员会办公室，但保留国务院食品安全委员会，具体工作由国家食品药品监督管理总局承担。国家食品药品监督管理总局加挂国务院食品安全委员会办公室牌子。与此相对应，现行的《食品安全法》更是用法律的形式确立了政府食品安全信息公开的重要地位，国家建立统一的食品安全信息平台，实行食品安全信息统一公布制度。明确国家食品安全总体情况、食品安全风险警示信息、重大食品安全事故及其调查处理信息，以及国务院确定需要统一公布的其他信息由国务院食品监督管理部门统一公布。

二、源于食品监管部门报告的政府食品安全信息公开状况

按照现行的《食品安全法》，国务院与各级政府的食品药品监督管理部门是我国政府食品安全信息公开的主要职能部门。由于数据与资料的有限性，在此主要以 2014—2016 年间国家食品药品监督管理总局和江苏省食品药品监督管理局食品安全信息公开情况为案例，梳理政府食品安全信息公开的现状，分析存在的主要问题。

（一）国家食品药品监督管理总局信息公开状况

本节主要根据国家食品药品监督管理总局发布的《国家食品药品监督管理总局政府信息公开工作年度报告》（2014 年、2015 年、2016 年）对比分析政府食品安全信息公开进展和现状。[①]。

2013 年新组建的国家食品药品监督管理总局在 2014 年颁布实施了《食品药

---

①　国家食品药品监督管理总局：《国家食品药品监督管理总局 2014 年政府信息公开工作年度报告》，http://www.sda.gov.cn/WS01/CL0633/116243.html，2015 年 3 月 26 日。
　　国家食品药品监督管理总局：《国家食品药品监督管理总局 2015 年政府信息公开工作年度报告》，http://www.sda.gov.cn/WS01/CL0633/147720.html，2016 年 3 月 21 日。
　　国家食品药品监督管理总局：《国家食品药品监督管理总局 2016 年政府信息公开工作年度报告》，http://www.sda.gov.cn/WS01/CL0633/170931.html，2016 年 3 月 21 日。

品监督管理总局信息公开指南及公开目录》,进一步明确了政府食品安全信息主动公开的范围和依申请公开工作的有关要求,把国家食品药品监督管理总局的网站作为政府信息公开的第一平台,完善栏目建设,并强化总局与各地方政府食药部门的协调联动,推进上行下达信息公开体系的机制建设。2016年,国家食品药品监督管理总局在将其政府政务网站作为"第一平台"的基础上,进一步拓展食品安全信息公开渠道,加强政策解读,积极回应社会关切,把信息公开作为强化监管工作的重要手段,提高了监管公信力。

1. 政府信息公开的平台建设

(1) 网站访问人次。2014年打造为"第一平台"的国家食品药品监督管理总局网站访问人次超过1.3亿,较2013年增长了66%;2015年网站访问人次则达到1.46亿人次,页面浏览量30.1亿页,较2014年增长了12.3%;2016年年底,国家食品药品监督管理总局网站的访问人次已达到约5亿人次,同比增长242%(图12-2)。

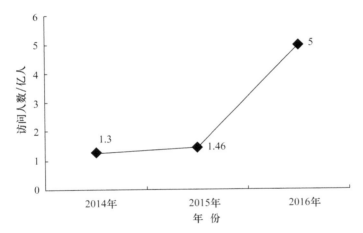

图 12-2　2014—2016年间国家食品药品监督管理总局网站访问人次
数据来源:《国家食品药品监督管理总局政府信息公开工作年度报告》(2014—2016年)。

(2) 网站栏目建设。2014年和2015年,国家食品药品监督管理总局网站分别在第十三届(2014年)中国政府网站绩效评估和第十四届(2015)中国政府网站绩效评估中,分列为国务院部委政府网站第9名和第7名。2015年尤其在基础数据库建设、网上受理事项完善等方面有较大改进。2016年则在2015年基础上,进一步强化信息查询服务功能,增设"科普知识"专栏和"辟谣专台",完善英文版子站、行政许可服务子站等建设(表12-1)。

表 12-1   2014—2016 年间国家食品药品监督管理总局网站建设栏目情况（单位：个）

年份	信息发布栏目数	互动栏目数	其　　他
2014	60	5	48 个基础数据库（总计数据 186.1 万条）、7 个进度查询数据库（总计数据 95.4 万余条）、7 个英文版数据库（总计数据 21.4 万余条）
2015	60	4	54 个基础数据库（总计数据 196 万条）、7 个进度查询数据库（总计数据 103 万条）、11 个网上受理事项、1 个英文版子站、1 个行政许可服务子站
2016	120	4	1 个英文版子站、1 个行政许可服务子站和 1 个机关党建在线子站

（3）移动客户端建设。2016 年国家食品药品监督管理总局的移动客户端"中国食药监管"建设已经初步完成，开通总局官方微信公众号"中国食事药闻"，入驻人民日报新闻客户端政务大厅和用户量达 4.5 亿的"今日头条"客户端平台，有力地拓展了发布渠道，提升了发布覆盖面（图 12-3）。

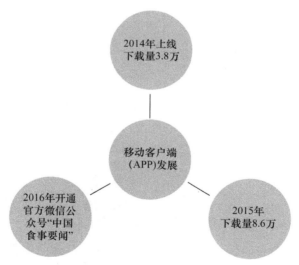

图 12-3   2014—2016 年间国家食品药品监督管理总局移动客户端发展示意图
数据来源：《国家食品药品监督管理总局政府信息公开工作年度报告》（2014—2016 年）。

2. 政府主动信息公开的重点领域信息公开

与 2015 年类似（图 12-4），2016 年，国家食品药品监督管理总局网站涉及的政府主动公开信息包括公告通告类、动态类、行政许可类、专栏及综合管理类、法规文件类等。其中公告通告类占比最大，其次为食药监管系统动态类信息。

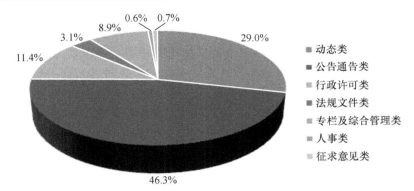

图 12-4　2015 年国家食品药品监督管理总局政府主动公开信息栏目

数据来源:《国家食品药品监督管理总局 2015 年政府信息公开工作年度报告》。

　　2016 年国家食品药品监督管理总局在食药监管系统动态类信息公开方面有一定提升。如通告增设的科普知识专栏已经累计发布科普知识 309 条,科普视频 32 个,发布辟谣信息 17 条等。

　　(1)食品安全质量抽检信息公开。2016 年,国家食品药品监督管理总局公布了 56 期食品安全质量监督抽检信息,涉及 32 类食品的 2.4 万批次样品,公开抽检信息的期数和食品类别均较 2015 年提高 33.3%。另外,2016 年,国家食品药品监督管理总局网站转载各省、自治区、直辖市食药局发布的监督抽检结果 1700 余期,实现每周公布食品安全抽检信息,同时公布合格产品信息和不合格产品信息(图 12-5)。

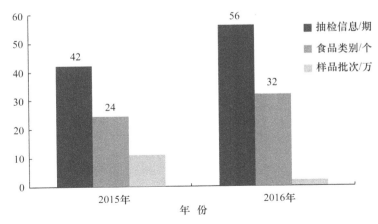

图 12-5　2015—2016 年间国家食品药品监督管理总局
食品安全抽检信息公开

数据来源:《国家食品药品监督管理总局政府信息公开工作年度报告》(2014—2016 年)。

（2）食品生产和经营许可的信息公开。2016 年,国家食品药品监督管理总局已经开始应用食品生产许可数据直报软件,建设食品经营许可信息系统,各省(自治区、直辖市)食品药品监管部门均通过食品经营许可信息系统发放食品经营许可证。这在 2015 年总局每月汇总统计各地食品生产许可获证企业数据,并及时在总局网站公布的基础上又有了较大改进。

（3）行政处罚信息公开。2016 年,国家食品药品监督管理总局网站设立违法案件专栏,将各地上报的相关案件信息在专栏中予以公开。针对社会关注度高、影响较为广泛的重大食品安全案件,及时通过总局政府网站发布权威信息,警示威慑违法行为。如在组织开展的打击餐饮服务单位非法添加罂粟壳、罂粟粉专项执法行动中,以总局通告形式向社会公开了专项行动整体情况,并陆续公开了上海、重庆等地相关案件具体查处情况。对各地查处的典型案件进行筛选整理,并于 2016 年 3 月向社会发布了食品安全十大典型案例,取得了良好的社会效果。

（4）食品安全标准信息公开。2016 年,国家食品药品监督管理总局及时公开制定的政策措施、标准规范,发布食品安全国家标准 530 项,已发布的食品安全国家标准总数累计达 1213 项。并组织整理、翻译国际食品法典标准 5 卷 6 册 340 余个,在推进食品安全标准信息公开方面进步明显。

3. 依申请公开政府信息情况

（1）申请形式。2016 年,国家食品药品监督管理总局收到有效依申请公开事项共计 1953 件,分别较 2014 年和 2015 年增加了 181.4％和 25.4％(图 12-6)。

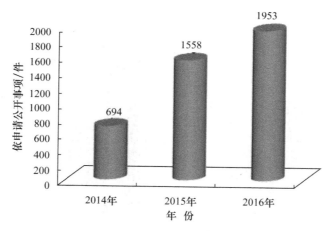

图 12-6　2014—2016 年间国家食品药品监督管理总局
收到依申请公开事项

数据来源:《国家食品药品监督管理总局政府信息公开工作年度报告》(2014—2016 年)。

其中,与 2014 年、2015 年非常相似,2016 年国家食品药品监督管理总局收到依申请公开事项的申请形式 84% 以上都是通过在线平台、电子邮件等网络形式,其后是信函形式,而传真形式几乎没有(图 12-7)。

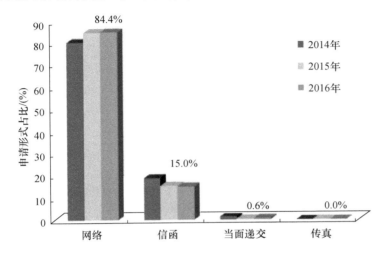

图 12-7　2014—2016 年间国家食品药品监督管理总局
收到依申请公开事项的申请形式

数据来源:《国家食品药品监督管理总局政府信息公开工作年度报告》(2014—2016 年)。

(2) 申请回复。2014—2016 年间,国家食品药品监督管理总局收到依申请公开申请事项的回复形式主要为经申请人同意通过电话回复和书面答复两种,以书面回复为主。

而图 12-8 显示,2016 年,国家食品药品监督管理总局在受理依申请公开事项的回复类型方面开始呈现多样化,在咨询信访和其他情况方面较 2015 年增加明显。而且未予公开的回复类型显著减少。

(二) 地方食药监管管理部门的信息公开:江苏省的案例

江苏食品药品监督管理局作为省级政府的食品药品监督管理部门,在秉承国家食品药品监督管理总局相关食品安全信息政府公开工作方式的基础上,是否有所创新和不足?本章节同样通过江苏省食品药品监管局政府信息公开年度报告展开分析。

1. 政务网站成为信息公开主渠道

2015 年江苏食品药品监督管理局完善政务网站服务大厅办事指南、在线下载等内容,基本实现数据集中存储、信息互通共享。与此同时,进一步强化"数据查询"频道建设,拥有 5 大类 26 个数据库 11 万余条数据信息,公众可便捷获取所需

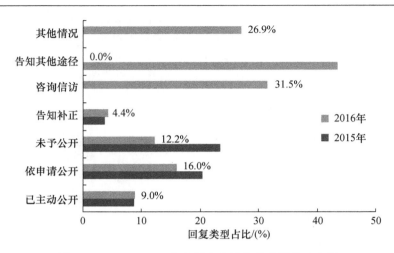

图 12-8　2015—2016 年间国家食品药品监督管理总局
收到依申请公开申请的回复情况
数据来源:《国家食品药品监督管理总局政府信息公开工作年度报告》(2015—2016 年)。

信息,网站还通过在线访谈形式逐步成为政民互动交流的桥梁纽带。[①]

2016 年江苏省食品药品监督管理局继续推进"政策解读"专栏,全年共转载 27 篇解读信息,对规范性文件进行重点解读。同时,办好"回应关切"和"热点聚焦"专栏,整合发布、转载社会关注度较高、群众反响较强烈的食品药品安全领域相关问题,以及江苏全省食品药品监管部门采取的措施、开展的工作,强调了动态信息发布。建设了"数据查询"频道,明确专人具体负责数据标准的制定和数据的收集更新。2016 年更新了 9 万余条数据。2017 年,网站拥有 7 大类、26 个数据库、11 万余条数据信息,被江苏省政府网站直接链接为"健康服务—食品药品安全信息"栏目。

2. 多载体地公开信息

2016 年,江苏食品药品监督管理局多方位开展主题宣教活动,切实提高群众食品安全意识,充分发挥媒体等公共平台的作用。在《新华日报》《扬子晚报》开辟"食品药品监管之窗"专栏,在央视频道、《新华日报》、江苏卫视、中国江苏网、新华网等各级媒体上刊发稿件。还加强"江苏食药"新浪政务微博日常更新,在 2015 年开通"江苏食品药品监管"微信公众号基础上,也要求 13 个设区市局开通微信公众号和头条号。[②]

---

① 江苏省食品药品监管局:《江苏省食品药品监管局 2015 年度政府信息公开年度报告》,http://www.jsfda.gov.cn/xxgk/xxgkml/201602/t20160222_1213592.html

② 江苏省食品药品监管局:《江苏省食品药品监管局 2016 年度政府信息公开报告》,http://www.jsfda.gov.cn/xxgk/xxgkml/201702/t20170228_1284803.html

3. 主动公开信息状况

2016 年,江苏食品药品监督管理局主动公开政府信息 17703 条,较 2015 年增加了 133.7%,增势非常明显(图 12-9)。而主动公开的信息类型主要包括监管动态信息、文件公告和行政审批信息。其中,2016 年,行政审批信息在政府主动公开信息中占据了 85.4% 的份额,而文件公告信息公开份额最小(图 12-10)。在监管动态信息中,2015 年江苏省食品药品监督管理局发布了《省级食品安全监督抽检信息公告》9 期,涉及 31 大类食品 6424 批次样品,而 2016 年则发布了 79 期食品监督抽检公告。

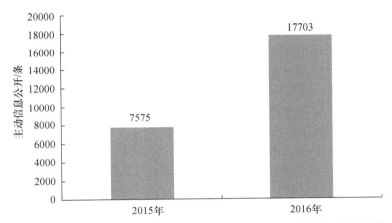

图 12-9　2015—2016 年间江苏省食品药品监督管理局主动公开信息情况
数据来源:《江苏省食品药品监管局 2015—2016 年度政府信息公开年度报告》。

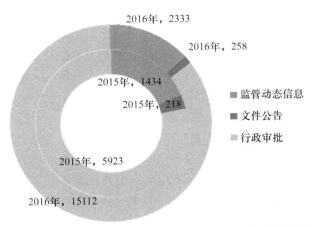

图 12-10　2015—2016 年间江苏省食品药品监督管理局主动公开信息类型　(单位:件)
数据来源:《江苏省食品药品监管局 2015—2016 年度政府信息公开年度报告》。

4. 依申请公开情况

2016年,江苏省食品药品监督管理局收到并答复群众申请公开政府信息247件,比2015年增长了49.7%;而受理答复电话、网络咨询等依申请公开事项达到14233件,比2015年增长177.5%;与群众互动方面,12331咨询投诉举报呼叫中心接听处理群众来电达到48175件,比2015年同比增长84.18%。可见,在受理电话、网络咨询方面,江苏省食品药品监督管理局依申请公开事项的增加势头非常明显,公众对于政府食品安全信息公开的意愿日趋强烈。

(三) 食品药品监督管理部门食品安全信息公开存在的主要问题

研究近年来国家食品药品监督管理总局和江苏省食品药品监督管理局的政府食品安全信息公开进展状况,可以发现,我国食品安全信息公开情况已经有了很大的提升,制度建设逐步完善,工作思路逐渐清晰,尤其是政府网站的建设、多媒体应用、动态监管信息与依申请的信息公开等方面均有了非常明显的进步,但在相关领域信息公开仍然存在一些问题需要解决。

1. 信息公开主体不明确,信息流转不顺畅

我国现行的体制为每一职能部门按照监管情况公布信息,容易出现各个部门发布监管信息不一致,以及信息混乱的行为。部门之间均掌握了部分信息,但彼此间没有形成合力,导致信息散乱,不具有整体性,降低了信息利用率。为了改善类似情况,各个政府部门之间应该进行信息的实时交流,资源信息共享,《食品安全法》中对其进行了规定,明确应当互相通报知晓的信息。虽然相关法律对此问题有相关的要求,但相关工作却并未落到实处。主要原因就在于政府各个部门通常只向自己的直属上级部门传递食品安全信息,而对其他的上级层次的管理部门或者同一层次的并行部门基本不愿意共享信息。而且政府各个部门之间如何高效有序地实现信息共享互通也是一个难题,无形中就阻碍了部门间监管信息的交流。这就一定程度反映在《国家食品药品监督管理总局国家政府信息公开年度报告》和《江苏省食品药品监管局政府信息公开年度报告》中,并且相比较而言,国家食品药品监督管理总局的状况显得更为明确具体,主动信息公开包括动态类、行政许可类、专栏及综合管理类、法规文件类等,而江苏省食品药品监督管理局则多局限于行政审批的信息公开(图12-4和图12-10)。显然,要提高食品安全监管效率,势必依赖于食品安全监管权力在多个政府部门之间的合理配置。而食品安全风险社会共治过程中政府职能的调整就是为了实现多个规制部门之间的合力机制,将分散的规制权力实现有效的连接,对各个规制部门之间的执法权力整合为食品安全监管合力,才能彻底提升政府食品安全信息公开的效率。

2. 信息公开范围狭窄,内容不全面

我国现行的食品安全相关法律法规体系对食品安全监管信息的公开范围并

没有详细的说明。从国家与江苏食品药品监督管理部门发布的食品安全监管信息的公开情况来看，一方面，我国食品安全监管信息公开采取的方式不是把所有可以公开的信息都公开，而是把能公开的信息罗列出来，这可以理解，但对于一些不能公开或者可公开可不公开的信息范围与内容并没有进一步说明。食品安全包含从生产到消费复杂的过程，食品安全监管信息包含的内容多，涉及的领域广，仅仅把生产到消费监管的局部信息公开显然不够，更没有完整的归纳食品安全监督信息的发布。另一方面，国家食品药品监督管理总局的政务网站中都有信息公开的板块，而且江苏省食品药品监督管理局政务网站的信息公开板块中大部分是机构设置、办事指南等基本内容，并不能提供给消费者或者社会公众一些实质性的食品安全信息，内容单一，不全面，食品安全监管信息披露较少，而且滞后于国家食品药品监督管理总局的相关公开内容。

3. 信息公开方式不健全

在公开监管信息的时候，各级食品药品监督管理部门可以采用的方式方法有很多，但是这些方式方法实际上并不完善，具体表现在利用传统的公开方式所带来的效果不明显，而利用现代的公开方式则形式单一、内容不全。如果依靠政府公报的形式把信息公开出来，虽然公信度上有了保障，但是从信息的采集到发布需要经历一段时间，等公报发布出来有可能已经失去了时效性。无论是国家层次还是江苏省食品药品监督管理局很少采用新闻发布会的方式及时发布食品安全信息。

4. 信息公开的责任追究机制未统一健全

现行的《食品安全法》规定了政府各个食品安全相关监管部门发布食品安全信息的责任，要求必须及时准确地公开食品安全监管信息，否则会被处以警告、记过等惩罚，对于情节比较严重的主管人员则会采取降级、撤职甚至开除。但是目前对于惩罚方式等并没有明确的规范，主要表现在：

一是对于如何确定政府工作人员是否有不按相关规定公开食品安全信息上有难度。而且对政府工作人员是否未按照工作职责履行相关的义务并没有明确界定，对于情节较轻和情节较重的情况也没有详细区分，导致难以定性政府工作人员是否存在违法乱纪的行为。

二是针对食品安全信息公开问题，如果相关的监督管理部门没能按照相关规定及时公开信息，或者已经公开的信息不准确的话，当事人能否通过正规的渠道提起复议或诉讼得到回复也没有详细说明。分析国家食品药品监督管理总局对政府信息公开的行政复议和行政诉讼发现，2015 年和 2016 年的行政复议和行政诉讼案件明显增加（图 12-11），且其中有关行政复议和行政诉讼的处理结果有维持复议、驳回申请等答复。但反观江苏省食品药品监督管理局信息公开的年度报告却并没有涉及行政复议和行政诉讼的处理情况。由此可见,食品药品监督管理部门的信息公开责任追究机制并未统一健全。

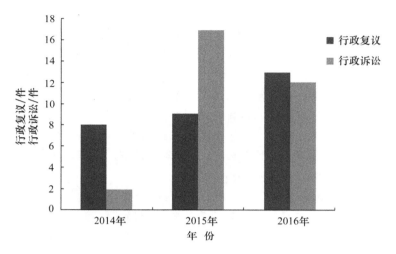

图 12-11　2014—2016 年间国家食品药品监督管理总局
因政府信息公开的行政复议和行政诉讼
数据来源:《国家食品药品监督管理总局政府信息公开工作年度报告》(2014—2016 年)。

三、食品安全社会共治中信息共享平台的建设

现阶段推进食品安全信息公开,政府必须身体力行。但食品安全信息公开不仅需要政府规范自身的行为,按照相关法律法规规范地推进相关工作,也需要食品安全风险社会共治体系中各个主体间的合作,促进食品安全信息在食品治理主体间的有效有序地流动。

(一)强化食品安全信息公开的法律责任设置

法律责任是权利或权力行使的保障机制。现行的《食品安全法》第 145 条对未按照法律规定向上级报告或向同级食品安全监管部门报告设定了行政法律责任,"对直接负责的主管人员和其他直接责任人员给予警告、记过或者记大过处分;情节较重的,给予降级或者撤职处分;情节严重的,给予开除处分。"但对于其他主体,如食品生产经营者、食品行业协会、集中交易市场的开办者、柜台出租者、展销会举办者、网络食品交易第三方平台等,未履行报告义务的,《食品安全法》仅设置了以上主体有报告的义务,但没有明确其法律责任,这是法律缺失的地方,从而"一方面,一些义务性条款因没有相应的责任条款作制度保障,而使得该义务性条款的实施出现困难;另一方面,法律责任条款的设置则缺少充足、科学的基础与前提"。可以在未来修订的《食品安全信息公布管理办法》中增加关于报告主体的

法律责任的设置。同时,我国应完善食品安全治理的其他主体,如食品生产经营企业、食品行业协会、食品检测检验机构、食品认证机构等在信息公开方面的责任设置。

(二) 制订新的《食品安全信息公布管理办法》

我国现有的《食品安全信息公布管理办法》是 2010 年 11 月 3 日由当时的国家卫生部会同农业部、商务部、工商总局、质检总局、食品药品监管局基于《食品安全法》(2009 版本)制定的。现行的《食品安全法》与《食品安全法》(2009 年版本)相比较,在立法理念、制度设计等方面有重大的改变,食品安全信息统一发布的主体也不再是原国家卫生行政主管部门,而是国家食品药品监督管理总局。因此,应由国家食品药品监督管理总局会同卫生与计划生育委员会、农业部、商务部等部门根据现行的《食品安全法》重新制订《食品安全信息公布管理办法》。以治理理念作为该规章的制订理念,对食品安全信息的公开作出较为全面的规定。

(三) 完善食品安全信息公开方式的规定

食品安全信息公开不仅满足社会主体的知情权,更重要的是完善食品安全共同治理的需要。食品安全信息的公开方式,应坚持《政府信息公开条例》确立的原则,即"主动公开为主,申请公开为辅"。对一些规模大的食品生产经营企业,如上市公司或生产特殊食品的企业(保健食品、特殊医学用途配方食品、婴幼儿配方乳粉等)应实行"主动公开";对可能涉及商业秘密、个人隐私的食品安全信息在利益权衡情况下不能主动公开的,可以依申请人的申请公开。

(四) 加大财政补贴力度以实现食品安全信息共享平台建设

为了增强多方治理主体实现信息共享的动力,从而对各个治理主体提供食品安全信息实施补偿,政府有必要通过加大财政补贴力度以实现食品安全信息共享平台的建设。财政补贴力度的加强能够通过货币的形式将各个治理主体提供食品安全信息的努力反映出来,从而形成各方治理主体实现信息共享的收益,最终将会对治理主体实现食品安全信息共享的激励,实现政府食品安全信息公开的高效配置。

(五) 建立食品生产经营企业信息公开的动力机制

应进一步完善食品安全信息公开的奖励机制,促进食品生产经营企业主动公开其食品安全信息,建立食品安全信息的网络平台。在信息公开机制完备的情况下,食品安全治理主体间信息对称,食品市场就会避免"劣币驱逐良币"现象。这些激励机制包括:政府部门设立的食品生产经营的信用机制,完善食品生产经营企业的信用记录;食品行业协会建立的奖励机制;由检验检测机构、认证机构颁发的食品检验、检测证明,认可证书等,促进多方治理主体对食品安全信息的协调发布。

第十三章　2016 年食品安全风险监测、评估与预警体系建设的新进展

食品安全风险监测、评估与预警体系对防范食品安全风险具有基础性的作用，在国家食品安全风险治理体系中具有举足轻重的地位。本章主要考察 2016 年我国食品安全风险监测、评估与预警体系建设进展，并提出相应的思考。

一、食品安全风险监测体系建设

食品安全风险监测是通过系统和持续地收集食源性疾病、食品污染物以及食品中有害因素的监测数据及相关信息，并进行综合分析和及时通报的活动，①在食品安全风险治理体系中具有不可替代的作用。《食品安全法》(2009 年版)规定食品安全风险监测工作以来，我国的食品安全风险监测体系实现了新提升。

(一)食品安全风险监测体系总体状况

近年来国家相关部门公开发布的数据表明，目前全国共设立食品安全风险监测点达 2656 个，覆盖所有省、地市和 92％的县级行政区域，初步建立了国家、省级、地市级和县(区)级四层架构形成的立体化食品安全风险监测网络；风险监测品种涉及粮食、蔬菜、水果、水产品等百姓日常消费的 30 大类食品，囊括 300 多项指标，累计获得 1500 多万个监测数据；基本形成了涵盖食品污染和食品有害因素监测以及食源性疾病监测，包含常规监测、专项监测、应急监测和具有前瞻性的监测的国家风险监测计划体系；基本形成了涵盖农业生产、食品加工、产品流通、餐饮消费、网购食品等全面覆盖、重点突出的风险区域监测格局；基本形成了涵盖食品污染物与食源性致病菌的动态风险监测数据库。

(二)食品安全风险监测的四层架构

自 2010 年以来，国家食品安全风险监测网络不断优化，基本形成由国家、省级、地市级和县(区)级四层架构组成的立体化监测网络。

1. 国家层面

国家层面主要依照"主管部门负责，分段开展实施，风险分析为目的"的思路，

---

① 《食品安全风险监测管理规定(试行)》，中央政府门户网站，2010 年 1 月 25 日，http://www.gov.cn/gzdt/2010-02/ 11/content_1533525.htm

以食品安全风险监测计划为指导,针对农产品、食品和中国总膳食研究,不断规范常规监测内容,逐步进行专项监测、应急监测和具有前瞻性的监测。农业部负责国家层面农产品安全风险监测和风险评估,实现了对食用农产品从"农田到餐桌"的全程质量安全管理的架构体系。国家卫生和计划生育委员联合各部委负责食品和食用农产品风险监测,不断完善监测制度和技术,形成了涵盖生产、种养殖、运输、贮藏、加工及零售等环节的监测网络。中国总膳食研究由国家食品安全风险评估中心负责开展涉及暴露评估的检测内容,为系统而准确地评估我国居民的膳食风险提供基础数据。

2. 省级层面

经过近 6 年的发展,各省级层面已经形成了以省疾控中心为技术核心,区域实验室为骨干,市疾控中心为主体,哨点医院密切配合的省级食品安全风险监测网络体系。以江苏省为例,截至 2016 年年底,食品安全风险监测市级分中心建设圆满完成,省、市、县(区)三级架构的监测体系全面建成,多类型监测相融合的食品安全风险监测完整格局已构建。全省共设置包括 13 个设区市的 55 个市辖区和 41 个县(市)合计 90 个监测点,监测点覆盖率达 100%。在食源性疾病风险监测中,以疾病预防控制中心(以下简称疾控中心)为指导,以哨点医院为基础的食源性疾病监测网络实现跨越式发展,全省共设置各级各类食源性疾病监测哨点医院 380 家,已覆盖全部行政区域二级及以上医院。全省所有 13 个设区市疾控中心等均已通过考评验收,达到江苏省食品安全风险监测市级中心的建设标准和要求。此外,全省在 13 个设区市疾控中心均已建立"食源性疾病分子溯源网络实验室",运用食源性致病菌 PFGE 分子分型技术进行食源性疾病溯源分析,不断加大食品化学污染物及其有害因素监测、食源性致病菌监测、食源性疾病监测以及食品中放射性物质监测中专项监测和主动监测的比重。山东省则在全省 17 个地市级和寿光市(县级)均全面开展食品安全风险监测,监测样品范围覆盖 97% 的县级行政区域,食源性疾病监测覆盖全部县市区。同时,关注"热点"和产量或消费量大的食品或食用农产品进行专项监测,监测数据更具有区域的代表性,更能反映当地食品安全风险水平。青海全省卫生计生系统食品安全风险监测点扩增到 46 个,覆盖所有的市(州)和县(区、市、行委);食源性疾病监测哨点医院扩大到 82 家,覆盖所有的市(州)和县(区、市、行委),并在 15 家乡镇卫生院(社区卫生服务中心)开展食源性疾病监测延伸试点工作。云南省 2011 年至 2016 年,省财政厅积极筹措财政资金 3097 万元,用于支持省卫生部门开展食品安全风险监测,设立了云南省食品安全风险评估研究中心,建立了风险监测联席会议制度,定期召开风险监测分析研判会,统筹组织协调和安排布置全省风险分析工作,进一步提升了全省风险监测能力。目前已基本建成覆盖省、州市、县并逐步延伸到乡、村,横向到边、纵向到底的食品安全风险监测网络,覆盖种养、生产、流通、餐饮服务全过程,将鲜米线、普洱茶等云南地方特色食品也纳入了省级监测范围。

3. 地市级层面

地市级层面则以"食安办领导,卫生计生委牵头,市疾控机构为主体,县级疾控参与"的工作模式,以国家、省级监测计划为主,地域性专项监测为辅,构建了"政府主导、卫生牵头、部门参与、疾控实施"的架构体系。江苏省各地市在完善常规监测的同时,加强对街头流动餐、网店自制食品、学生餐、外卖配送餐、小龙虾相关横纹肌溶解综合征等专项监测,开展集体用配送餐、地方特色食品盐水鸭等地方标准跟踪评价,并持续推进社区人群食源性疾病负担调查、食源性致病菌耐药检测与致病菌分子分型监测等工作,形成常规监测规范化、专项监测多样化、应急监测快速化等多形态融合格局。山东省各地市由食安办组织制订计划,食安委成员单位参与,按照各自职责分别开展食品安全风险监测工作,监测重点为食用农产品种养殖环节、食品生产环节、流通领域大宗消费品和特殊食品及高风险食品、食源性疾病的主动监测。汕头市按照广东省工作方案的要求,在常规监测的基础上,灵活多变,自行增加监测项目与内容,努力实现食品安全风险的主动监测。

4. 县(区)级层面

县(区)级层面主要依照国家、省级以及地市级食品安全风险监测计划的安排,创新工作模式积极开展工作,时刻监控县(区)内食品安全总体状况,及时处置食品安全突发情况,化解群众关于食品安全的隐忧。重庆市南岸区在民生办负责牵头、协调、督察工作,区食安办、区食品药品监管分局负责项目建设及风险监测工作的组织实施,在全区77个大中型农贸市场和超市设立食品安全风险监测点。主要是在大中型农贸市场和超市的显著部位设立快检室,添置快检设备和人员,其中政府聘用人员一名,企业常驻人员一名,对常见食品开展常规快检工作,提高发现食品安全隐患的敏感性,实现监管关口前移及食品安全事件快速处置。同时,通过食品快速检测筛查结果,开展定向抽样检验,及时发现食品行业"潜规则",引导食品安全消费。此外,通过快速检测结果公示,提升百姓食品安全知情权,形成强大震慑及社会惩戒,提高违法成本。最后,根据快检、抽样送检结果及巡查情况,发现食品安全隐患,形成全面、准确、详实的食品风险监测报告,为全区食品安全监管决策提供科学依据。北京市大兴区食品药品监督管理局组织召开数字化食品安全快速检测培训会,为辖区内60所学校和30个职工食堂配备数字化食品卫生安全快速检测设备,并建立检测工作管理制度,根据不同季节发生污染事件的食品种类和风险情况,确定监测频次,定期公示各单位的检测结果并上报区政府。同时,建立快速检测数据库,进行状况评价和风险监测,对快速检测中发现的可能导致严重后果的检测结果,及时进行实验室检测确认,迅速排查食品安全隐患。

(三) 食品污染及食品中的有害因素监测进展

主要监测食品及食品相关产品中化学污染物和有害因素的污染情况等。虽然整体污染情况较轻,但污染物超标涉及的食品种类较多,是食品安全工作的重点。近年来,国家食品安全风险监测在对有毒有害物质的风险监测基础上,对餐饮食品、食品添加剂和主要食品种类的风险进行连续监测,监测的基本情况如下。

1. 食品中有毒有害成分风险的监测

(1) 荧光增白剂的风险监测。食品快消行业的迅猛发展,使得食品包装材料得到了快速普及,食品生产者为了增加白度、掩盖缺陷、降低成本,在纸质食品包装材料中非法添加了荧光增白剂,食品经营者往往直接使用食品包装纸而并不能对其标志进行有效识别,造成了极大地安全危害。以市售食品包装纸(淋膜纸、玻璃纸和蜡纸)、纸制餐具作为对象,依据 GB 11680-1989"食品包装用原纸卫生标准",并参照欧盟 RES AP (2002) 1、德国 XXXVI. 食品接触纸与纸板(Paper and board for food contact)等法规体系对食品包装材料进行监测,结果显示,常规监测项目中的荧光增白剂并未检出,符合相应的国家产品卫生标准的限量要求,合格率为 100%。

(2) 有害元素的风险监测。在包含铅、镉、汞、砷、镍、铬、硼、铜和稀土元素等持续监测项目中,监测结果表明:2010—2016 年生乳中重金属含量均未见明显异常;叶菜类、甘蓝类和茎类蔬菜中铅的超标率总体呈下降趋势,鳞茎类蔬菜污染问题最为突出,其次是茎类蔬菜;大米中镉污染分布呈明显的地域性差异,总体良好但传统污染区未见好转。2009—2016 年的连续监测结果显示,畜禽肉类中重金属水平较低,但畜类肾脏与肝脏中分别呈现地域性的镉污染与稀土元素污染。2015—2016 年的连续监测结果显示:鲜蛋、咸蛋和皮蛋样品未见明显的镉和汞的污染且持续稳定;甲壳类尤其是海蟹中镉的污染状况仍未得到改善。

(3) 生物毒素的风险监测。2014—2015 年监测中发现,部分地区烤鱼片和织纹螺中仍检出河鲀毒素,问题样品仍主要来源于农贸市场和网店。部分地区散装花生油中黄曲霉毒素超标率高,同时首次发现玉米油中玉米赤霉烯酮检出率和检出均值高。2016 年的监测中发现,舟山海域中东极岛海域的厚壳贻贝中检出麻痹性贝类毒素,超标率为 5%;嵊泗枸杞海域贝类中的麻痹性贝类毒素含量较低,未超出安全食用标准;两个海域的紫贻贝麻痹性贝类毒素含量均未超出安全食用标准。

(4) 农药残留的风险监测。在常规监测的基础上重点对蔬菜、果品、茶叶、食用菌、粮油作物产品、畜禽产品、生鲜奶、水产品、蜂产品等重要"菜篮子"和"米袋子"农产品质量安全状况进行专项评估;对农产品在种养和收贮运环节带入的重金属、农兽药残留、病原微生物、生物毒素、外源添加物等污染物进行验证评估;对农产品质量安全方面的突发问题进行应急评估;并对禁限不绝的禁限用农兽药、瘦肉精、孔雀石绿、硝基呋喃等问题进行跟踪评估。监测结果表明:食品中农药残留风险多以农贸市场销售的本地产品为主,整体上状况良好,风险水平不断降低。但具体而言,不同的农产品根据其类别与产地差异具有特异性。例如,南京的本地蔬菜中,茎类和芸薹类蔬菜农药超标率较高,茎类蔬菜有机磷农药超标率达9.7%,蔬菜中拟除虫菊酯类农药检出率较高,其中联苯菊酯检出率高达 28.6%;而山东的本地菠菜中,毒死蜱残留的慢性摄入风险最高,氯氰菊酯残留的急性风险较大;山东的本地苹果与梨中,苹果中检出 27 种农药,风险得分较高的有三唑磷、毒死蜱、氰戊菊酯、联苯菊酯、吡虫啉、戊唑醇、唑螨酯 7 种农药;梨中检出 37 种农药,风险得分从高到低分别有氧乐果、克百威、水胺硫磷、苯醚甲环唑、毒死蜱、唑螨酯、灭多威、氟硅唑 8 种农药。

2. 食品微生物及致病因子监测

包括卫生指示菌、食源性致病菌、病毒等指标,不同食品种类的风险显著不同。肉及肉制品风险检测中,生食肉类产品卫生状况差,食源性致病菌污染程度较高,预包装样品中单核细胞增生李斯特菌的检出率明显高于散装食品,大型餐馆单核细胞增生李斯特菌的不合格率明显高于中型餐馆和小型餐馆;禽肉中沙门氏菌检出率明显高于畜肉。水产动物及其制品监测中,流通环节污染严重,淡水动物性水产品中存在不同程度的副溶血性弧菌、创伤弧菌和溶藻弧菌等嗜盐性弧菌污染,生食贝类水产品中副溶血性弧菌和诺如病毒的污染情况呈上升趋势;其次为养殖环节,淡水鱼霍乱弧菌的检出率较高;最后为消费环节,冷冻鱼糜制品中检出少量单核细胞增生李斯特氏菌、副溶血性弧菌和沙门氏菌。乳及乳制品风险监测中,食源性致病菌的检出率较低,风险隐患较小。婴幼儿配方乳粉的风险监测中总体状况控制良好,仅有少量阪崎肠杆菌检出。此外,蛋及蛋制品与调味品的安全状况较好。

3. 餐饮食品与食品添加剂风险的监测

餐饮食品较难监管,是近年来监管的重点。监测结果表明,餐饮店和饮品店中自制饮料、淀粉类制品、培烤食品等存在铅污染的隐患,街头流动摊点的风险最高。街头餐饮单位中含有罂粟碱、吗啡、可待因、那可丁、蒂巴因等罂粟壳类非法添加行为。酒楼、餐馆凉拌菜的卫生状况堪忧,肠埃希氏菌和菌落总数超标率、超标倍数较高。市售包装类食品和餐饮服务单位经营食品的添加剂监测中,甜味剂的检出率最高,其次为防腐剂,以苯甲酸、山梨酸、甜蜜素、安赛蜜、糖精钠均有超标检出,葡萄酒和果酒中都存在超范围使用防腐剂、甜味剂和着色剂的问题,且果酒检出率高于葡萄酒。熟肉制品中亚硝酸钠存在超限量问题,以农贸市场散装肉制品最为严重。玉米粉、小米粉和小米存在超范围使用着色剂的问题,其中柠檬黄检出率高于日落黄。

(四) 食源性疾病的风险监测进展

指系统持续地收集食源性疾病信息,通过对疾病信息进行汇总、分析和核实,以识别食源性疾病暴发和食品安全隐患,掌握主要食源性疾病的发病及流行趋势,确定疾病发生的基线水平、危险因素和疾病负担,是国家食品安全风险监测体系的重要组成部分。目前采取的形式包括食源性疾病病例监测、食源性疾病主动监测和食源性疾病暴发监测等。根据现有数据显示,六年来,共监测获得 60 万份食源性疾病病例信息,基本摸清了我国食源性疾病分布状况。根据现有数据显示(如图 13-1),2001—2014 年间我国食源性疾病累计暴发事件共 9228 起,累计发病211509 人次。[1] 其中,2014 年食源性疾病暴发事件数和涉及发病人数均达到历史最高点,分别为 1480 起和 29259 人。以 2010 年为转折,2010 年前我国食源性疾病暴发事件数和涉及发病人数总体呈下降趋势,虽然 2011—2013 年涉及发病人数呈低位波动,但整体上 2010 年后我国的食源性疾病暴发事件数与患者人数呈上升趋势。2014 年全年更接到食源性疾病暴发事件 1480 起,监测食源性疾病 16万人次,报告事件数和监测病例数较 2013 年分别增长 47.9% 和 103%。这表明,自 2010 年建立起食源性疾病主动监测网络以来,我国食源性疾病暴发监测与报告系统的敏感度提高,有助于防范食源性疾病。[2],[3]

实际上,相较于食源性疾病,食物中毒一直是世界各国初期监测与食品相关疾病的主要方面,数据较为全面,是食源性疾病的主要组成部分,报告的数据更能全面描述食源性疾病的总体状况,根据现有公开的数据,[4]可以分析我国食物中毒的监测状况。

1. 食物中毒整体状况

如图 13-2 和图 13-3 所示,自 2001 年以来,我国食物中毒事件数、患者数和死亡人数均呈总体下降的趋势。其中 2003—2004 年间呈大幅上升,但在 2005—2011 年间显著下降并呈低位波动的可控状况,尤其是在 2006 年后食物中毒报告

---

[1]　到 2017 年 7 月 30 日为止,国家卫生与计划生育委员会尚未公开发布 2016 年我国食源性疾病等方面的相关数据。

[2]　徐君飞、张居作:《2001—2010 年中国食源性疾病暴发情况分析》,《中国农学通报》2012 第 27 期,第313—316 页。

[3]　《2013 年中国卫生统计年鉴》,中华人民共和国国家卫生和计划生育委员会,2014 年 4 月 26 日,http://www.nhfpc.gov.cn/htmlfiles/zwgkzt/ptjnj/year2013/index2013.html

[4]　到 2017 年 7 月 30 日为止,国家卫生与计划生育委员会尚未公开发布 2016 年我国食物中毒等方面的相关数据。

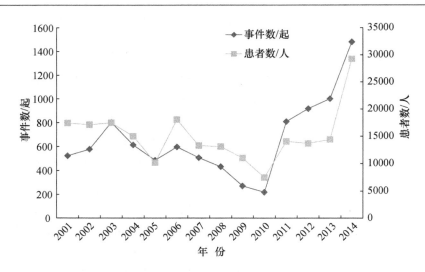

图 13-1　2001—2014 年间我国食源性疾病暴发的总体状况

资料来源:徐君飞、张居作:《2001—2010 年中国食源性疾病暴发情况分析》,《中国农学通报》2012 年第 27 期;《中国卫生和计划生育统计年鉴》(2013—2014 年);国家卫生计生委办公厅:《2014 年食品安全风险监测督查工作情况的通报》。

起数和中毒人数分别以年均 20.52％和 14.35％的速率递减。2015 年,国家卫计委共收到 28 个省(自治区、直辖市)食物中毒类突发公共卫生事件报告 169 起,中毒 5926 人,死亡 121 人。与 2014 年相比,事件报告数、中毒人数和死亡人数分别增加 5.6％、4.8％和 10.0％。且食物中毒呈现出明显的季节特征,主要以第三季度为主,在此季度内的食物中毒事件报告起数和死亡人数最多,分别占全年的 43.8％和 62.8％。主要原因在于:一方面第三季度气温和湿度条件适宜副溶血性弧菌、沙门氏菌和蜡样芽孢杆菌等致病菌的生长繁殖,极易引起食物的腐败变质;另一方面,此季节是毒蘑菇等有毒植物的采摘期,消费者饮食也多以生鲜为主,易发生食物中毒事件。

　　2. 食物中毒的主要场所

　　如图 13-4 所示,食物中毒的发生场所主要为家庭、集体食堂、饮食服务单位和其他四类。需要指出的是,2000 年以后居民家庭成为食物中毒报告起数和死亡人数占比最多的场所,而且受到消费者薄弱的食品安全意识、较差的有毒动植物鉴别能力,以及地方有限的医疗救助水平等因素的影响,家庭的食物中毒主要集中在贫困偏远地区。2015 年,发生在家庭的食物中毒事件报告起数和死亡人数最多,分别占全年的 46.7％和 85.1％,与 2014 年相比,发生在家庭的食物中毒事件

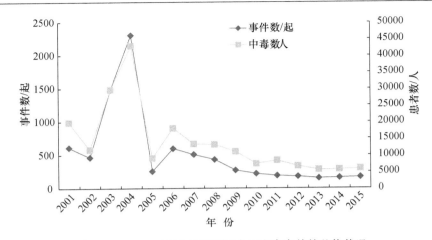

图 13-2　2001—2015 年间我国食物中毒事件的总体状况
资料来源:国家卫生计生委办公厅:《全国食物中毒事件情况的通报》(2001—2015 年)。

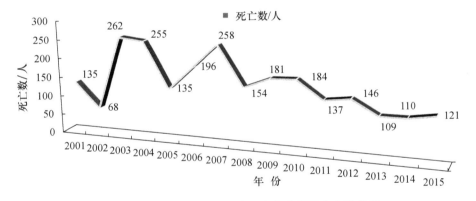

图 13-3　2001—2015 年间我国食物中毒死亡人数状况
资料来源:国家卫生计生委办公厅:《全国食物中毒事件情况的通报》(2001—2015 年)。

报告起数和中毒人数分别减少 2.5% 和 14.7%,死亡人数增加 9.6%。[1],[2]农村自办家宴引起的食物中毒事件 20 起,中毒 1055 人,死亡 13 人,分别占家庭食物中毒事件总报告起数、总中毒人数和总死亡人数的 25.3%、81.1% 和 12.6%。

①　《国家卫生计生委办公厅关于 2014 年全国食物中毒事件情况的通报》,中华人民共和国卫生和计划生育委员会办公室,2015 年 2 月 15 日,http://www.nhfpc.gov.cn/yjb/s3585/201502/91fa4b047e984d3a89c16194722ee9f2.shtml

②　《国家卫生计生委办公厅关于 2015 年全国食物中毒事件情况的通报》,中华人民共和国卫生和计划生育委员会办公室,2016 年 4 月 1 日,http://www.nhfpc.gov.cn/yjb/s7859/201604/8d34e4c442c54d33909319954c43311c.shtm

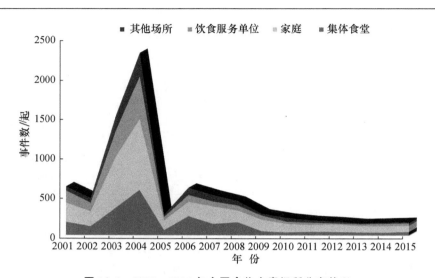

图 13-4　2001—2015 年全国食物中毒场所分布状况
资料来源：国家卫生计生委办公厅：《全国食物中毒事件情况的通报》(2001—2015 年)

3. 引发食物中毒的主要致病因素

我国食物中毒的主要原因分为微生物性、化学性、有毒动植物及毒蘑菇、不明原因 4 种。2003 年原卫生部通报把食物中毒原因分为微生物性、农药和化学物、有毒动植物、原因不明，2005 年将农药和化学物改为化学性，2010 年则将有毒动植物改为有毒动植物及毒蘑菇。

如图 13-5 所示，在所有致病因素中，微生物性病原一直是食物中毒报告起数和中毒人数的首要致病因素。自 2000 年以来，因微生物性原因发生的食物中毒报告起数、中毒人数分别占各自总数的 37.91%、54.03%，多发生在夏秋炎热季节，且以沙门氏菌、大肠杆菌等肠道致病菌和葡萄球菌、肉毒杆菌等为主。化学性病原在 2005 年以前是导致食物中毒死亡的主要原因，而 2011 年其又成为食物中毒死亡的主要致病因素，以农药、兽药、假酒、甲醇、硝酸盐及亚硝酸盐为主。有毒动植物及毒蘑菇在 2006—2010 年间连续成为中毒死亡的主要原因，2007 年致死人数达到 167 人，占当年中毒死亡人数的 64.73%，成为该项指标自统计年份以来致死比例最高的年份，主要以河豚鱼、扁豆、毒蕈、发芽的马铃薯等为主。

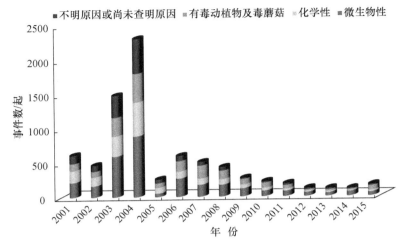

图 13-5 2001—2015 年全国食物中毒致病因素分布状况
资料来源:国家卫生计生委办公厅:《全国食物中毒事件情况的通报》(2001—2015 年)

二、食品安全风险评估体系的建设进展

风险评估是风险分析框架中的重要一环,是风险管理的基础,也是风险交流的信息来源。具体而言,其是对食品生产、加工、保藏、运输和销售过程中所涉及的各种食品安全风险对人体健康不良影响的科学评估,是世界卫生组织(World Health Organization,WHO)和国际食品法典委员会(Codex Alimentarius Commission,CAC)强调的用于制订食品安全控制措施的必要技术手段,是政府制定食品安全法规、标准和政策的基础。为此,在我国现行的《食品安全法》中规定了国家层面的食品安全风险评估制度,成立食品安全风险评估专家委员会开展食品安全风险评估工作,对食品安全风险进行危害识别、危害特征描述、暴露评估和风险特征描述,并将其作为制订或修订食品安全标准和对食品安全实施监督管理的科学依据。

(一) 食品安全风险评估体系

食品安全风险评估体系是食品安全风险评价与预警的重要环节,建立可靠的风险评估体系不仅可以为食品的风险预警提供科学的理论依据,也可以为食品安全监管工作提供决策支持。目前,我国学者对食品安全风险评估体系进行了大量的研究,尤其关注到食品安全风险评估指标在风险评估中的重要作用,对其进行了不断地完善。

以图 13-6 的食品安全风险评价体系为例,该体系重点关注风险评估指标的完整性、科学性与标准化,根据食品所面临的众多风险对风险指标进行分类。首先对风险指标进行详细分析,完善风险评价指标体系;之后对风险评价指标建立多维数据模型,方便专家对其进行等级和权重设置;最后采用综合评价方法对食品风险进行评价。值得一提的是,虽然我国专家对食品安全风险评估体系进行了积极研究,但是尚未建立统一完善的食品安全风险评估体系。国际上也仅对食品安全风险评估流程进行了统一的规定,依次包括危害识别(hazards identification)、危害特征描述(hazard charaeterization)、暴露评估(exposure assessment)及风险特征描述(Risk Characterization)等 4 个部分。

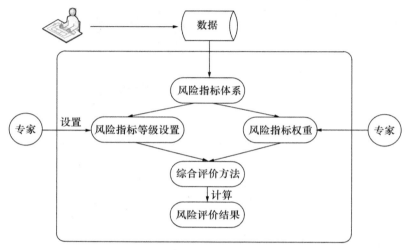

图 13-6　食品安全风险评价流程

国际法典委员会认为,食品安全风险是指对人体健康或环境产生不良效果的可能性和严重性,这种不良效果由食品中的一种危害引起,[①]因此,危害是食品安全风险的重要组成部分,危害识别就成为食品安全风险评价体系的首要基础。危害识别是对食品中可能存在的危害人体健康的生物、化学或物理的因素进行识别确认。生物性危害主要指细菌、病毒、真菌等能产生毒素微生物组织,化学性危害主要指农药、兽药残留、生长促进剂和污染物,违规或违法添加的添加剂;物理性危害主要指金属、碎屑等各种各样的外来杂质。相对于生物性和化学性危害,物理性危害相对影响较小。[②] 由于技术、经济发展水平差距,不同国家和地区面临的

---

① 　FAO/WHO. "Codex Procedures Manual", 10th edition, 1997.
② 　Valeeva, N. I. , Meuwissen, M. P. M. Huirne, R. B. M. , "Economics of Food Safety in Chains: A Review of General Principles", *Wageningen Journal of Life Sciences*, Vol. 51, No. 4, 2004, pp. 369—390.

食品安全危害不同。因此需要根据国家与地区特有的文化背景，识别食品危害，确定食品安全风险。[①]

危害特征描述是在对危害因素起潜在不良作用的固有特性进行定性或定量评价的基础上，描述其剂量—反应关系。换言之，即是对与危害相关的不良健康作用进行的定性或定量描述。传统的风险评估方法多以单一化学物暴露为基础，目前了解最多、积累经验最丰富的也是食品添加剂和食物污染物等低分子量化学物的危害特征描述。而食品中存在的多种污染物、农药和添加剂等化学物，可能通过多种机制的联合作用对人体形成累积暴露。单一的危害特征描述方法不可能适合于各种类型的危险性评估，或者适用于各种食物类别和所有数据库。因此，需要通过复杂的毒理学方法描述毒物的一般作用机制、多器官交互作用、化学物交互作用的特异性和复杂性、导致相同种属和不同种属间毒性反应差异的原因，以及处于不同生命阶段或不同暴露条件下的反应差别等。

暴露评估是对通过食品和其他途径摄入的各类危害因素进行的定性或定量评估，是食品安全风险评估的核心内容，[②]以膳食暴露评估最为重要。目前，我国尚缺乏完善的膳食调查资料，膳食暴露评估难点颇多，而关键的评估难点在于评估方法适用性议题。对于所建立的多种膳食暴露评估方法而言，不同的方法建立基础不同，适用范围也不同。就其基本原则而言，采用何种评估方法主要取决于食品种类、暴露时间、暴露水平等。[③]比如，食品添加剂、农兽药、杀虫剂、污染物、营养素等不同物质其风险特性和膳食摄入情况不同，因此评估方法的选择也就有很大差异。

风险特征描述作为食品安全风险评估的最后一个步骤，是通过整合并综合分析上述信息，对既定人群中存在的已知或潜在危害发生的可能性和严重程度进行定性或定量的估计，进而为风险管理决策制定提供科学方面的建议。风险特征描述的主要内容可分为评估暴露健康风险和阐述不确定性两部分，评估暴露健康风险即评估在不同的暴露情形、不同人群（包括一般人群及婴幼儿、孕妇等易感人群），食品中危害物质致人体健康损害的潜在风险，包括风险的特性、严重程度、风险与人群亚组的相关性等，并对风险管理者和消费者提出相应的建议；阐述不确定性是指由于科学证据不足或数据资料局限性使风险评估的过程伴随着各种不确定性，在进行风险特征描述时，应对所有可能来源的不确定性进行明确的描述

① Kleter G. A., Marvin H. J. P. "Indicators of Emerging Hazards and Risks to Food Safety", *Food and Chemical Toxicology*, Vol. 47, No. 5, 2009, pp. 1022—1039.

② 董庆利, 高翠, 郑丽敏等:《冷却猪肉中气单胞菌的定量暴露评估》,《食品科学》2012年第15期,第24—27页。

③ 余健:《膳食暴露评估方法研究进展》,《食品研究与开发》2010年第8期,第224—226页。

和必要的解释。对于食品中的化学性危害因素和生物性危害因素,在风险特征描述过程中所采用的方法学不同。

(二)食品安全风险评估法制建设进展

我国的食品安全风险评估起始于 20 世纪 90 年代中后期的农产品安全领域。2002 年,当时的农业部畜牧兽医局成立了"动物疫病风险评估小组",成为我国食品安全风险评估的重要开端,但当时并没有相关的法律、规范与文件。2006 年开始施行的《中华人民共和国农产品质量安全法》(以下简称《农产品质量安全法》)确立了风险评估的法律地位,明确规定风险评估是农产品质量安全标准制定的重要依据。而在食品安全领域,虽然 1995 年我国出台了《食品卫生法》,但并未对食品安全风险评估制度进行过明确的规定。近年来,毒大米、三聚氰胺、病死猪等食品安全问题的高发,增加了人们在整体上对产品质量的不信任感,国家对食品安全的监管也越来越重视。为此,在 2004 年国家开始修订的《食品卫生法》,2009 年6 月 1 日起施行的《食品安全法》明确规定了食品安全风险评估和风险监测预警的基本原则和保障体系,对食品安全风险评估的对象、评估的主体、评估的方法、评估的意义以及如何对待评估结果等问题都作了较为详细的规定。同时,国务院在2009 年 7 月 8 日颁布了《中华人民共和国食品安全法实施条例》对风险评估制度也进行了明确规定,并且当时的卫生部于 2010 年 1 月 21 日印发了《食品安全风险评估管理规定(试行)》,对食品安全风险评估的主体、工作的开展做出了具体规定。

根据《食品安全法》(2009 年版)第二章第十一条、第十三条规定,国家建立食品安全风险监测制度和风险评估制度,由卫计委(原卫生部,以下类同)会同有关部门制定、实施国家食品安全风险监测计划,负责组建食品安全风险评估专家委员会,进行食品安全风险评估工作。现行的《食品安全法》在第二章第十四条和第十七条对此作了进一步的完善,规定了各部门在风险监测与风险评估中应负的主要责任。基于此,国家层面食品安全风险评估主要由卫计委负责。《农产品质量安全法》总则的第六条中也明确规定,由农业行政主管部门设立"农产品质量安全风险评估专家委员会",负责对可能影响农产品质量安全的潜在危害进行风险分析和评估,并根据农产品质量安全风险评估结果,采取相应管理措施,将农产品质量安全风险评估结果及时通报国务院有关部门。国务院依据当时的《食品安全法实施条例》第十四条要求,省级以上人民政府卫生行政、农业行政部门应当及时相互通报食品和食用农产品的风险监测评估等相关信息;在第六十三条中规定,食用农产品质量安全风险监测评估由县农业行政部门进行。在《食品安全法》《农产品质量安全法》等法律法规之后,原国家卫生部先后会同有关部门共同制定并实施了《食品安全风险评估管理规定(试行)》,对风险评估相关内容进行了详细的规定,国家食品安全风险监测与评估工作的法制建设进入到一个快速发展的阶段,法律法规体系框架已初步构建。

2010 年 1 月 21 日,原国家卫生部根据相关法律法规的规定,会同工业和信息化部、农业部、商务部、工商总局、质检总局和国家食品药品监管局制订了《食品安全风险评估管理规定(试行)》,其中就危害识别、危害特征描述、暴露评估以及风险特征描述 4 个阶段的食品安全风险评估的法律规制来看,在危害识别阶段,食品安全风险评估专家委员会应当根据流行病学、动物试验、体外试验、结构—活性关系等科学数据和文献信息来确定人体暴露于某种危害后是否会对健康造成不良影响、造成不良影响的可能性,以及可能处于风险之中的人群和范围。在危害特征描述阶段,食品安全风险评估专家委员会需要利用动物试验、临床研究以及流行病学研究确定危害与各种不良健康作用之间的剂量-反应关系、作用机制等来对与危害相关的不良健康作用进行定性或定量描述。在暴露评估阶段,应当根据危害在膳食中的水平和人群膳食消费量,初步估算危害的膳食总摄入量,同时考虑其他非膳食进入人体的途径,估算人体总摄入量并与安全摄入量进行比较。在风险特征描述阶段,在危害识别、危害特征描述和暴露评估的基础上,综合分析危害对人群健康产生不良作用的风险及其程度,同时应当描述和解释风险评估过程中的不确定性。

(三) 食品安全风险评估机制的建设进展

在 2013 年 3 月 14 日第十二届全国人大第一次会议表决通过的《关于国务院机构改革和职能转变方案的决定》中,进一步明确新组建的国家卫计委负责食品安全风险评估和食品安全标准制订,以及由农业部继续负责初级农产品质量安全监督管理。值得关注的是,国家食品安全风险评估和农产品质量安全风险评估依然保持了卫计委和农业部主管的格局,使得风险监测评估与预警体系建设在稳步推进基础上,正在成为食品安全监管的重要支撑。依据《食品安全法》《农产品质量安全法》的要求,卫计委、农业部加大了国家食品和农产品的风险评估机制建设。

1. 组建风险评估专家委员会

依据食品和初级农产品的风险评估工作需要,国家先后成立了"国家农产品风险评估专家委员会"和"国家食品安全风险评估专家委员会"。

(1) 国家农产品风险评估专家委员会。2007 年 5 月 17 日,农业部依据《农产品质量安全法》的要求成立了第一届"国家农产品质量安全风险评估专家委员会"。委员会涵盖了农业、卫生、商务、工商、质检、环保和食品药品等部门,汇集了农学、兽医学、毒理学、流行病学、微生物学、经济学等学科领域的专家,建立了国家农产品质量安全风险评估工作的最高学术和咨询机构。2008 年农业部办公厅印发了《国家农产品质量安全风险评估专家委员会章程》,对农产品质量安全风险评估的工作程序和相关要求做出明确规定。为加强农产品质量安全风险评估、科学研究、技术咨询、决策参谋等工作需要,充分发挥专家的"智库"作用。2011 年 9 月 30 日农业部成立农产品质量安全专家组,首批聘任 66 位农产品质量安全专家,初步建立了农产品质量安全风险评估的专家队伍。2012 年"国家农产品质量安全风险评估专家委员会"举行了换届工作,聘请了 76 名专家委员。

(2) 国家食品安全风险评估专家委员会。2009 年 12 月 8 日,卫计委成立了第一届国家食品安全风险评估专家委员会,明确专家委员会的主要职责为:承担国家食品安全风险评估工作,参与制订食品安全风险评估相关的监测评估计划,拟定国家食品安全风险评估的技术规则,解释食品安全风险评估结果,开展食品安全风险评估交流。首届国家食品安全风险评估专家委员会由 42 名委员组成。2010—2012 年国家食品安全风险评估专家委员会在组织开展优先和应急风险评估、风险监测与风险交流,以及加强能力建设等方面做了大量卓有成效的工作,充分发挥了专家的学术和咨询作用。2009 年 6 月 1 日施行的《食品安全法》确立国家层面的食品安全风险评估制度后,积极推进成立由医学、农业、食品、营养等方面的专家组成的食品安全风险评估专家委员会,开展食品安全风险评估。国家食品安全风险评估专家委员会已于 2009 年 12 月 8 日成立,职责包括起草国家食品安全风险监测、评估规划和年度计划,拟定优先监测、评估项目;进行食品安全风险评估;负责解释食品安全风险评估结果;开展食品安全风险交流等,其目标是为食品安全标准及相关监管措施的制定和进行食品安全风险交流提供科学依据。

2. 成立食品安全风险评估实验室

(1) 国家食品安全风险评估中心。2011 年 10 月 13 日,卫计委成立"国家食品安全风险评估中心",作为食品安全风险评估的国家级技术机构,采用理事会决策监督管理模式,负责承担国家食品安全风险的监测、评估、预警、交流和食品安全标准等技术支持工作。食品安全风险评估中心是我国第一家国家级食品安全风险评估专业技术机构,在增强我国食品安全研究和科学监管能力、提高食品安全水平、保护公众健康、加强国际合作交流等方面发挥着重要作用。同时,筹建省级食品安全风险评估分中心工作也在积极开展之中,2012 年广西、甘肃已建成省(自治区)级食品安全风险评估中心,2014 年国家食品安全风险评估分中心落户上海,云南、陕西等地也正在积极筹建独立的食品安全风险评估中心。

(2) 农产品质量安全风险评估实验室。2011 年,为推进农产品质量安全风险评估工作,农业部启动了农产品质量安全风险评估体系建设规划,拟构建由国家农产品质量安全风险评估机构、风险评估实验室和主产区风险评估实验站共同组成的国家农产品质量安全风险评估体系。2011 年年底,农业部在全国范围内遴选了 65 家"首批农产品质量安全风险评估实验室",包括 36 家专业性风险评估实验室和 29 家区域性风险评估实验室,2012 年初步完成了对 65 家国家级农产品质量安全风险评估实验室的认证工作。

(四) 食品安全风险方法的研究进展

食品接触到的各种可能危害人体健康的因素都可以且应该应用风险评估的方法进行评估。目前,针对食品中的化学污染物、生物性污染物、食品添加剂、营养素补充剂等,均已建立了相应的评估方法。

1. 食品添加剂与污染物

对于食品添加剂、农、兽药残留、污染物和天然毒素等化学性危险因素而言,主要是通过动物毒性试验、体外试验和定量的结构-活性关系分析、流行病学研究或临床资料来确定某种物质的毒性。食品添加剂需要确定人群日容许摄入量(Acceptable Daily Intake,ADI),作为制定风险管理措施的依据。金属污染物、霉菌毒素等食品污染物需要确定每日耐受摄入量、暂定每周耐受摄入量(Provisional Tolerable Weekly Intake,PTWI)或暂定每月耐受摄入量(Provisional Tolerable Month Intake,PTMI),确定人们摄入污染物的安全剂量。迄今为止,作为食品化学物质评价的专门组织,食品添加剂联合专家委员会(Joint FAO/WHO Expert Committee on Food and Additives FAO/WHO,JECFA)已经评价了 1300 种食品添加剂。并且,联合农药残留联席会议((Joint Meeting of Pesticide Residues,JMPR)分别提出了关于食品中添加剂、污染物、农药残留的安全性评价原则,并形成了指导性文件。

与此同时,相关方面的研究也积极开展,以生物毒素、真菌毒素、重金属等高风险物质为研究对象,重点考虑低剂量长期暴露方式,开展物质代谢、转化毒理学和暴露组学研究。20 世纪 70 年代,原国家卫生部先后组织开展了食品中污染物和部分塑料食品包装材料树脂及成型品浸出物等的危险性评估。并牵头完成了全国 20 多个地区食品中铅、砷、镉、汞、铬、硒、黄曲霉毒素 B1 等污染物的流行病学调查。加入世界贸易组织(World Trade Organization,WTO)后,我国进一步加强了食品中化学污染物、食品添加剂、食品强化剂等专题评估工作,开展了一系列应急和常规食品安全风险评估项目。基于食品安全风险监测工作的不断深入,先后完成食品中苏丹红、油炸食品中丙烯酰胺、酱油中的氯丙醇、面粉中溴酸钾、婴幼儿配方粉中碘和三聚氰胺、PVC 保鲜膜中的加工助剂、二噁英污染等风险评估的基础性工作。国家食品安全风险评估专家委员会成立后,加强了针对国内外食品安全热点问题的风险评估。2010 年在开展膳食中铝、镉的评估基础上,2011 年将双酚 A 对人体的健康影响评估列入国家食品安全风险评估优先项目,并开展了对膳食中二噁英、反式脂肪酸等 5 项风险评估工作,2012 年新增邻苯二甲酸酯等

5 项优先评估项目。同时,我国是全球食品污染物监测计划参与国,成功开展了总膳食研究。2001 年就建立了食品污染物监测以及食源性疾病监测网络系统,初步掌握了我国食品中重要污染物的污染状况。

除此以外,我国还应广泛收集美国食品药品管理局、欧盟、国际食品法典委员会等国家和组织关于生物毒素、农兽药、食品添加剂等危害物的毒理学、限量要求等最新数据资料以及危害评估资料、国内外毒物应急处理关键技术资料和识别谱图。以毒理学评价技术和数据库为基础,建立食品安全高风险物质毒理学评估技术平台,快速高效地对食品突发事件中涉及的毒害物质的健康风险进行评估。重点关注化学混合物的联合作用对人体健康的危险性评定,通过体内和体外研究模型研究食品中典型污染物的联合作用模式和机制,确定典型污染物的联合作用规律和作用机制。

2. 营养素及相关物质

虽然营养素及相关物质对身体具有有益作用,但是摄入超量时,也能导致副作用,营养素及其相关物质对健康的潜在危害也需通过风险评估的过程进行描述,但评估尚处于起步阶段。评估中需要充分考虑营养素及相关物质的特殊性,既要考虑一定范围内营养素摄入满足机体功能的需要,又要考虑过量摄入的风险,建立新的模型。近年来,尽管世界上许多国家和地区的政府和科研机构已将风险评估工作拓展至营养素及相关物质领域,但方法不统一,结果各异。为此,国际食品法典委员会于 2005 年日内瓦会议上通过《建立营养素和相关物质的可耐受最高摄入量的模型》,标志着以科学为基础,制定营养素及相关物质风险评估国际标准的开始。

我国转变原有研究重点,重点关注了营养素及其相关物质的研究,深入分析居民人口结构、人群饮食消费特点,研究抽样方法和技术,持续开展符合居民膳食结构特点的食物消费量调查,于 1959 年、1982 年、1992 年和 2002 年进行了 4 次中国居民营养与健康调查,初步积累了我国居民膳食消费基础数据。开展代表性食品中营养物质和危害物质检测,加强对食品中营养物质的检验方法研究,为开展居民营养物质摄入和危害物质膳食暴露评估提供数据基础。此外,鉴于有关学者和公众对我国全民食盐加碘策略的科学性和部分沿海地区居民碘摄入可能"过量"及其潜在的健康损害的关注,国家食品安全风险评估专家委员会利用 1995—2009 年全国碘缺乏病监测、2002 年全国膳食与营养状况调查、2009 年沿海地区居民碘营养状况和膳食摄入量调查等数据,从尿碘水平和碘的膳食摄入量两个方面,对我国全民食盐加碘在预防控制碘缺乏危害方面的健康效益以及不同地区居民碘营养状况的潜在风险进行了评估。

3. 微生物

微生物危险因素的风险评估研究远不及化学性危险因素成熟。化学性物质的评估重点在于确定一种物质是否会对人体健康产生负面影响,而微生物危害的风险评估更加复杂,侧重于识别微生物本身及其毒素会对人体产生何种危害。评估过程中,不但要考虑食品中微生物的污染情况,还要考虑食品加工、储藏、运输的条件、温度、时间等因素的影响。在描述一种微生物的危险性特征时,既要考虑微生物本身繁殖传播的特性,还要考虑宿主在感染微生物时所起的作用。由于微生物感染及产毒的复杂特性,很难建立一种相对稳定的线性反应关系模型。20 世纪 80 年代开始,已经建立了许多用于微生物性食品安全的预测数学模型。2000 年,为了满足对微生物风险评估工作的需要,FAO 和 WHO 更组建了 FAO/WHO 微生物风险评估专家联席会议(JEMRA),负责对微生物风险评估的资料进行评价。我国已启动食物中毒菌沙门氏菌和大肠杆菌 O157:H7 的定量风险评估,建立快速准确的食源性致病菌溯源方法,开展食源性致病菌与食品关联性研究,构建食源性致病菌和病因性食品溯源平台,为食品安全风险评估、食品安全监督管理和制定微生物食品安全标准提供依据。

(五) 食品安全风险评估进展

2016 年的国家食品安全风险评估项目展开卓有成效。国家食品安全风险评估专家委员会于第十次全体会议中,[①]审议通过了酒类中氨基甲酸乙酯、鸡肉中弯曲杆菌、即食食品中单增李斯特菌的风险评估技术报告、牛乳头奶中硫氰酸盐本底含量调查技术报告,以及膳食稀土元素暴露和膳食二噁英暴露两个优先评估项目技术报告。稀土元素风险评估为修订我国食品中稀土限量标准提供了重要技术依据,解决了长期以来关于稀土元素作为污染物在食品安全国家标准中存在必要性的争论以及政府在稀土相关问题上的压力;二噁英风险评估在数据质量、数量和评估方法等方面,均达到了国际先进水平。截至 2017 年年初,国家已经正式发布了 14 部食品安全风险评估报告,如表 13-1 所示。

表 13-1 已经发布的国家食品安全风险评估报告

发布时间	评估报告	发布者
2017-3-1	中国居民膳食焦糖色素暴露风险评估	国家食品安全风险评估专家委员会
2017-3-1	膳食总汞暴露风险评估	国家食品安全风险评估专家委员会
2017-3-1	食品添加剂吗啉脂肪酸盐果蜡的风险评估	国家食品安全风险评估专家委员会
2016-8-22	中国居民碘营养状况评估技术报告	国家食品安全风险评估专家委员会
2016-3-4	膳食二噁英暴露风险评估	国家食品安全风险评估专家委员会

---

① 《国家食品安全风险评估专家委员会第十次全体会议在北京召开》,2016 年 3 月 1 日[2017 年 1 月 20 日],http://www.nhfpc.gov.cn/sps/s3586/201603/86d4c4bc06eb47ce91114db96b39149e.shtml

（续表）

发布时间	评估报告	发布者
2016-3-4	膳食稀土元素暴露风险评估	国家食品安全风险评估专家委员会
2015-3-31	酒类中氨基甲酸乙酯风险评估	国家食品安全风险评估专家委员会
2015-3-31	鸡肉中弯曲菌风险评估	国家食品安全风险评估专家委员会
2015-3-31	即食食品中单增李斯特菌风险评估	国家食品安全风险评估专家委员会
2014-6-23	中国居民膳食铝暴露风险评估	国家食品安全风险评估专家委员会
2013-11-12	中国居民反式脂肪酸膳食摄入水平及其风险评估	国家食品安全风险评估专家委员会
2012-3-15	中国食盐加碘和居民碘营养状况的风险评估	国家食品安全风险评估专家委员会
2012-3-15	苏丹红的危险性评估报告	国家食品安全风险评估专家委员会
2012-3-15	食品中丙烯酰胺的危险性评估	国家食品安全风险评估专家委员会

资料来源：由作者根据相关资料整理形成。

三、食品安全风险预警工作的建设进展

食品安全风险预警是通过危害信息收集、风险评估和信息通报，对可能发生的食品安全隐患做到早发现、早通报、早控制。有效的预警系统不仅能够防止损害消费者健康的食品安全事故的发生，还能提高食品安全监督管理的针对性，增强食品安全信息透明度，提升公众对监管系统的信任，促进食品消费和食品行业健康发展。近年来，在食品安全风险监测体系持续优化的基础上，我国的食品安全风险预警体系与预警技术都有了长足进步。

（一）食品安全风险预警体系的建设进展

1. 食品安全风险预警体系

随着食品安全风险监测评估体系的建设，在食品安全监管体制改革和职能转变的新背景下，我国在食品安全风险预警体系、预警平台和预警工作中都有了新的改变。在风险预警体系建设中，新《食品安全法》中第十七条规定卫计委应对可能具有较高程度安全风险的食品及时提出食品安全风险警示，并予以公布。增加了食品安全风险管理的分级制度、交流制度、自查制度和约谈制度。风险分级管理是食品安全监管的一个基本原则，风险无处不在、无时不有、有轻有重、有缓有急，监管策略也必须分类监管、分步实施，无论是企业还是监管部门，都要根据风险的不同状况采取不同的管理手段和措施。因此，《食品安全法》修法中明确规定，县级以上人民政府食品药品监督管理、质量监督部门要根据食品安全风险监测、风险评估结果和食品安全状况，确定食品安全监督管理的重点、方式和频次，实施食品安全风险分级管。在风险预警平台建设中，自 2014 年开始，国家食品药

品监督管理总局官方网站设立了食品安全风险预警交流专栏,下设"食品安全风险解析""食品安全消费提示"两个子栏目发布食品安全知识解读信息与消费提示信息,为食品安全风险预警交流做出了有利贡献。2016 年,"食品安全风险解析"子栏目中共发布了 15 条关于新食品标准、食品安全事件相关知识的解读的信息;"食品安全消费提示"子栏目发布了 43 条风险警示消费提示,包括春节期间农产品监管及食品生产经营、夏季食品安全消费和各类食物中毒风险提示等。[①] 在风险预警工作建设中,各省市依据地方形式,强化了食品安全风险预警工作。

青岛市 2016 年强化食品安全检测风险预警,统一结果利用,工作卓有成效。一是抽检处置情况批批曝光。按要求公示国抽和省抽不合格产品处置情况的同时,对市抽不合格产品处置情况实施批批公示制度,加强抽检结果对食品生产经营者的震慑作用。截至目前,已对抽检不合格的 600 多家单位给予了公开曝光。二是纳入退市管理。制订 30 条治理措施,严格食用农产品入市检验。凡在商场超市抽检一次不合格的,其供应商三年内不得入市;两次不合格的,终生禁入。凡在批发市场抽检一次不合格的,其供应商一年内不得入市;两次不合格的,三年不得入市;三次不合格的,终生禁入。

2. 农产品风险预警体系

我国的农产品质量安全风险预警工作尚处于预警体系的建设阶段。根据《农产品质量安全法》《食品安全法》的相关要求,各级农业职能部门积极建设和完善内部的预警体系,努力将风险防控落到实际监管中。同时,为提高"三农"工作的战略性、前瞻性和科学性,农业部成立专家咨询委员会,探索智库建设、专家咨询和科学决策在推动农业农村经济持续健康发展中的作用。

3. 进出口食品风险预警体系

自 2011 年起,我国已成为全球最大的食品农产品进口国,进口食品增长态势仍将持续,进出口食品安全监管及预警责任愈加重大。进出口食品风险预警分类管理中主要有进出口食品安全风险预警通告、进境食品风险预警两大类。其中,进出口食品安全风险预警通告分为进口和出口两类通告,进口食品安全风险预警通告分为进口商、境外生产企业和境外出口商三个小门类,使得通告类型更为细化,便于查询。进境食品风险预警信息则按月发布,并发布郑重声明:进口不合格食品信息仅指所列批次食品,不合格问题是入境口岸检验检疫机构实施检验检疫时发现并已依法做退货、销毁或改作他用处理,且这些不合格批次的食品未在国内市场销售。2016 年 6 月至 12 月国家质监总局的进出口食品安全局共发布了

① 国家食品药品监督管理总局,2017 年 2 月 10 日,http://www.sda.gov.cn/WS01/CL1837/

1731 批次不合格食品的预警信息,如表 13-2 所示。[①]

表 13-2　2016 年 6—12 月进境不合格食品的预警信息

信息发布时间	月　份	批次数	处理措施分类	
			退　货	销　毁
2017-02-06	12	446	164	282
2017-01-03	11	150	33	117
2016-12-19	10	279	99	180
2016-11-04	9	149	64	85
2016-09-26	8	234	105	129
2016-08-25	7	247	60	187
2016-07-26	6	226	56	170
小　计		1731	581	1150

资料来源:国家质量监督检验检疫总局进出口食品安全局。

(二)食品安全风险预警技术的建设进展

作为技术性贸易措施的重要内容,风险预警在国际贸易发展中发挥着越来越重要的作用。一般而言,风险预警机制涉及以下两个方面,何种情形下应实行预警以及如何实行预警。前者与风险预警的触发因素有关,是决定是否预警的关键,触发因素包括潜在风险、科学的不确定性,需要技术的支撑。我国在食品安全风险预警技术中也积极研发,取得了很大的进步,主要包括以下几个方面:

1. 基于气象变化的细菌性食物中毒预警系统

细菌性食物中毒的发生与供餐数量、气温和湿度等气象条件呈正相关。基于此,上海市食药监管局、上海市气象局共同发起了"细菌性食物中毒预警(预报)系统"的课题研究。该系统依据细菌性食物中毒与同期气象条件之间存在的关联构建可向社会公布的分级食物中毒预警(预报)系统。市民可据此信息安排自己精确到未来 3 天的的餐饮计划。研究中发现,一年中有三种温度和相对湿度的组合最容易发生细菌性食物中毒,分别是气温 24～25.9℃,湿度 93%～96%;气温 26～29.9℃,湿度 61%～64%;气温 28～33.9℃,湿度 65%～68%;且主要发生在每年 6 月底到 7 月初的梅雨时节和 7 月、8 月及 10 月间。该预警系统从 2009 年 4 月在上海试运行,并在 2010 年世博会食品安全保障工作中发挥了重要作用。

2. 预警公式分析技术

预警公式分析技术作为数据分析技术的一种,能够将所获得的即时数据代入

[①]　国家质量监督检验检疫总局,2017 年 3 月 13 日,http://www.aqsiq.gov.cn/zjsj/tjsj/

预警公式中,通过分析历史数据和近期数据来确定某一地区食品不合格率的发展趋势和预警范围等级,在此基础上,结合专家评估分析、综合分析预测、发布预警信息。该技术选取危害与风险概率作为指标,其中危害指标(H)反映食品中潜在危害因素的根源及其危害严重程度,根据危害因素的类别分别用 H_1、H_2、$\cdots H_i$ 表示,对应危害程度等级赋予不同的分值。风险概率指标(P)是反映风险在孕育和发生过程中征兆指标以及该危害发生可能性的概率指标,依据危害物的暴露机率、阳性检出率以及由于食品危害物引起风险可能发生的概率等。不同类别分别用 P_1、P_2、$\cdots P_j$ 表示;风险概率的赋值可由专家进行评定。预警公式分析技术简单、有效,但食品安全风险评价指标存在复杂性和差异性,因此不适用于多维度数据模型的分析。预警公式如式(13-1)所示。

$$R = \alpha \times \sum (\gamma_i \times H_i) + \beta \times (\xi_j \times P_j) \tag{13-1}$$

其中,R 为预警指标;H 为危害指标;P 为风险概率指标;α,β 为权重系数,采用专家评估法,对指标权重系数进行赋值;γ_i 为各种危害物质的危害指标 H_i 在总的危害指标 H 中的权重;ξ_j 为各风险指标 P_j 在总的风险概率指标 P 中的权重。

3. 基于温度等环境变量的腐败微生物预报预警系统

微生物预报预警技术是一种有效防止微生物对食品污染的预警工具,它能够依据各种食品微生物在不同处理条件下的特征信息库,快速真实地判断出食品中微生物生长的动态变化,从而确保食品生产、运输、储存等过程中的安全。数学模型的建立是预报微生物学的核心,绝大多数微生物的生长受温度、pH、水分活度、盐浓度等环境因子的影响,微生物与各环境因素之间关系的数据收集成为建立数学模型的关键。可以在不进行微生物检测的前提下,预测产品生产后的各个环节的质量与安全性,快速地对产品货架寿命进行预测。目前,已经开发了假单胞菌($Pseudomonas\ spp$)、腐败希瓦氏($Shewanella\ putrefaciens$)、磷发光杆菌($Photobacterium\ phosphoreum$)的动态模型和相应水产品剩余货架期的预报模型。但至今为止所建立的微生物预报模型主要是针对生长速率的,对于微生物迟滞期的预测尚存在一定的困难。因此,需要进一步加强和完善理论与实践研究,更好地理解微生物生长的迟滞期,将是微生物预警预报技术下一步发展的重点和难点。

4. 基于语义挖掘的食源性疾病安全预警系统

该系统是通过构建已知食源性病菌样本数据库,综合应用领域本体、知识挖掘等智能信息处理技术,实现对未知食源性疾病的智能化分析过程。主要包括三个方面:(1) 面向消费者,用于浏览、查询、咨询相关的食源性疾病;(2) 面向食品领域供应链参与者,用于浏览、查询、咨询相关产业生产运营指标的变化;(3) 构建语义挖掘方法,如层次聚类挖掘算法、关联规则挖掘、分类挖掘等,智能化地实现对所输入数据的语义分析与挖掘。基于语义挖掘的食源性疾病安全预警系统要实现有效的预警功能,必须构建丰富的样本数据库和收集、处理有效的风险信息。目前构建的基于语义的"未知"食源性疾病挖掘系统及方法体系研究深度还不够,真正实现"事前预警"的能力还有待提高,仍需不断深入探究。

5. 基于大数据挖掘的风险预警技术

大数据挖掘风险预警技术是众多学科领域技术的集合,通过开发计算机程序进行自动挖掘数据中的潜在信息,以发现规律、寻找有用信息和知识的一种有效手段,能够自动分析海量数据并做出推理预测,常见的包括机器学习、统计学、模式识别等。相比传统的典型案例分析和数理统计方法,数据挖掘风险预警技术更适合于对食品安全检测数据中多因素的分析,是一种高效的大容量数据分析的有效手段。通过开发计算机程序软件,能够依据食品检测数据和信息的特点进行数据筛选,将描述性数据量化,保证数据的规范性。且通过建立数据库并利用数据分析模型对数据信息进行自动分析挖掘,直观地显示挖掘结果,为决策提供依据。机器学习数据挖掘技术是最受关注的数据挖掘技术,其中应用最为广泛的是人工神经网络(artificial neuron network)技术,其对大量的历史信息进行训练,通过自学习、自适应调整模型的结构参数,找出预警规则。无需知道预警对象的机理,只要选择合适的输入输出变量,划分合理的预警条件,建立相应的预警模型。但基于神经网络的预警分析算法也存在着自身的限制与不足,对于一些复杂的问题需要较长的学习时间,有时使网络权值收敛到一个局部极小解,需要运用其他的改进方法。

四、食品安全风险监测、评估与预警中面临的挑战和存在的问题

进入新世纪以来,我国食品工业迅猛发展,食品产业已成为国民经济的重要支柱产业之一。但是随着工业发展造成环境条件的恶化加剧,食品污染的风险加大。与此同时,我国食品生产经营企业的规模化、集约化程度和自身管理水平提升不快,食品安全事件时有发生。我国正处于食品安全风险隐患凸现和食品安全事故高发期,因此食品安全风险监测、评估与预警的任务十分繁重。

(一)食品安全风险监测中面临的主要问题与挑战

1. 食品安全风险监测基础理论建设不足

自开展食品安全风险监测工作以来,国家对各级监测机构的理论指导主要是国家层级的监测计划和工作手册,缺乏区域性监测工作的统筹计划和基础理论建设,导致基层检验机构对相关工作缺乏进一步了解,影响工作的主动性和积极性。具体的监测工作中存在着监测样品覆盖种类多,每种样品采集的份数少,统计数据在一定程度上缺乏科学性和代表性。因此,各基层区域食品安全风险监测必须结合区域性食品消费特点,居民饮食习惯以及食品消费大小,开展区域食品安全

风险监测基础理论建设,保障监测结果的可信、科学且具有代表性,从而为风险分析提供基础数据。

2. 食品安全风险监测能力有待提高

近几年,国家食品安全风险监测的工作量不断增加,监测项目的不断扩大,监测工作也逐步从省级层面向地市级以及区县级发展,对食品安全风险监测能力提出了新的挑战,但是我国各地区食品安全风险监测能力存在极大的不足,主要表现在两方面:一是基层地区食品安全风险主动监测意识不足。基层地区应该积极探索适合区域实际情况,按照相关的规定和方法制订地域性食品安全风险监测计划,确定具有代表性的样本数量和监测指标,为区域的监测活动长期、系统的收集、积累数据和信息,推动食品风险分析工作的发展。二是检验检测技术能力尚需完善。近年来,监测工作已从省级层面向地市级甚至向区县级下沉。在经济发达的沿海地区,政府财政投入充足,检验环境优越、设备先进和拥有高水平专业检验人员,但存在共同区域的检测机构设备重叠,检验人员重复,造成财力和人力的浪费,而部分地区特别是中西部经济欠发达的地区,基层单位往往存在专业技术人员不足、仪器设备配置和实验室环境条件不能适应检测需要等缺点,导致部分监测指标不能有效的开展,难以为保障食品安全风险监测提供全方位的技术支撑。

3. 食品安全风险监测信息共享互通不畅

信息交流监测工作作为一项国家在食品安全风险方面最为重要的基础性工作,是由全国众多检验机构共同完成的,然而各个部门是通过独立的方式进行数据库系统上报,彼此之间的监测数据无法得到有效共享,对监测数据深入发现和统一分析。此外,上述问题导致风险分析管理主题不清,受众不明,监管被动,预警宣传不畅,使其无法在消费者风险交流工作中发挥出其应有的作用,仅仅在出现相关食品安全事件时,才利用监测数据作为依据开展相应的风险交流,难以有效发挥风险监测数据的现实价值。

4. 食源性疾病调查的取证意识与程序欠缺

在食源性疾病的实际调查中,比较专注于技术调查,相对忽视了调查过程中法律证据的收集与固定。

一是,证据的形式要件缺失。证据的形式要件是指证据在形式上必须具备的条件。加强对证据的形式要件的认识,不仅可以增强取证意识、规范调查行为,而且有利于提高调查质量与水平。包括个案调查表、访谈记录、病例信息汇总表与食品暴露信息汇总表,以及采样送检记录与检验报告。

二是,证据材料之间缺乏关联性。证据的关联性在证据规则中占据着重要地位,是判定证据是否合适的基础性条件。在实际调查中没有注重证据材料之间的人物、时间、空间联系,如访问记录、拍摄照片、录音、录像,如何将数个孤立的证据通过适当的形式予以固定和关联,形成完整的证据链条,显得尤其重要。

三是,调查程序存有瑕疵。程序正义是实体正义的保障和基础,在食源性疾病流行病学调查中,既要遵循流行病学调查的基本规则,还要严格依照法律程序,何时启动流行病学调查、调查组人员组成、标本的采集与送检检验时效等,均需依照程序开展,在食源性疾病流行病学调查开展过程中极易被忽视。

(二) 食品安全风险评估中面临的问题与挑战

尽管食品安全风险评估在食品安全标准制定、突发食品安全事件处理等食品安全监管中得到应用,然而,与发达国家相比,我国在食品安全风险评估领域所做的工作尚有较大差距,主要表现在以下方面。

1. 食品安全风险法规体系建设不完善

(1) 缺乏完整的法规体系。食品安全风险预警实施效果较好的国家,都具有完备的法规体系,具有一部通用的综合性食品安全基本法,或几部相互作用的基本法。如美国的《联邦食品、药品和化妆品法》,德国 2005 年颁行的《食品安全法典》和新西兰的《食品法》等。而我国涉及食品安全的法律法规数量虽多,但因分段立法存在条款相对分散、单个法律法规调整范围较窄等弊病,如 2009 年《食品安全法》规范的是食品的生产(不包括种植业和养殖业)、采集、采购、加工、贮存、运输、陈列、供应、销售等活动,并在之后屡次修订的食品安全法中得以延续。《产品质量法》规范的是食品(经过加工制作用于销售的)的生产、销售活动。《农业法》则对种植业、畜牧业和渔业等产业以及与其直接相关的产前、产中、产后服务进行了规范。种植、养殖等环节的食品安全问题尚没有专门的法律予以调整。截至目前,还没有形成一部能够在"从农田到餐桌"整个食品链中有效发挥作用的食品安全基本法。

(2) 风险评估与风险管理的分离。风险评估活动是一种科学活动,而风险管理是一种涉及价值判断的活动。为了确保风险评估的客观性、科学性,风险评估主要是由科学技术方面的专家来进行,而风险管理则由行政部门根据风险评估的结果来进行。尽管风险评估与风险管理的分离可以确保风险评估的科学完整性,减少二者间的冲突,但是事实上,风险评估与风险管理是互动反复的关系,既需要强调科学理性的重要性,也需要强调价值因素对风险评估的影响,从而避免食品风险评估被唯科学主义"俘获"和"锁定"。我国现有的食品安全风险评估的法律制度体系,存在着明显的风险评估与风险管理的分离,国家食品安全风险评估专家委员会只是附属于国务院有关部门的专业性评估组织,造成了科学评估与政治决策的二元对立。现有的关于食品安全风险评估的法律规范中几乎都授予了行政机关不受限制的选择专家的自由裁量权,导致了食品安全风险评估的"虚化"。

2. 风险评估专家委员会结构不合理

现行的《食品安全法》在第二章第十七条中规定："国务院卫生行政部门负责组织食品安全风险评估工作,成立由医学、农业、食品、营养等方面的专家组成的食品安全风险评估专家委员会进行食品安全风险评估。"就具体的食品安全风险评估专家委员会承担的主要职责来看,其包括起草国家食品安全风险监测、评估规划,拟定优先监测、评估项目;进行食品安全风险评估;负责解释食品安全风险评估结果;开展食品安全风险交流;承担卫生部委托的其他相关任务等。

实践中,食品安全风险评估专家委员会主要是由自然科学方面的专家组成,没有一名人文社会科学领域的专家。而且,首届食品安全风险评估专家委员会由 42 名委员组成,缺乏民主决策的方式。除此之外,风险评估结果也由国家食品安全风险评估专家委员会负责解释,纯自然的思维与交流方式,导致了风险评估结果在公众与专家间存在了严重的分歧,专家无法向消费者精准传达评估结果,公众不能科学认识食品安全问题,使得食品安全问题被放大。

3. 相关食品卫生标准不够完善

目前指标标准模块建设只能处于起步阶段,食品安全相关法律法规和标准尚未实现国际化,即使是国内的相关信息也无法自动更新,需要手动添加功能进行维护。卫生行政部门应连同相关部门加快食品安全卫生标准清理完善工作,力争尽快完成标准清理,形成统一、协调、完善的食品安全标准体系,免费提供链接下载更新,确保现行有效。同时,相关的基本概念叶界定不清,主要表现在对"食品""食品安全""食品链""食品风险"等相关基本概念未规定或规定的不合理。目前"食品"概念究竟应涵盖哪些外延,食品和农产品、初级农产品、半加工食品等概念之间如何衔接,"食品安全"和"食品卫生"概念之间是否存在交叉,交叉幅度如何等问题都还没有权威的解释,从而监管制度也就相应地出现了模糊地带。除此之外,一些小种属概念之间也存在着混乱,保健食品、绿色食品、无公害食品、有机食品、自然食品等名目众多,体现了不同部门不同标准的监管,也增加了消费者识别的难度和市场的不透明性。

4. 食品安全风险评估与技术有待提高

风险评估数据是食品安全预警工作的基础,食品污染物检测的手段、仪器和水平的高低会直接影响食品安全风险监测预警的准确性和时效性。我国的食品安全风险评估技术虽然在不断更新与进步中,但是尚存在许多问题,主要是以下三个方面:第一,用于危险性评估的技术支撑体系尚不完善,没有从事食品安全风险评估的实体机构,技术装备档次不高,进行风险评估的专业技术人员缺乏;第二,风险评估技术与发达国家还有差距,危害识别技术、危害特征描述技术、暴露评估技术还有待进一步加强,尤其要加快研究推广现场快速、简易、灵敏的检测和鉴定方法;第三,我国食品中诸多污染物暴露水平数据缺乏,用于风险评估的膳食消费数据库和主要食源性危害的数据库还很不完善,在 JECFA 对食品中危害因素进行评价和我国参加国际食品法典标准讨论时,往往由于不能及时提供我国的食品污染物数据和人群暴露量数据而处于被动地位。

(三)食品安全风险预警中面临的问题与挑战

我国的食品安全风险预警体系建设起步较晚,相关方面有待进一步提升。

1. 食品安全风险预警整体建设缓慢

(1)重要制度欠缺。与发达国家相比,我国食品安全风险预警的重要制度体系尚未建立起来,如食品安全风险评估制度、风险管理制度中的食品安全信用制度以及风险交流制度中的食品安全食品溯源等领域还基本处于空白状态,食品安全应急处理制度、HACCP 过程控制管理制度、食品安全重大事故归责原则与赔偿制度监管责任落实和失职人员责任追究制度、假冒伪劣食品原料及其他材料提供者责任追究制度、食品市场准入制度、食品安全信息发布制度等虽已开始推行,但是实施中还存在一定的漏洞,需要进一步完善。

(2)各地区食品安全风险事件处理能力不足。虽然近年来对食品安全事件的应急处置能力已经有很大提高,但是不同地区、不同部门针对不同食品安全事件的应急响应速度和处置能力仍需进一步加强。食品安全事故的警兆复杂,警情往往具有隐蔽性,警源不清晰难判断,因此,食品安全事故的应急处置虽有时滞,但时滞的控制非常重要。以"三聚氰胺"突发事件为例,其应急响应时滞过长,给受害儿童的身体健康造成极大的影响,不仅造成了巨大的经济损失,而且影响了国家形象。

(3)缺乏统一的食品安全监测预警资源的共享平台。中国食品链从农业投入品到初级农产品、食品原辅料、加工、销售经过多个环节,也涉及多个监管部门,存在食品安全信息不能很好沟通,传递与链接之间可能导致信息缺失,需要构建一种预防式食品安全管理体系。这些部门都有各自的食品安全信息网络,将食品安全信息快速及时地通报消费者和各相关机构。

2. 食品安全风险信息交流机制不完善

食品经营者、食品监管者及社会公众之间的信息交流,是食品安全风险预警的基础。在长达近 1 个月的苏丹红一号"围剿"风暴中,中国市场上无一家企业主动向消费者发布警示,向执法部门通报情况。作为产品质量、标准化工作的主管部门,质检行业应当尽量扩大信息提供的范围广度和深度,并注意被动应对和主动披露相结合,为消费者的知情权、为理智的食品消费提供准确信息,以实现风险信息的多向交流及增强消费者对食品安全管理机构的信任。

五、未来食品安全风险监测、评估与预警体系建设的重点分析

基于上述分析,未来食品安全风险监测、评估与预警体系建设应该把握如下重点工作。

(一) 食品安全风险监测工作的未来方向

食品安全风险监测制度是一项重要法律制度,未来应该在食品安全风险监测体系、监测能力以及监测形式上不断探索,为基层组织提供指导,及时发现食品安全隐患,为食品安全监管提供线索,做到尽早发现、尽早预防。

1. 完善风险监测体系

食品安全风险监测是一项长期性、系统性、综合性和连续性的任务,需要各层级各部门的协调配合。然而,基层相关部门往往独立并行,联动松散,无法实现资源效用的最大化。因此,基层部门应该根据国家与省级层面的监测计划与要求,结合所在地域的实际情况,建立和完善长效监测工作机制,出台工作规定和制度,明确责任部门和参与部门的职责及人财物保障机制,完善基层风险监测体系。与此同时,构建互通互联的信息共享的风险数据平台,为食品安全风险的发现筛选、动态跟踪、分析研判提供数据信息支持,食品风险信息共享平台建设是一项复杂而艰巨的工程,需要在实践中不断地探索和完善,构建适合地域特点的平台,促进风险监测工作的发展,降低食品安全风险。

2. 提升检验检测专业水平

随着风险监测任务量的增多,仅依托省级或地市级疾控机构的监测能力难以完成,县(区)级疾控机构承担监测检验任务成为必然。首先,基层疾控机构要加大监测能力建设,在人员、经费、设备配置上参照要求深化建设;其次,整合实验室资源,建立实验资源共享机制,实现统一利用人员设备,统一计划安排检验任务,统一归口管理检验经费,力保检测方法的统一,检测数据的可信、可靠;再次,引入第三方资源,尝试将企业产品检测、第三方检验机构检测纳入实验资源共享建设中,实现实验室资源的共享;最后,注重检验检测人才的培养,提升检验检测能力,加强食品安全风险监测人员的技能培训,以提高其专业素质,同时,积极引进创新型的优秀人才,加大资金投入、科研投入,实现评估中心的内部资源优化配置。

3. 创新食品安全风险监测形式

食品安全与民众的生活息息相关,其内容较多,范围较广,因此,需要对监测形式进行不断创新。注意引入先进的监测技术,从监测主体出发,通过政府监测部门及社会群体监测,确保食品安全风险监测的顺利开展。在政府的部门监测上,要充分结合自身的实际工作状况,并积极学习其他监测部门的监测方式,对监测对象特征进行深入分析,并收集消费市场反馈信息、消费方式转变信息,对整个

食品市场进行有效的安全监测。

（二）食品安全风险评估工作的未来方向

食品安全风险评估是制定食品安全标准等食品安全监管措施的科学基础和依据，为了发挥食品安全风险评估在食品安全监管中的作用，一些国家建立了专门开展食品安全风险评估的机构，我国也按照《食品安全法》要求成立了国家食品安全风险评估专家委员会开展风险评估工作。食品安全风险评估技术手段在食品安全标准制定、突发食品安全事件处理及风险交流中发挥越来越重要的作用，但基于我国面临的食品安全形势及食品安全监管需要，还需要从法制、机构、风险评估能力、技术和人才队伍等方面加强我国食品安全风险评估体系建设。

1. 注重科学理性与社会理性的平衡

受到公众舆情的影响，社会理性常会因为各种原因而被扭曲演变为一种非理性。因此，风险评估专家与公众之间的风险进行对话与交流显得尤为重要，同时，为了克服社会理性褪变为"非理性"，也需要健全社会理性的公众表达机制。

（1）完善食品安全风险评估专家结构。食品安全风险评估委员会中应当配备一定数量的人文社会科学领域的专家，并且总数应为奇数。人文社会科学领域专家可以通过一定的研究在一定程度上掌握政府、社会团体、公众对食品安全方面的风险的认识，在评估委员会内部实现风险交流。鉴于不同学科的认知矛盾，风险评估委员会应该用民主的方式作出最终决策，而风险评估委员会构成人员为奇数有助于少数服从多数原则的实现。

（2）注重食品安全风险评估部门与食品安全风险管理部门的相互沟通。食品安全风险评估并非纯自然科学的活动，食品安全风险管理也并非纯社会理性的活动，不应该完全割裂。因此，需要关注如何将社会理性与科学理性更好地相互沟通与交流的问题。其首要条件是沟通与交流主体具有对等性。这也就需要在客观上改变中国食品安全风险评估委员会行政附属性和临时召集性的地位，从而增强其与风险管理者之间的对话能力。

（3）健全的公众参与的表达机制。就食品安全风险评估而言，公众参与主要体现为：当公众认为某种或某类食品存在安全风险时，有提出食品安全风险评估的请求权；公众应当能够有便捷的途径去了解食品安全风险评估的结果，并具有对评估结果提出异议的权利；公众有权要求食品安全风险评估委员会举办评估听证会，等等。

2. 注重食品安全风险评估体系的整体建设

（1）加强食品安全风险评估体系建设。建立食品安全风险评估实体机构，加强从事风险评估专业人员队伍培养，拓展我国食品安全风险监测评估和预警队伍的视野，建立公开公平公正的选聘机制，构建和组成一支适合国家需要、具有风险监测评估和预警工作能力、专业领域宽泛、爱岗敬业的人才梯队。

（2）加强风险评估技术研究。加强危害识别技术、危害特征描述技术、暴露评估技术研究，加强评估所用模型和软件的开发，加强食品和食品中新的危害物质的系统毒理学安全性评价，将风险评估建立在自主性的危害识别科学研究基础上。

（3）加强风险评估基础数据的采集和信息平台的建设。加大用于人群暴露评估的膳食消费数据库建立，加强我国不同地区不同类别食品中各类污染物水平监测，获得食品污染物数据。完善资源共享机制，开展局部的共建共享工作，逐渐实现全国的资源共建共享，现有的相关监管行政机构和各级地方政府分别拥有可承担风险监测的实验室资源，使有限的资金发挥更大的作用。

（4）有序开展食品中化学物和微生物的危险性评估。根据我国食品安全监管重点和国际关注热点，制订国家食品安全风险评估规划，提出优先风险评估计划，并对食品中化学性污染物和生物性污染物开展有序评估，评估结果作为制定食品安全标准和食品安全风险管理的依据。

3. 创新项目管理模式下的资金扶持方式

食品安全风险评估体系，需要加强风险监测评估机构的软硬件建设，提高食品安全风险评估的技术支撑能力。由于我国人口众多，监测点覆盖面广，监测机构设置和实验室建设是重要的技术支撑基础，因此，需要解决目前存在的整体基础薄弱、地区配置不平衡、基层配置缺乏条件的现状。整体技术基础薄弱需要国家财政进一步加大投入。针对风险评估的项目管理模式，国家财政预算投入依然需要加大倾斜力度，增加经费投入，进一步完善和提高项目运行效率，在总体预算管理机制下，使经费向优先需要的项目投放，向加强基层建设的项目投放，向系统性强的资源节约型项目投放。

在食品安全财政预算模块中明确清晰风险监测评估和预警子模块的总预算和项目评估。例如，优化资源配备提高检验检测能力的项目可以侧重两个方面：一是用于日常监督抽检的快速检测装备，应该属于提高技术水平和加强基础配置方面；二是专业检验检测机构的设置，以检验检测资源共享和信息共享，避免重复建设。同时，针对基础条件差而难以承担国家和省级风险监测计划和规划要求的基层区域，中央和地方需共同加强这一群体的支持，创新激励机制，鼓励民间资本或多种渠道的资金引入方式，加快基层技术支撑条件的改善。

（三）食品安全风险预警工作的未来方向

我国食品安全风险预警制度的不足，是基于多方面原因造成的，其中食品的复杂多样性以及科学技术的不断进步最为重要。通过对我国相应制度的梳理，可以发现问题的重点不在于制度的缺漏，而是现有制度的内容的完善、协调及整合，因为有关的许多规定已经散见在层级不一、效力不同的各种规范性文件之中。

1. 加快建立食品安全风险信息预警系统

科学准确的风险预警应建立在成功的风险监测、风险评估和监管信息收集分析基础上,只有有效地落实监测、评估和信息沟通,才能实施有效预警,这需要行之有效的分工合作机制。为科学开展风险预警,应确保风险评估机构及时获得相应的食品风险信息。应该加快建立食品污染信息预警系统与食源性疾病预警系统,将风险评估结果快速准确地传达至食品监管部门。食品安全预警信息应及时客观地予以公布,使食品企业和公众及时了解风险信息,提高食品企业与公众防控风险的能力。同时,从全食品链出发,重点对预警信息的收集和处理、预警指标的选取和食品安全趋势分析相关模型的构建,以及食品链脆弱性评价等三个方面开展研究,通过食源性疾病信息与危害物监测信息的综合分析,还可以开展食品安全风险发生和发展趋势的预测和预警,指导监管部门采取针对性的防控措施,提高食品安全整体水平。此外,还应建立食品安全风险研判及快速响应系统。跟踪、采集、分析国内外食品安全突发事件案例,积累突发事件涉及的食源性危害的信息和数据资料以及评估、处置措施,研究建立食品安全突发事件应急处置信息系统,提高突发事件处置水平。

2. 确立基本原则以协调各种制度

我国法律的部门法律条款非常笼统,并缺乏相应的规范性文件,导致可操作性差。因欠缺统一的食品安全风险预警原则以指导各级立法行为,致使有关风险预警机制的各级规范性文件的内容、原则和程序存在大小不等的差异。若不能消除由此形成的差异,不仅不利于食品安全风险评估、风险管理和风险交流,而且会阻碍食品贸易、制造不平等的竞争条件等直接损害食品市场的运作。通过比较分析,需要重点关注以下两个原则。

(1)独立原则。为有效履行职责,各级实验室应紧密合作并设立咨询机构为食品经营者和消费者提供咨询服务。合作及适当的信息交流会使有分歧的科学鉴定最大可能地少发生,并能够避免重复劳动。为确保独立性,作为各实验室的成员,在申请程序公开的基础上独立地聘任科学家。

(2)透明原则。必须关注到公开、透明地创制规范性文件对食品的消费者和经营者信任的保障作用。同时,当有足够理由怀疑某一食品可能危及健康时,行政机构应以适当方式告知公众,通过此方式也能对消费者和经营者的信任发挥保障作用。

3. 具体制度的完善及构建

(1)信息披露制度。该制度涉及风险预警机制中的风险信息交流步骤,且与保护公众的知情权紧密联系。信息披露包括三个环节:食品经营者对公众的信息披露行为;食品经营者对行政监管主体的信息披露行为;行政监管主体对公众的披露行为。在我国,行政监管主体对公众的披露行为最为重要,直接关系到公众对政府的信任度。行政监管主体对公众的披露行为涉及实施披露行为具体主体、披露的前提条件的确定、披露的内容以及披露的具体措施问题。首先,前瞻性信息的获取和观察以及对新出现风险的评价和相关信息的告知的任务必须由统一的主体进行披露,以防止重复披露并增强披露的权威性。其次,信息披露的前提条件的确定问题。对风险等级的划分及确定无疑是前提条件之一,需要将实践中的食品安全现状与理论上的风险等级相联系。最后,信息披露的内容以及披露的具体措施问题。应尽可能详细地告知公众关于食品名称、种类、风险等级、已采取和将采取的措施,以及生产、加工、销售、进口该食品的经营者的名称或商号。信息披露的具体实施须符合比例原则,即公众对发布机构的信息披露行为享有利益且该利益大于相关食品经营者基于其不法行为所获取的利益。

(2) 信息追溯制度。食品的生产、加工和销售商有义务通过其内部监督机制对他使用过的原材料进行检查并对该原材料的质量状况予以说明和记录。此外,所有的食品经营者还应记录食品及食品原料来源,和食品及食品来源去向。如此,不仅可以在食品安全风险发生后准确确定发生环节,而且可以成为企业自查的备案材料。这种自我监督措施可依次划分为法定义务、一体化质量监控机制和增值链条区域化实现原则、基于自愿所采取的监督措施。作为法定义务,食品经营者必须履行,否则将承担法定不利后果。一体化质量监控机制与增值链条区域化实现原则是在政府指导、协调下实现的,对食品经营者具有一定的约束力。这种网络状的措施有利于实现食品链条上各个环节的有关食品安全方面的信息共享,以达到快速发现风险源进而预防风险的发生。

(3) 完善公众参与食品安全风险预警的途径。

① 确保公众享有充分的知情权。就中国食品安全风险评估结果的公布而言,相关法律及其实施细则并没有对公布程序以及评估最长期限等内容作出规定。这显然不利于公众的参与。

② 拓展公众表达的途径。相关法律及其实施细则也没有规定公众如何提交对风险评估方面的看法,行政机关如何受理并如何对待这些看法以及公众表达的期间有多长等具体内容。

③ 积极开展食品安全风险交流。帮助公众正确认识食品安全问题,防止食品安全问题的放大。

(4) 完善食品安全信息共享与交流机制。长期以来,我国的多部门管理模式,没有明确的部门间信息传递、共享机制,导致部门间信息传递不畅。虽然经过国务院部门职能的调整,食品安全监管由多部门分段管理变为主要由一个部门管理,虽然涉及的部门减少,但仍然存在部门间以及部门内部信息传递共享的问题,因此,必须加强制度、机制建设,通过法规条例明确信息传递、共享机制。同时,预警的目的是及时传递信息、采取措施以控制危害,因此预警信息的传递必须强调高效性和透明度。制定预警信息的发布制度,根据预警信息的类型,确定发布对象、发布范围、发布途径。对于危害大、范围广的问题,要利用各种途径包括网络、电视、广播和报纸等尽可能将信息传达至更大的范围。对于高度关注的问题,要及时传达进展情况,及时更新信息。

4. 加强食品安全风险评估与预警应急科技研究

食品安全风险评估与预警应急科技研究需要政府和社会各界的共同努力。一是要进一步加强食品安全法律法规建设,有效整合政治、经济和社会资源,鼓励政府、企业与社会的积极研究;二是完善创新奖励机制,培养食品安全技术创新主体,鼓励更多的企业、科研机构从事技术研发,实现产学研相结合;三是加大资金投入,由政府主导,不断完善风险评估、风险预警、突发事件应急保障等方面的技术保障体系;四是加快信息平台建设,解决信息不对称,保证技术资源的有效共享,从而确保食品安全风险评估与预警应急科技研究的有效推进;五是促进数据库的发展,使得大量信息和数据存储于数据库中。加强大数据挖掘技术的研究与开发,通过开发计算机程序将潜在隐含的信息从数据中提取,将数据转变成知识的有效方式。

5. 形成更多元化的预警举措

食品安全风险预警应在现有季节性食物消费安全提醒的基础上,发展出更多元化的预警举措,适应新常态,加强食品安全风险检查、评估预警能力的建设,为保障食品安全护航。政府监管职能部门要将预警职责制度化,在人、财、物匹配实质兑现的基础上,创新风险预防和控制的监管手段。例如,建立企业不安全食品召回信息通告制度,接受公众对政府监管能力的监督;主动对违法企业黑名单进行媒体曝光,建立相应处罚直至终生行业禁入。此外,食品行业协会要做到潜规则的"零容忍",推动食品行业协会在食品安全治理中的内在动力和积极作用。

主要参考文献

陈静茜、马泽原：《2008—2015 年北京地区食品安全事件的媒介呈现及议程互动》，《新闻界》2016 第 22 期。

董庆利、高翠、郑丽敏等：《冷却猪肉中气单胞菌的定量暴露评估》，《食品科学》2012 年第 15 期。

封俊丽：《大部制改革背景下我国食品安全监管体制探讨》，《食品工业科技》2013 年第 6 期。

冯朝睿：《我国食品安全监管体制的多维度解析研究——基于整体性治理视角》，《管理世界》2016 年第 4 期。

冯剑：《西北地区城乡居民畜产品消费结构研究》，西北农林科技大学 2013 年硕士学位论文。

胡锦光：《提高食品安全法治化水平——〈2016 年食品安全重点工作安排〉深度解读之四》，《中国食品药品监督》2016 年第 5 期。

胡颖廉：《统一市场监管与食品安全保障：基于"协调力-专业化"框架的分类研究》，《华中师范大学学报（人文社会科学版）》2016 年第 2 期。

胡颖廉：《综合执法体制和提升食药监管能力的困境》，《国家行政学院学报》2017 年第 2 期。

江美辉、安海忠、高湘昀、管青、郝晓晴：《基于复杂网络的食品安全事件新闻文本可视化及分析》，《情报杂志》2015 第 12 期。

李强、刘文、王菁、戴岳：《内容分析法在食品安全事件分析中的应用》，《食品与发酵工业》2010 年第 1 期。

李清光、李勇强、牛亮云、吴林海、洪巍：《中国食品安全事件空间分布特点与变化趋势》，《经济地理》2016 年第 3 期。

李爽：《浅谈食品质量安全预警管理》，《科技创新与应用》2016 年第 6 期。

厉曙光、陈莉莉、陈波：《我国 2004—2012 年媒体曝光食品安全事件分析》，《中国食品学报》2014 年第 3 期。

厉曙光、陈莉莉、陈波：《我国 2004—2012 年媒体曝光食品安全事件分析》，《中国食品学报》2014 年第 3 期。

刘海卿、佘之蕴、陈丹玲：《金黄色葡萄球菌三种定量检验方法的比较》，《食品研究与开发》2014 年第 13 期。

柳敦江、王鹏：《一种快速鉴定猪舍空气样品中金黄色葡萄球菌的方法》，《猪业科学》2013 年第 5 期。

陆悦：《共治共享共赢我国食品安全治理全面走向法治化》，《中国医药报》2016 年 9 月 23 日。

罗斌：《我国农产品质量安全发展状况及对策》，《农业农村农民（B 版）》2013 年第 8 期。

罗昶、蒋佩辰：《界限与架构：跨区域食品安全事件的媒体框架比较分析——以河北输入北京的食品安全事件为例》，《现代传播（中国传媒大学学报）》2016 第 5 期。

罗兰、安玉发、古川、李阳:《我国食品安全风险来源与监管策略研究》,《食品科学技术学报》2013年第 2 期。

罗云波:《正本清源高屋建瓴 有的放矢——〈2016 年食品安全重点工作安排〉深度解读之一》,《中国食品药品监管》2016 年第 5 期。

莫鸣、安玉发、何忠伟:《超市食品安全的关键监管点与控制对策——基于 359 个超市食品安全事件的分析》,《财经理论与实践》2014 年第 1 期。

孙艳华、应瑞瑶:《欠发达地区农村食品安全的实证研究——基于假冒伪劣食品的视角》,《农村经济》2007 年第 2 期。

王常伟、顾海英:《我国食品安全态势与政策启示——基于事件统计、监测与消费者认知的对比分析》,《社会科学》2013 年第 7 期。

文晓巍、刘妙玲:《食品安全的诱因、窘境与监管:2002—2011 年》,《改革》2012 年第 9 期。

吴林海、钟颖琦、洪巍、吴治海:《基于随机 n 价实验拍卖的消费者食品安全风险感知与补偿意愿研究》,《中国农村观察》2014 年第 2 期。

吴林海等:《中国食品安全发展报告 2012—2015》,北京大学出版社 2012—2015 年。

肖峰、王怡:《我国食品安全公众监督机制的检讨与完善》,《华南农业大学学报(社会科学版)》2015 年第 2 期。

徐君飞、张居作:《2001—2010 年中国食源性疾病暴发情况分析》,《中国农学通报》2012 第27 期。

颜海娜:《我国食品安全监管体制改革——基于整体政府理论的分析》,学术研究 2010 第 5 期。

杨柳、张一、陈宇飞:《我国农产品质量安全可追溯体系发展现状及对策》,《南方农业》,2016 年第 12 期。

尹世久、吴林海、王晓莉:《中国食品安全发展报告 2016》,北京大学出版社 2016 年版。

余健:《膳食暴露评估方法研究进展》,《食品研究与开发》2010 年第 8 期。

张红霞、安玉发、张文胜:《我国食品安全风险识别、评估与管理——基于食品安全事件的实证分析》,《经济问题探索》2013 年第 6 期。

张红霞、安玉发:《食品生产企业食品安全风险来源及防范策略——基于食品安全事件的内容分析》,《经济问题》2013 年第 5 期。

张金亮:《基层大市场监管体制构建的困境》,《机构与行政》2015 年第 8 期。

中国法学会食品安全法治研究中心:《2016 年度食品安全法治十大事件》,《民主与法制》2017 年3 月。

Bailey, A. P., Garforth, C. An Industry Viewpoint on the Role of Farm Assurance in Delivering Food Safety to the Consumer: The Case of the Dairy Sector of England and Wales, *Food Policy*, 2014(45).

FAO. Worldwide Mycotoxin Regulations, *Food and Nutrition*, 2003.

FAO/WHO. "Codex Procedures Manual", 10th edition, 1997.

Kleter, G. A., Marvin, H. J. P. "Indicators of Emerging Hazards and Risks to Food Safety",

Food and Chemical Toxicology，Vol. 47，No. 5，2009.

SpeybroeckNS et al. Needs and expectations regarding risk ranking in the food chain：A pilot survey amongst decision makers and stakeholders，*Food Control*，2015(54).

Valeeva，N. I. ，Meuwissen，M. P. M. ，Huirne，R. B. M. "Economics of Food Safety in Chains：A Review of General Principles"，*Wageningen Journal of Life Sciences*，Vol. 51，No. 4，2004.

Webster K D. Risk ranking：Investigating expert and public differences in evaluating food safety risks，Canada：University of Alberta，2008.

Y. Liu et al. "Insights into the Nature of Food Safety Issues in Beijing Through Content Analysis of an Internet Database of Food Safety Incidents in China"，*Food Control*，Vol. 51，2015.

后　记

　　"中国食品安全发展报告"——自 2011 年被教育部批准立项为"哲学社会科学系列发展报告重点培育资助项目"至今已经整整六年了。六年来,我们奋力创新,不断探索,在探索中提高,在提高中发展。正如中国工程院院士、北京工商大学校长孙宝国教授所多次评价的,系列出版的"中国食品安全发展报告"业已成为国内融学术性、实用性、工具性、科普性于一体的具有较大影响力的研究报告,对全面、客观公正地反映中国食品安全的真实状况起到了重要的作用。作为智库的研究成果,"中国食品安全发展报告"已引起越来越多媒体和社会公众的关注,也逐步为政界、学界所认可,不仅是可资学者们借鉴的有益资料,更日益发挥建言献策、资政启民、经世致用、服务社会的作用。《中国食品安全发展报告 2012》是系列"中国食品安全发展报告"的第一部,先后获得 2012 年国家商务部优秀专著奖、农村发展研究专项基金第六届中国农村发展提名奖(杜润生奖);《中国食品安全发展报告 2013》于 2015 年获得教育部第七届高等学校科学研究(人文社会科学)优秀成果二等奖和江苏省人民政府第十三届哲学社会科学优秀成果二等奖;《中国食品安全发展报告 2014》于 2016 年获得了山东省人民政府第三十届哲学社会科学优秀成果一等奖。根据系列"中国食品安全发展报告"的某些部分内容或观点提炼的政策咨询报告、学术论文等若干具体成果也多次获得奖励,如:2016 年获江苏省人民政府第十四届社会科学优秀成果二等奖,江苏省社科精品工程一等奖,2016 年获无锡市人民政府最高荣誉奖——腾飞奖,以及多项无锡市人民政府社会科学一等奖等奖项。

　　2017 年 8 月,我们又完成了《报告 2017》的研究与撰写工作。《报告 2017》继续采用协同研究、集体创作的方式,主要由佛山科技学院、江南大学与曲阜师范大学牵头,联合国内多所高校与研究机构共同完成。《报告 2017》是"中国食品安全发展报告"的第六个年度报告,也是江南大学食品安全风险治理研究院、佛山科技学院华南食品安全发展研究中心的智库研究成果。我们非常感谢所有参与《报告 2017》研究的学者们。

　　需要指出的是,与"中国食品安全发展报告"前五个年度报告相比较,《报告 2017》在内容上再次进行了重大调整,在内容上分为"食品安全现实状况"与"食品安全风险治理体系建设"两大板块。由于食品安全风险治理所涵盖的内容庞杂,出于完整性的追求,以前多个年度报告涵盖的研究范围非常广泛,从而大大增加了报告的篇幅,例如,《中国食品安全发展报告 2015》的字数就达到 77 万字,在追求完整性的同时,难免淡化了研究主题,甚至在某种程度上降低了报告的质量。《报告 2017》的调整主要是提供了更多的可较好反映中国食品安全发展现实状况、更具时效性的工具性与数据性资料,而适当删减了评论性的、学术性的研究内容。目前,"中国食品安全发展报告"已重点定位于工具性、实用性、科普性,专注于对中国食品安全现实状况与数据资料的系统整理和挖掘,努力提高数据资料可靠性、准确性和时效性,尽量不安排带有立场或持有特定观点的评论,旨在更为客观、简洁、清晰地向读者展现中国食品安全发展的实际状况与动态趋势,更有针对性地服务于特定的读者。

不能否认,随着研究的不断深入,我们深深地感受到,研究的难度越来越大,尤其是食品安全信息数据仍然难以全面获得。党的十八大以来,虽然中央政府一直强调信息的公开,而且也确实取得了重要进展,但是在此领域深入研究的学者仍然深刻体会到,现在公开的信息仍然是冰山一角,仍然不能够满足研究的需要,甚至不能够满足普通百姓对食品安全信息的基本需求。我们在获取数据上花费了大量的精力。为人民做学问是学者的责任。出于责任,在此,我们仍然要实事求是地告知阅读本书的人们,由于数据获取的客观困难,《报告 2017》难以全面、完整地反映中国食品安全的真实状况,难以有针对性地回答人们对相关重要问题的关切,难以真正架起政府、企业、消费者之间相互沟通的桥梁。我们真诚地呼吁政府相关方面,在法律许可的框架内最大程度地公开食品安全信息,最大程度地解决食品安全信息的不对称问题,在食品安全风险交流中发挥更为积极的作用。这既是政府的责任,也是形成社会共治食品安全风险格局的基础,更是降低中国食品安全风险的必由之路。我们认为,经过新世纪以来 17 年的风风雨雨,全社会已经逐步了解并开始接受食品安全不存在零风险的基本理念。中国的食品安全风险并不可怕,可怕的是老百姓并不清楚食品安全的主要风险是什么、如何防范风险等问题,甚至由此导致非理性的社会恐慌心理与行为。限于数据获取的客观困难与内容新颖性的更高要求,我们真诚地恳请社会各界对《报告 2017》的体例与结构安排、研究内容的时代性与实践性等提出宝贵的建议与批评,共同为提升未来的"中国食品安全发展报告"质量,为改善中国的食品安全治理状况作出贡献。

《报告 2017》由吴林海教授牵头,负责报告的整体设计、修正研究大纲、确定研究重点,协调研究过程中关键问题,并委托佛山科技学院华南食品安全发展研究中心李锐老师、江南大学陈秀娟博士与曲阜师范大学山东省食品安全研究中心尹世久教授等协助完成。与前五个年度报告的研究相类似,《报告 2017》的研究仍以中青年学者为主,以年轻博士为主,主要成员有(不排序):于甜甜(女,江南大学)、山丽杰（女,江南大学）、王建华（江南大学）、王晓莉（女,江南大学）、牛亮云（北京交通大学）、文晓巍（华南农业大学）、邓婕（女,江南大学）、冯蔚蔚（女,江南大学）、吕煜昕（浙江大学）、朱中一（苏州大学）、朱淀（苏州大学）、刘平平（江南大学）、李哲敏（女,中国农业科学院）、李勇强（广西食品药品监督管理局）、李国强（佛山科技学院）、吴杨（江南大学）、吴蕾（女,曲阜师范大学）、张明华（南京工业大学）、张景祥（江南大学）、陆姣（女,山西医科大学）、陈秀娟（女,江南大学）、陈默（女,曲阜师范大学）、陈默（女,南京航空航天大学）、林姗姗（女,佛山科技学院）、岳文（江南大学）、赵美玲（女,陕西科技大学）、钟颖琦（女,浙江大学）、侯博（女,江苏师范大学）、洪巍（江南大学）、徐玲玲（女,江南大学）、徐立青（江南大学）、徐迎军（曲阜师范大学）、高杨（曲阜师范大学）、浦徐进（江南大学）、龚晓茹（女,江南大学）、童霞（女,南通大学）、裴光倩（女,江南大学）、谭卓杰（佛山科技学院）等。

孙宝国院士已多次为系列"中国食品安全发展报告"作序,鼓励我们展开顶天立地的研究工作,反复嘱咐我们要站在对国家和人民负责的高度来研究中国的食品安全风险问题,力求数据真实、分析科学、结论可靠,并再次为《报告 2017》作序。美国肯塔基大学农业经济系讲席教授、*Canadian Journal of Agricultural Economics* 主编 Wuyang Hu 教授也一直对我们的研究工作提供帮助与指导。我们再次对孙宝国院士、Wuyang Hu 教授的支持与指导表示由衷的敬意。

在研究过程中,研究团队得到了国家相关部委与行业协会等有关领导、专业研究人员的积极帮助,尤其是在数据上的支撑,不仅仅为我们节约了宝贵的研究时间,更是确保了数据的权威性与可靠性。我们同时还要感谢参加《报告 2017》相关调查的江南大学 100 多位本科生!

从《中国食品安全发展报告 2012》出版至今的六年间,社会各界对系列"中国食品安全发展报告"给予了高度评价,品牌效应正在逐步显现。我们十分感谢关注"中国食品安全发展报告"的广大读者、专家学者与政府部门对我们的鼓励、支持。我们将继续努力,继续高水平地出版"中国食品安全发展报告",为提升中国食品安全风险治理能力作出坚持不懈的贡献。

吴林海

2017 年 8 月